Meinem Vater, *Edward G. Marcus,* gewidmet,
der mein Interesse an der Biologie mit Spaziergängen im Stadtpark weckte und förderte, ehe ich fünf Jahre alt war.

Leonard C. Marcus

Amphibien und Reptilien in Heim, Labor und Zoo

Biologie, Haltung und tierärztliche Versorgung

Übersetzt von Barbara Stagge
Vorwort zur deutschen Ausgabe von Henning Wiesner

163 Abbildungen

Ferdinand Enke Verlag Stuttgart 1983

Titel der Originalausgabe: Veterinary Biology and Medicine of Captive Amphibians and Reptiles
© 1981 by Lea & Febiger, Philadelphia

Autor:
Leonard C. Marcus, V.M.D., M.D.
Jamaica Plain, Boston, Massachusetts, USA

Übersetzerin:
Barbara Stagge, Dipl.-Biol.
Forst-Kasten-Straße 2a
8033 Krailling

CIP-Kurztitelaufnahme der Deutschen Bibliothek

Marcus, Leonard C.:
Amphibien und Reptilien in Heim, Labor und Zoo :
Biologie, Haltung u. tierärztl. Versorgung /
Leonard C. Marcus. Übers. von Barbara Stagge.
Vorw. zur dt. Ausg. von Henning Wiesner. –
Stuttgart : Enke, 1983.
Einheitssacht.: Veterinary biology and medicine
of captive amphibians and reptiles ⟨dt.⟩
ISBN 3-432-93181-6

Wichtiger Hinweis:
Medizin als Wissenschaft ist ständig im Fluß. Forschung und klinische Erfahrung erweitern unsere Kenntnisse, insbesondere was Behandlung und medikamentöse Therapie anbelangt. Soweit in diesem Werk eine Dosierung oder eine Applikation erwähnt wird, darf der Leser zwar darauf vertrauen, daß Autoren, Herausgeber und Verlag größte Mühe darauf verwandt haben, daß diese Angabe genau dem Wissensstand bei Fertigstellung des Werkes entspricht. Dennoch ist jeder Benutzer aufgefordert, die Beipackzettel der verwendeten Präparate zu prüfen, um in eigener Verantwortung festzustellen, ob die dort gegebene Empfehlung für Dosierungen oder die Beachtung von Kontraindikationen gegenüber der Angabe in diesem Buch abweicht. Eine solche Prüfung ist besonders wichtig bei selten verwendeten Präparaten oder solchen, die neu auf den Markt gebracht worden sind.
Geschützte Warennamen (Warenzeichen) werden nicht besonders kenntlich gemacht. Aus dem Fehlen eines solchen Hinweises kann also nicht geschlossen werden, daß es sich um einen freien Warennamen handelt.

Satz und Druck: Druckerei Maisch + Queck, Gerlingen 5 4 3 2 1 0

Vorwort zur deutschen Ausgabe

Wenn in dem vergangenen Jahrzehnt auf dem umfangreichen Gebiete der Zootiermedizin unsere Kenntnisse vertieft werden konnten, so trifft dies im besonderen Maße für Therapie und Erkrankungen der Amphibien und Reptilien zu. Die medizinische Betreuung beider Klassen stellt für den Praktiker oft Neuland dar, weshalb das vorliegende Buch um so mehr zu begrüßen ist. Wichtige Hinweise zur artgerechten Haltung sowie ein kurzer Abriß der Anatomie und Physiologie führen den Leser in die Problematik der wechselwarmen Tiere ein. Die übersichtlich gegliederten Kapitel über die allgemeinen Therapiemaßnahmen und die speziellen Krankheiten zeichnen den Autor als profunden Kenner dieser Materie aus. Der Studierende findet in dem umfangreichen Literaturverzeichnis weiterführende Quellen zur Vertiefung in einzelne Sachgebiete. Der ausführliche Index gewährleistet eine gute Übersicht und macht das Buch zu einem praktischen Nachschlagewerk.

Da Amphibien und Reptilien durch die fortschreitende Zerstörung ihrer Lebensräume zunehmend vom Aussterben bedroht sind, kommt der Nachzucht in Gefangenschaft besondere Bedeutung zu. Die Grundvoraussetzung dafür ist zweifellos die Gesundheit der Tiere, wozu der engagierte Autor mit diesem Buch einen wichtigen Beitrag leistet.

Tierpark Hellabrunn, München *Dr. H. Wiesner*

Vorwort

Seit prähistorischer Zeit haben die Völker Schlangen und in geringerem Ausmaß andere Reptilien und Amphibien gefürchtet und verehrt. Beispiele für die Stellung der Reptilien in Sagen und Religionen sind die Rolle der Schlange im Paradies, die Vergötterung der Krokodile durch die alten Ägypter und die Legende amerikanischer Indianer, daß die Welt auf dem Rücken einer Schildkröte ruhe. Die asiatischen Schlangenbeschwörer, die Klapperschlangentänzer der Hopi-Indianer, die die Tiere dabei in Händen und Mund tragen, und die religiösen Riten, die Reptilien und Amphibien verwenden oder diesen geweiht sind, haben sich bis in die heutige moderne Zeit gehalten.

Zu dieser Faszination, die die Herpetofauna (Reptilien und Amphibien) ausübt, kommt hinzu, daß man solche Tiere als Haustiere hält. Dieses Buch wendet sich deshalb an Tierärzte, die Halter von Reptilien und Amphibien über die Pflege der Tiere beraten und deren Krankheiten diagnostizieren und behandeln müssen. Ebenso soll diese Abhandlung Studenten der Tiermedizin als Nachschlagwerk dienen.

Bestimmte Arten der Herpetofauna werden oft als Labortiere genutzt, vor allem Molche, Frösche und Schildkröten. Die Problematik dieser Laborhaltungen liegt weitgehend im Auftreten von Seuchen. Die Unterbringung und der Umgang mit Labortieren unterscheidet sich wesentlich von derjenigen einzeln gehaltener Haustiere.

Wieder anders ist die Zootiermedizin, wobei eine größere Artenzahl gegeben ist und Probleme auftauchen, die mit der Zurschaustellung der Tiere einhergehen. Deshalb sind nicht alle Ratschläge in diesem Buch, die für Haustiere gelten, auch in der Labortierhaltung oder in Zoologischen Gärten verwertbar.

In diesem Sinne soll der Text als Quellenverzeichnis für spezielle Fragen von Reptilien- und Amphibienhaltern, Tierärzten und anderen Wissenschaftlern dienen, die mit Haltung und Behandlung zu tun haben. In erster Linie ist aber doch der praktizierende Tierarzt angesprochen und dieses Buch sollte deshalb hauptsächlich unter diesem Aspekt betrachtet werden.

Etwas soll der Text nicht bewirken: die wahllose Haltung von Reptilien und Amphibien; besonders lehne ich die Haltung bedrohter Arten ab, aber auch die von Tieren, die in Gefangenschaft besonders problematisch zu versorgen oder gar gefährlich sind, wie etwa die Giftschlangen.

Sicher werden die meisten Tierärzte dieser Einstellung zustimmen, wenn sie auch lieber bei vertretbarem Risiko eine nützliche Behandlung durchführen, sobald sie sich mit einem kranken Haustier befassen müssen – egal wie geeignet dies Tier dafür auch sein mag – als den Fall gänzlich abzulehnen. Ich hoffe, daß dieses Buch einen angemessenen Hintergrund und wertvolle Einzelinformationen für die Behandlung von Reptilien und Amphibien liefert, die als Haustiere gehalten werden.

Jamaica Plain (Boston), Massachusetts

Leonard C. Marcus, VMD, MD.

Inhalt

Danksagung

Professor Ernest Williams und Frau Patricia Haneline in der herpetologischen Abteilung des Harvard Universitätsmuseums für Vergleichende Zoologie, besorgten Anschauungsmaterial, Zugang zur Literatur und gaben taxonomische Hinweise. Die Abteilung für Tierpathologie des Armed Forces Institute of Pathology stellten Tiermaterial und Photographien zur Verfügung. Die Patienten des Angell Memorial Animal Hospitals dienten als Objekte zur Behandlung, Darstellung und Photographie; Herr Ernst Hoffmann war beim Photographieren behiflich. Den verschiedenen Personen, die während der 15jährigen Vorbereitung des Manuskriptes beim Niederschreiben halfen, danke ich; besonderer Dank gilt Frau Christine Gunning und in memoriam Fräulein Mary Civaterese, die trotz Krankheit viele Arbeitsstunden opferte. Außerdem wurden viele Stunden und Wochenenden, die meiner Frau und meinen Kindern gehört hätten, auf dieses Buch verwandt. Ich hoffe, einen Teil davon jetzt aufholen zu können.

1 Das normale Amphib und Reptil

1.1 Einführung

Obwohl ein genauer Überblick fehlt, wieviele Reptilien und Amphibien in amerikanischen Heimen als Haustiere gehalten werden, wurde die Zahl der Schildkröten, die jährlich in den USA für den Verkauf gezüchtet wurden, auf 7 Millionen im Jahr geschätzt, bis der Verkauf von Baby-Schildkröten verboten wurde, um Tiersalmonellosen zu verhindern (Kapitel 3). Wenn man die Zahl von Leguanen, Schlangen, Kaimanen oder Rotkehl-Anolis betrachtet, die von Zoogeschäften, Versandhäusern, Märkten und Zirkussen verkauft wurden, ist die Reptilien-Population in den Haushalten beträchtlich. 1970 wurden 572670 Amphibien und 2109571 Reptilien in die Vereinigten Staaten importiert, so die vom US-Innenministerium veröffentlichten Zahlen. Der Großteil war für den Zoohandel bestimmt, wenige für Zoologische Gärten oder den Laborgebrauch. Wieviele davon überhaupt ihre Bestimmung noch erlebten, geht aus den Zahlen nicht hervor. Jedenfalls ist die Mortalität infolge Massenhaltung, Schmutz, Futter- und Wassermangels und ungenügendem Wetterschutz hoch. (Gemessen an der Größe der Bundesrepublik Deutschland steht diese mit ihrer Importzahl von 124289 Reptilien im Jahre 1980 den USA kaum nach. Über Amphibien gibt die Statistik keine Auskunft. Anm. d. Übers.)

Psychiater mögen zwar im Sinne Freuds in der Reptilienhaltung einen kontraphobischen Mechanismus und eine Phallussymbolik erkennen, doch es gibt weit vordergründigere Motive. Obwohl den Reptilien und Amphibien Gefühl und Intelligenz von Hunden und Katzen fehlen, können sie interessante und praktische Haustiere sein. Sie sind sauber, die meisten ruhig und können auf relativ geringem Raum gehalten werden, was für Wohnungseigentümer kein unbedeutender Gesichtspunkt ist.

Eine *Boa constrictor* ist u. U. ein attraktives Konversationsthema und kann den Eigentümer weich „umarmen“, obwohl sie nicht übermäßig reich an Gefühlen ist. Außerdem eignen sich wenige andere Haustiere dazu, ein oder zwei Wochen lang während des Urlaubes unbetreut alleine gelassen zu werden. Und vorteilhaft ist auch, daß diese Tiere keine Allergien hervorrufen.

Wie für jedes andere Haustier gilt: nur der sollte ein Reptil oder Amphib halten, der bereit ist, dafür zu sorgen; die meisten Amphibien und Reptilien werden dagegen von Leuten gefangen oder gekauft, die es durchaus gut meinen, aber wenig über ihre Biologie und Haltungsbedingungen wissen. Demzufolge erreichen wenige dieser kaltblütigen Haustiere ein geschlechtsreifes Alter. Ein weiteres Problem ist die Dezimierung der freilebenden Populationen durch übermäßigen Fang einer x-beliebigen Art und eine daraus resultierende Verschiebung im natürlichen Gleichgewicht. Umgekehrt kann unüberlegtes Aussetzen überflüssig gewordener Haustiere in ungeeignete Gegenden ebenfalls zu schweren Umweltstörungen führen.

Verschiedene Arten von Meeresschildkröten sind als Delikatessen gefangen und getötet worden, und ihre Brutplätze wurden in einem Ausmaß zerstört, daß diese Arten vom Aussterben bedroht sind. Gelegentlich werden Baby-Meeresschildkröten in Salzwasser-Aquarien gehalten, doch sollte ihre Haltung unterbunden werden, es sei denn, der Besitzer plant, sie nach Erreichen der Geschlechtsreife in ihrer alten Heimat auszusetzen. Parallel dazu sind viele Krokodil-Arten durch Überbejagung und Zerstörung ihres Habitates vom Aussterben bedroht. Ohnehin sollten sie nicht als Haustiere gehalten werden, da sie so weder geschlechtsreif werden noch zur Fortpflanzung kommen. Die gegenwärtige Modeerscheinung mit Reptilienlederwaren könnte weitere Arten gefährden. Der Internationale Naturschutzbund hat in seiner Liste bedrohter Arten 27 Amphibien- und 87 Reptilienarten aufgeführt (Stand von September 1970); diese dürfen nur von Personen mit Genehmigung und besonderer Qualifikation in Gefangenschaft gehalten werden. (Unter den 12 mitteleuropäischen Reptilienarten sind acht bedroht oder gefährdet, unter den 19 Amphibienarten sind es elf [„Rote Liste der gefährdeten Tiere und Pflanzen in der BRD“, Kilda Verlag, 1977]. Zudem muß man für alle Arten mit einem bisher deutlichen Rückgang der Population rechnen. Anm. d. Übers.)

Sogar der Leopardfrosch *(Rana pipiens)**, der allgemein als leicht erhältliches Labortier angesehen wurde, ist zahlenmäßig in erschreckendem Ausmaß zurückgegangen.

Allein in den 60er Jahren ging deren Population in den Vereinigten Staaten um 50% zurück, was größtenteils auf Zerstörung des Lebensraums durch Entwässerungsgräben und Umweltverschmutzung durch Abwässer und Chemikalien zurückzuführen ist. Daneben hat die jährliche Fangrate für Laborzwecke ihren Tribut gefordert.

Ein durchschnittlich großer Leopardfrosch frißt pro Tag vier Gramm Insekten und die Kaulquappen vertilgen einen beträchtlichen Teil des Detritus im Wasser. Frösche und ihre Larven werden dagegen wiederum von größeren Räubern gefressen und stellen damit ein wichtiges Glied in der Nahrungskette dar. Die weitere Dezimierung der Froschpopulationen kann daher zu Umweltschäden führen, die noch lange nicht abzusehen sind und schließlich irreparabel werden.

Die begrenzte Verfügbarkeit der Frösche hat ein biologisches Versorgungslager veranlaßt, für die Verwendung von Schweinefeten in den Kursen für Vertebraten-Anatomie zu plädieren. Diese lobenswerte Bemühung verdient Anerkennung, da sie Besorgnis und Verantwortungsgefühl ausdrückt, die sonst in der Geschäftswelt zu selten gezeigt werden*.

Gefährliche Arten wie große Krokodile, Schnappschildkröten und Giftschlangen gehören nicht in Privathaushalte. Die Weigerung der Tierärzte solche gefährlichen Tiere zu behandeln, ist sicher gerechtfertigt. Die Wahl eines geeigneten Haustieres wird von Evans[41] erläutert, Vorsichtsmaßnahmen und Haltungsbedingungen bei der Unterbringung von Giftschlangen in Schlangenlaboratorien werden von Softly und Cockett[83] ausgeführt.

Ernsthafte Amateur-Herpetologen gehen ihrem Hobby mit großer Begeisterung und Einsicht nach. Daneben führen sie Buch über den Gesundheitszustand und die Aktivität ihrer Tiere. Da viele Großstädte der USA Herpetologie-Vereine mit Amateur- und Berufsherpetologen besitzen, ist die Nachfrage nach Leuten, die in der Lage sind, solche Tiere ärztlich zu versorgen, groß. (In der Bundesrepublik gibt es in den größeren Städten zumeist einen Terrarienverein, oft ist er auch dem Aquarienverein angeschlossen. Anm. d. Übers.)

Im Curriculum der meisten tierärztlichen Hochschulen und der existierenden Fachliteratur findet sich sehr wenig Information über die Krankheiten wechselwarmer Tiere. Obwohl darüber manches in Büchern über Labortiere steht, findet man doch viele einschlägige Informationen über Reptilien- und Amphibien-Krankheiten in Fach- und Liebhaber-Zeitschriften der Herpetologie. Diese Informationsquelle dürfte aber den wenigsten Tierärzten vertraut sein.

Viele Veröffentlichungen basieren allein auf klinischer Beobachtung kranker Tiere; gleichwertige Laborstudien liegen dagegen kaum vor. Wissenschaftlich fundierte Experimente gar, die womöglich statistisch belegbar sind, erscheinen so „selten wie Schildkrötenzähne". Es bleibt daher nichts übrig, als mit der geringen Anzahl empirischer Ergebnisse vorlieb zu nehmen, von denen zwar der größte Teil sehr wertvoll ist, doch unbewiesen bleibt.

Das Krankheitspektrum der Kaltblütler ist nicht weniger bunt als dasjenige der Vögel und Säugetiere, wobei aber die Studien über das arteigene Spektrum derartig selten sind, daß man sich damit zufrieden geben muß, Therapievorschläge für alle Echsen, alle Frösche, alle Schlangen oder sogar alle Reptilien und Amphibien aufzustellen – geradeso als wären sie eine homogene Gruppe.

Das Wissen über Reptilien- und Amphibien-Krankheiten leidet nicht nur am Mangel an Fachleuten, sondern auch daran, daß Forschungsprogramme nicht subventioniert werden. Das beruht darauf, daß mit wenigen Ausnahmen (z. B. Arten, die in der Leder- oder Lebensmittelindustrie Verwendung finden) das wirtschaftliche Interesse ausbleibt. Selbst wenn diese Krankheiten als Modell für diejenigen höherer Tiere dienten, ist es weit zweckmäßiger, die Krankheiten der Homoiothermen (Warmblüter) an einem solchen Objekt selbst zu erforschen. Das gilt besonders dann, wenn es um angewandte und nicht um Grundlagenforschung geht.

Die Finanzen begrenzen auch die klinische Forschung. Wieviel Geld wird der Eigentümer einer Ein-DM-Schildkröte wohl in den Aufwand (und damit auch den Preis) der Behandlung seines Tieres investieren? Zwar halten einige Leute sehr seltene und damit wertvolle Arten, die nach ökonomischen Gesichtspunkten ebensoviel For-

---

* Die Klassifizierung des Leopardfrosches wurde revidiert. Einstmals als geographische Rasse eingestufte Formen werden heute als eigene Arten klassifiziert *(R. pipiens, R. utricularia, R. berlandieri, R. blairi)*. Weil diese Systematik noch nicht weit verbreitet ist, wird der Leopardfrosch im ganzen Text als *„R. pipiens"* benannt. Verweise auf die revidierte Systematik und Information über den Handel mit Leopardfröschen und anderen Amphibien können entnommen werden aus: Nace, G. W. und Rosen, J. K.: Sources of amphibiens for research II. Herpet. Rev. 10: 8–15, 1979.

* Aus dem Ann Arber Biological Center, Catalog Nr. 101, 1976, S. 100.

schungsaufwand verdienen würden wie etwa Vieh der gleichen Preislage, doch bleibt immer noch die Einengung durch finanzielle Interessen. Diese setzen dem praktizierenden Tierarzt Grenzen und sind damit für das geringe Wissen auf diesem Gebiet verantwortlich. Trotzdem werden, wie ich hoffe, weiterhin Tierärzte in der Reptilien- und Amphibien-Pathologie forschen und soweit es möglich ist, kontrollierte Versuche durchführen und veröffentlichen.

Die Anatomie, Physiologie und Pathologie der Reptilien- und Amphibien unterscheidet sich derartig von derjenigen der Säuger und Vögel, daß eine Übersicht über diese Unterschiede zweckmäßig ist. Mag das auch kaum etwas mit der alltäglichen Praxis zu tun haben, ist doch einiges Basiswissen in Bau- und Lebensfunktionen bei diesen Tieren nötig, wenn man ihre Krankheitsbilder richtig beurteilen will. Ebenso unumgänglich ist das Wissen über die Systematik der Reptilien und Amphibien, damit man die Ähnlichkeiten und Unterschiede versteht und auch die Verschiedenartigkeit dieser beiden Tierklassen.

1.2 Phylogenese

Amphibien und Reptilien, die zusammen als **Herpetofauna** bezeichnet werden, stellen einzigartige und wichtige Bindeglieder im Stammbaum der Evolution dar. Die Amphibien repräsentieren einen bedeutungsvollen Zwischenschritt vom streng wassergebundenen Leben der Fische zum höheren Landleben. Die Loslösung von ihrem ursprünglichen Element ist aber nicht vollständig, da die meisten Amphibien zumindest einen Teil ihres Lebens im Wasser zubringen müssen. Reptilien dagegen weisen als erste Gruppe der Vertebraten gänzlich terrestrische Formen auf. (Auch einige Amphibien sind reine Landbewohner.) Reptilien sind die am höchsten entwickelten Vertebraten, die wechselwarm (poikilotherm) sind, stellen aber die Vorfahren der Warmblüter (Homoiothermen), also der Vögel und Säuger, dar.

In der Herpetofauna offenbart sich die Anfangsstufe der Entwicklung eines einzigartigen biologischen Systems, welches das Überleben auf dem Festland erst ermöglichte. Dieser Tatsache verdankt diese relativ kleine Tiergruppe das hohe Maß an Interesse, das ihr von Zoologen und Tiermedizinern und besonders von Embryologen, entgegengebracht wird. Da die Physiologie und Anatomie der Reptilien und Amphibien derjenigen der höheren Lebensformen in hohem Maße gleicht, sind sie als Labortiere sehr beliebt. Ein Tierarzt mit Privat-Praxis ist daher durchaus als Berater bei Haltung und Behandlung derartiger Laborzuchten von Fröschen und Schildkröten geeignet. Daneben werden diese Tiere gewöhnlich privat von jugendlichen Interessierten gehalten.

In der Klasse der Amphibien gibt es drei größere rezente Gruppen (Unterklassen oder Ordnungen, je nach der verwendeten Klassifizierung).

Zu den Gymnophionen gehören gliederlose, grabende Lebewesen der Tropen, die Caeciliidae (Wurmwühlenverwandte). Es soll nichts weiter dazu gesagt werden, da sie so gut wie nie im Hause gehalten werden und über ihre Krankheiten fast nichts bekannt ist. In erster Linie befassen wir uns mit den Salamandern (Caudata oder Urodela) und Fröschen und Kröten (Salientia oder Anura). In den folgenden Kapiteln sind die Termini **Urodela** und **Anura** für diese beiden Gruppen verwendet.

In der Klasse der Reptilien gibt es vier Ordnungen, in denen heutige Formen enthalten sind. Davon repräsentiert eine einzige Art, die Brükkenechse, die Rhynchocephalia; sie ist ein echsenähnliches Tier aus Neu-Seeland, das vom Aussterben bedroht ist. Da ihr Auftauchen in der tierärztlichen Praxis unwahrscheinlich ist, soll nur wenig über sie hinzugefügt werden. Dagegen soll ausführlich eingegangen werden auf die Ordnungen der Chelonia (Wasser- und Landschildkröten), meist als **Chelonier** bezeichnet, Crocodilia (Alligatoren, Kaimane, Krokodile und Gaviale), zusammen als **Krokodile** bezeichnet und Squamata, die in zwei Unterordnungen getrennt werden: Lacertilia oder Sauria (Echsen) und Ophidia oder Serpentes (Schlangen). Eine detailliertere Systematik der Herpetofauna kann den Standardlehrbüchern der Zoologie und Herpetologie[10, 75] entnommen werden.

Zur Verdeutlichung der wesentlichen Unterschiede zwischen Reptilien und Amphibien, werden diese beiden Gruppen in Tabelle 1-1 verglichen.

1.3 Angewandte Anatomie und Physiologie

Da eine tiefgehende Diskussion von Organbau und -funktionen nicht der Zweck dieser Abhandlung ist, sollte dafür Spezialliteratur herangezogen werden[3, 10, 22, 23, 48, 54, 73, 75, 78].

Tabelle 1–1 Unterschiede zwischen Reptilien und Amphibien

Amphibien	Reptilien
1. die meisten Arten weisen Metamorphosen vom Ei zur Larve und zum adulten Individuum auf.	1. keine deutliche Metamorphose, die meisten Jungtiere ähneln in der Form den adulten
2. feuchte, drüsige Haut (Ausnahme: die meisten adulten Kröten, einige Salamander)	2. trockene Haut; Schuppen, wenig Drüsen, selten einheitlich
3. keine äußeren Schuppen	3. Haut gewöhnlich mit Schuppen oder Schildern
4. Schädel mit 2 Condyli	4. Schädel mit einem Condylus
5. dreikammeriges Herz (1 Ventrikel, 2 Atrien)	5. Herz unvollständig vierkammerig (Ventrikel unvollständig getrennt; Trennung bei Krokodilen fast vollständig vollzogen)
6. Kiemen in manchen Stadien vorhanden; Hautatmung und Mundbodenatmung bei vielen Arten; Lungen bei den meisten adulten Amphibien	6. Lungenatmung; bei aquatischen Schildkröten Kloakenatmung
7. zehn Hirnnerven	7. zwölf Hirnnerven
8. keine Embryonalhüllen	8. Amnion, Chorion, Dottersack, Allantois
9. Mesonephros (ad. Amphibium; Niere mit Protanephridien bei Larvenstadien)	9. Metanephridien (Niere)

Über den Metabolismus des Alligators haben Coulson und Hernandez eine Reihe Publikationen veröffentlicht und 1971[23] zusammengefaßt.

Für das Verständnis der folgenden Hinweise auf Normalstruktur und -funktionen wird es hilfreich sein, wenn man als Richtlinie die Anpassung nimmt, die im Laufe der Evolution erfolgte und die schrittweise vom Larvenstadium des Amphibs über dessen adulte Form zum Reptil erfolgte, einem Lebewesen, das fähig ist, auf dem Festland zu leben. Diese Umstellung vom aquatischen zum terrestrischen Lebensraum war ein wesentlicher Evolutionsschritt, der vielerlei Veränderungen im Organsystem erforderte. Innerhalb dieses Rahmens sollen im Folgenden ausgewählte Punkte von klinischer Bedeutung ausgeführt werden.

1.3.1 Wachstum, Metamorphose und Lebensdauer

Viele Reptilien und Amphibien, besonders Schlangen, wachsen während des Großteils ihres Lebens weiter, wenn auch das Wachstum wesentlich verlangsamt wird, nachdem sie geschlechtsreif geworden sind und in aller Regel ganz aufhört, kurz bevor die natürliche Lebensdauer erreicht ist. Möglicherweise wachsen einige Arten, z. B. Krokodile und Pythons solange sie leben, jedoch mit zunehmendem Alter immer langsamer. Ganz im Gegensatz dazu beenden Säuger relativ früh in ihrem Leben das Wachstum mit dem Epiphysenschluß und dadurch ist die Grenze schärfer gezogen als in der Herpetofauna. Bei Reptilien verwachsen die Epiphysen u. U. nie oder fehlen sogar.

Die Angehörigen der Herpetofaunen leben gewöhnlich länger als Säuger vergleichbarer Größe. Die maximale Lebensdauer einiger repräsentativer Arten ist in Tabelle 1-2 wiedergegeben.

Die oft gemachte Behauptung, daß die großen Pythons, Schildkröten und Krokodile zwei- oder dreihundert Jahre alt werden, kann durchaus wahr sein, ist aber schwer zu belegen[51].

Reptilien sehen beim Schlüpfen aus wie Miniaturerwachsene. Sie entwickeln sich durch Wachstum und Reifung der verschiedenen Organsysteme, wobei dies grob im Ablauf demjenigen der Säuger gleicht. Dagegen durchlaufen viele Amphibien eine **Metamorphose;** so ist für Frösche und Kröten der Wandel vom Ei zur freischwimmenden Larve (Kaulquappe) und von dieser zum erwachsenen Tier typisch. Als Ausnahme entwickeln sich die Kaulquappen einiger tropischer Anuren-Arten innerhalb der Eihülle und es schlüpfen schließlich kleine Adulte aus den Eiern. Die meisten Frösche und Kröten laichen ins Wasser, aber bei einigen tropischen Arten trägt das Weibchen die Eier mit sich herum, so daß schließlich junge adulte Tiere buchstäblich aus ihrer Haut herausspringen.

Die Entwicklung der Kaulquappen verläuft in drei Phasen. Die **Prämetamorphose** beginnt mit

Tabelle 1–2 Lebensdauer

Namen	Jahre
Amphibien	
Zweizehen-Aalmolch (*Amphiuma means*)	27
Hellbender (*Cryptobranchus alleganiensis*)	29
Geflechter Furchenmolch (*Necturus maculosus*)	9
Amerikanischer Wassermolch (*Notophthalmus [Diemyctylus, Triturus] viridescens*)	3
Östlicher Tigerquerzahnmolch (*Ambystoma tigrinum*)	11
Ochsenfrosch (*Rana catesbeiana*)	16
Leopardfrosch (*Rana pipiens*)	6
Amerikanische Kröte (*Bufo americanus*)	10– 15
Glatter Krollenfrosch (*Xenopus laevis*)	15
Laubfrosch (*Hyla arborea*)	14
Reptilien	
Mississippi-Alligator (*Alligator mississippiensis*)	56
Brillenkaiman (*Caiman niger*)	28
Königsschlange (*Constrictor constrictor*)	23
Wassermokassinschlange (*Agkistrodon piscivorus*)	21
Echte Klapperschlangen (*Crotalus* sp.)	12– 22
Strumpfbandnatter (*Thamnophis ordinata*)	11
Asiatische Rattenschlangen (*Elaphe* sp.)	17– 23
Kiefernnatter (*Pituophis catenifer*)	18
Zaunleguan (*Sceloporis undulatus*)	4
Anolis (*Anolis* sp.)	3
Galapagos-Schildkröte (*Testuda elephantopus*)	100–150
Carolina-Dosenschildkröte (*Terrapene carolina*)	83– 88
Schnappschildkröte (*Chelydra serpentina*)	20
Zierschildkröte (*Chrysemys picta*)	11
Buchstabenschmuckschildkröte (*Pseudemys scripta*)	7

dem Schlüpfen aus dem Ei und wird beendet durch das Erscheinen der Hinterbeine, ihr Hauptmerkmal ist die beträchtliche Größenzunahme bei geringer Veränderung des äußeren Erscheinungsbildes. Gefolgt wird sie von der **Prometamorphose,** in der eine Reifung der Organe und weiteres Wachstum ablaufen; an ihrem Ende steht das Heraustreten der Vorderbeine. Ihr folgt die **klimatische Phase,** in deren Verlauf Schwanz und Kiemen resorbiert, das Maul erweitert und die Adult-Form angenommen werden.

Der Ablauf der Metamorphose wird von der Hypothalamus-Hypophysen-Schilddrüsen-Achse gesteuert und hängt von der Zunahme des Schilddrüsenhormonspiegels ab. Der Metamorphosen-Aktivierungs-Theorie zufolge, ist während der Prämetamorphose die Aktivität der Schilddrüse gering, im Verlauf der Prometamorphose wirken die Schilddrüsenhormone über eine positive Rückkopplung auf den Hypothalamus, wobei hypothalamische neurosekretorische Aktivität eine erhöhte Sekretion des hypophysären thyreotropen Hormons hervorruft, indem sie die Sensibilität der Hypophyse gegen Schilddrüsenhormone verringert. Auf diese Weise stimuliert ein höherer Hormonspiegel des Schilddrüsenhormons die Neurosekretion des Hypothalamus, die eine vermehrte Ausschüttung des thyreotropen Hormons durch die Hypophyse bewirkt; diese zieht ihrerseits wieder erhöhte Schilddrüsenaktivität nach sich. Dieser Mechanismus läuft bis zu einem kritischen Punkt ab, an dem der Hypothalamus seine Sensibilität gegenüber Schilddrüsenhormonen verliert; zugleich reagiert die Schilddrüsen-Hypophysen-Achse mit einer negativen Rückkopplung, analog derjenigen der Säugetiere.

Die Einzelheiten der Metamorphosen weichen innerhalb der Anuren beträchtlich voneinander ab. So dauert die Entwicklung vom Ei zum adulten Tier beim Westlichen Schaufelfuß *(Scaphiopus hammondii)* einen Monat, beim Ochsenfrosch *(Rana catesbeiana)* dagegen zwei oder drei Jahre.

Über die Biochemie der Amphibien-Metamorphose hat Frieden eine interessante und informative Abhandlung geschrieben, deren wichtigste Veränderungen in der Entwicklung von der Kaulquappe zum Frosch oder Kröte auszugsweise in Tabelle 1-3 wiedergegeben sind.

Unter den Urodelen (Salamander-ähnlichen Amphibien) ist die Metamorphose viel einfacher und entspricht weitgehend derjenigen der Anuren. Die Larven ähneln im Großen und Ganzen den ausgewachsenen Tieren einschließlich der Gliederform, die schon während der Embryogenese erreicht wird. Salamander-Larven besitzen Kiemen, die bei den meisten Arten mit der Geschlechtsreife verloren gehen und durch Lungen abgelöst werden. Es gibt eine Familie **lungenloser Salamander** (Plethodontidae), die im Adult-Stadium weder Kiemen noch Lungen besitzt.

Tabelle 1–3 Zusammenfassung der Entwicklung der Frösche und Kröten während der Metamorphose

Körperteil oder Funktion	Kaulquappe	Adultform
Extremitäten	Schwanz, Hinterbeine erscheinen in der Prämetamorphose, die Vorderbeine in der Prometamorphose	Schwanz resorbiert, Beine voll entwickelt
Nahrung	Algen, aquatische Lebensweise. Nahrung vorwiegend pflanzlicher Natur	Insekten, Würmer
Verdauungstrakt	Schmales Maul, langer Darm	erweitertes Maul, verlängerte Zunge, Magen, Leber und Pankreas vergrößert, Darm verkürzt. Erhöhte Sekretion von Pankreas- und Verdauungsenzymen
Atmung	Kiemen (Gasaustausch auch über Haut und Schleimhäute möglich)	Lungen (Gasaustausch auch über Haut und Schleimhäute möglich)
Herz	ein Atrium, ein Ventrikel	zwei Atrien, ein Ventrikel
Stickstoff-Ausscheidung	Hauptsächlich Ammoniak, Niere bei jungen Kaulquappen: Pronephros, bei älteren tritt die Niere in Funktion	vor allem Harnstoff; Niere: Mesonephros
Hämoglobin	Stärkere O_2-Affinität, kein Bohr-Effekt	größere Tendenz, O_2 abzugeben, die mit abnehmendem pH anwächst (Bohr-Effekt)

Einige Urodelen behalten ihr Leben lang Kiemen. Man nennt dieses Phänomen, bei dem die Geschlechtsreife in einer Larvenform erreicht wird, **Neotenie;** der Gefleckte Furchenmolch *(Necturus maculosus)* ist ein Beispiel dafür. *Ambystoma tigrinum,* dessen Verbreitungsgebiet von Kanada bis Mexiko reicht, verwandelt sich in einem Großteil dieser Gebiete in den adulten Östlichen Tigerquerzahnmolch, weist aber in Mexiko und Colorado Neotenie auf, wobei die fortpflanzungsfähige Larve als **Axolotl** bekannt ist. Bei ihr kann eine vollständig ablaufende Metamorphose durch Gaben von Schilddrüsen-Extrakten induziert werden[15]. Stillstand in der Entwicklung bei anderen Arten muß dagegen eher auf die herabgesetzte Sensibilität betroffener Erfolgsorgane gegenüber Thyroxin als auf Hormonmangel zurückgeführt werden[75].

1.3.2 Skelett und Skelettmuskulatur

Die Osteologie (Knochenlehre) ist für Taxonomie und Paläontologie äußerst wichtig, verdient jedoch für unsere praktischen Gesichtspunkte nur begrenzte Beachtung, zumal genaue Informationen über das Skelett der Reptilien verfügbar sind[10, 48, 76, 79].

Amphibien weisen als erste Tiergruppen ein Sternum auf, das aber von den wenig entwickelten Rippen nicht erreicht wird. Bei Schlangen fehlt das Sternum und die Rippen erstrecken sich über die gesamte Körperlänge mit Ausnahme des Schwanzes und der ersten ein oder zwei Halswirbel. Unterschiede im Bau des Brustkastens sind bedeutungsvoll für Prozeduren wie Autopsien und Herzpunkturen.

Schildkröten, denen ebenfalls das Sternum fehlt, besitzen acht Halswirbel von außerordentlicher Beweglichkeit, ihre Rippen und zehn verschmolzene thorakale, lumbale und sakrale Wirbel sind in den **Carapax** (Rücken-Schild) eingelagert. Dieser wird mit dem **Plastron** (Bauch-Schild) über die seitliche **Panzer-Brücke** verbunden und beide bestehen großenteils aus verknöcherten Hautplatten, die mit verhornten epidermalen Schuppen bedeckt sind. Der Panzer macht etwa 30% des Schildkröten-Gewichtes aus, bei großen Cheloniern auch weniger. Die meisten Schildkrötenpanzer weisen 54 Schuppen oder epidermale Schilder auf, davon 16 auf dem Plastron und 38 auf dem Carapax, wovon 6 einzelne die Mittelreihe auf dem Rücken ausmachen. Individuelle Unterschiede treten auf; eine Übersicht über Anatomie und Phylogenie der Schildkrötenpanzer ist bei Zangerl[92] zu finden.

Unter den Echsen besitzen viele die Fähigkeit, einen Teil ihres Schwanzes abzuwerfen; dies wird als **Autotomie** bezeichnet. Der Bruch vollzieht

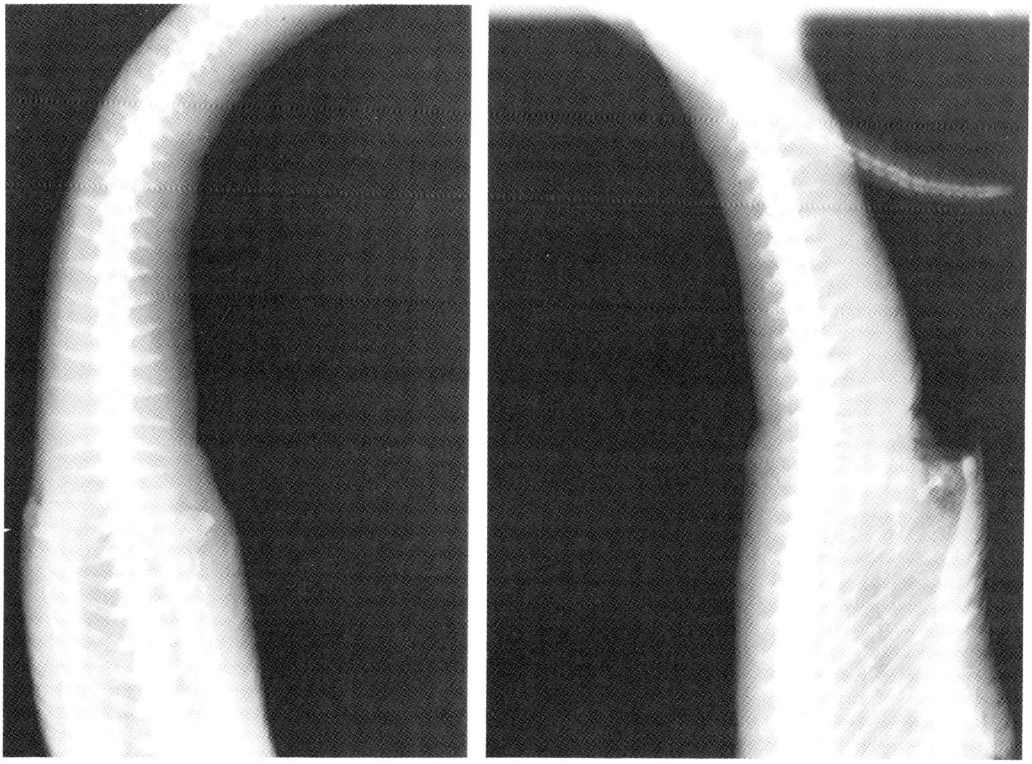

Abb. 1-1 **A.** Röntgenbild einer Boa, das die verkümmerten Beckenknochen zeigt; Schwanzende nach oben; links: dorsoventrale, rechts: seitliche Ansicht. **B.** Zeichnung der Schwanzregion der *Boa constrictor* in obigem Röntgenbild, die die schwarzen „Sporen" seitlich der Kloake zeigt. (Abb. 1-1 A und B mit freundlicher Genehmigung von Dr. Howard E. Evans, Department of Anatomy, New York College of Veterinary Medicine)

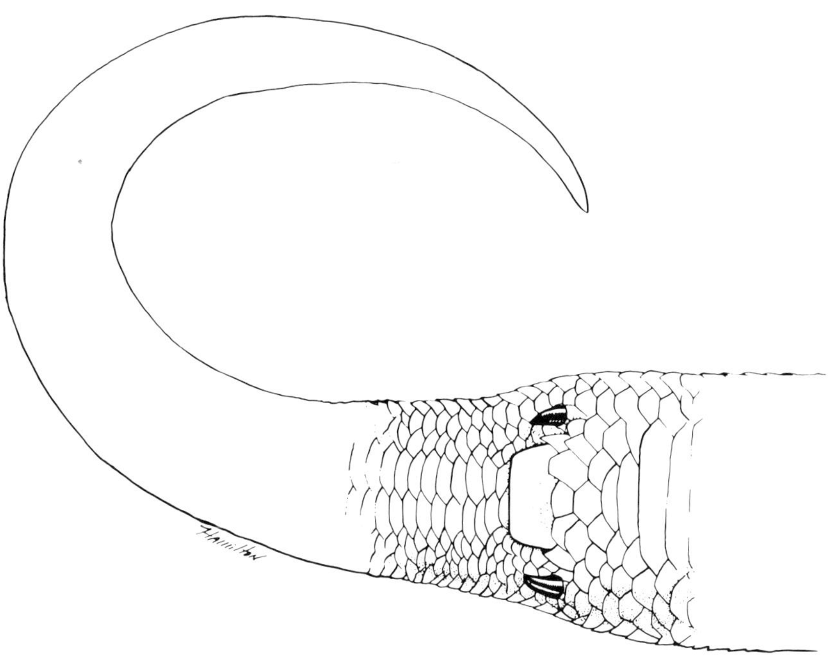

B

sich an einer **präformierten Bruchstelle** im Wirbelkörper eines Schwanzwirbels, dabei windet sich der abgeworfene Schwanzteil weiter und zieht so die Aufmerksamkeit des Räubers auf sich, während die Echse entkommen kann. Der Schwanz wächst bis auf die Wirbel wieder nach, an deren Stelle sich knorpeliges Rückgrat bildet. Einige Amphibien können sogar ganze Glieder regenerieren.

Das Skelett der Salamander verknöchert nicht vollständig, so weisen sogar alte Tiere Knorpelanteile im Schulter- und Beckengürtel und im Karpus und Tarsus auf[15, 16].

Schlangen haben zwischen 160 und 400 Wirbel, deren Anzahl relativ konstant für die Art ist, wenn auch individuelle oder sexuelle Varianz gegeben ist. Die Zahl der Wirbel wird widergespiegelt durch diejenige der Querschuppen auf der Bauchseite. Ermöglicht wird die Biegsamkeit und Beweglichkeit des Schlangenkörpers dadurch, daß benachbarte Wirbel 25° seitlich, 13° gegen den Bauch und 12°–18° gegen den Rücken gegeneinander verdreht werden können. Darüberhinaus sorgen auch die vielseitigen Verbindungen von Muskeln untereinander und zu Wirbeln in näherer und größerer Entfernung für Gelenkigkeit. Muskelverbindungen bestehen weiterhin zwischen Wirbeln und Rippen, Rippen untereinander, Rippen und Bauchschuppen und benachbarten Bauchschuppen.

Noch im erwachsenen Stadium können Salamander die Anzahl ihrer Schwanzwirbel erhöhen, im Gegenteil dazu verschmelzen die Schwanzwirbel der Kaulquappe wähend der Metamorphose und bilden das Steißbein bei erwachsenen Fröschen und Kröten.

Den Schlangen und extremitätenlosen Echsen fehlen die Beine, bei einigen Eidechsenarten sind aber noch verkümmerte Glieder vorhanden und Vorder- oder Hinterbeine äußerlich sichtbar, obwohl Reste von Schulter- und Beckengürtel vorhanden sind.

Pythons und Boas besitzen verkümmerte Beckengürtel, die äußerlich als schwarze Hornstrukturen in Erscheinung treten, die man nicht fälschlich als abnorme Wucherungen einstufen sollte (Abb. 1-1). Sie stehen als Sporn beiderseits der Kloake hervor und sind bei Männchen größer als bei Weibchen; vermutlich dienen sie einer Stimulierung des Weibchens vor der Begattung[10].

Bellairs beschreibt vier verschiedene Fortbewegungsarten bei Schlangen[10]. Im *seitlichen wellenförmigen Schlängeln* bewegt sich das Tier voran, indem seitwärts Schlaufen gebildet werden, deren konvexe Seite gegen Hindernisse gestemmt wird, z. B. Pflanzen und Steine. Die *Ziehharmonika-Bewegung* ist viel langsamer, erlaubt der Schlange aber das Passieren von Röhren oder Gräben. Dabei nimmt der Körper die Form vieler S-förmiger Kurven an, deren hintere konvexe Ränder sich gegen die Röhrenwände stemmen, wogegen der vordere Bereich sich durch Streckung vorzieht (Abb. 1-2). Ein *Seitwärtswinden* ist bei denjenigen Arten vornehmlich zu finden, die in Sandwüsten leben; Paradebeispiel ist die Gehörnte Klapperschlange, *Crotalus cerastes*. Beim Sich-Seitwärts-Winden wird die Längsachse der Schlange im schiefen Winkel zur Fortbewegungsrichtung gehalten, in der das Kopfende zeigt; der Hals folgt dem Kopf nach und der ganze Körper wird in einer schrittweisen, parallelen Verschiebung nachgezogen (Abb. 1-3). Schlangen mit dickerem Körper wie Boas, Pythons, Großvipern und Klapperschlangen können *geradlinig* vorwärtsgelangen, wobei die Bauchschuppen nacheinander von vorne nach hinten angehoben und etwas danach wieder aufgesetzt werden.

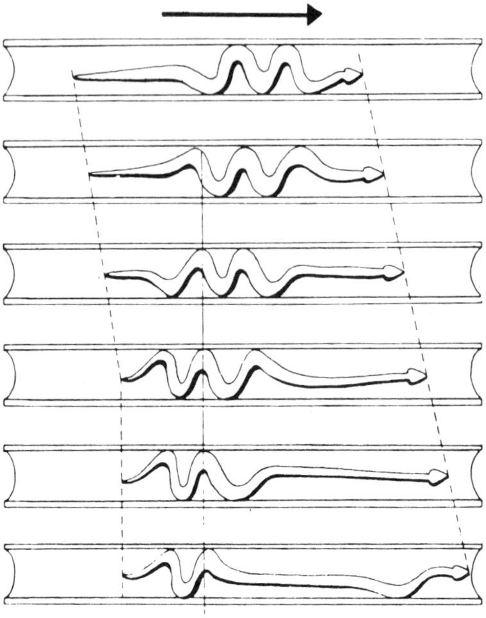

Abb. 1-2 Schlange, die durch einen engen Graben kriecht, indem sie Ziehharmonika-Bewegungen ausführt. (Abgeändert nach Gans. Aus „The Life of Reptiles“ von Angus Bellairs, erschienen bei Universe Books, New York, 1970)

Seitliches wellenförmiges Schlängeln ist die schnellste Art, sich an Land fortzubewegen; die

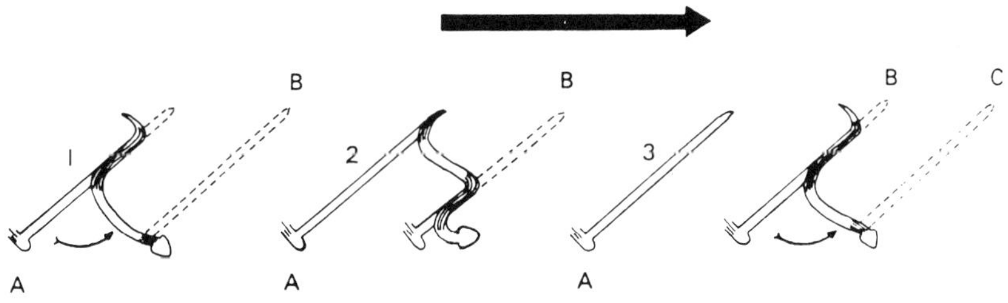

Abb. 1-3 Diagramm zu den Hauptelementen des Seitwärtswindens; nur die dunklen Teile der Schlange berühren den Boden; durchgezogene Linien symbolisieren die Spuren der Schlange, unterbrochene Linien zeigen Spuren, die gerade entstehen. **A** und **B** sind dieselben Spuren zu drei verschiedenen Zeitpunkten der Fortbewegung (als 1, 2, 3 bezeichnet); **C** zeigt die danach entstehende Spur. Der schwarze Pfeil gibt die Richtung an, in der das Tier kriecht. In Wirklichkeit benutzt die Gehörnte Klapperschlange ein komplizierteres Schlingensystem. (Abgeändert nach Gans. Aus „The Life of Reptiles" von Angus Bellairs, erschienen bei Universe Books, New York, 1970)

Zornnattern und Peitschenschlangen (*Coluber* und *Masticophis* spp.) erreichen über 6 km/h und Afrikanische Mambas (*Dendraspis* spp.) können sich angeblich mit 11 km/h fortbewegen. Dagegen ist geradliniges Kriechen die langsamste Fortbewegungsart. Es kann nützlich sein, in Erinnerung zu halten, daß Schlangen sich sehr schlecht auf weichen, polierten Oberflächen bewegen, so daß der Umgang erleichtert wird, wenn man sie auf derartigen Flächen behandelt, wobei sie mit einem Schlangenhaken oder einer Gabel in Schach gehalten werden.

Echsen haben viele Spezialanpassungen in ihrer Fortbewegungsweise. So besitzen Gekkos und Anolis Borsten mit Haftscheibchen an den Zehengliedern, die ihren Füßen Adhäsionskraft verleihen und somit ermöglichen, daß diese Kreaturen senkrecht an Glasscheiben hinaufklettern oder an der Zimmerdecke mit dem Kopf nach unten entlangrennen. Die meisten Echsen laufen auf allen vier Füßen, aber einige, z. B. der Halsbandleguan *(Crotaphytus collaris)* und Basilisken (*Basiliscus* sp.) können mit beträchtlicher Geschwindigkeit auf den Hinterbeinen rennen. Andererseits kriechen Basilisken-Chamäleons (*Chameleo* spp.) im Schneckentempo über Äste, indem sie sich mit zangenartigen Krallen und rollbarem Greifschwanz festhalten.

Verschiedene Echsen und eine Schlange, die Goldschlange *(Chrysopelea ornata)*, eine orientalische Schlange, die hinten mit Krallen bewehrt ist, sind Gleitflieger; die bekanntesten Luftakrobaten darunter sind die Flugdrachen (*Draco* sp.) Indiens und Malaysias. Diese Echsen, die selten über 30 cm lang werden, besitzen eine Hautfalte, die seitlich ausgespannt werden kann und von Strahlen verlängerter Rippen unterstützt wird. Bei Benutzung dieser Flügel lassen sich die Tiere von Ästen aus bis zu 20 m von Baum zu Baum gleiten. Die Goldschlange kann von einem Baum springen und zu Boden gleiten, wobei sie den Bauch einzieht und den Körper gerade hält, um bestmögliche Gleitform anzunehmen. Zum richtigen Fliegen ist aber keines der heutigen (rezenten) Reptilien befähigt.

Als Besonderheit speichern Amphibien Kalzium in *paravertebralen Kalksäcken,* Strukturen, die die Spinalganglien einhüllen. Während der Metamorphose nimmt deren Kalziumgehalt ab; die Ausschüttung des Spurenelementes dient offenbar der Mineralisation des Skeletts. Die Anatomie der Kalk-Säcke bei Fröschen ist von Schlumberger und Burke beschrieben und ihre vermutliche Funktion erläutert worden[82].

Manche Echsen, wie die Phelsuma-Arten, haben an der Seite ihres Nacken Organe, die man *Kreide-Säcke* nennt und die eventuell als Kalzium-Speicher dienen, deren genaue Funktion aber unklar ist.

1.3.3 Kreislaufsystem

Kaulquappen besitzen ein Herz mit einer Kammer und einem Vorhof, das grundsätzlich dem der Fische gleicht. Das Septum zwischen den Atrien entwickelt sich während der Metamorphose. Die meisten adulten Amphibien besitzen zwei Atrien und einen Ventrikel, dessen Hohlraum von Muskelwällen so getrennt wird, daß funktionell venöses und arterielles Blut getrennt sind. Die Trennung wird bei Amphibien beibehalten, indem eine spiralige Klappe den Truncus arteriosus unterteilt, wodurch das arterielle Blut ins Körpersystem und venöses Blut in den Lun-

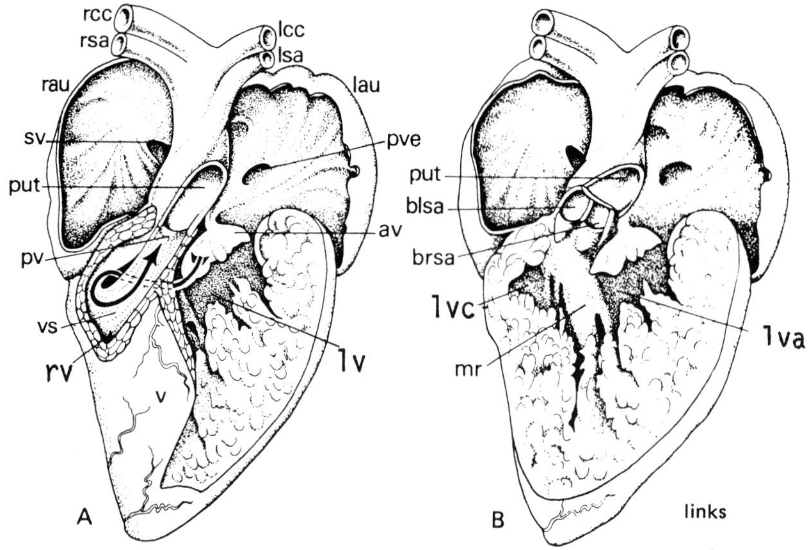

Abb. 1-4 Herz der Smaragdeidechse *(Lacerta viridis)* im Ventralschnitt. Nach Foxon und Mitarbeiter. **A.** Ventrale Wand von den beiden Vorhöfen und z. T. der Kammer entfernt, um die ventrale Kammer und den Ursprung des Truncus pulmonalis zu zeigen. Die Pfeile bezeichnen die Richtung des Blutstromes vom linken zum rechten Ventrikel und zum Truncus pulmonalis. **B.** Ventrale Herzwand, interventrikuläres Septum und Basis des Truncus pulmonalis entfernt, um die Gesamtheit des linken Ventrikels und den Ursprung des rechten und linken Körperkreislaufsystems zu zeigen. **ao:** dorsale Aorten; **av:** linke Klappe zwischen Vorhof und Ventrikel; **blsa:** Ursprung des linken Bogens des Körperkreislaufs (mit Klappe); **brsa:** Ursprung des rechten Bogens des Körperkreislaufs (mit Klappe); **da:** Ductus arteriosus (bei *Lacerta* vermutlich funktionslos); **dc:** Ductus caroticus; **cca:** äußere Karotis; **fp:** Foramen Panizzae; **ica:** innere Karotis; **lau:** linker Vorhof; **lcc:** linker Karotisursprung (Karotisbogen); **lpa:** linke Lungenarterie; **lsa:** linker Aortenbogen (Körperkreislauf); **lv:** linker Ventrikel; **lva:** Teil des linken Ventrikels (cavum arteriosum) links der Muskelleiste; **lvc:** Teil des linken Ventrikels (cavum venosum) rechts der Muskelleiste; **mr:** Muskelleiste oder sekundäres Septum; **da:** Öffnung des linken Vorhofs; **ora:** Öffnung des rechten Vorhofs; **put:** Truncus pulmonalis; **pv:** Pulmonalklappe; **pve:** Pulmonalvene; **rau:** rechter Vorhof; **rcc:** rechter Karotisursprung (Karotisbogen); **rpa:** rechte Lungenarterie; **rsa:** rechter Aortenbogen (Körperkreislauf); **rv:** rechter Ventrikel; **sbc:** Subklavikulararterie; **sv:** Öffnung des Sinus venosus; **v:** Ventrikel; **vs:** Ventrikelseptum. (Aus „The Life of Reptiles“ von Angus Bellairs. Erschienen bei Universe Books, New York, 1970)

genkreislauf gepumpt wird. Die lungenlosen Salamander besitzen nur ein unvollständiges Septum zwischen den Atrien und keine Lungengefäße.

Das Interventrikuläre Septum (IV-Septum) ist bei den Reptilien erstmals entwickelt, wobei es bei Schildkröten, Echsen und Schlangen unvollständig geschlossen bleibt (Abb. 1-4), doch wird die gänzliche Durchmischung von arteriellem und venösem Blut im Ventrikel bei ihnen wie bei Amphibien durch die Strömung des Blutes verhindert (Abb. 1-5). Bei Krokodilen ist das Interventrikuläre Septum bis auf eine kleine Öffnung, das **Foramen Panizzae** geschlossen, das an der Basis des Septums in der Nähe der Aortenbögen liegt (Abb. 1-6).

Bei vielen Angehörigen der Herpetofauna fließt arterielles Blut zuerst in den **Sinus venosus,** bevor es in das rechte Atrium gelangt. Dieser ist bei vielen Reptilien ins rechte Atrium verlagert und arbeitet bei vielen – oder sogar allen – Amphibien und Reptilien als Herzschrittmacher[90]. Der Rhythmus beträgt 20–35 Schläge/min und ist damit bei den Poikilothermen um einiges langsamer als bei den Homoiothermen; im Verlauf des Winterschlafes ist er fast nicht mehr wahrnehmbar.

Reptilien weisen zwar zwei Aortenbögen auf, doch verschmelzen rechter und linker Bogen kaudal von der Herzspitze und bilden die Aorta abdominalis (siehe Abb. 1-5 und 1-6). Den Blutströmungen am unvollständigen IV-Septum zufolge, führt der rechte arterielles und der linke Bogen venöses Blut. Durch die Zuführung venösen Blutes in den Körperkreislauf via linken Aortenbogen wird der Kreislauf der Reptilien gegenüber dem der Vögel und Säuger allerdings weni-

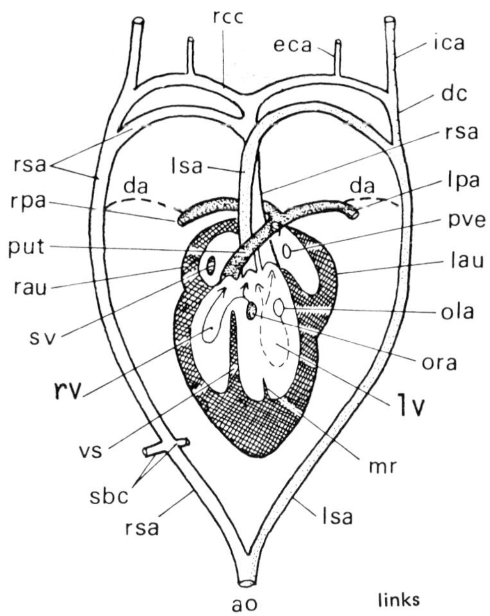

Abb. 1-5 Diagramm des Blutkreislaufs im Herzen und den großen Gefäßen der Eidechsen *(Lacerta)* in Ventralansicht. Aus Übersichtsgründen sind interventrikuläres Septum **(vs)** und sekundäres Septum **(mr)** in der vertikalen Ebene wiedergegeben. Die Pfeile zeigen den Verlauf des Blutstroms; venöses Blut ist durch durchgezogene Linien und punktierte Flächen, arterielles Blut durch unterbrochene Linien und weiße Flächen gekennzeichnet, Mischblut im linken Aortenbogen in schwacher Punktierung. Abgeändert nach Bellairs. Die übrigen Abkürzungen entsprechen denen in Abb. 1-4. (Aus „The Life of Reptiles" von Angus Bellairs, erschienen bei Universe Books, New York, 1970)

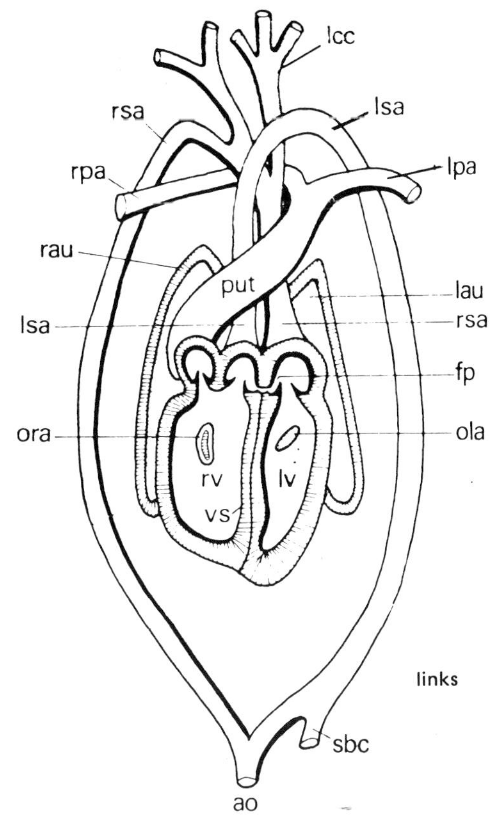

Abb. 1-6 Diagramm des Krokodilherzens und der großen Gefäße in Ventralansicht. **sbc:** Körperarterie. Die Subklaviculararterien entspringen den Karotiden. Andere Abkürzungen entsprechen denen in Abb. 1-4. Nach Hughes (Aus „The Life of Reptiles" von Angus Bellairs, erschienen bei Universe Books, New York, 1970)

ger leistungsfähig. Die Benennung von linken und rechten Aortenbögen erfolgt nach ihrem Verlauf außerhalb des Herzens, beide entspringen aber dem linken Ventrikel (zumindest bei fast allen Reptilien mit Ausnahme der Krokodile). Dabei liegt der Ursprung des rechten Bogens noch links von demjenigen des linken, so daß sich beide überkreuzen müssen, um zur Gegenseite zu gelangen (siehe Abb. 1-4 und 1-5). Möglicherweise setzt der Ursprung des linken Aortenbogens das unvollständige Septum außer Kraft. Dagegen nimmt der rechte Aortenbogen der Krokodile, die ein vollständiges IV-Septum aufweisen, seinen Anfang im linken Ventrikel und der linke Bogen im rechten Ventrikel; auch hier überkreuzen sich beide, um den Platz zu tauschen. Das meiste, oder sogar gesamte Blut, das in den linken Aortenbogen eintritt, wird bei Krokodilen vom linken Ventrikel durch das Foramen Panizzae gepumpt, so daß beide Aortenbögen im Endeffekt arterielles Blut führen und die Trennung von Lungen- und Körperkreislauf in hohem Maße aufrechterhalten wird. Bei allen Reptilien dominiert der rechte Aortenbogen in Größe und Fassungsvermögen. Schlangen zeigen oft eine reduzierte rechte Karotis oder diese fehlt ganz. Das arterielle Blut wird über die linke Karotide zum Kopf transportiert, aus der auch der rechte Kreislaufbogen abzweigt. Bei allen Reptilien entspringt der Truncus pulmonalis dem rechten Ventrikel.

Bei einer günstigen Gelegenheit konnte ich die Herzen zweier adulter Komodowaran-Männchen *(Varanus komodoensis)* untersuchen, hier gelangt das Blut von den Lungenvenen in den lin-

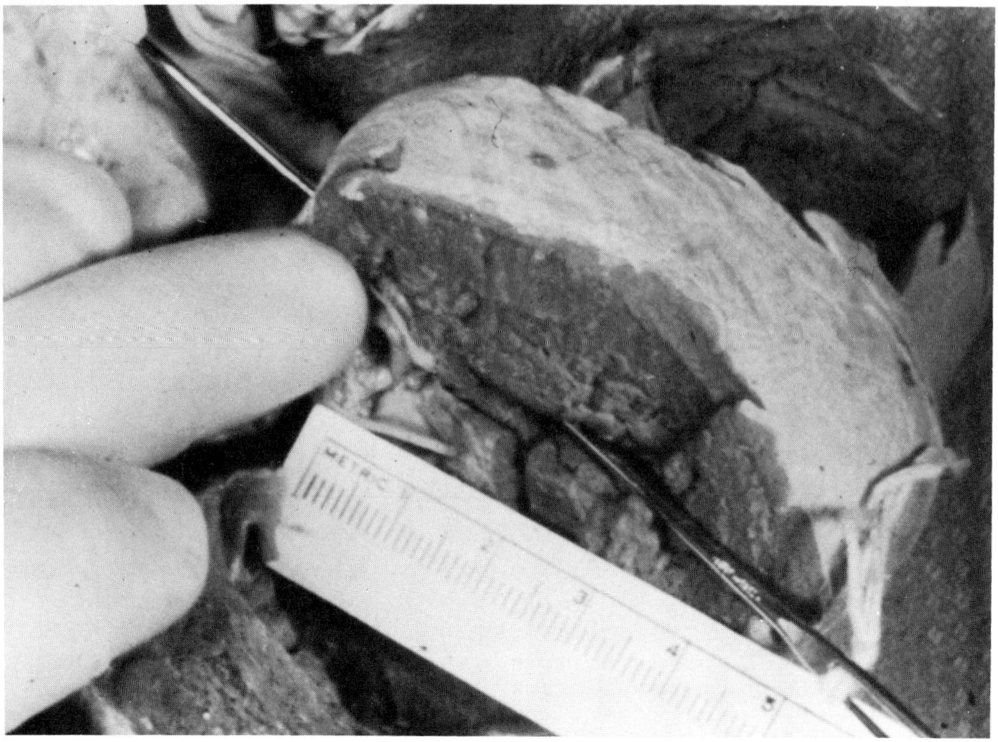

Abb. 1-7 Herz eines Komodowarans *(Varanus komodoensis)*. Die Sonde führt vom linken Ventrikel (Lineal) durch die Öffnung des interventrikulären Septums in den rechten Ventrikel und von dort durch den Aortenausgang nach draußen (oben links). Aortenbögen und Lungenarterien traten aus den rechten Aortenbögen der zwei Komodowarane aus, die der Autor untersucht hat. Muskelzüge des rechten Ventrikels dirigieren sauerstoffreiches und -armes Blut in die entsprechenden Adern. (Armed Forces Institute of Pathology Accession Nr. 1134021)

ken Vorhof und von dort in den linken Ventrikel, dem keinerlei Arterien entspringen. Im Verlauf des Systole wurde Blut durch eine Öffnung des IV-Septums in den rechten Ventrikel gedrückt (Abb. 1-7 und 1-8), wo es auf einen Muskelwall traf und dadurch zu den zwei Aorten geleitet wurde. Von diesen ist die rechte doppelt so groß wie die linke (Abb. 1-9), sie überkreuzen sich in der oben beschriebenen Weise. Das venöse Blut des Körperkreislaufes gelangt über Vena cava posterior und V. c. anterior ins rechte Atrium und weiter in den rechten Ventrikel, von wo es durch den Truncus pulmonalis abgeführt wird, der vor den zwei Aorten von der rechten zur linken Seite wechselt (siehe Abb. 1-9).

Beiderseits der Öffnung im IV-Septum befinden sich Klappensegel, die auf der Seite der Öffnung mit plumpen Warzen besetzt sind (siehe Abb. 1-8). Die Klappen sind an einem faserigen Ring befestigt und verschließen offensichtlich während der Diastole die Öffnung im IV-Septum. Dagegen schwingen sie während des Systole kopfwärts und verdecken dadurch die atrioventrikulären Öffnungen (A-V-Öffnungen). Sie besitzen keine Chordae tendonae, zwar befand sich auf der linken Seite eine AV-Klappe mit Chordae tendonae, aber rechts fehlte sie. Zwei Semilunarklappen regulieren die Eingänge zu jeder Aorta und dem Truncus pulmonalis, auch hier befanden sich auf der Arterienseite der pulmonalen Semilunarklappen einige Warzen, und zwar links mehr als rechts. Hinter der rechten Semilunarklappe der rechten Aorta fand sich nur ein einziges Ostium zur Koronararterie.

Über die Kreislaufphysiologie der Reptilien gibt es noch vieles zu erarbeiten. Während des Winterschlafs, den Ruheperioden, größerer Aktivität, Tauchen und anderen besonderen Verhaltensweisen treten möglicherweise verschiedenartige Mechanismen zur Regelung des Blutkreislaufs auf. Wenn beispielsweise Schildkröten oder Alligatoren unter Wasser schwimmen, ergibt sich

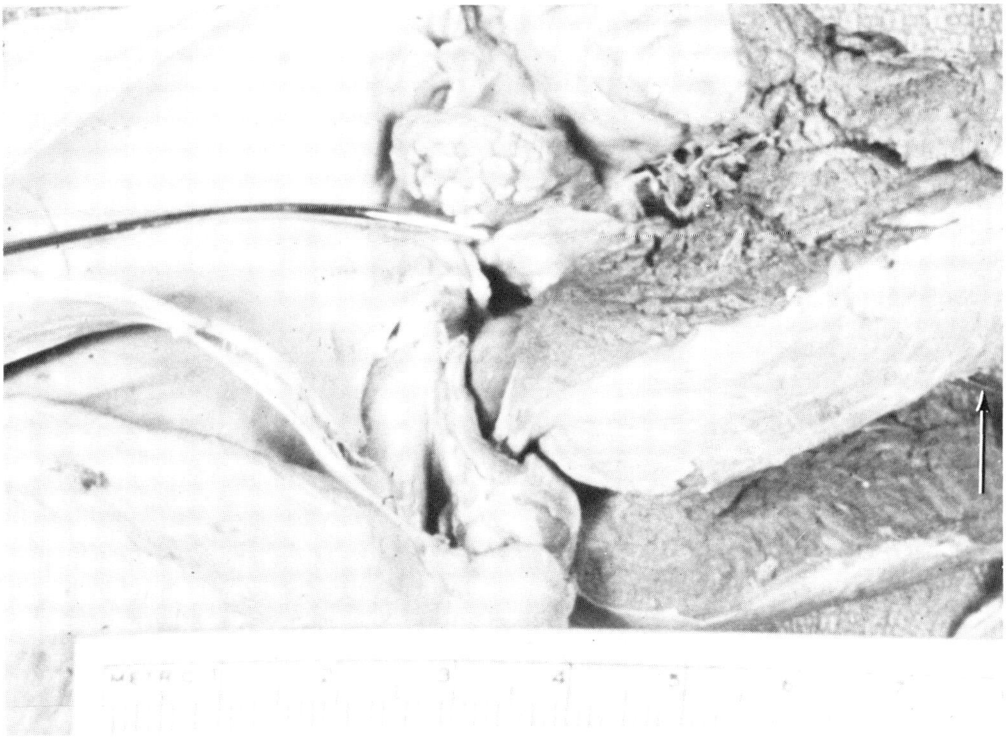

Abb. 1-8 Herz eines Komodowarans *(Varanus komodoensis)*. Das rechte Ende der Sonde (Pfeil) ist in der linken Ventrikelhälfte. Die Sonde führt durch die Öffnung im interventrikulären Septum in den rechten Ventrikel und in den rechten Aortenbogen hinauf (links). Eine warzenförmige Klappe (obere Sonde, Bildmitte) jederseits der Septenöffnung schließt die Öffnung während der Diastole. Die Klappen schwingen kraniad bei der Systole und fungieren so als atrioventrikuläre Klappen. (Armed Forces Institute of Pathology Accession Nr. 1134021)

Apnoe infolge gesteigerten Widerstandes im Lungenkreislauf und einer Verschiebung des Blutvolumens von rechts nach links, wobei die Lungen passiert werden[26, 88, 89]. Diese Verschiebung sowie gezielte Vasokonstriktion halten die notwendige Versorgung lebenswichtiger Organe wie dem Gehirn aufrecht. Heatwole gibt eine Übersicht über die Physiologie des Tauchens von Seeschlangen und anderen Reptilien[55a].

1.3.4 Lymphsystem und Hämatopoiese: Hämatologie und Immunologie

Die Rückkehr der Lymphe ins Venensystem wird bei Amphibien und Reptilien durch pulsierende **Lymphherzen** unterstützt, die muskuläre Erweiterungen in den Hauptlymphbahnen darstellen[35].

Erstmals in der Stammesgeschichte treten Lymphknoten bei einigen Amphibien auf, z. B. *Bufo marinus*[40]. Dagegen besitzen die meisten Reptilien – mit Ausnahme der Schnappschildkröte, *Chelydra serpentina* – keine Lymphknoten, sondern stattdessen Lymphfollikel im Gastrointestinaltrakt und der Milz. Mandeln wurden bei einigen Reptilien, z. B. dem Alligator, gefunden[50].

Obwohl keine Bursa Fabricii bei der Herpetofauna nachgewiesen wurde, existiert lymphoides Gewebe, das der Vogelbursa ähnelt, in der Kloakenregion beim Alligator und der Schnappschildkröte[20].

Bei einem Großteil der Schlangen ist die Milz auf eine Art an den Pankreas angelagert, daß sie als roter Knopf auf einer weißen eiförmigen Masse erscheint (Abb. 1-10), doch können bei Boiden beide getrennt voneinander liegen. Die genauere Anatomie des Thymus wurde für Reptilien von Bockman genauer untersucht[13], er ist auch bei Amphibien vorhanden.

Reptilien wie Amphibien reagieren auf Antigene mit einer Vermehrung der Antiköper und sie

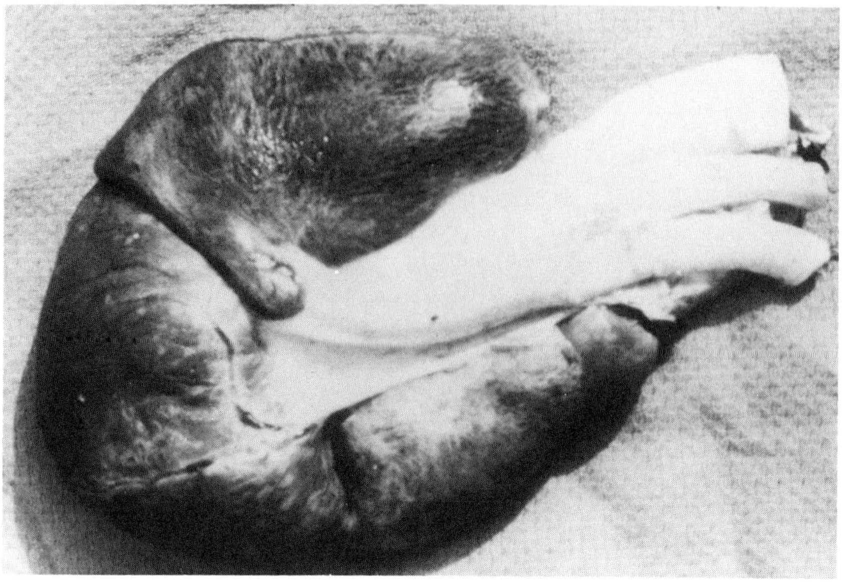

Abb. 1-9 Ventralansicht des Herzens eines adulten Komodowarans *(Varanus komodoensis)*. Das größte Gefäß an der Bildoberseite ist der rechte Aortenbogen. Die Pulmonararterie kreuzt vor den Aortenwurzeln; ihr abgeschnittenes Ende zeigt zur Bildunterseite. Das Gefäß in der Mitte ist der linke Aortenbogen. (Mit freundl. Genehmigung von Dr. Richard Mentali, National Zoological Park)

stoßen Fremdtransplantate ab; ihre Antikörper-Produktion ist dabei temperaturabhängig. Für eine genaue Untersuchung der Immunsysteme sind sie nach Cohen insofern sehr geeignet, als die verschiedenen Stufen der Antikörper-Synthese durch sorgfältige Manipulation der Temperatur veranschaulicht werden können[20].

Evans zeigte eine gesteigerte Antikörper-Bildung beim Wüstenleguan, *Dipsosaurus dorsalis,* und bei Chuckwallas, *Sauromalus obesus,* bei 35° C im Vergleich zu 25° C oder 40° C[38, 39]. Dabei war wesentlich, bei welcher Temperatur die Tiere in der Woche nach der Impfung gehalten wurden. Ebenso zeigt die Kröte *Bufo marinus* bei 25° C und 35° C eine bessere Antikörper-Bildung als bei 15° C. Von Evans wurden *Salmonella-typhosa*-H-Antigen benutzt, doch kann die Temperatur der optimalen Antikörper-Reaktion von der Art der Herpetofauna oder dem verwendeten Antigen abhängen.

Frösche *(Rana temporaria)* produzierten solange keine nachweisbaren Antikörper, wie sie bei 8° C gehalten wurden, nachdem man sie mit Suspensionen abgetöteter *Pseudomonas fluorescens* geimpft hatte, sobald sie in 20° C gebracht waren, wurden Agglutinine gebildet. Umgekehrt produzierten Frösche in 20° C Antikörper, doch verringerten sich deren Anzahl als die Umgebungstemperatur auf 8° C gesenkt wurde. Diese Untersuchungen zeigen, daß die eigentliche Fähigkeit zur Produktion spezifischer Antikörper unabhängig von deren tatsächlichem Auftreten ist, das wiederum von der Temperatur beeinflußt wird[12].

Isoantigene und Isoantikörper sind bei den Poikilothermen nachweisbar[57]. Mit Hilfe von Hämagglutination gelang Frair bei Schildkröten der Nachweis von Blutgruppen[43].

Präzipitine können vom mütterlichen Kreislauf auf reifende Eier übertragen werden[69], doch ist die Schutzfunktion dieser passiven Antikörper-Übertragung bei frisch geschlüpften Reptilien nicht näher untersucht. Eine Übersicht über die Ontogenese der Immunantwort in wechselwarmen Vertebraten findet sich bei DuPasquier[33].

Das Reptilien- wie Amphibien-Serum enthält Äquivalente des IgG und IgM, wobei letzteres in größerer relativer und absoluter Menge vorliegt als bei den Säugern. Da Reptilien weniger dazu befähigt sind, anamnestisch zu reagieren, als Säuger, werden wiederholte Infektionen jedesmal mit einer gesteigerten Makroglobulin-Produktion beantwortet[66]. Auch bei Amphibien wurde ein Komplementsystem nachgewiesen[66].

Ein interessanter Aspekt der Immunologie von Herpetofauna-Arten ist die Frage nach einer jah-

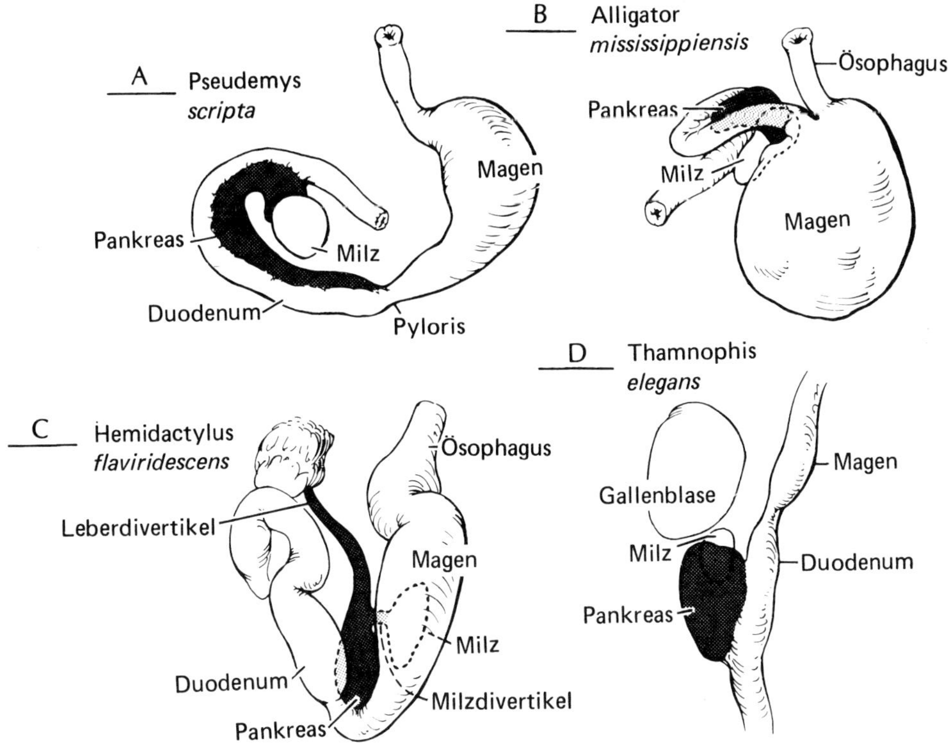

Abb. 1-10 Übersicht der Anatomie von Pankreas und Milz bei verschiedenen rezenten Reptilien. **A.** Schildkröte der Art *Pseudemys scripta;* **B.** Krokodil: *Alligator mississippiensis;* **C.** Echse: *Hemidactylus faviviridescens;* **D.** Schlange: *Thamnophis elegans.* (Aus Biology of Reptilia, Bd. III, von M. R. Miller und M. D. Lagies; erschienen bei Academic Press, N.Y. 1970)

reszeitlich-bedingten Veränderung der Immunantwort: Wie ändert sie sich mit der Temperatur und dem Hormon-Spiegel? Dies ist keine bloße Frage der Forschung, sondern kann für öffentliches Gesundheitswesen und die Bekämpfung von Epidemien Bedeutung gewinnen, falls sich die Herpetofauna als Träger derartiger Erkrankungen wie östlicher und westlicher Enzephalitis und Encephalitis japonica B und Leptospirose erweisen sollte (Kap. 3). Es ist bereits die Fähigkeit dieser Erreger nachgewiesen, in überwinternden Reptilien zu überdauern, wobei ich der verminderten Immunantwort während des Winterschlafes große Bedeutung für die Erhaltung solcher Infektionen über die kalte Jahreszeit hin zuschreibe.

Methoden der Blutentnahme werden in Kapitel 2 erörtert. Der durchschnittliche Hämatokrit-Wert bei Reptilien beträgt 29, typisch für Süßwasser-Arten sind niedrigere Werte (24–27), höhere (31–32) treten bei Meeresschildkröten auf, während terrestrische Reptilien in der Mitte zu finden sind (29–30; Tabelle 1-4)[85]. Erythrozyten der Reptilien und Amphibien sind bikonvex, oval und kernhaltig, obschon einige kernlose Erythroplasten zu finden sind (bei einigen Salamandern in großer Zahl). Unter den Vertrebraten besitzen Amphibien die größten roten Blutkörperchen, deren größte bei einer Urodelen, *Amphiuma tridactylum,* gefunden wurde und die eine Größe von 65,3 × 36,6 µm aufwiesen[55]. Generell gilt, daß, je tiefer das Tier im Stammbaum gestellt wird, der Erythrozyt um so größer ist und mit zunehmender Größe des roten Blutkörperchens deren Gesamtzahl abnimmt. Bei Reptilien besitzen Echsen die kleinsten Erythrozyten, aber deren höchste Anzahl; dagegen verhält es sich bei Schildkröten umgekehrt. (Das größte rote Blutkörperchen findet sich im primitivsten Vertreter der Klasse, der Brückenechse.) Mit dem Jahresverlauf geht eine physiologische Veränderung in der Zahl roter Blutkörperchen einher, die vor dem Winter ansteigt und im Frühjahr vor der

Tabelle 1–4 Bestandteile der Körperflüssigkeit bei Reptilien*

	Süßwasserreptilien (4 Krokodilarten, Schnappschildkröte)	**Meeresschildkröten** (5 Arten)	**Terrestrische Reptilien** (Gopherschildkröte, Leguan, Boa, Kiefernnatter)
Hämatrokrit	26 (18–32)	31,5 (26–38)	30 (22–27)
Dichte des Plasmas	1,023 (1,020–1,025)	1,030 (1,028–1,033)	1,028 (1,020–1,032)
Blutvolumen in % des Körpergewichtes	4,9 (3,8–6,1)	6,6 (5,2–7,9)	6,0 (4,7–7,3
Extrazelluläres Flüssigkeitsvolumen in % des Körpergewichtes	15 (12,9–18,1)	19 (16,8–21,0)	16,8 (14,0–19,8)
Interstitielle Flüssigkeit in % des Körpergewichtes	11,5	14,6	12,7
Totaler Wassergehalt in % des Körpergewichtes	73 (71,0–74,4)	65 (63,0–66,7)	70,4 (68,0–72,9)
Intrazelluläres Flüssigkeitsvolumen in % des Körpergewichtes	58	45,8	53,7

* Nach Thorson, T.B.: Body fluid partitioning in Reptilia, Copeia, 592–601, 1968. Gegeben sind Durchschnittswerte und in Klammern untere und obere Grenzen für die betreffenden Werte.

Fortpflanzungszeit abfällt[30]. Relative Anämie tritt bei tropischen Arten zur Fortpflanzungszeit auf[1] und trägt möglicherweise im Frühjahr zur erhöhten Morbilitätsrate bei gefangengehaltenen Fröschen auf[63].

Thrombozyten sind kleiner als Erythrozyten, enthalten einen Kern und sind oval bis spindelförmig. Zwar finden sich alle Leukozyten: Granulozyten, Monozyten und Lymphozyten, aber das Auszählen sollte Fachleuten überlassen bleiben, die die Morphologie dieser Zellen bei der jeweiligen Art kennen. Die Anzahl der Blutzellen – im Gesamten wie den Spezialzellen – der Elektrolytgehalt des Serums und die anderen Blutbestandteile schwanken von Art zu Art und innerhalb davon mit der Jahreszeit (z. B. Winterschlaf, Fortpflanzung)[22, 64]. So weisen viele Reptilien gemäßigter Zonen im Sommer hohe Lymphozyten-Zahlen und sehr niedrige Eosinophiler Zellen auf, dagegen verschiebt sich dies zum Winter ins Gegenteil[30]. Pienaar schrieb eine einzigartige Monographie über die Hämotologie einiger südafrikanischer Reptilien, die physiologischen Fakten und einige Aspekte der Pathologie umfaßt[77]. Frye hat dazu eine kürzere Übersicht gegeben[45].

Das Zentrum der Hämatopoese bei der Kaulquappe ist die Niere, bei adulten Fröschen dagegen die Milz und in geringerem Umfang Knochenmark und Leber. Bei Reptilien sieht die Situation ähnlich aus, allerdings hat hier das Knochenmark größere Bedeutung. Manche adulte Salamander weisen als Hauptorgan der Hämatopoese die Milz auf; für Schildkröten ist die Entstehung roter Blutkörperchen von Jordan und Flipper beschrieben und illustriert worden[61].

1.3.5 Chemische Eigenschaften des Blutes

Der Grundumsatz poikilothermer Vertebraten liegt unter demjenigen der Homoiothermen. Daraus ergeben sich für die biochemischen Experimente Gesichtspunkte, die von Coulson und Hernandez ausgeführt werden[23].

Die chemische Zusammensetzung des Blutes bei Reptilien unterliegt physiologischen Veränderungen, die mit Erkenntnissen bei Vögeln und Säugern nicht in Einklang zu bringen sind. Kurzfristige Änderungen treten infolge Fütterung, Temperaturwechsel und beim Tauchen auf, größere langfristige Änderungen im Jahresrhythmus mit Ereignissen wie Fortpflanzung und Winterschlaf.

Die folgende Ausführung über die Chemie des Blutes bei Reptilien wurde einem Kapitel von Dessauer[27] entnommen, bei dem der Leser weitere Informationen finden kann. Auch die Ausführungen von Coulson und Hernandez[22] sind für Arbeiten zur Biochemie des Alligators empfehlenswert.

Das Plasma der meisten Reptilien ist farblos oder gelblich, kann aber bei Leguanen und dem Basilisken-Chamäleon hell-orange oder gelb sein und zwar infolge von Karotinoiden, bei Pythons und der gewöhnlichen Lanzenotter *(Bothrops jararaca)* verleihen ihm Karotinoide und Riboflavine eine grüngelbe Färbung.

Die Osmolarität der meisten Krokodile und Süßwasserschildkröten ähnelt dem Wert beim Menschen, nämlich 283 ± 11 mmol/Liter, andere Reptilien weisen höhere Werte auf. Verglichen mit dem menschlichen Blut-pH von 7,4 tendieren Schildkröten zu höheren (alkalischeren) Werten, dagegen zeigen sich bei Schlangen und Echsen saure pH-Werte. Deutliche Änderungen des Blut-pHs sind physiologisch, z. B. als Folge von Temperaturänderungen oder Erregung, bedingt. Hierbei wird der pH-Wert gesenkt. Grabende und tauchende Reptilien sind fähig, längere Hypoxie und Azidose zu überleben. Schildkröten bleiben den gesamten Winter unter Wasser, wobei sie den Grundumsatz drastisch senken und stark auskühlen.

Infolge einer Verschiebung von Anionen tritt beim Alligator nach dem Fressen eine metabolische Alkalose ein, in deren Verlauf Bikarbonat das Chlor im Blut in dem Maße ersetzt, wie dieses für die gastrische Sekretion von Salzsäure benötigt und freigesetzt wird. Genauso kann nach dem Fressen eine Umkehrung der Verhältnisse infolge Fastens auftreten (Chloridionen 112, Bikarbonat 20 mmol/Liter) (Abb. 1-11).

Verhältnismäßig gering ist der Blutglukosespiegel der Amphibien, der durchschnittlich 34 bis 79 mg/dl bei Anuren beträgt[72]. Höher ist er bei Reptilien (50–200 mg/dl) und unterliegt deutlich physiologischen Veränderungen. So steigt der Glukosegehalt im Blut der Alligatoren mit der Temperatur, fällt dagegen bei der Sumpfschildkröte, *Emys orbicularis.* Hypoxie, z. B. beim Tauchen, verursacht physiologische Hyperglykämie und anaerobe Glykolyse bei Wasserschildkröten. Zwar wird Glukose schnell resorbiert, doch ist die Senkung des Blutglukosespiegels zum Hunger-Wert temperaturabhängig und die „normalen“ Toleranz-Kurven für Glukose würden für verschiedene Reptilienarten in jedem Temperaturbereich voneinander abweichen. Viele Reptilien, besonders die der gemäßigten Zonen, variieren im Blutglukosegehalt je nach Jahreszeit, im allgemeinen fällt er im späten Sommer und Herbst ab, wenn Fett und Glykogen vermehrt gespeichert werden.

Das gesamte Plasma-Protein der Reptilien liegt zwischen drei und sieben g/dl. Darin enthalten sind Albumin, Globuline, Lipoproteine, Enzyme und verschiedene Faktoren für die Blutgerinnung.

Reptilienblut gerinnt langsam, weil die Reaktionsgeschwindigkeit des Thromboplastins gering

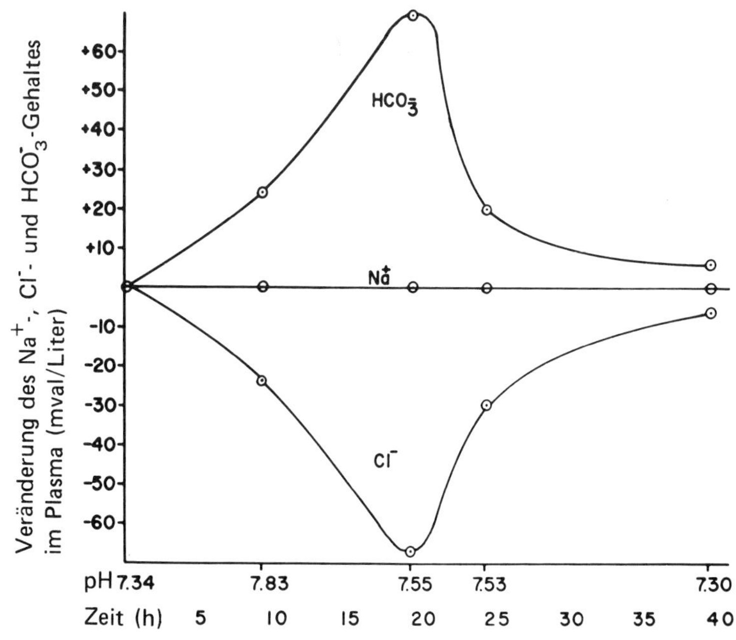

Abb. 1-11 Repräsentativer Zeitverlauf des Gehalts von Anionen im Plasma bei einem Alligator. Fütterung am Zeitpunkt 0; das Blut wurde nach 0, 9, 20, 24 und 40 Stunden untersucht. Da die Handhabung des Alligators diesen zur Hyperventilation veranlaßte, wäre der Blut-pH infolge Schwankung kein verläßlicher Index für die Alkalose im Blut. (Aus Coulson, R. A. und Hernandez, T.: Reptiles as research models for comparative biochemistry and endocrinology. J. Am. Vet. Med. Assoc., 159, 1672–1677, 1971)

und der Effekt eines Antithrombin-Faktors, der mit im Blut enthalten ist, groß ist. Sehr wahrscheinlich ist die langsame Gerinnung erforderlich, um der trägen Fließgeschwindigkeit entgegenzuwirken[52].

1.3.6 Atmungsorgane

Einige Adulte und alle Amphibienlarven atmen mit Kiemen, die bei Salamanderlarven hervorstehen, meist aber bei Kaulquappen von einem Operculum bedeckt sind. Der Großteil adulter Amphibien und alle adulten Reptilien weisen Lungenatmung auf; zusätzlich findet Sauerstoffaustausch über Haut und Schleimhäute bei vielen Amphibien statt. Plethodontidae (lungenlose Salamander) sind noch im Adultstadium gänzlich von letzterer Art des Gastaustausches abhängig. Daneben stellt die Hautatmung oft die einzige Möglichkeit zur Sauerstoffaufnahme während des Winterschlafes dar und wird bei einigen Arten durch Kapillaren in der Epidermis erleichtert. Amphibien, die über die Haut atmen, müssen feucht gehalten werden, sonst sterben sie. Auch bei vielen Reptilien, besonders den Seeschlangen, existiert Hautatmung[55a].

Bei Süßwasserschildkröten findet man teilweise ein paar akzessorische Ausstülpungen an der dorsalen Kloakenwand, denen eine Funktion im Gasaustausch z. B. während des Winterschlafes zugeschrieben wird. Eine Ausnahme bezüglich der Atmung bilden die Weichschildkröten (Trionychidae), bei denen während des Tauchens über 70% des Sauerstoffs über den lederartigen Panzer aufgenommen werden und 30% über die Pharynx-Schleimhaut, der zahlreiche gut durchblutete Papillen entspringen[10]. Obwohl sie hauptsächlich auf Lungenatmung angewiesen sind, atmen auch einige Echsen über den Pharynx.

Die Lungen der meisten Amphibien und Reptilien sind einfache Säcke, die an den Bronchien befestigt sind und innen stark gefurcht sind, was ihnen Ähnlichkeit mit der Oberfläche im Retikulum der Wiederkäuer verleiht. Ausmaß und Erscheinungsform der Furchung sind artspezifisch verschieden. Krokodillungen sind komplizierter; sie sind zweikammerig und besitzen Parabronchien. Erweiterungen der Lunge, die den Luftsäcken der Vögel ähneln, gibt es bei manchen Echsen. Schlangen fehlt die linke Lungenhälfte oder sie ist jedenfalls reduziert; letzteres ist bei Boiden (Boas und Pythons) der Fall. Ungleich ausgebildete Lungen findet man auch bei Echsen. Während der kraniale Teil der Schlangenlunge für den Gasaustausch sorgt, dient der kaudale als dünnhäutiger Luftsack. Seeschlangen besitzen ein wesentlich größeres Lungenvolumen als terrestrische Formen[55a].

Den Reptilien fehlt das Diaphragma, sie haben demnach nur eine einzige *pleuroperitoneale* Körperhöhle. Bei Schildkröten zumindest existiert eine membranöse Struktur, die dem Diaphragma ähnelt und Thorakal- und Abdominalhöhle z. T. voneinander trennt.

Die Glottis der Schlangen ist eine erhöhte und schlitzartige Öffnung im rostralen Teil des Mundbodens unmittelbar hinter dem Zungengrund (siehe Abb. 2-5). Glottis und Ösophagus-Mündung sind weit genug voneinander entfernt, um die leichte Einführung eines Lungenschlauches oder eines Schlauchs zur Ernährung mit bloßem Auge zu gewährleisten. Man kann nicht den „falschen Kanal erwischen“. Auch die Glottis der Schildkröten ist leicht aufzufinden, aber es ist weniger einfach, einen Schlauch dort einzuführen oder das Tier zwangszuernähren, da es sich dabei gewöhnlich in den Panzer zurückzieht.

1.3.7 Verdauungssystem und Fütterung

Organe und Unterteilung des Verdauungstraktes ähneln dem Säugerbauplan.

Das Kiefergelenk der Reptilien wird durch eine konvexe Biegung im *Quadratum* im Oberkiefer und eine konkave Höhlung im *Artikulare* des Unterkiefers gebildet (kaudaler Teil der Mandibel) und verhält sich damit umgekehrt wie die Biegung im Temporale und Mandibulare des Kiefergelenks der Säuger (Abb. 1-12). Der Bewegungsablauf der Kieferbewegung bei Echsen ist kompliziert: neben der Abwärtsbewegung des Unterkiefers ist eine Vorwärts-Aufwärtsbewegung des Oberkiefers möglich. Diese große Bewegungsfreiheit geht erstens auf die Bewegbarkeit des Pterygoids, eines paarigen Knochen im kaudalen Gaumendach, das in der Körperlängsachse vor- und zurückbewegt werden kann (kraniokaudal), zurück und zweitens auf Schädelgelenke, die dem Oberkiefer um das feste Okzipital-Segment einigen Bewegungsraum lassen. Vermutlich fördert diese Beweglichkeit den Weitertransport der Beute in den Rachen, was bei einer fressenden Echse deutlich wird, wenn sie ihre Beute mit einer Reihe von Schluckbewegungen und Vorstoßen des Kopfes im Maul nach hinten befördert.

Schlangenkiefer besitzen noch größere Bewegungsfreiheit als die Echsen. Die Quadrata der

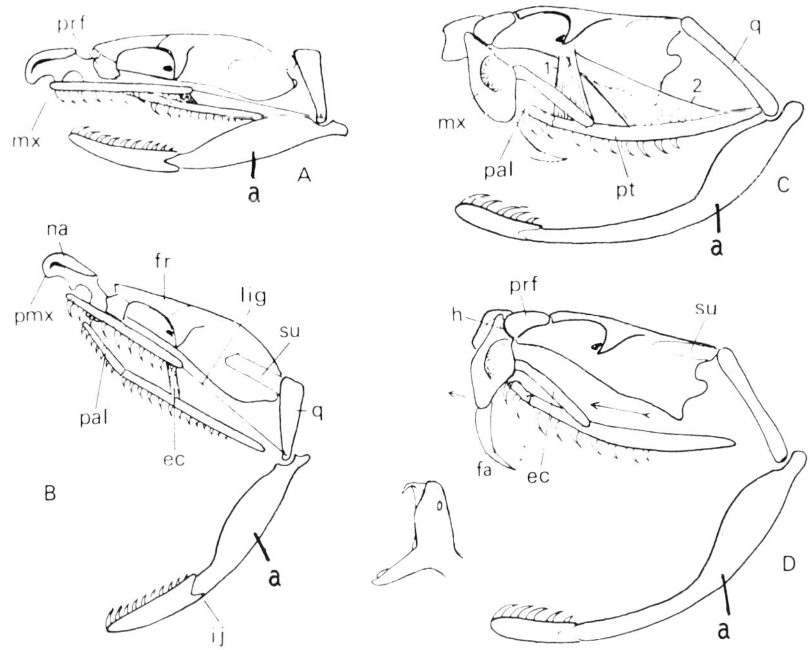

Abb. 1-12 Kieferbewegungen der Schlangen. Abgeändert nach Albright und Nelson. Natter mit geschlossenem **(A)** und offenem Maul **(B)**, Viper mit geschlossenem **(C)** und offenem Maul **(D)**. Das Bild veranschaulicht die Aufrichtung des Giftzahnes bei unabhängiger Bewegung von Quadratum **(a)** und Pterygoid **(pt)**. Die Muskeln der Abb. **C** sind Levator **(1)** und Protractor pterygoidei **(2)**. Die Pfeile bei **D** geben die Bewegungsrichtung beider Knochen bei Öffnung des Mauls an. Der kleine Bildeinsatz zeigt eine Viper, die bereit ist zuzustoßen mit zurückgezogenem Kopf, aufgerichteten Giftzähnen und klaffendem Maul. **a:** Artikulare; **ec:** Ektopterygoid (Transpalatinum); **fa:** Giftzahn; **fr:** Frontale; **h:** Gelenk zwischen Präfrontale und Maxillare; **ij:** Intramandibuläre Verwachsungsnaht; **lig:** Ligament (quadratomaxillares); **mx:** Maxille; **na:** Nasale; **pal:** Palatinum; **pmx:** Prämaxillare; **prf:** Präfrontale; **pt:** Pterygoid; **q:** Quadratum; **su:** Supratemporale. (Aus „The Life of Reptiles" von Angus Bellairs, erschienen bei Universe Books, N.Y., 1970)

Schlangen sind lang und neigen sich rückwärts und nach unten, so daß das Kiefergelenk (Quadratoartikuläres Gelenk) kaudal vom Okzipitale zu liegen kommt, wenn das Maul geschlossen ist (Abb. 1-13, Abb. 1-12, A und C)

Dorsal stößt das Quadratum an das *Supratemporale,* das ebenfalls etwas drehbar gelagert ist. Bei geöffnetem Maul senken sich Supratemporale und Quadratum vorwärts abwärts (ventrorostral), während der Unterkiefer herabgedrückt wird (siehe Abb. 1-12, B und D). Eine mandibuläre Symphyse existiert bei Schlangen nicht; rechte und linke Unterkieferhälfte können unabhängig voneinander bewegt werden. Auf diese Weise kann das Schlangenmaul Beute verschlingen, deren Durchmesser seinen eigenen überschreitet. Die Zähne stehen in Doppelreihen (auf Maxillare und Palatinum) im Oberkiefer und sind nach hinten gerichtet, so daß ein Entkommen der Beute verhindert wird. Gewöhnlich wird die Nahrung

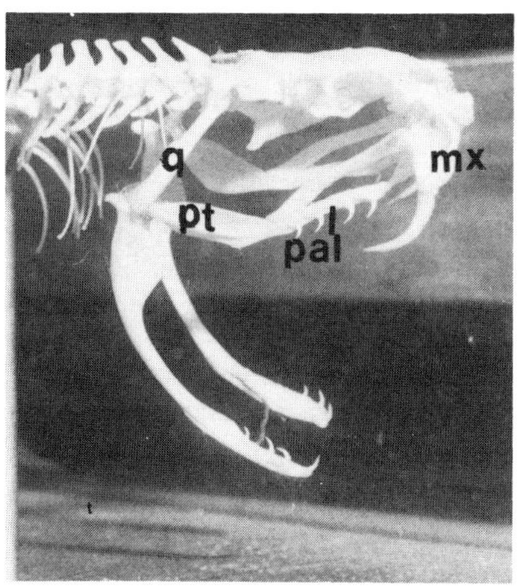

Abb. 1-13 Schädel der Klapperschlange (*Crotalus* sp.) mit geöffnetem Maul. Beachte das Fehlen der Mandibular-Symphyse. **mx:** Maxille; **pal:** Palatinum; **pt:** Pterygoid; **q:** Quadratum

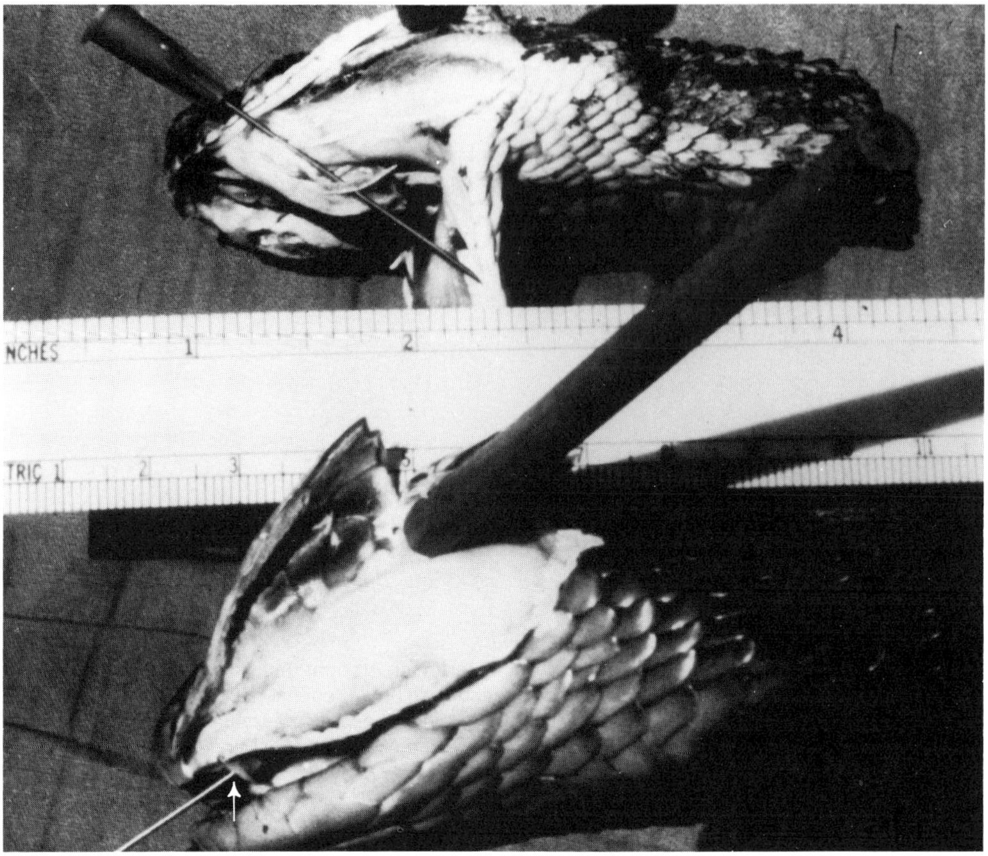

Abb. 1-14 Kopf einer Viper (Puffotter, *Bitis arietans,* oben) und einer Kobra (*Naja* sp.), aufgeschnitten zur Demonstration des Giftapparates. Die Haut über dem Giftzahn der Viper ist entfernt worden, um seine Länge und Stellung zu zeigen; er wird zur oberen Mundhöhle hin abgewinkelt, wenn das Maul geschlossen und der Giftzahn nicht in Gebrauch ist. Der Giftzahn der Kobra ist kurz und steht aufrecht (Pfeil)

am Kopf ergriffen und dann kriecht die Schlange buchstäblich über sie hinweg, indem sie ihren Griff mit dem Kiefer erst auf einer, dann auf der anderen Seite weiter Richtung Schwanz verschiebt.

Die Kiefermuskulatur, die zur Schließung des Mauls dient, wird vom mandibulären Teil des Trigeminus innerviert und ist ein Vielfaches stärker als die Depressores mandibulae, die das Maul öffnen und vom Nervus facialis versorgt werden.

Einzelheiten des Schädelbauplanes und der Kieferbewegungen sind bei Bellairs genau beschrieben[10].

Obwohl Schildkröten keine Zähne besitzen, können sie mit ihrem Hornschnabel wirkungsvoll beißen. Frösche und Kröten haben Zähne oder zahnähnliche Strukturen im Oberkiefer. Der Großteil der Herpetofauna weist eine uniforme Zahnform und -struktur auf *(homodont),* jedoch sehen die Zähne einiger Echsen im vorderen Kieferbereich anders aus als diejenigen im hinteren *(heterodont)* und verschiedene Schlangen und zwei Eidechsen (Gila-Krustenechse, *Heloderma suspectum* und Skorpion-Krustenechse, *Heloderma horridum*) besitzen Zähne, die auf Einspritzen von Gift eingestellt sind. Diese befinden sich bei Schlangen im Ober-, bei Echsen im Unterkiefer. Hydrophidae (Seeschlangen)* und Elapidae (Kobras, Bungars, Mambas, Korallenschlangen) haben ein paar kurzer, aufrechter und starrer Giftzähne vorne im Oberkiefer (Abb. 1-14). In der Vipernfamilie besitzen die beiden Unterfami-

* Die Familie *Laticaudidae* (Plattschwanz-Seeschlangen) wurde kürzlich von den Hydrophidae abgetrennt[55a]. Beide Familien zeigen aber einen ähnlichen Aufbau des Giftapparates.

lien Viperinae (Echte Vipern) und Crotilinae (Grubenottern) lange, gebogene, bewegbare Giftzähne, die von einer Hülle umgeben sind (siehe Abb. 1-14).

Die Giftzähne legen sich nach hinten, wenn das Maul geschlossen ist und werden zum Zustoßen aufgerichtet. Unabhängige Bewegungen beider Giftzähne ist bei den Viperinae möglich. Der Rest der Giftschlangen, die Opisthoglypha, weisen im hinteren Teil des Oberkiefers gefurchte Giftzähne auf. Die meisten sind für den Menschen ungefährlich, mit Ausnahme der Boomslang *(Disphylidus typus)* und ein paar anderer.

Zähne der Schlangen, Krokodile und vieler Echsen werden laufend und regelmäßig ersetzt, was als *Polyphyodontie* bezeichnet wird, und ein Reptil kann somit zahlreiche Zahngenerationen in seinem Leben nachschieben. Aus dieser Tatsache sollten zwei Lehren gezogen werden: erstens kann das Alter des Tieres nicht aus dem Zustand seiner Zähne abgeleitet werden und zweitens können Giftschlangen nicht auf Dauer unschädlich gemacht werden, indem man ihnen die Giftzähne zieht. Bei Edmund findet sich eine Übersicht über Histologie, Anatomie und Entwicklung der Reptilien-Zähne[34].

Giftdrüsen sind umgewandelte Speicheldrüsen. Als Grobeinteilung gilt, daß das Gift der Elapidae paralytisch wirkt (Neurotoxine), wogegen das der Vipern Hämolyse und Brand hervorrufen. Allerdings ist dies eine grobe Vereinfachung und jeder, der mit Giftschlangen arbeitet, sollte mit der Toxikologie und Behandlung von Schlangenbissen vertraut sein und deren arteigentümliche Wirkung kennen. Praktischen Tierärzten wird geraten, Giftschlangen nicht zu behandeln, überhaupt sind sie als Haustiere ungeeignet.

Gelegentlich wird ein Tierarzt aufgefordert, eine Giftschlange unschädlich zu machen oder *„giftlos“* (der Giftapparat bleibt erhalten, wird aber in der Funktion gestört). Die sicherste, einfachste und schnellste Methode ist es, den Giftkanal zu durchtrennen und die Enden zu verbinden oder zu verätzen[59]. Nachdem die Schlange tief genug für eine Operation betäubt ist (Kap. 2) wird die Haut des Oberkiefers 1 bis 1,5 cm lang parallel zum Zahnfleischrand aufgeschnitten, zwischen zwei Schuppenreihen, ungefähr in der Mitte zwischen ventralem Rand der Oberlippe und ventralem Augenrand. Der Kanal liegt unmittelbar unter der Haut und ist leicht auffindbar (Abb. 1-15 und 1-16). Da die Schlange nach dem Eingriff nicht mehr in der Lage ist, Beute zu töten, sollte ihr künftig totes, aber noch warmes Futter angeboten werden. Dies gilt insbesondere für Grubenottern, die teilweise auf thermische Lokalisierung der Beute angewiesen sind. Am Wesen der Schlange ändert eine derartige Operation nichts und eine „giftlose“ Viper oder Grubenotter ist durchaus noch in der Lage, schmerzhafte kleine Wunden mit ihren Giftzähnen zu verursachen. Extirpation der Giftdrüsen ist möglich, erfordert aber einen längeren Eingriff, der komplizierter ist und die Tiere stärker entstellt und ihre Lebenserwartung drastisch verkürzt[17]. Histologie und Anatomie der Crotalin-Giftdrüse sind von Kochva und Gans beschrieben worden[65].

Bei Giftschlangen führt der Giftkanal in hohle oder mit einer Furche versehene Zähne des Oberkiefers. Die Gila-Krustenechse *(Heloderna suspectum)* und die Skorpion-Krustenechse *(Heloderma horridum)* besitzen multilobuläre Giftdrüsen direkt unter der Haut im seitlichen Bereich der vorderen Unterkieferhälften. Jeder Lappen der Drüse wird durch einen eigenen Gift-

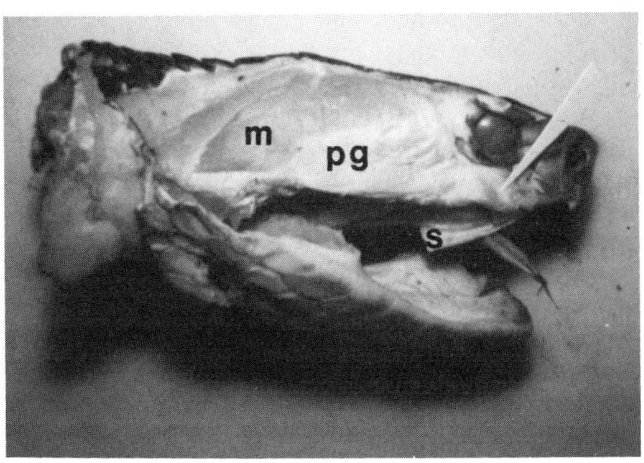

Abb. 1-15 Kopf der Wassermokassinschlange *(Agkistrodon piscivorus)*, Haut entfernt; Giftkanal durch Zeigestab markiert; kaudal davon liegt weißes Bindegewebe, das die Giftdrüsen umgibt (pg). **m:** Muskel; **s:** aufgeschnittene Giftzahnhülle. (Armed Forces Institute of Pathology photograph. Accession Nr. 1058160)

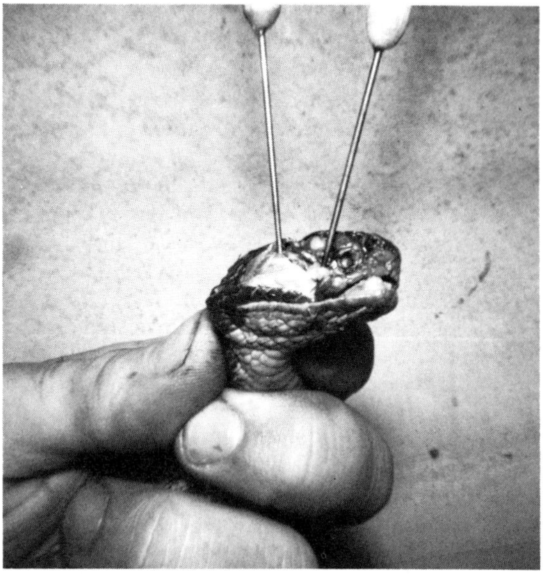

Abb. 1-16 Waldklapperschlange *(Crotalus horridus)*. Sektion der Giftdrüse (ventral von der linken Sonde) und Giftkanal (an der rechten Sonde, zwischen Auge und Grubenorgan)

kanal entleert und das Gift gelangt zwischen Zahnfleisch und Lippen. Von dort steigt es vermutlich durch Zahnkapillaren an den Echsenzähnen in die Höhe und gelangt eher beim Kauen der Beute zur Wirkung als durch ein schnelles Injizieren wie bei der Vergiftung durch Viper oder Grubenotter (Elapiden vergiften ihre Beute durch den Kauvorgang, was bei der geringen Länge der Giftzähne nur so möglich ist).

Verschiedene Elapiden-Arten einschließlich der Ringhalskobra *(Hemachatus haemachatus)*, der Speikobra *(Naja nigricollis)* und der Vorderindischen Kobra *(N. naja)* können sehr kräftig Gift aus ihren Giftzähnen herauspressen und treffen auf mehr als zwei Meter sehr genau. Ich wurde vom Gift solch einer speienden Kobra aus 3 m Entfernung ins Gesicht getroffen, wodurch die Flüssigkeit zu einem Spray feinster Tropfen zerteilt war; glücklicherweise wurde ich durch eine Brille geschützt. Starkes Brennen, vorübergehende Erblindung und eventuell allgemeine Vergiftung können durch das Gift im Auge hervorgerufen werden, wohin die Schlange zielt. Für jeden, der mit diesen gefährlichen Tieren umgeht, ist es daher ratsam eine Schutzbrille oder Gesichtsmaske zu tragen, um seine Augen zu schützen. Die sicherste Methode, eine Giftschlange vor der Behandlung zu narkotisieren, ist zum Beispiel ihr ein Inhalations-Narkotikum in einer geschlossenen Kiste zu geben (Kap. 2).

Einigen Anuren fehlt die Zunge (z. B. *Xenopus laevis*, der Glatte Krallenfrosch) oder sie ist unbeweglich, doch besitzen die meisten Kröten und Frösche eine vorschleuderbare klebrige Zunge, die rostral am Unterkiefer festsitzt und zum Insektenfang benutzt wird. Die Zunge aller Schlangen und einiger Echsen (z. B. der Warane) ist gespalten (siehe Abb. 3-48) und kann in eine Hülle an ihren Ansatz zurückgezogen werden. Ihr ständiges schnelles Hin- und Herbewegen dient wahrscheinlich dazu, Geruchsstoffe zum **Jacobsonschen Organ** zu befördern, das im Munddach Geruchsqualitäten wahrnimmt; dabei bringen die Zungenspitzen den Duft an die beiden Öffnungen des Organs (s. S. 35). Echte Chamäleons besitzen eine Zunge, die beim Hervorschleudern länger als der gesamte Körper einschließlich Schwanz ausgestreckt werden und so Insekten fangen kann. In Ruhelage ist sie am kaudalen Teil ziehharmonikaartig zusammengefaltet. Sie enthält eine hohle Zentralsehne, die sehr schnell über ein schlüpfrig-gehaltenes knorpeliges Mark gleitet; die Falten werden ausgedehnt indem die Zunge in etwa $1/25$ Sekunde vorschießt, um ihre Beute zu fangen. Die Zunge der Krokodile und Schildkröten ist nicht ausstreckbar. Geschmacksknospen finden sich zumindest bei einigen Amphibien und Reptilien. Entgegen der Volksmeinung wird bei keinem Reptil die Zunge als Angriffswaffe verwendet.

Krokodilmägen sind zweikammerig; die erste Kammer fungiert als muskulärer Kaumagen und enthält verschluckte Steine; die zweite Kammer stellt den Drüsenmagen dar.

Entsprechend der äußeren Körperform sind alle Eingeweide der Schlangen verlängert; die Speiseröhre ist ein Schlauch mit einigen „Schleifen“, die jedoch im Grad der Windung nicht an den der untersetzteren Formen, wie z. B. Schildkröten heranreichen. Wie auch bei Säugern tendieren die herbivoren Arten der Herpetofauna zu längeren Verdauungstrakten als die Fleischfresser. Die meisten Kaulquappen fressen eine pflanzenreiche Kost und ihr Verdauungssystem ist relativ lang und gewunden; während der Metamorphose wird es kurz und gerade, eine Veränderung, die für die Insekten-fressende Lebensweise der Frösche und Kröten angemessen ist. Der Magen der Kaulquappen ist zunächst in erster Linie ein Speicherorgan und entwickelt seine Fähigkeit zur Verdauung erst in der Adult-Form, bei der er dann dem der Säuger gleicht. Außer den Schlangen besitzen alle Reptilien ein Caecum und sind damit die erste Gruppe, in der dieses im Verlauf der Phylogenese auftritt.

Die Verdauungssäfte der Herpetofauna arbeiten sehr effektiv. In den Faeces finden sich chitinöse Überreste von Insekten, Haaren, Horn und Federn; der restliche Teil der Beute samt Knochen wird zerkleinert, verdaut und absorbiert.

Großenteils kann die Herpetofauna erbrechen, besonders ausgeprägt tritt dieser Reflex bei Schlangen auf. Viele Frösche und Kröten können ihren Magen soweit herausstülpen, daß die Magenschleimhaut aus dem Maul hervortritt, eine sehr nachdrückliche und entschiedene Art, sich einer Mahlzeit zu entledigen.

Die Leber der Amphibien und Reptilien enthält normalerweise Melanin, das dem Organ ein schwarz-gesprenkeltes oder gestreiftes Aussehen verleiht. Oft wird sie in den gemäßigten Klimazonen im Herbst vergrößert, eine Folge der Glykogen-Speicherung vor dem Winterschlaf. Gallenblasen finden sich bei allen Reptilien oder den meisten – wenn nicht sogar allen – Amphibien.

Amphibien sind die erste Vertebratenklasse, in der der Pankreas als eigenständiges Organ auftritt. Er ist bei Schlangen weiß, eiförmig und bei den meisten Arten eng mit der Milz verbunden. Eine Übersicht zur Anatomie des Reptilien-Pankreas findet sich bei Miller und Lagios[71] (siehe Abb. 1-10).

Fett wird in der Bauchhöhle als deutliche Ansammlung von Fettgewebe gespeichert, den **Fettkörpern.** In der Unterhaut der Reptilien und Amphibien gibt es verhältnismäßig wenig Fett. Sehr wahrscheinlich bilden die Fettkörper ein Nahrungs-Reservoir, das den Nahrungsansprüchen gemäß in Hungerperioden oder dem Winterschlaf abgebaut wird. Ihr größtes Ausmaß erreichen die Fettkörper im Herbst, ziemlich abgebaut sind sie dagegen im Frühjahr zur Fortpflanzungszeit.

Verdauungs- und Urogenitalkanal münden bei Reptilien und Amphibien gemeinsam über der Kloake nach außen.

1.3.8 Exkretionsorgane und Flüssigkeitshaushalt

Die Niere des adulten Amphibs ist vom Mesonepros abgeleitet, die Reptilien dagegen besitzen wie höhere Vertebraten einen Metanephros. Bei Reptilien wie Amphibien sind die Nieren flache, lappige (nie bohnenförmige) und längliche Organe, die parallel neben Lumbar- und Sakralwirbeln liegen. Die kaudalen Nierenenden der Echsen erstrecken sich kaudalwärts von der Kloake bis in den Schwanz hinein. Krokodile weisen zweilappige Nieren auf, wobei jeder Lappen von einem Ureterarm versorgt wird.

Venöses Blut vom Becken, den Hinterbeinen und dem kaudalen Abdominalbereich durchfließt die Amphibien- und Reptiliennieren über ein **Renales Pfortadersytem**, zusätzlich findet die Versorgung über zwei renale Arterien statt. Das Nephron der Reptilien besteht aus einem glomerulären und einem renalen Tubulus, der in sechs Abschnitte unterteilt ist. Der sechste Teilabschnitt ist bei vielen Schlangen- und Echsenmännchen in die Sexualdrüse umgewandelt, die **Nebenhoden.**

Bei Schlangen der gemäßigten Zonen ist sie im gesamten Jahresverlauf als Vorwölbung erkennbar, während sie bei Echsen nur zur Zeit der Spermatogenese hypertrophiert[11, 42, 70].

Einen Gesamtüberblick über Anatomie, Physiologie und Pathologie findet sich bei Zwart[93]. Zum Wasserhaushalt und der Nierenfunktion der Amphibien hat Deyrup eine Übersicht verfaßt[29].

In der Herpetofauna sind Arten enthalten, die großenteils marin, aquatisch oder terrestisch leben und viele auch amphib; so sind Amphibienlarven großenteils aquatisch, gehen aber als Adulte an Land oder werden zumindest amphib. Jedes der Habitate stellt unterschiedliche Ansprüche an den Salz- und Wasserhaushalt (Tabelle 1-4).

Der gesamte Wassergehalt einschließlich des Intrazellulären Flüssigkeitsvolumens ist geringer bei Meeresschildkröten und verschiedenen terrestrischen Reptilien als bei Süßwasserbewohnern; der extrazelluläre Flüssigkeitsraum (Plasma und Interstitielle Flüssigkeit) liegt aber über demjenigen der Süßwasserformen[85]. Wie Tabelle 1-4 zeigt, liegen die Werte terrestrischer Reptilien zwischen denen der Süßwasser- und Meerwasserarten.

Isotonische Salzlösung enthält für viele Amphibien 0,7% NaCl und für (nicht marine) Reptilien gelten 0,8%. Adäquate Ringerlösung für (nichtmarine) Reptilien ist aus 8,1 g NaCl, 0,22 g KCL, 0,2 g $NaHCO_3$ und 0,2 g $CaCl_2$ auf 1 l (steriles) Aqua dest. herzustellen[84].

Unter den marinen Reptilien sind viele zur Salzexkretion über **Salzdrüsen** befähigt, z. B. die marinen Leguane *(Amblyrhynchus cristatus)* und Meeresschildkröten. Entstanden sind diese Drüsen bei Meeresschildkröten aus Augendrüsen, bei Echsen aus Nasendrüsen und bei Wasserschlangen ist von Dunson et al.[32] eine sublinguale Salzdrüse beschrieben worden. Terrestrische Reptilien verlieren kaum Flüssigkeit über die Haut, da sie keine Schweißdrüsen besitzen und konzentrieren ihren Harn sehr stark. Der Großteil ihres Wasserverlustes entsteht daher über die Atmungsorgane. Adulte Kröten (*Bufo* sp.) sind großenteils terrestrisch und haben eine trockene Haut; wie Schildkröten, z. B. *Chrysemys (Pseudemys)* und die Terrapene-Arten, sparen sie Wasser ein, indem sie es aus der Harnblase rückresorbieren.

Die Haut der Süßwasseramphibien ist weitgehend wasserdurchlässig und der Elektrolythaushalt wird mit aktiven Pumpmechanismen aufrecht erhalten. Geradezu ein Standardmodell für den Transport durch biologische Membranen stellt die Froschhaut dar. Um Filtrierbarkeit und Exkretion von Wasser möglichst einfach zu gestalten, sind bei Fröschen (*Rana*-Arten) die Glomeruli sehr groß.

Infolge der unterschiedlichen Medien, in denen die Tiere leben, variiert auch das Hauptausscheidungsprodukt des Stickstoffs innerhalb der Herpetofauna. Trotz seiner toxischen Wirkung auf viele Wirbeltiere, wird Ammoniak von vielen primitiven Süßwasserarten in beträchtlichem Umfang – ohne schädlich zu sein – ausgeschieden, weil es im Wasser löslich ist und sich dort sofort verteilt. Während Kaulquappen noch hauptsächlich Ammoniak ausscheiden, wird die Exkretion erwachsener Frösche während der Metamorphose auf Harnstoff umgestellt. Meeresschildkröten geben Ammoniak, Harnstoff und Harnsäure ab, wobei deren Verhältnis zueinander von Art zu Art schwankt. Süßwasserschildkröten, die sich größtenteils im Wasser aufhalten, scheiden gleiche Mengen von Ammoniak und Harnstoff aus, solche, die vermehrt auch an

Tabelle 1–5 Blutharnstoff- und Harnsäurespiegel bei Reptilien

	Harnstoff (mg/dl)	Harnsäure (mg/dl)
Chelonia		
Schnappschildkröte (*Chelydra serpentina*)	96	2
Zierschildkröte (*Chrysemys picta*)	37	2
Buchstabenschmuckschildkröte (*Pseudemy scipta*)	22	1
Carolina-Dosenschildkröte (*Terrapena carolina*)	30	2
Suppenschildkröte (*Chelonia mydas*)	52	8
Sauria		
Rotkehl-Anolis (*Anolis carolinensis*)	7	8
Grüner Leguan (*Iguana iguana*)	1	5
Serpentes		
Schwarznatter (*Coluber constrictor*)	4	6
Kettennatter (*Lampropeltis getulus*)	2	6
Siegelringelnatter (*Natrix sipedon*)	3	6
Wassermokassinschlange (*Agkistrodon piscivorus*)	5	6
Juraviper (*Vipera aspis*)	10	4
Texas-Klapperschlange (*Crotalus atrox*)	1	2
Waldklapperschlange (*C. horridus*)	11	3
Prärieklapperschlange (*C. viridis*)	0	2
Crocodilia		
Mississippi-Alligator (*Alligator mississippiensis*)	0	3

* Nach Dessauer, H.C.: Blood chemistry of reptiles: physiological and evolutionary aspects. In Biology of the Reptilia. Edited by C. Gans und T.S. Parsons. Academic Press, New York, 1970.

Land zu finden sind, haben eine erhöhte Harnstoffausscheidung. Harnsäure ist dagegen das wichtigste Endprodukt des Stickstoffs bei den Landschildkröten[74].

Alligatoren scheiden neben Ammoniak etwas Harnsäure aus. Da landlebende Reptilien Wasser sparen müssen, ist ihre Harnsäure hoch konzentriert und wird tubulär sezerniert und in geringerem Ausmaß auch glomerulär filtriert. Der normale Harnsäure- und Harnstoffspiegel im Blut einiger Reptilien ist in Tabelle 1-5 wiedergegeben.

Amphibien und Reptilien besitzen großenteils eine Harnblase, doch fehlt sie den Krokodilen, Schlangen und einigen Echsen.

1.3.9 Geschlechtsorgane

Ovarien und Hoden sind paarig angelegte innere Organe, was die sofortige Geschlechtsbestimmung erschwert. Die Männchen einiger Chelonier-Arten, z. B. der Carolina-Dosenschildkröte *(Terrapene carolina),* besitzen ein leicht konkaves Plastron; daneben ist ein weiteres äußeres Geschlechtsmerkmal der Carolina-Dosenschildkröte, daß ihre Iris bei männlichen Tieren rot, bei weiblichen aber braun gefärbt ist. Auch sind die Schwänze und Krallen der Männchen bei vielen Cheloniern länger als die der Weibchen und die Kloakenöffnung liegt weiter kaudal.

Echsen- und Schlangen-Männchen besitzen einen paarigen **Hemipenis** als Kopulationsorgan, der aus der Kloake hervortritt (Abb. 1-17, 1-18 und 1-19). Jedoch wird nur einer der Hemipenes in die weibliche Kloakenöffnung zur Befruchtung eingeführt. Das äußere Erscheinungsbild dieser Organe ist artspezifisch verschieden; sie können gegabelt, fein gefaltet oder mit Dornen oder Papillen besetzt sein. Beim Hervortreten stülpen sich die Hemipenes der Schlange vor.

Der Penis der Krokodile und Echsen ist ebenfalls ausstülpbar, aber nicht paarig und eignet sich mittels Abtasten durch die Kloake zur Geschlechtsbestimmung[14]. (Viel Glück!)

Bei vielen Krokodilen und Echsen ist das Männchen größer als das Weibchen, für Schlangen gilt großenteils das Gegenteil. Letztere unterscheiden sich dadurch, daß das Männchen einen regelmäßig glatten Körper aufweist, das Weibchen aber unmittelbar distal vor der Kloake eine Einschnürung vorweist. Genauere Geschlechtsbestimmung erfolgt aber durch das Ausmessen der Tiefe der parakloakalen Ausstülpungen, dazu wird eine leicht schlüpfrige und bewegliche Son-

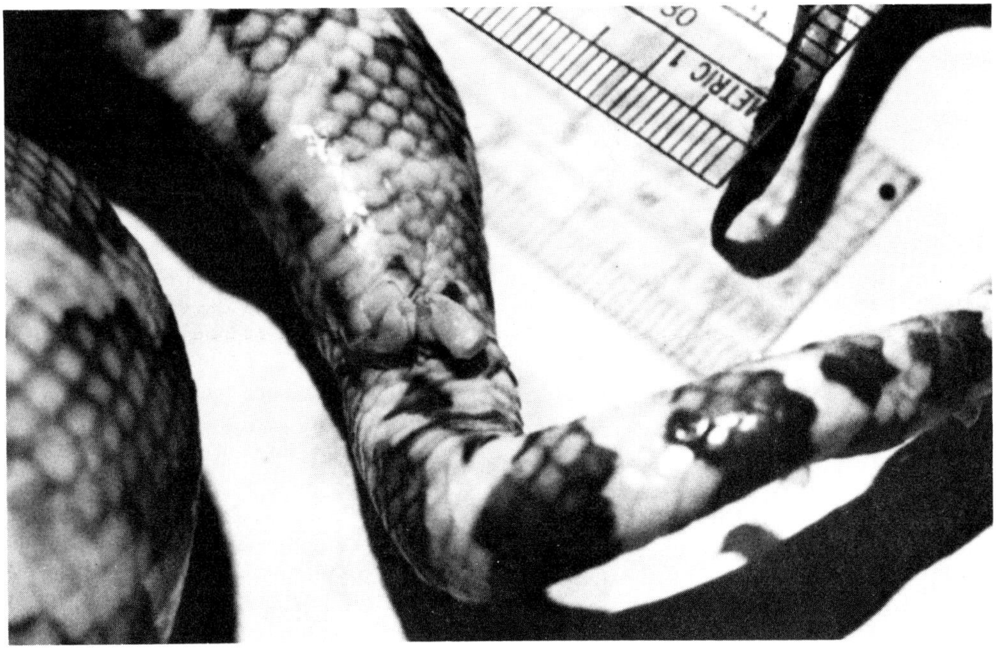

Abb. 1-17 Ausgestülpte Hemipenes einer männlichen Rautenpython *(Morelia argus).* (Mit freundlicher Genehmigung des Harvard University Museum of Comparative Zoology)

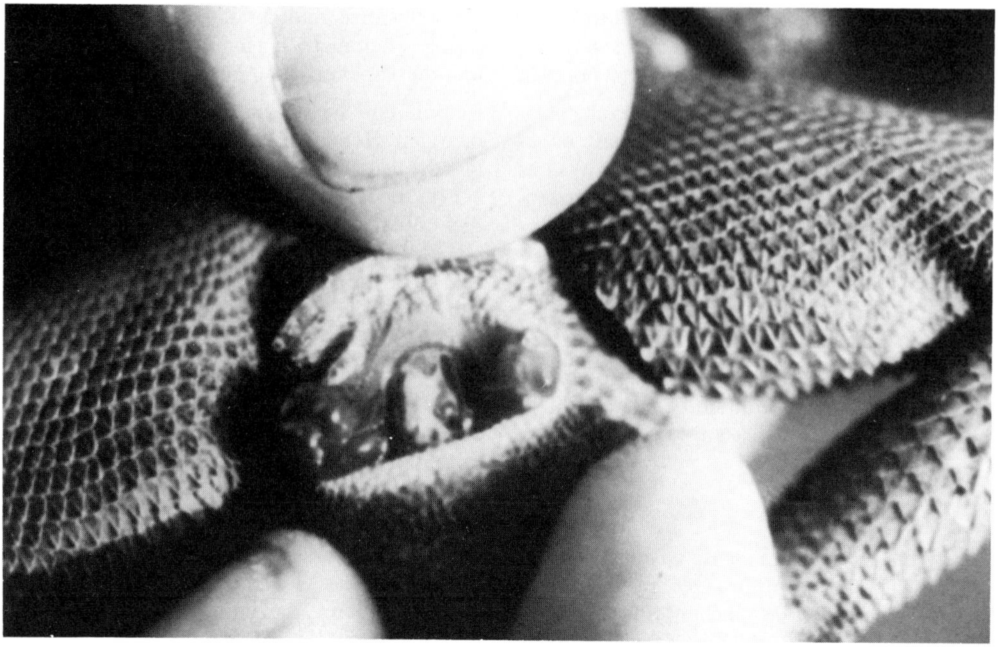

Abb. 1-18 Ausstülpung der Hemipenes bei einer Siedleragame *(Agama agama)*

de in die Öffnung dieser Organe eingeführt, die in der seitlichen Schleimhaut des Kloakenrandes gelegen sind. Die ermittelte Tiefe wird markiert und mit der Länge der ventralen Schwanzschuppe verglichen, die bei Weibchen ein Fünftel bis ein Drittel, bei Männchen ein Siebtel bis ein Zwölftel davon ausmacht.

Unter den Amphibien existiert beträchtlicher Geschlechtsdimorphismus, und zwar hinsichtlich der Stimme, Färbung, Größe und des Körperbaus. Das Tympanum der Ochsenfrösche *(Rana catesbeiana)* ist beträchtlich größer als das der Weibchen (Abb. 1-20).

Bei vielen anderen Arten besitzt das Männchen **Daumenschwielen,** Höcker der Praepollex-Region an den Vorderbeinen, die zum Festhalten des Weibchens bei der Paarung dienen.

Die Existenz rauher Papillen in der Kloake zeichnet die Männchen der meisten Salamander aus (Abb. 1-21).

Unter Reptilien gibt es weniger Geschlechtsdimorphismus als unter Amphibien, aber es existieren doch eine ganze Reihe sekundärer Geschlechtsmerkmale. So ist unter den Echsen das Männchen anders (gewöhnlich heller) als sein Partner gefärbt und bei manchen Arten trägt es als Schmuck einen Rücken- oder Schwanzkamm, Kehlfächer oder Hörner. Oberschenkelporen treten bei Männchen deutlicher hervor (siehe S. 37). Weitere Details zu Geschlechtsunterschieden und der Identifizierung der Herpetofauna sind der Spezialliteratur zu entnehmen.

Acht Arten unter den Sechsstreifen-Rennechsen (*Cnemidophorus* sp.) bestehen einzig aus Weibchen und vermehren sich daher parthenogenetisch[24, 67].

Die Felseidechse *(Lacerta saxicola)* tut dies ebenfalls[25]. Von wenigen Ausnahmen abgesehen erfolgt bei Fröschen und Kröten äußere Befruchtung dadurch, daß das Männchen Spermien auf die soeben vom Weibchen gelegten Eier abgibt. Froschlaich bildet eine geleeartige Masse, die der Kröten wird in Ketten, die wie Gelatine aussehen, abgelegt. Bei der Mehrzahl der Arten erfolgen Embryogenese und Schlüpfen der Kaulquappen im Süßwasser, aber unter den Südamerikanischen Arten tragen bei manchen die Weibchen die Eier auf dem Rücken (z. B. die Wabenkröte, *Pipa pipa*).

Innere Befruchtung erfolgt bei Salamandern: das Weibchen nimmt ein Spermienpaket, die **Spermatophore,** in ihre Kloake auf, die zuvor vom Männchen während der Werbung abgesetzt worden ist.

In der **Spermatothek,** einer Reihe von Kanälchen im Kloakendach des Weibchens, wird das Sper-

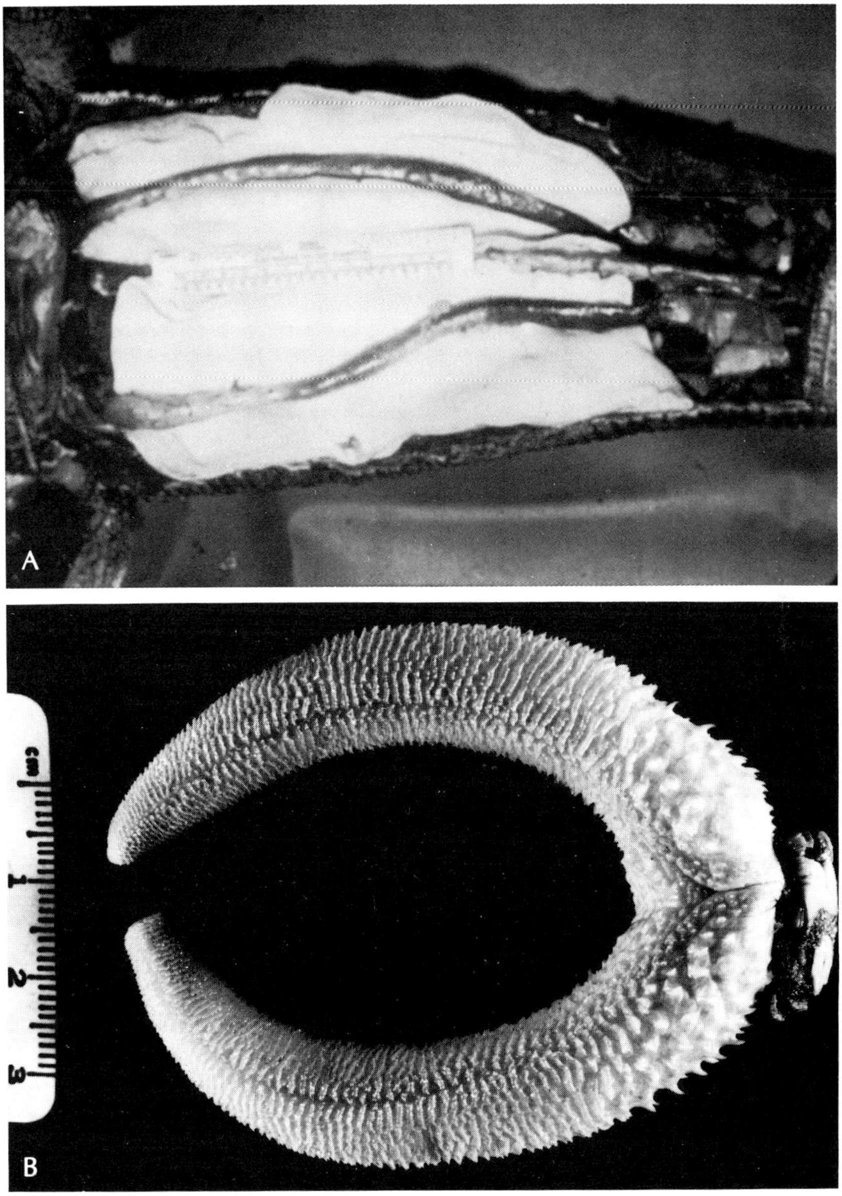

Abb. 1-19 **A.** Hemipenes-Präparat eines adulten Komodowarans (*Varanus komodoensis;* hier ein weißes Tuch unterlegt). Die Schwanzspitze ist rechts. (Armed Forces Institute of Pathology Accession Nr. 1134021.) **B.** Hemipenes-Präparat einer Texas-Klapperschlange *(Crotalus atrox)*. (Photographie mit freundlicher Genehmigung von Dr. Howard E. Evans, Department of Anatomy, N.Y. State College of Veterinary Medicine)

ma gespeichert. Diese Speicherung von Sperma findet sich auch bei Reptilien und kann über mehrere Jahre erfolgen; dies könnte Nachzucht in der Gefangenschaft erklären, die von Tieren kommt, die sich seit längerer Zeit nicht paaren konnten.

In gemäßigten Klimazonen geschieht die Paarung bei Schlangen und Echsen gewöhnlich im Frühjahr und die Jungen schlüpfen im Spätsommer. Einige Echsen können mehrere Gelege in einer Brutperiode ablegen. Auch für Amphibien ist der Frühling die Jahreszeit der Fortpflanzung.

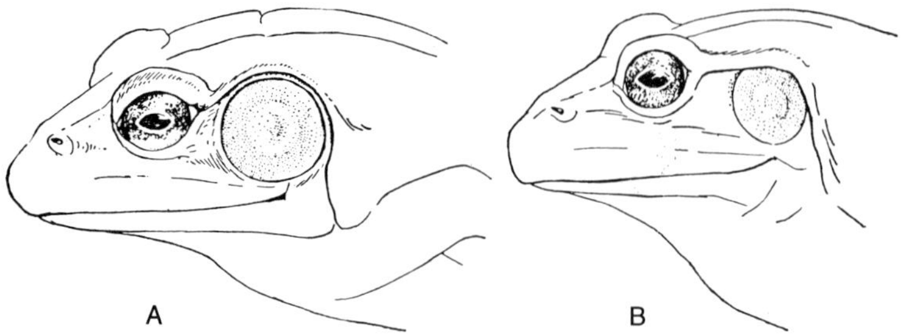

Abb. 1-20 Sexualdimorphismus beim Ochsenfrosch *(Rana catesbeiana)*. Das Tympanum des Männchens **(A)** ist deutlich größer als das beim Weibchen **(B)** beim Ochsenfrosch und mit ihm verwandten Arten. (Aus Noble, G. K.: The Biology of the Amphibia. N.Y., McGraw-Hill, 1931; Nachdruck bei Dover Publications, 1954)

Man hat vermutet, daß das männliche Geschlechtssegment (siehe S. 23) bei einigen Schlangen – z. B. Strumpfbandnattern (*Thamnophis*-Arten) und Kielrückennattern (*Natrix*-Arten) am Ende der Ejakulation ein Sekret abscheidet, das in der weiblichen Kloake erstarrt und sie kurzfristig verschließt. Das könnte dazu dienen, das Sperma im Eileiter zu halten und eine weitere Kopulation dieses Weibchens mit anderen Männchen zu verhindern[88].

Viele Reptilien zeigen spezielle Verhaltensweisen bei der Paarung, die der Werbung bei höheren Formen entspricht. Sie enthalten den Wettbewerb unter Rivalen, der bei Schlangen in der Form eines Umwindens des Gegners abläuft, so daß ein regelrechter Ringkampf um die Gunst der Dame ausgetragen wird. Oft wird dieses Verhalten von Uneingeweihten als Koitus mißverstanden. Für einige Schildkröten und Krokodile, die normalerweise im Wasser kopulieren, muß eine entsprechende Terrarien-Einrichtung geschaffen werden, falls Nachzucht angestrebt wird. Verbessern kann man die Zuchterfolge in Gefangenschaft, indem man die Geschlechter ein paar Wochen vor der Fortpflanzungszeit getrennt hält.

Anpassungen der Fortpflanzung an die Umgebung sind von Gallien[47] und die Physiologie der Reptilienfortpflanzung von Miller[70] zusammengestellt worden.

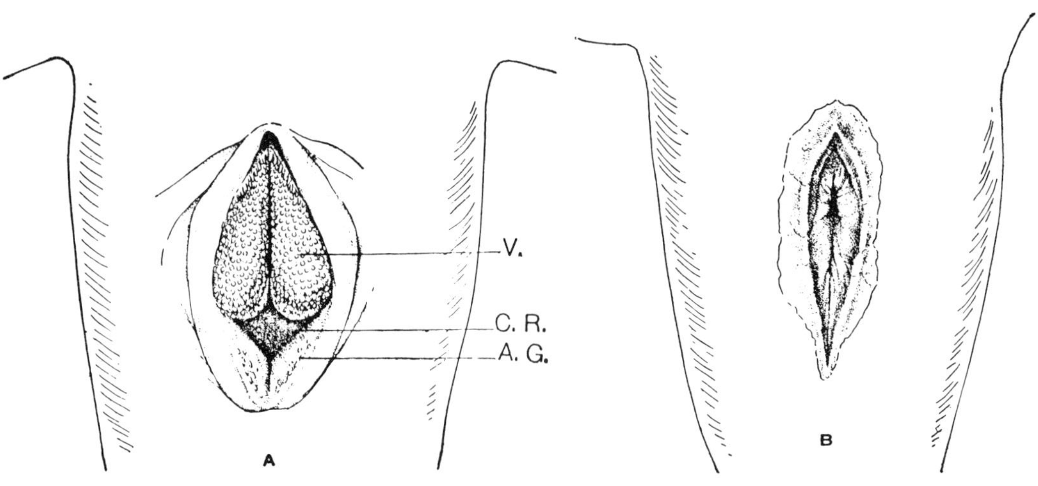

Abb. 1-21 Kloakenöffnung eines männlichen **(A)** und eines weiblichen **(B)** Salamanders, *Desmognathus fuscus*, zur Verdeutlichung der villösen Beschaffenheit, die der Unterscheidung beider Geschlechter bei den meisten Salamandern dient. **A. G.:** Kloakendrüse; **C. R.:** Kloakendach, Gegend der Spermatophorendrüse; **V.:** villöse Beschaffenheit der Kloakendrüse. (Aus Noble, G. K.: The Biology of the Amphibia. N.Y., McGraw-Hill, 1931. Nachdruck bei Dover Publications, 1954)

Sperma-Reifung wird bei Fröschen gemäßigter Zonen über die Umgebungstemperatur geregelt, die außerdem die Gonadotropin-Ausschüttung der Hirnanhangsdrüse kontrolliert. Auch die Sensibilität der Samenleiter gegenüber Gonadotropin wechselt je nach Jahreszeit. Im Endeffekt wird Sperma dank dieses inneren und äußeren Kontrollmechanismus nur zur Laichzeit abgesetzt[87].

Die Mehrzahl der Amphibien ist **ovipar** (d. h. sie legt Eier), doch gibt es afrikanische Kröten der Gattung *Nectorphrynoides*[47] und einige Salamander, die **ovovivipar** sind; das bedeutet, daß sich die befruchteten Eier in ihrer Schale innerhalb des mütterlichen Körpers entwickeln. Alle Crocodilia und Chelonia und ebenso die meisten anderen Reptilien legen Eier, aber einige Schlangen, darunter die gesamten Vipern (Viperidae), Boas (Boidae), Kielrückennattern (*Natrix* sp.) und Strumpfbandnattern (*Thamnophis* sp.) und manche Echsen, z. B. die Krötenechsen (*Phrynosoma*-Arten) gebären lebende Junge, d. h. sie sind **vivipar.** Tatsächlich finden sich verschiedene Abstufungen zwischen Eierlegen bis hin zum Lebend-Gebären bei den Echsen und Schlangen. Indem die Eier bis zu einem fortgeschrittenen Stadium der Embryogenese zurückgehalten werden, schlüpfen die Jungen schon im mütterlichen Körper. Bei anderen Arten wird dagegen schon eine echte Plazenta gebildet, deren Effizienz hinsichtlich respiratorischer und exkretorischer Versorgung sowie Ernährung des Embryos aber von Art zu Art verschieden ist. Infolge der Clearance über die Plazenta steigt der Harnstoffgehalt des Blutes bei der Strumpfbandnatter *(Thamnophis sirtalis)* gewöhnlich von fünf auf zehn mg/dl an.

Unter den Vertebraten – mit Ausnahme der Fische – pflanzen sich die Angehörigen der Herpetofauna am erfolgreichsten fort. So enthält das Eipaket einer Kröte Tausende von Eiern und die Tiger- und Netz-Pythons legen Pakete bis zu 100 Eiern. Die Wurfgröße der Anakonda *(Eunectes murinus)* beträgt bis zu 42 und die der Kielrükkennattern (*Natrix*-Arten) bis zu 100 Jungtieren, wovon aber wegen des hohen Feinddruckes in der Natur nur wenige die Geschlechtsreife erreichen.

Möglicherweise wird der Tierarzt gefragt, wie man ein Reptiliengelege zum Ausschlüpfen bringt. Dabei sind als wichtigste Faktoren Temperatur und Feuchtigkeit zu nennen, denn die Embryogenese bleibt bei zu hoher oder zu niedriger Temperatur aus und zu viel Wärme führt, auch wenn sie die Eier nicht abtötet, zu Anomalien, z. B. Verkrüppelungen des Schwanzes[18]. Evans empfiehlt, Echsen bei 24° bis 29° in feuchtem Torfmoos oder verrottendem Holz zu lagern[41]. Man kann aber auch sterilisierten Sand mit 8 Gewichtsprozent Wasser darin, durchtränkte Zeitungen, die etwas ausgewrungen werden, oder feuchtes Vermiculit verwenden.

Derartige Inkubationsbedingungen entsprechen auch den Bedürfnissen der Schlangen- und Schildkröteneier. Daneben sollte das Behältnis eine genügende Luftzirkulation gewährleisten, um das Verderben der Eier zu verhindern. Andererseits ist ungenügende Luftfeuchtigkeit die Ursache einer Dehydratisierung in den Eiern. Trokkener gehalten werden als die Eier der übrigen Reptilien müssen die der Gekkos und Landschildkröten[7]. Ein Wenden der Eier ist nicht erforderlich.

Das Schlüpfen wird durch einen Eizahn auf der Schnauzenmitte bei Schlangen und Echsen (bei Gekkos ist er paarig) oder eine Eischwiele an der Schnauzenspitze bei Chelonia und Crocodilia erleichtert. Kurz darauf wird der Eizahn oder die -schwiele abgeworfen.

Für die meisten Reptilien beträgt die Trächtigkeits- bzw. Brutzeit 6 bis 12 Wochen, doch sind darunter Arten, bei denen die Embryogenese schon bei der Eiablage fortgeschritten ist, so daß die Brutzeit danach deutlich verkürzt ist.

Anders als bei Säugern und Echsen, bei denen das Weibchen homogametisch (XX) und das Männchen heterogametisch (XY) ist, verhält es sich bei Amphibien und Schlangen umgekehrt. Die homogametischen Männchen werden hier mit WW und heterogametischen Weibchen mit WZ bezeichnet. Geschlechtschromosomen sind bisher weder bei Schildkröten noch Krokodilen oder Boiden nachgewiesen[10].

1.3.10 Das Hormonsystem

In ihrer Grundstruktur und Funktion ähneln die Hormondrüsen der Herpetofauna der der höheren Wirbeltiere. Im Hinblick auf die Zielorgane ergeben sich jedoch einige Besonderheiten, z. B. im Verlauf der Metamorphose (siehe S. 4), der Häutung und dem Wechsel der Hautfärbung (siehe S. 30, 38–39).

Die Hypothalamus-Hypophyse-Schilddrüsen-Hierarchie reguliert die Metamorphose der Amphibien. Hormone des Hypophysenvorderlappens sind im Gegensatz zum Thyreotropin bei Reptilien und Amphibien nicht näher untersucht.

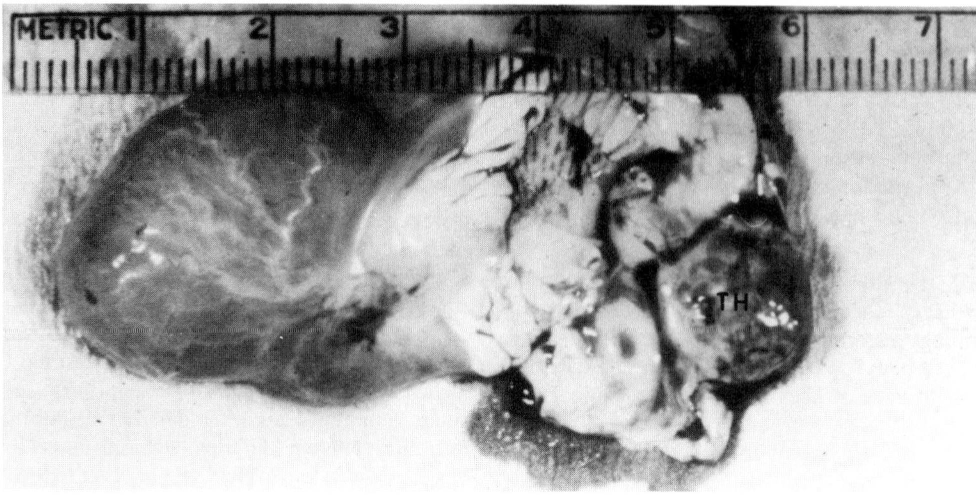

Abb. 1-22 Schilddrüse **(TH)** an der Herzspitze der Wassermokassinschlange *(Agkistrodon piscivorus).* (Armed Forces Institute of Pathology Accession Nr. 1058160)

Die Pars intermedia der Hypophyse produziert Melatonin, ein Polypeptidhormon, das die Ausbreitung der Melaningranula in den Melanophoren bewirkt, was dazu führt, daß das Tier dunkler wird, z. B., wenn es auf schwarzen Untergrund gesetzt wird. Die Färbung der Reptilien steht daneben unter nervöser Kontrolle, was die Änderung der Pigmentierung gewisser Echsen im Zustand der Erregung erklärt.

Im Verlauf der Phylogenese haben Amphibien als erste ein Antidiuretisches Hormon von funktioneller Bedeutung entwickelt. Dies ist vom evolutiven Standpunkt aus zweckmäßig, weil sie als erste im Zuge der terrestrischen Lebensweise mit ernsthaften Schwierigkeiten im Wasserhaushalt konfrontiert wurden.

Die Schilddrüse ist einfach vorhanden bei Schlangen, Schildkröten und einigen Echsen, zweiteilig ist sie bei Krokodilen und dem Großteil der Echsen und meist werden die beiden Lappen, die ventral von der Trachea und etwa in deren Mitte liegen, über einen schmaleren Teil miteinander verbunden[68].

Bei Schildkröten und Schlangen liegt die Schilddrüse vor dem Perikard in der Nähe der Herzspitze (Abb. 1-22). Paarig ist sie bei den meisten Amphibien und evtl. findet man gelegentlich zusätzliches Schilddrüsengewebe. Die Anurenschilddrüse liegt nahe bei den Hyoidknorpeln.

Während des Winterschlafes erreicht die Schilddrüsentätigkeit ihren Tiefpunkt und wird zur Fortpflanzungszeit im höchsten Maße aktiv. Obgleich sie bei der Präferenztemperatur (Kap. 2) den Grundumsatz regelt, ist dieser Effekt bei niedrigen Temperaturen nicht nachweisbar[68]. Außerdem ist die Schilddrüse an der Häutungskontrolle bei Reptilien beteiligt (s. S. 39). Hier besteht bei den Echsen ein direktes, bei den Schlangen aber ein umgekehrtes Verhältnis zur Stoffwechseltätigkeit.

Als primitivste Gruppe unter den Vertebraten mit funktionstüchtiger Parathyroidea sind Amphibien aufzufassen. Diese Drüsen befinden sich gewöhnlich bei der Herpetofauna in der Nähe des Thymus oder der Ultimobranchialkörper und wandern nicht in die Schilddrüse ein wie bei den Säugern. Man findet bei Schildkröten und Schlangen zwei Paar Parathyroideae, bei Echsen und Krokodilen eines oder zwei[19].

Langerhanssche Inseln existieren im Pankreas der Herpetofauna, besonders auf der Seite der Milz bei den Schlangen; die Reptilien besitzen Alpha- und Beta-Zellen und diese sezernieren Insulin und Glukagon. Amphibien haben, wie der Kalifornische Molch *(Taricha torosa)* nur Beta-Zellen und können dadurch nur Insulin produzieren[71, 72]. Im Hungerzustand beträgt der Blutzuckerspiegel der Urodelen um 24 mg/dl, dagegen liegt er bei Echsen durchschnittlich um 90–110 mg/dl (siehe S. 17)[72].

Pankreasektomie führt zu Diabetes (Hyperglykämie) bei einigen Vertretern der Herpetofauna, jedoch bei Echsen zu Hypoglykämie, offensichtlich weil die Entfernung der Glukagonquelle einen größeren Einfluß ausübt als diejenige der Insulinquelle[10, 58, 72].

Äquivalente des Nebennierenmarks und der Nebennierenrinde der Sauger treten bei der Herpetofauna vermischt auf oder die Anordnung ist der der Säuger entgegengesetzt, d. h. „Rindenzellen" sind von Chromaffinen Zellen umgeben. Letztere kommen auch entlang der Nervenfasern des autonomen Nervensystems und an den großen Blutgefäßen vor. Versorgt wird das Nebennierenorgan arteriell und von einem venösen Pfortadersystem. Zwar befindet sich die Drüse bei Schildkröten dicht an der Niere, doch liegt sie bei anderen Reptilien eher in der Nähe der Gonaden oder ihrer Ausführwege[46].

1.3.11 Das Nervensystem

Basalganglien treten erstmals bei Amphibien auf, die Entwicklung des Großhirns setzt bei den Reptilien ein. Bei beiden Gruppen repräsentiert das Mittelhirn das Hauptzentrum nervöser Verschaltung, doch wird bei den Reptilien ein Teil dieser Funktionen vom Striatum übernommen. Während Amphibien nur den I. bis X. Hirnnerv besitzen, haben Reptilien die Hirnnerven I bis

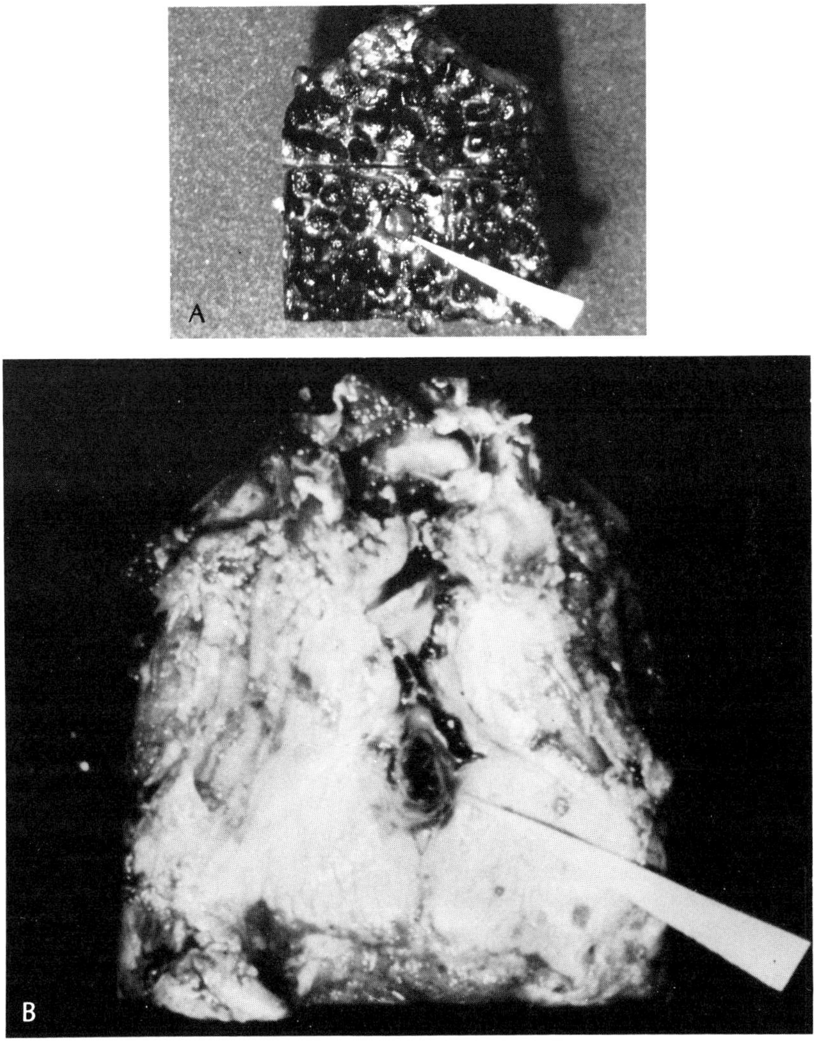

Abb. 1-23 Teil der Schädeldecke eines adulten männlichen Komodowarans *(Varanus komodoensis)*. **A.** Äußere Oberfläche. **B:** Innere Oberfläche; der Pfeil markiert das dritte oder Parietalauge. (Armed Forces Institute of Pathology Accession Nr. 1134021)

XII. Anders als bei Säugern, die dabei einen „Pferdeschweif"-Aufbau vorweisen, endet das Rückenmark der Reptilien erst kurz vor der Schwanzspitze. Eine genaue Beschreibung der Hirnanatomie des Tigerquerzahnmolches, *Ambystoma tigrinum,* ist bei Herrick zu finden[56].

Das Telenzephalon der niederen Vertebraten ist weich und die Furchung wird um so deutlicher, je weiter man im Stammbaum nach oben geht. Eine erste grobe Andeutung der zerebralen Ödema bei Säugern, ist eine Abflachung der Hirnoberfläche, aber das Fehlen von Windungen beim Amphibien- und Reptiliengehirn erschwert die Unterscheidung.

Ein Teil des Dienzephalon, das Pinealorgan, hat sich zu einem medialen **Parietalauge** entwickelt, jedenfalls bei der Brückenechse und bestimmten Echsen (Abb. 1-23); es enthält noch Rudimente einer Cornea, Linse und Retina. Vermutlich ist dies Organ zur Photorezeption befähigt, doch ist seine genaue Funktion unbekannt. Daneben besitzen Echsen ein intrakraniales Pinealorgan mit Zellen, die den Photorezeptoren ähneln. Krokodilen fehlt das Pinealorgan ganz, bei Schildkröten und Schlangen erscheint es drüsenartig und man weiß nichts über seine Funktion. Bei den Amphibien enthält der Pinealkomplex ein **Frontalorgan,** dem bei der Orientierung im Raum und bei der Aufrechterhaltung des zirkadianen Rhythmus die Rolle eines Photorezeptors zugeschrieben wird[62]. Bau und Funktion von Pineal- und abgeleiteten Organen des oberen Dienzephalons bei Vertebraten sind für die vergleichende Zoologie jahrelang von Interesse gewesen. Eine glänzende Ausführung dazu ist in einer Zusammenstellung von Ariens-Kappers und Schadé enthalten[4].

Das neurologisch wie allgemein gesunde Reptil oder Amphib macht einen aufmerksamen Eindruck und weist einen guten Muskeltonus auf. Bei Schmerzreizen wie Zwicken, sollte ein deutlicher Rückzieh-Reflex auftreten und wenn man das Tier auf den Rücken dreht, muß es sich gleich wieder umdrehen. Letzteres kann mit Verzögerung geschehen, wenn diese Art einen Totstellreflex bei Bedrohung anwendet. Manche Echsen, Krokodile und Frösche werden geradezu in Rükkenlage hypnotisiert, wenn man ihr Abdomen reibt.

Eine gebräuchliche Methode in Laboren ist, Frösche durch Ausbohren des Markes zu töten, indem man das Zentrale Nervensystem zerstört. Dazu wird der Frosch mit gebeugtem Nacken gehalten und der Zeigefinger liegt auf der Kopfoberseite und der Daumen auf der Wirbelsäule. So kann eine Nadel durch das Foramen magnum in die Schädelhöhle eingeführt und dann kaudad ins Rückenmark gestoßen werden.

1.3.12 Spezielle Sinnesorgane

Zahlreiche Abänderungen und besondere Bauweise des Auges finden sich bei Reptilien und Amphibien. So sind die Augen der in Höhlen lebenden Salamander und einiger grabender Arten der Herpetofauna bis auf winzige Überreste reduziert.

Aquatische Tiere weisen oft ein funktionelles drittes Augenlid auf, eine durchsichtige Nickhaut, im Gegensatz dazu fehlen allen Schlangen und einigen Echsen, z. B. den Gekkos und Skinks, bewegliche Lider. Stattdessen werden die Augäpfel von einer durchsichtigen **„Brille"** überdeckt (Abb. 1-24), die im Verlauf der Embryogenese durch Verschmelzen der Lider entsteht und jedesmal mit gehäutet wird. Im unteren Lid mancher Echsen befindet sich ein durchsichtiges Fenster, das auch bei geschlossenen Augen ein beschränktes Sehen zuläßt. Bei den Chamäleons sind die Augenlider bis auf eine winzige zentrale Öffnung verschmolzen. Bei Krokodilen werden die Lider durch eine Bewegung des oberen, bei anderen Reptilien des unteren Lids geschlossen. Chamäleons und einige andere Reptilien können ihre beiden Augen unabhängig voneinander bewegen.

Bei Schildkröten und Echsen enthält die Sklera Knorpel und Knochen und die **Skleralen Ossiculi** am Rand können im Röntgenbild sichtbar gemacht werden. Bei Krokodilen kommen nur Knorpel in der Sklera vor. Den Schlangen fehlen sogar die Knorpel, und bei allen heutigen Amphibien gibt es keine Skleralen Ossiculi im Auge.

Ein **Conus papillaris,** der den **Pekten** der Vögel entspricht, existiert bei vielen Reptilien und ist im Augenspiegel leicht erkennbar als eine schwarze Masse über der Papille (Abb. 1-25). Gut entwickelt ist er bei Echsen (Abb. 1-26), nur noch rudimentär erhalten bei einigen Schildkröten und fehlt den Amphibien und meisten Schlangen völlig.

Reptilien haben gelegentlich ein oder zwei Augendrüsen in der Orbita; bei einem Großteil der Echsen und Schildkröten liegt am Rand auf der Nasenseite der Orbita eine Harder-Drüse und

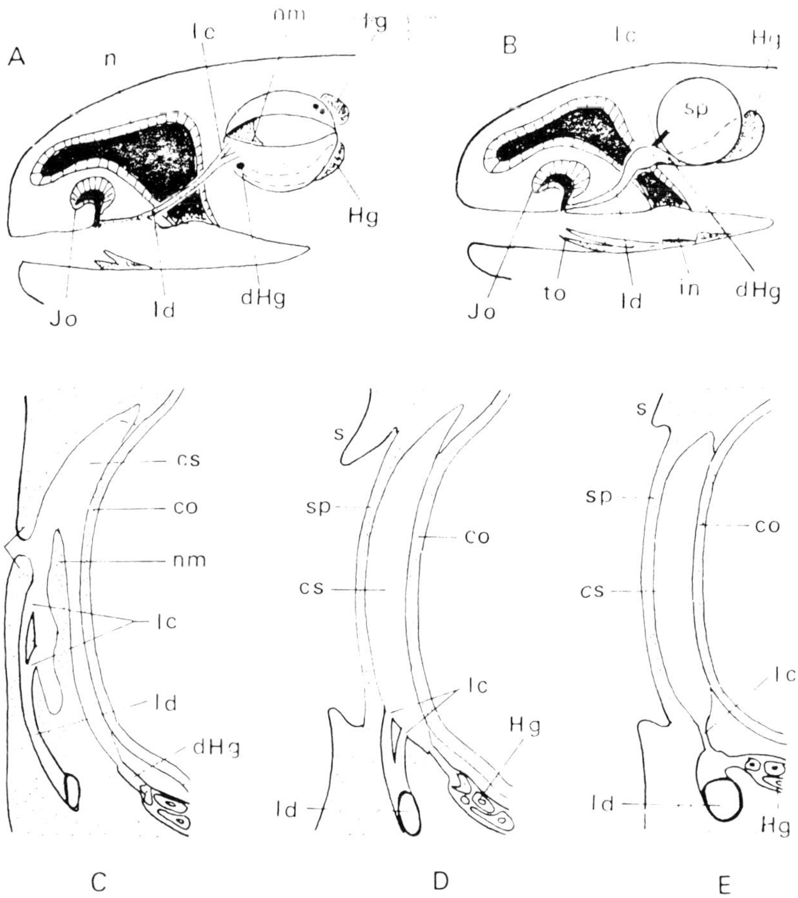

Abb. 1-24 **A, B.** Schematische Darstellung des Jacobsonschen Organs, der Nase und des Tränenganges von links; Bauweise der Echse **(A)** und der Schlange **(B)**. Bei der Echse gibt es zwei Tränengänge, die in den Gang des Jacobsonschen Organs und oft in eine dicht daneben gelegene Gaumenhöhle münden. Auch bei Schlangen mündet der Tränengang in den Gang des Jacobsonschen Organs, die Harder-Drüse mündet direkt in den Tränengang, gewöhnlich über einen einzigen *Canaliculus*. **C-E:** Schematischer Transversalschnitt durch den vorderen Augenbereich bei Echsen **(E)**, (Augenlider, Nickhaut, 2 Tränengänge); bei Gekkos **(D)** (anstelle der beweglichen Augenlider eine Brille, keine Nickhaut, 2 *Canaliculi*); und bei Schlangen **(E)** (Brille, keine Nickhaut, 1 *Canaliculus*). **co:** Cornea; **cs:** Raum unter der Bindehaut; **dHg:** Ausführgang der Harder-Drüse; **Hg:** Harder-Drüse; **in:** innerer Nasenbereich; **Jo:** Jacobsonsches Organ; **l:** Lider; **lc:** Tränenkanal; **ld:** Tränengang; **lg:** Tränendrüse; **n:** Nasenhöhle; **nm:** Nickhaut; **s:** überstehende Schuppe; **sp:** Brille; **to:** Zunge. (Aus „The Life of Reptiles“ von Angus Bellairs, erschienen bei Universe Books, N.Y., 1970)

temporal eine Tränendrüse (siehe Abb. 1-24 und Abb. 3-81 A). Krokodile, Schlangen und die Brückenechse besitzen letztere nicht[36] (allerdings beschreibt Underwood auch für Krokodile eine Tränendrüse[86]). Beide Drüsenarten sind seröse, tubuloazinäre Organe, deren Sekrete in die Bindehautsäcke fließen. Sie unterliegen bei Vitamin-A-Mangel einer Schuppen-Metaplasie bei den Schildkröten. Dieses Zuschwellen der Augen, das von der Vergrößerung der Drüsen verursacht wird, ist ein deutliches Anzeichen für das häufige Fehlen dieses Nahrungsbestandteiles (Kap. 3). Tränenkanäle fehlen den Schildkröten, bei anderen Reptilien münden sie im Palatinum in der Gegend des Jacobsonschen Organs (siehe S. 35), und zwar indem sie sich mit dessen Gang vereinigen. Die Mündungen der Tränenkanäle werden gelegentlich in Fällen von Stomatitis ulcerosa

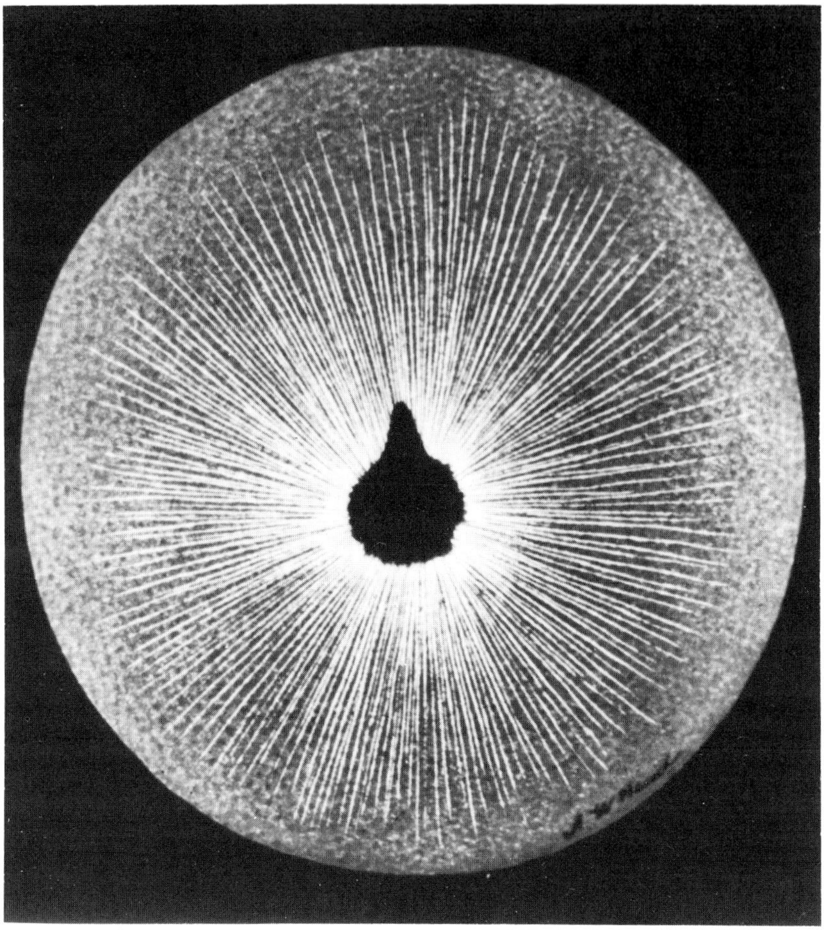

Abb. 1-25 Augenhintergrund eines Europäischen Halbzehergekkos *(Hemidactylus turcicus).* Der orangerote Hintergrund ist gleichmäßig schwarz punktiert. Die Papille wird von den Pekten verdunkelt, die sich in den Glaskörper erstrecken. Vom Rad der Papille gehen ringsum weiße markhaltige Nerven aus. (Aus Wood, C. A.: The Fundus Oculi of Birds, erschienen bei Lakewood Press, Chicago, 1917)

durch Abscheidungen blockiert, was eine Ausdehnung des Sehapparates bewirkt (Kap. 3).

Ungiftige Neuwelt-Schlangen mit Ausnahme der *Boa constrictor* haben runde Pupillen; das gilt auch für Korallenschlangen, während alle Grubenottern senkrechte Pupillenschlitze besitzen. Die schwach-giftigen opisthoglyphen Nattern, eine kleine Gruppe in der Neuen Welt, weisen entweder runde oder senkrechte Pupillen auf.

Ein interessantes Phänomen des Krokodilauges ist das Vorhandensein eines Tapetums, das von einer Schicht Guaninkristalle gebildet wird, die bei Nacht Licht reflektieren. Welche funktionelle Bedeutung dem Tapetum für Krokodile auch zukommt, hat es sich als schwerer Nachteil für sie erwiesen, weil es das Auge im Licht der Taschenlampe funkeln läßt und so die Krokodiljagd und -dezimierung stark begünstigt.

Krötenechsen (*Phrynosoma*-Arten) haben die ganz besondere Fähigkeit, Bluttropfen vom Auge aus einige Meter weit zu verspritzen, wenn sie erschreckt werden. Vermutlich ist dies als Verteidigungsreaktion aufzufassen, die einer Verwirrung des Feindes dient.

Aus dem Verhalten im Lernversuch muß für Eidechsen und Schildkröten eine Fähigkeit zur Farbwahrnehmung angenommen werden, den Schlangen und Krokodilen dagegen fehlt sie; allerdings dürfte ein endgültiger Beweis kaum zu erbringen sein.

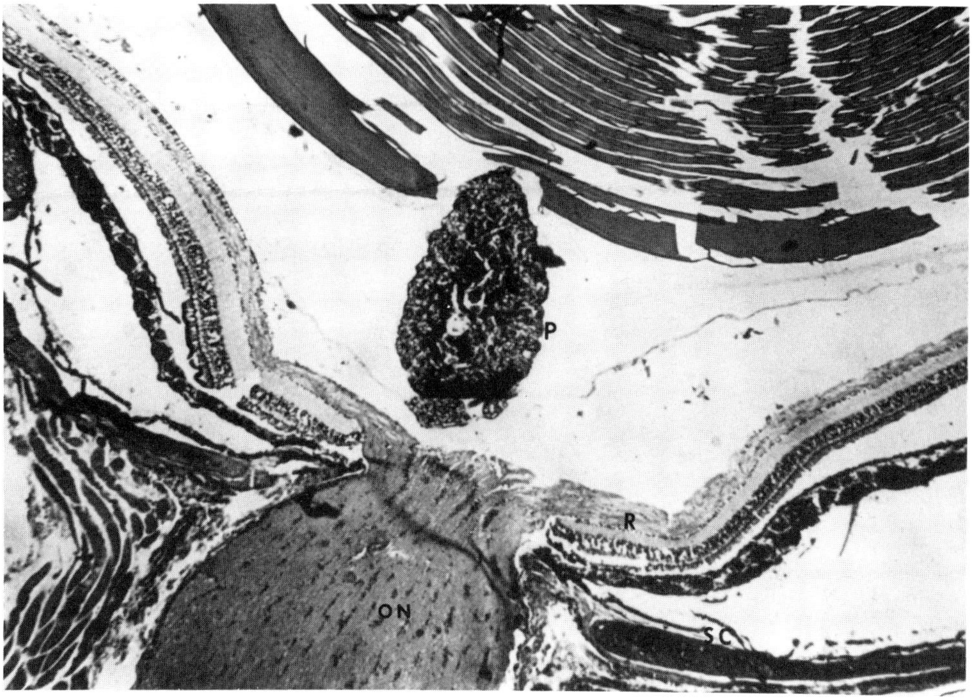

Abb. 1-26 Schnitt durch den hinteren Augenbereich, der die konus-förmigen und stark pigmentierten Pekten **(P)** zeigt, die über den Nervus opticus **(ON)** liegen. Sklera-Knorpel **(SC)** befinden sich rechts davon; er verknöchert bei älteren Tieren. Oben die Linse, die hier als Artefakt zerstückelt und weiter nach hinten gerückt ist (**R:** Retina). Braune Schildechse *(Gerrhosaurus major).* (Photographie des Armed Forces Institute of Pathology)

Johnson[60] hat eine fesselnde Abhandlung über Anatomie und Funktion des Amphibien- und Reptilienauges geschrieben, die auch einige Farbtafeln enthält, die den Augenhintergrund vieler Arten zeigen. Davon finden sich viele in: „Eye in Evolution" wieder, wo eingehend die Physiologie des Auges vom Standpunkt der Evolution aus erörtert wird (Herausgeber: Duke-Elder[31]). Eine weitere Zusammenstellung der Augenanatomie bei Reptilien findet sich bei Underwood[86]. Auf die Photorezeption mit Hilfe von Organen des Dienzephalons wurde bereits an anderer Stelle eingegangen (siehe S. 32).

Alle Schlangen und einige Echsen besitzen keine Augenlider und keine Ohrmuscheln.; sobald eine dieser Strukturen bei einem gliederlosen Reptil vorliegt, muß es sich um eine gliederlose Echse handeln. Obwohl man Schlangen ursprünglich für taub hielt, reagieren sie sehr empfindlich auf Erschütterungen und höchstwahrscheinlich hören sie auch Töne des unteren Frequenzbereiches[9]. Schlangen haben ein Mittelohr, das aber weitgehend zurückgebildet ist, wenn man es mit dem der Echsen vergleicht. Auch Schildkröten fehlt die Ohrmuschel; ihr Trommelfell wird von Haut bedeckt. Eine genauere Beschreibung der Anatomie des Reptilienohres findet sich bei Baird[5].

Das **Jacobsonsche Organ** ist ein spezialisierter Teil des Geruchssinns bei Angehörigen der Herpetofauna und dient bei den Amphibien zur Wahrnehmung von Geruchsstoffen im Wasser, während die restliche Riechmembran an Land ihre Funktion ausübt. Gar nicht vorhanden ist dies Organ bei Krokodilen und Schildkröten; letztere besitzen es gelegentlich in veränderter Form. Bei allen anderen Reptilien ist es ein spezialisiertes paariges Geruchsorgan im Gaumendach, das beiderseits der Mitte liegt und vom Vomer und den Septomaxillaria umgeben ist (siehe Abb. 1-24). Über einen Kanal auf jeder Seite ist es mit der Mundhöhle verbunden und bei Schlangen und Echsen bringt das Züngeln des Tieres Geruchsstoffe an das Jacobsonsche Organ, von welchem aus Äste des Nervus olfactorius die Empfindung vom Rezeptor zum Gehirn

Abb. 1-27 Wassermokassinschlange *(Agkistrodon piscivorus)* zur Demonstration des Grubenorgans (Pfeil) zwischen Auge und Nasenöffnung. (Photographie des Armed Forces Institute of Pathology, Accession Nr. 1058160)

weiterleiten. Weitere Informationen zur Anatomie der Nase und des Jacobsonschen Organs sind bei Parsons zu finden[76].

Sinnesgruben, die als Thermorezeptoren dienen, gibt es bei einigen Schlangen[8, 9], zumeist sind sie hoch entwickelt bei den Crotalidae oder Grubenottern, die zwischen Nasenöffnung und Auge auf jeder Seite eine deutliche Vertiefung aufweisen (Abb. 1-27). Auf der Nasenseite befindet sich eine größere, auf der Augenseite die kleinere Öffnung dieser Grube (Abb. 1-28), die in einer Vertiefung des Maxillare liegt. Diese Besonderheit unterscheidet den Schädel einer Grubenotter von dem einer echten Viper. Die innere und äußere Kammer werden von einer 10 µm dicken Membran unterteilt; die **Grubenmembran** wird von Ästen des Trigeminus, genauer seinen Augen- und Maxillare-Teilen, versorgt.

Kleinere und einfachere Grubenorgane mit einer einzigen Kammer befinden sich an den Schuppen längs der Ober- und Unterlippe von Pythons und

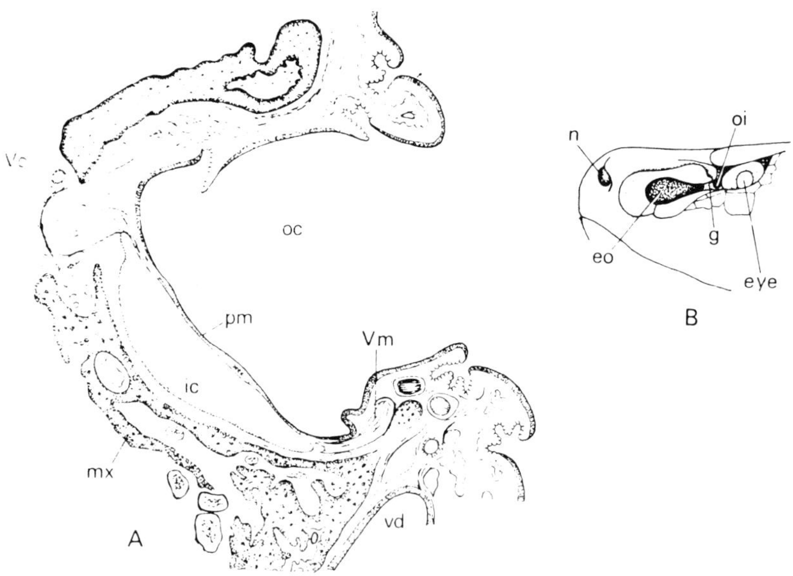

Abb. 1-28 **A.** Histologisches Schnittpräparat durch das Grubenorgan einer Klapperschlange *(Crotalus terrificus).* **B.** Linke Schnauzenhälfte eines Buschmeisters *(Lachesis muta).* Das Gewebeblatt, das die äußere Grubenöffnung teilweise bedeckt, ist hochgeklappt, um die Rinne zwischen Grube und Auge zu zeigen; sichtbar auch die äußere Öffnung der inneren Grubenkammer (A und B nach West, G. S. [1900], Quart. J. Microsc. Sci.). **ic:** innere Grubenkammer; **ep:** äußere Öffnung der Grube; **g:** Rinne zwischen Grube und Auge; **mx:** Maxillare; **n:** Nasenöffnung; **oc:** äußere Grubenkammer; **oi:** Öffnung der inneren Grubenkammer nach außen; **pm:** Grubenmembran; **vd:** Giftkanal; **Vm:** Ast des Nervus trigeminus (V.) im Maxillarbereich; **Vo:** Ast der Augenregion des V. Nerves. (Aus „The Life of Reptiles" von Angus Bellairs, erschienen bei Universe Books, N.Y. 1970)

Abb. 1-29 Lippengruben (Pfeil) einer Netzpython *(Python reticularis)*

einigen Boas (Abb. 1-29). Innerviert werden sie hier durch Augen-, Maxillare- und Mandibular-Äste des N. trigeminus.

Diese Gruben reagieren sehr empfindlich auf Temperaturänderungen und nehmen jede Wärmeausstrahlung irgendeines Objektes wahr, das wärmer als die Umgebung ist. Bei Grubenottern überschneiden sich die Sinnesfelder der Gruben, so daß der Eindruck für das Tier dreidimensionale Gestalt gewinnt. Offenbar spielen die Gruben für das Auffinden von Beute eine Rolle, besonders während der Nacht.

Aquatische Amphibienlarven, adulte Salamander und einige adulte Frösche besitzen **Seitenlinienorgane,** die als Rezeptoren für Druckwellen dienen (auch bei Fischen vorhanden). Daneben dienen sie der Haltung des Gleichgewichts im Wasser.

1.3.13 Das Integument

Im Verlauf der Entwicklung des Landlebens mußte die Haut der Vertebraten eine ganze Reihe Veränderungen durchlaufen, um im neuen Medium ein Überleben zu ermöglichen. Außer den Kröten und einigen adulten Salamandern besitzen Amphibien eine feuchte, schleimige Haut. In zu trockener Umgebung sterben Amphibien rasch an Wasserverlust, deshalb müssen adulte Frösche und Salamander Zugang zu frischem Wasser oder jedenfalls feuchtem Erdreich und Vegetation haben. Darüber hinaus ist die Amphibienhaut wichtiges Atmungsorgan (s. S. 18) und für den Wasser- und Elektrolythaushalt von Bedeutung (s. S. 24).

Die Amphibienhaut ist reich an Drüsen zweierlei Art: granulären und mukösen; erstere sind oft in Hautwarzen zusammengefaßt. Der Drüseninhalt beiderlei Arten reizt u. U. stark die Schleimhäute, doch ist das muköse Sekret für gewöhnlich das giftigere. Südamerikanische Indianer benutzen bestimmte Kröten als Lieferanten ihrer Pfeilgifte. Unter den Kröten im Südwesten der Vereinigten Staaten gibt es solche, die so giftig sind, daß Hunde starben, die sie ins Maul nahmen. Vermutlich entfaltet das Gift eine Wirkung, die derjenigen der Pflanzengattung *Digitalis* ähnelt[80].

Hautsekrete einiger Amphibien sind giftig für andere Arten dieser Klasse; ein Beispiel ist der Frosch *Rana palustris,* der andere Frösche töten kann, weshalb man ihn besser allein halten sollte.

Reptilienhaut ist trocken und von wenigen Ausnahmen abgesehen (z. B. bestimmte Moschusdrüsen) drüsenlos. Bei Krokodilen beiderlei Geschlechts befindet sich je ein Paar Duftdrüsen am inneren Unterkieferrand und in der Kloake. Viele Echsen besitzen eine Reihe **Femoraldrüsen** an der ventrokaudalen Seite ihrer Schenkel[21]. Ihr holokrines Sekret gelangt über **Femoralporen** nach außen, die als winzige Öffnungen in der Haut sichtbar sind. Obwohl sie bei beiden Geschlechtern vorkommen, sind sie bei den Männ-

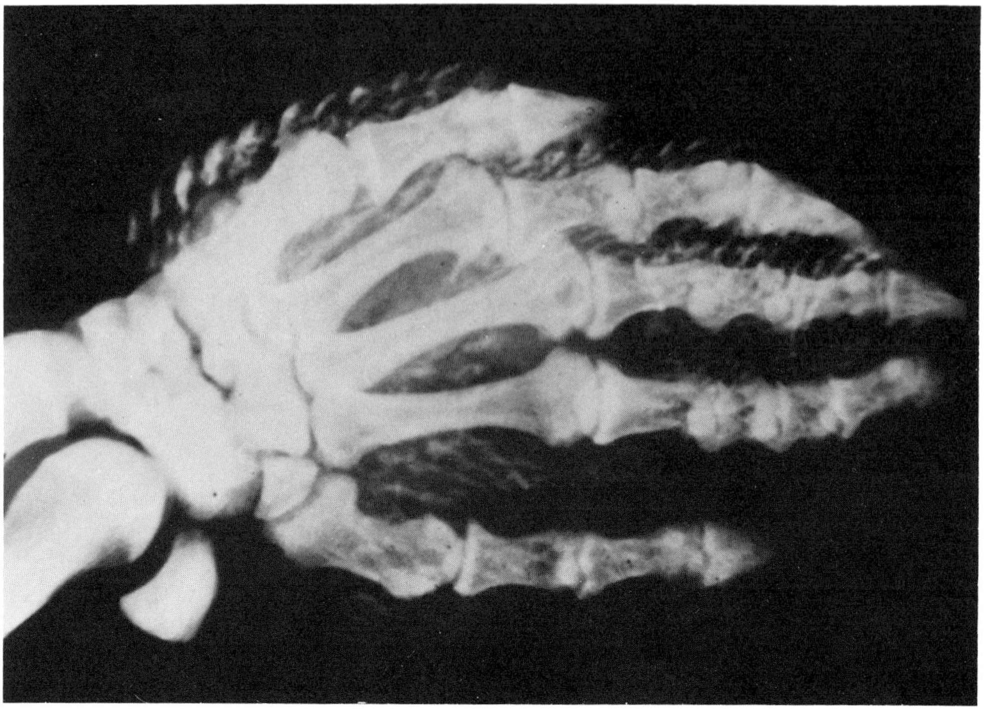

Abb. 1-30 Röntgenbild des Vorderfußes eines adulten Komodowarans *(Varanus komodoensis)*, das die Hautverknöcherungen zeigt. (Armed Forces Institute of Pathology Accession Nr. 1134021)

chen mancher Arten besser entwickelt. Ihre Funktion ist unklar.

Reptilien werden von **Schuppen** und **Schildern** bedeckt, obschon die Weichschildkröten als Ausnahme nur wenige und kleine Schilder besitzen. Da die Schuppenanordnung sehr typisch ist, wird sie zur Bestimmung und Klassifizierung verwendet.

Bei Krokodilen und einigen Echsen liegen gelegentlich Knochenplatten in der Dermis unter den Schuppen, so daß sie nahezu gepanzert sind. Auf Röntgenaufnahmen sind diese Platten, **Hautverknöcherungen** oder **Hautschilder** genannt, gut erkennbar (Abb. 1-30) und beeinträchtigen die chirurgischen Eingriffe beträchtlich. Auf der Bauchmitte fehlen diese Knochenplatten verschiedenen Arten. Unter den Amphibien weisen nur einige Frösche und Kröten Hautknochen auf Kopf oder Rücken auf. Auf den Schildkrötenpanzer wurde auf S. 6 näher eingegangen.

Drei verschiedene Arten von Zellen bestimmen durch ihre Anordnung die Farbe der Reptilien- und Amphibienhaut: **Iridozyten** oder **Guanophoren,** die Guanin – ein weißliches Material – enthalten; **Lipophoren,** in denen rotes oder gelbes Pigment eingelagert ist; und **Melanophoren,** in denen Melanin abgelagert ist. Als hervorstechende Besonderheit der Dermatologie bei der Herpetofauna tritt das Vermögen einiger Arten zum Farbwechsel auf. Obschon dieses Phänomen bei Alt-Welt- oder Echten Chamäleons (Familie Chamaeleontidae) und sogenannten „Neuwelt-Chamäleons" oder Anolis (**Anolis** spp.) am bekanntesten ist, charakterisiert es auch viele Laubfrösche (**Hyla**-Arten) und andere Echsen und Amphibien. Die Fähigkeit zum Farbwechsel beruht auf Ausdehnung und Kontraktion amöboider Fortsätze der Melanophoren, wobei Ausdehnung ein Dunkler-Werden und Kontraktion eine Aufhellung bewirkt. Die genaue Farbgebung wird über die Anordnung der Guanophoren, Lipophoren und Melanophoren zueinander erreicht. Als Stimuli für den Farbwechsel können Temperatur, Lichtstärke, Farbe der Umgebung und Stimmung (Furcht, Wut, alle Abstufungen von Ruhe bis zur Erregung) in Betracht kommen. Kontrolliert wird die Melanophorengröße teilweise durch das Hormonsystem (Intermedin oder Melanophoren stimulierendes Hormon aus der Pars intermedia und Adrenalin aus der Nebenniere), und teilweise nervös. Die jeweilige

Bedeutung der verschiedenen Reize und die eingesetzten Mechanismen unterscheiden sich von Art zu Art; z. B. glaubt man, daß der Farbwechsel der Chamäleons vorwiegend unter nervöser Kontrolle, der der Anolis dagegen unter humoraler Kontrolle steht.

Die Mitglieder der Ordnung Squamata häuten regelmäßig die äußere Keratinschicht der Haut; Echsen verlieren sie in großen Teilstücken. Schlangen streifen ihr Hemd samt den „Brillen" ab, indem sie so daraus hervorkriechen, daß es dabei umgestülpt wird. Vor der **Häutung** oder **Ekdysis** erscheinen die Augen getrübt; Futter wird häufig abgelehnt und die Tiere werden schreckhaft. Erleichtert wird die Häutung durch eine Luftfeuchtigkeit von 50 bis 60% und durch eine Schale mit Wasser, in der die Schlangen baden können, sowie Steine, an denen sie sich reiben. Die Rassel der Klapperschlange erhält nach jeder Häutung ein zusätzliches Teilstück, somit gleicht die Zahl der Rasselteile der der Häutungen und diese wiederum hängt von der Wachstumsrate der Schlange ab. Meistens ist aber ein Stück der Rassel abgebrochen. Junge Schlangen häuten sich häufiger als älter[58a]; in gemäßigten Klimazonen finden Häutungen bei vielen Arten zwei bis fünf Mal im Jahr statt.

Die Häutung der Epidermis verläuft bei Cheloniern und Crocodilia schrittweise. Auch Amphibien häuten sich; dort verläuft die Prozedur offensichtlich unter Kontrolle der Hypophysen-Schilddrüsen-Hierarchie. Anschließend fressen viele Frösche und Salamander ihre alte Haut. Bestimmte parasitische Trematoden, die in der Amphibienhaut stecken, sind für den Ablauf ihres weiteren Lebenszyklus von diesem Verhalten abhängig (siehe Tabelle 3-3).

Obwohl die Häutung stückweise vor sich geht, findet sich nicht selten die intakte alte Haut eines Amphibiengliedes im Terrarium (besonders oft bei Molchen und Kröten). Ist ein Tierbesitzer über solch einen Fund besorgt, sollte man ihm die Natürlichkeit dieses Vorganges klarmachen.

1.4 Literatur

1 Acuña, M. L.: The hematology of the tropical lizard *Iguana iguana* Linnaeus: II. Seasonal variations. Herpetologica, *30:* 299–303, 1974

2 Alexander, N. J., and Fahrenbach, W. H.: The dermal chromatophores of *Anolis carolinensis* (Reptilia, Iguanidae). Am. J. Anat., *126:* 41–56, 1969

3 Andrew, W.: Textbook of Comparative Histology. Oxford University Press, New York, 1959

4 Ariëns-Kappers, J., and Schadé, J. P.: Structure and Function of the Epiphysis Cerebri. Elsevier Publishing Co., New York, 1965

5 Baird, I. L.: The anatomy of the reptilian ear. *In* Biology of the Reptilia. Edited by C. Gans and T. S. Parsons. Academic Press, New York, 1970, Vol. II, pp. 193–275

6 Baker, E. F., Anderson, H. W., and Allard, J.: Epidemiological aspects of turtle-associated salmonellosis. Arch. Environ. Health, *24:* 1-9, 1972

7 Ball, D. J., and Bellairs, A. d'A.: Reptiles. *In* Handbook on the Care and Management of Laboratory Animals. Edited by UFAW. Williams & Wilkins, Baltimore, 1972, pp. 490–510

8 Barrett, R., Maderson, P. F. A., and Meszler, R. M.: The pit organs of snakes. *In* Biology of the Reptilia. Edited by C. Gans and T. S. Parsons. Academic Press, New York, 1970, Vol. II, pp. 277–300.

9 Bellairs, A.: The sensory pits. *In* The Life of Reptiles. Edited by A. Bellairs. Universe Books, New York, 1970, Vol. II, pp. 386–389

10 Bellairs, A.: The Life of Reptiles. Universe Books, New York, 1970, Vols. I and II

11 Bishop, J. E.: A histological and histochemical study of the kidney tubule of the common garter snake *Thamnophis sirtalis* with special reference to the sexual segment in the male. J. Morphol., *104:* 307–350, 1959

12 Bisset, K. A.: The effect of temperature upon antibody production in cold-blooded vertrebrates. J. Path. Bact., *60:* 87–92, 1948

13 Bockman, D. E.: The thymus. *In* Biology of the Reptilia. Edited by C. Gans and T. S. Parsons. Academic Press, New York, 1970, Vol. III, pp. 111–133

14 Brazaitis, P. J.: The determination of sex in living crocodilians. Br. J. Herp., *4*: 54–58, 1968

15 Brunnst, V. V.: The axolotl *(Siredon mexicanum)*. I. As material for scientific research. Lab. Invest., *4:* 45–64, 1955

16 Brunnst, V. V.: The axolotl. II. Morphology and pathology. Lab. Invest., *4:* 429–449, 1955

17 Burke, T. J.: Extirpation of the viperid glandular venom apparatus. J. Zoo Anim. Med., *2:* 13–17, 1971

18 Bustard, H. R.: Tail abnormalities in reptiles resulting from high temperature egg incubation. Br. J. Herp., *4:* 121–123, 1969

19 Clark, N. B.: The parathyroid. *In* Biology of the Reptilia. Edited by C. Gans and T. S. Parsons. Academic Press, New York, 1970, Vol. III, pp. 235–262

20 Cohen, N.: Reptiles as models for the study of immunity and its phylogenesis. J. Am. Vet. Med. Assoc., *159:* 1662–1671, 1971

21 Cole, C. J.: Femoral glands in lizards: a review. Herpetologica, *22:* 199–206, 1966

22 Coulson, R. A., and Hernandez, T.: Biochemistry of the Alligator. Louisiana State University Press, Baton Rouge, 1964

23 Coulson, R. A., and Hernandez, T.: Reptiles as research models for comparative biochemistry and endocrinology. J. Am. Vet. Med. Assoc., *159:* 1672–1677, 1971

24 Cuellar, O.: Additional evidence for true parthenogenesis in lizards of the genus *Cnemidophorus.* Herpetologica, *24:* 146–150, 1968

25 Darevski, I. S.: Natural parthenogenesis in a polymorphic group of Caucasian rock lizards related to *Lacerta saxicola* Eversmann. J. Ohio Herpet. Soc., *5:* 115–152, 1966

26 Dawson, W. R.: Reptiles as research models in comparative physiology. J. Am. Vet. Med. Assoc. *159:* 1653–1661, 1971

27 Dessauer, H. C.: Blood chemistry of reptiles: physiological and evolutionary aspects. *In* Biology of the Reptilia. Edited by C. Gans and T. S. Parsons. Academic Press, New York, 1970. Vol. III, pp. 1–72

28 Devine, M. C.: Copulatory plugs in snakes: enforced chastity. Science, *187:* 844–845, 1975

29 Deyrup, I. J.: Water balance and kidney. *In* Physiology of the Amphibia. Edited by J. A. Moore. Academic Press, New York, 1964, pp. 251–328

30 Duguy, R.: Numbers of blood cells and their variation. *In* Biology of the Reptilia. Edited by C. Gans and T. S. Parsons. Academic Press, New York, 1970. Vol. III, pp. 93–109

31 Duke-Elder, S. (Ed.): System of Ophthalmology Series. Eye in Evolution. C. V. Mosby Co., St. Louis, 1958, Vol. I

32 Dunson, W. A., Packer, R. K., and Dunson, M. K.: Sea snakes: an unusual salt gland under the tongue. Science, *173:* 437–441, 1971

33 DuPasquir, L.: Ontogeny of the immune response in cold-blooded vertebrates. Curr. Top. Microbiol. Immunol., *61:* 38–88, 1973

34 Edmund, A. G.: Dentition. *In* Biology of the Reptilia. Edited by C. Gans, A. d'A. Bellairs, and T. S. Parsons. Academic Press, New York, 1969, Vol. I, pp. 117–200

35 Elkan, E.: Observations on the lymphatic system of the South African claw footed toad (*Xenopus laevus* Daudin). Br. J. Herp., *2:* 37–53, 1957

36 Elkan, E., and Zwart, P.: The ocular disease of young terrapins caused by vitamin A deficiency. Path. Vet., *4:* 201–222, 1967

37 Etkin, W.: Metamorphosis. *In* Physiology of the Amphibia. Edited by J. A. Moore. Academic Press, New York, 1964, pp. 427–468

38 Evans, E. E.: Antibody response in amphibia and reptiles. Fed. Proc., *22:* 1132–1137, 1963

39 Evans, E. E.: Comparative immunology. Antibody response in *Dipsosaurus dorsalis* at different temperatures. Proc. Soc. Exp. Biol. Med., *112:* 531–533, 1963

40 Evans, E. E., et al.: Antibody formation and immunologic memory in the marine toad. *In* Phylogeny of Immunity. Edited by R. T. Smith, P. A. Mieschen, and R. A. Good. University of Florida Press, Gainesville, 1966, pp. 218–226

41 Evans, H. E.: Keeping reptiles as pets. *In* Current Veterinary Therapy IV. Edited by R. W. Kirk. W. B. Saunders Co., Philadelphia, 1971, pp. 419–433

42 Fox, W.: Seasonal variation in the male reproductive system of Pacific coast garter snakes. J. Morphol., *90:* 481–554, 1952

43 Frair, W.: Blood group studies with turtles. Science, *140:* 1412–1414, 1963 (Reprinted, Int. Turtle and Tortoise Soc. J., *1:* 30–32, 1967)

44 Frieden, E.: The chemistry of amphibian metamorphosis. Sci. Am., *209:* 110–118, 1963

45 Frye, F. L.: Hematology of captive reptiles (with emphasis on normal morphology). *In* Current Veterinary Therapy, VI. Edited by R. W. Kirk. W. B. Saunders Co., Philadelphia, 1977, pp. 792–798

46 Gabe, M.: The adrenal. *In* Biology of the Reptilia. Edited by C. Gans and T. S. Parsons. Academic Press, New York, Vol. III, 1970, pp. 263–318

47 Gallien, L.: Endocrine basis for reproductive adaptations in Amphibia. *In* Comparative Endocrinology. Edited by A. Gorbman. John Wiley & Sons, Inc., New York, 1959, pp. 479–487

48 Gans, C., Bellairs, A. d'A., and Parsons, T. S.: Biology of the Reptilia. Academic Press, New York, 1969, Vol. I

49 Gibbs, E. L., Nace, G. W., and Emmons, M. B.: The live frog is almost dead. Bioscience, *21:* 1027–1037, 1971

50 Good, R. A., et al.: Morphologic studies on the evolution of the lymphoid tissues among the lower vertebrates. *In* Phylogeny of Immunity. Edited by R. T. Smith, P. A. Mieschen, and R. A. Good. University of Florida Press, Gainesville, 1966, pp. 149–168

51 Graham, T. E., and Hutchison, V. H.: Centenarian box turtles. Int. Turtle and Tortoise Soc. J., *3:* 25–29, 1969

52 Hackett, E. and Hann, C.: Slow clotting of reptile bloods. J. Comp. Pathol., *77:* 175–180, 1967

53 Haines, R. W.: Epiphyses and sesamoids. *In* Biology of the Reptilia. Edited by C. Gans, A. Bellairs, and T. S. Parsons. Academic Press, New York, 1969, Vol. I, pp. 81–115

54 Harris, V. A.: The Anatomy of the Rainbow Lizard. Hutchinson Tropical Monographs, London, 1963

55 Hartman, F. A., and Lessler, M. A.: Erythrocyte measurements in fishes, amphibia and reptiles. Biol. Bull., *126:* 83–88, 1964

55a Heatwole, H.: Adaptations of marine snakes. Am. Sci., *66:* 594–604, 1978

56 Herrick, C. J.: The Brain of the Tiger Salamander. University of Chicago Press, Chicago, 1948

57 Hildemann, W. H.: Immunogenetic studies of poikilothermic animals. Am. Naturalist, *96:* 195–204, 1962

58 Houssay, B. A.: Comparative physiology of the endocrine pancreas. *In* Comparative Endocrinology. Edited by A. Gorbman. John Wiley & Sons, Inc., New York, 1959, pp. 639–667

58a Jacobson, E. R.: Histology, endocrinology and husbandry of ecdysis in snakes (a review). Vet. Med. Small Anim. Clin., *72:* 275–280, 1977

59 Jaros, D. B.: Occlusion of the venom duct of Crotalidae by electrocoagulation: An innovation in operative technique. Zoologica., *25:* 49–51, 1940

60 Johnson, G. L.: Contributions to the comparative anatomy of the reptilian and the amphibian eye, chiefly based on ophthalmological examination. Philos. Trans. R. Soc. Lond., B *216:* 315–353, 1927

61 Jordan, H. E., and Flippen, J. C.: Hematopoiesis in Chelonia. Folia Haematol., *15:* 1–24, 1913

62 Justis, C. S., and Taylor, D. H.: Extraocular photoreception and compass orientation in larval bullfrogs. *Rana catesbeiana.* Copeia, No. 1, 98–105, 1976

63 Kaplan, H. M., and Crouse, G. T.: Blood changes underlying the seasonal resistance of frogs to disease. Copeia, No. 1, 52–54, 1956

64 Kaplan, H. M., and Rueff, W.: Seasonal blood changes in turtles. Proc. Anim. Care Panel, *10:* 63–68, 1960

65 Kochva, E., and Gans, C.: Histology and histochemistry of venom glands of some crotaline snakes. Copeia, No. 3, 506–515, 1966

66 Legler, D. W., et al.: Immunoglobulin and complement systems of amphibian serum. *In* Biology of Amphibian Tumors. Edited by M. Mizell. Springer-Verlag, Berlin – Heidelberg – New York, 1968, pp. 169–176

67 Lowe, C. H., and Wright, J. W.: Evolution of parthenogenetic species of *Cnemidophorus* (whiptail lizards) in western North America. J. Ariz. Acad. Sci., *4:* 81–87, 1966

68 Lynn, W. G.: The thyroid. *In* Biology of the Reptilia. Edited by C. Gans and T. S. Parsons. Academic Press, New York, 1970, Vol. III, pp. 201–234

69 Maung, R. T.: Immunity in the tortoise, *Testudo ibera.* J. Path. Bact. *85:* 51–66, 1963

70 Miller, M. R.: The endocrine basis for reproductive adaptations in reptiles. *In* Comparative Endocrinology. Edited by A. Gorbman. John Wiley & Sons, Inc., New York, 1959, pp. 499–516

71 Miller, M. R., and Lagios, M. D.: The pancreas. *In* Biology of the Reptilia. Edited by C. Gans and T. S. Parsons. Academic Press, New York, 1970, Vol. III, pp. 319–346

72 Miller, M. R., and Wurster, D. H.: The morphology and physiology of the pancreatic islets in urodele amphibians and lizards. Comparative Endocrinology. Edited by A. Gorbman. John Wiley & Sons, Inc., New York, 1959, pp. 668–680

73 Moore, J. A. (Ed.): Physiology of the Amphibia. Academic Press, New York, 1964

74 Moyle, V.: Nitrogenous excretion in chelonian reptiles. Biochem. J., *44:* 581–589, 1949

75 Noble, G. K.: The Biology of the Amphibia. McGraw-Hill Co., Inc., New York, 1931. Reprinted 1954, Dover Publications, Inc.

76 Parsons, T. S.: The nose and Jacobson's organ. *In* Biology of the Reptilia. Edited by C. Gans and T. S. Parsons. Academic Press, New York, 1970, Vol. II, pp. 99–191

77 Pienaar, U. DeV.: Haematology of some South African reptiles. Witwatersrand Univ. Press, Johannesburg, 1962

78 Prosser, C. L., and Brown, F. A., Jr.: Comparative Animal Physiology. 2nd Edition. W. B. Saunders Co., Philadelphia, 1961

79 Romer, A. S.: Osteology of the Reptiles. University of Chicago Press, Chicago, 1956

80 Russell, R. L.: Toad poisoning. *In* Current Veterinary Therapy. Edited by R. W. Kirk. W. B. Saunders Co., Philadelphia, 1966, pp. 621–622

81 Scharrer, E.: General and phylogenetic interpretations of neuroendocrine interrelations. *In* Comparative Endocrinology. Edited by A. Gorbman. J. Wiley & Sons, Inc., New York, 1959, pp. 233–249

82 Schlumberger, H. G., and Burke, D. H.: Comparative study of the reaction to injury. II. Hypervitaminosis D in the frog with special reference to the lime sacs. A.M.A. Arch. Pathol., *56:* 103–124, 1953

83 Softly, A., and Cockett, E. G.: Aspects of maintaining snakes as laboratory animals. J. Inst. Anim. Technicians, *17:* 49–60, 1966

84 Telford, S. R., Jr.: What do we know about the parasites in reptiles? Int. Turtle and Tortoise Soc., J., *1:* 10–13, 37–38, 1967

85 Thorson, T. B.: Body fluid partitioning in Reptilia. Copeia, No. 3, 592–601, 1968

86 Underwood, G.: The eye. Biology of the Reptilia. Edited by C. Gans and T. S. Parsons. Academic Press, New York, 1970, Vol. II, pp. 1–97

87 van Oordt, G. J., van Oordt, P. G., and van Dongen, W. J.: Recent experiments on the regulation of spermatogenesis and the mechanism of spermiation in the common frog, *Rana temporaria. In* Comparative Endocrinology. Edited by A. Gorbman. John Wiley & Sons, Inc., New York, 1959, pp. 488–498

88 White, F. N.: Functional anatomy of the heart in reptiles. Am. Zool., *8:* 211–219, 1968

89 White, F. N.: Redistribution of cardiac output in the diving alligator. Copeia, No. 3, 567–570, 1969

90 Wilber, C. G.: Some circulatory problems in reptiles and amphibians. Ohio J. Sci., *62:* 132–138, 1962

91 Wood, C. A.: The Fundus Oculi of Birds. Lakeside Press, Chicago, 1917

92 Zangerl, R.: The turtle shell. *In* Biology of the Reptilia. Edited By C. Gans, A. d'A. Bellairs, and T. S. Parsons. Academic Press, New York, 1969, Vol. I, pp. 311–339

93 Zwart, P.: Studies on Renal Pathology in Reptiles. Path. Vet., *1:* 542–566, 1964

2 Grundlagen des Umgangs und der tierärztlichen Versorgung der Herpetofauna

2.1 Allgemeine Hinweise zur Diagnose

Reptilien und Amphibien zeigen ziemlich stereotype Krankheitssymptome. Ohne Untersuchungen im Labor können nur wenige Krankheiten diagnostiziert werden. Postmortale Untersuchungen gefangen gehaltener Tiere führen einerseits oft nicht zur Aufdeckung der Todesursache und andererseits stellt sich dabei die Krankheit als bereits so fortgeschritten heraus, daß man sich wundert, daß das Tier so lange überleben konnte.

Ganz allgemein werden Erkrankungen von Reptilien und Amphibien von Lustlosigkeit (d. h. baumlebende Arten klettern nur noch selten), Appetitlosigkeit, Gewichts- und Wasserverlust begleitet. Bei Schlangen und Echsen äußern sich die beiden letzten Symptome in einer longitudinalen Faltenbildung der Haut. Dagegen manifestiert sich Wasserverlust bei Fröschen und Salamandern in einer trockenen Haut. Andere Reptilien- und Amphibienarten weisen eine Trockenheit des Maules und der übrigen Schleimhäute auf. Die Mundschleimhaut selbst kann nicht als Maßstab zur Anämiediagnose herangezogen werden, da sie bei vielen Arten normalerweise schon blaß ist.

Krankheit verändert auch die Häufigkeit und Dauer der Häutung, in erster Linie gilt das für Schlangen. Daneben treten im Aussehen der Exkrete und deren Ausscheidungshäufigkeit Änderungen auf. Zur Beurteilung einzelner Anomalitäten in Aktivität, Freßgewohnheit, Exkretion und Häutungsrhythmus sollte der Eigentümer des Tieres befragt werden.

Da die Körpertemperatur der Amphibien und Reptilien mit der Temperatur der Umgebung schwankt, existiert in der Herpetofauna kein wie bei Homoiothermen endogen verursachtes Fieber. Allerdings können Reptilien über ihr Verhalten eine fiebrige Gegenreaktion auf bakterielle Pyrogene hervorrufen, wie dies am Wüstenleguan *(Dipsosaurus dorsalis)* gezeigt werden konnte[56]. In Kapitel 3 werden typische Erkrankungen der Herpetofauna erläutert, und zwar zur Erleichterung der Darstellung nach Ursachen geordnet. Leider gibt es selten Fälle, bei denen die Ursache klar auf der Hand liegt. Daher soll Tabelle 2-1 als Hilfsmittel zur klinischen Differentialdiagnose dienen, indem sie die Hauptbeschwerden und die äußeren Erscheinungsformen wiedergibt. Die angeführten Diagnosen sind auf die im Buch erwähnten Krankheitsbilder beschränkt, da diese am gängigsten sind und/oder am besten untersucht worden sind.

Gleiche Untersuchungsmethoden gelten für alle Vertebraten. Es sollte z. B. selbstverständlich sein, daß Fremdkörper im Ernährungstrakt als Verstopfungsursache und daß Geschwulstbildungen als Ursache für Brüche, Erbrechen, Verstopfung, Atemnot, Krämpfe und Anämie bei der Herpetofauna, geradeso wie bei Hunden und Katzen, in Betracht gezogen werden sollten. Geschwulstbildungen (um nur eine Unterlassung zu nennen), sind nicht konsequent in der Liste aufgeführt. Die Tabelle 2-1 erhebt somit keinen Anspruch auf Vollständigkeit.

2.2 Temperatur und Feuchtigkeit

Die meisten Angehörigen der Herpetofauna gedeihen am besten in einer Umgebungstemperatur von 24°C bis 26,6°C, obschon manche Tropenarten sich auch bei 37°C noch sehr wohl fühlen. Letztere ziehen zwar nicht unbedingt höhere Temperaturen vor, vertragen aber niedrige Temperaturen u. U. schlechter als Arten der gemäßigten Breite. Der verträgliche Temperaturbereich ist von Art zu Art unterschiedlich groß[6].

Nicht einmal Tropenbewohner überleben langanhaltende hohe Temperaturen. Alle Herpetofaunaarten sterben an Wasserverlust oder Hitzschlag, wenn sie der Sonne ausgesetzt sind und keinen Zugang zum Schatten haben.

In einem winterschlafartigen Zustand überdauern Reptilien und Amphibien lange Zeit Temperaturen um 5°C. Aus diesem Grund hält man Frösche oft wochen- oder monatelang in diesem Starrezustand im Labor, da sie dann wenig oder kein Futter benötigen. Für die privaten Tierhalter ist ein solcher Dämmerzustand kaum wünschenswert, doch kann für eine befristete Haltungsdauer oder bei Futtermangel der Eigentümer die Tiere eine Zeitlang so belassen.

Tabelle 2–1 Anleitung zur Differentialdiagnose bei Herpetofauna-Arten anhand der Organe, der Hauptbeschwerden und des Gesamtzustandes

Organ*	Beschwerde*	Differentialdiagnose*
I. Integument		
Schildkrötenpanzer	Brüche	Trauma
	Erweichung	schlechte Ernährung
	Deformierung	schlechte Ernährung angeborene Anomalität
	Brand	Algen
	Geschwür	Panzerfäule
Haut	kutane oder subkutane Schwellungen und Knötchen	Abszesse *Mycobacterium*-Infektionen *Dermatophilus*-Infektionen Geotrichose Pilzbefall *Dermocystidium*- und *Dermosporidium*-Infektionen (Amphibien) Sparganose Filariose Myiasis (Madenkrankheit) „Pocken" („Bläschenausschlag", Schlangen) Tumoren
	Petechie, Erythema (Hautrötung)	Septikämie (einschließlich Salmonellose) verschiedene Bakterien Molchpest (Salamander) Chlorvergiftung (Frösche)
	Geschwür	„Redleg" (Frösche) SUUE (Schildkröten und Frösche) *Mycobacterium*-Dermatitis Nekrotische Dermatitis („Schuppenfäule", Schlangen)
	Schorf	Häutung (normal) Molchpest (Salamander) Bleivergiftung (Frösche)
	Schimmel und andere Hautüberwüchse	*Saprolegnia*-Infektion Hautprotozoen
II. Nahrungstrakt		
Maul	Petechie	Septikämie
	Geschwür	Stomatitis ulcerosa
	käsiger Ausfluß	Stomatitis ulcerosa
	Maulsperre	Pneumonie Trematodenbefall des Mundraums
Magen	Erbrechen und Blutbrechen	Wurmkrankheit (besonders bei *Ascaris*- und *Kalicephalus*-Arten) Amöbiasis Vergiftung Verhaltens-bedingte Anorexia Tumor Septikämie
Darm	Durchfall, Blutstuhl	Wurmkrankheit Kokzidiose Amöbiasis Gastroenteritis (Bakterien, einschließlich Salmonellose) Vergiftung
	Verstopfung, Darmverschluß	Wurmkrankheit *Mycobacterium*-Granulom
III. Atmungsorgane		
	Nasenausfluß, Atemnot, Keuchen, abnorme Atemgeräusche	Pneumonie (bakterielle, Pilz-, Wurm- und Pentastomidenpneumonie)
IV. Skelett		
	Brüche	Trauma Osteomyelitis
	Deformationen	angeborene Schäden falsche Ernährung
	Lahmheit	siehe Differentialdiagnose von Brüchen und Deformationen Gicht
	Extremitätenbrand	*Clostridium*-Infektionen
V. Nervensystem		
	Krämpfe, Muskelzucken, Koma	Septikämie Lähmung Vergiftung Wassermangel, Störungen im Elektrolythaushalt Hypoglykämie
	Koordinationsstörungen	Streptomycinvergiftung Metazerkarien
VI. Auge		
	Schwellung	Korneospektakuläre Schwellung (Schlangen)
	geschlossene Lider	Vitamin-A-Mangel (Schildkröten)
VII. Hämatopoiese		
	Anämie, Anisozytose, Poikilozytose	Septikämie Hämogregarien Malaria (*Plasmodium*-Arten) verschiedene im Blut transportierte Organismen saisonale Anämie
VIII. Hormonsystem		
	Schilddrüsenvergrößerung	nahrungsbedingter Kropf

(Fortsetzung nächste Seite)

Tabelle 2–1 Anleitung zur Differentialdiagnose bei Herpetofauna-Arten anhand der Organe, der Hauptbeschwerden und des Gesamtzustandes (Fortsetzung)

Organ*	Beschwerde*	Differentialdiagnose*	Organ*	Beschwerde*	Differentialdiagnose*
IX. Allgemeinzustand					
	Schwäche, Gewichtsverlust	Stomatitis ulcerosa			*Kalicephalus*-Infektion
		Pneumonie			Symptom unvollständiger Eingewöhnung
		Mycobacterium-Befall			Vitamin-A-Mangel
		Amöbiasis			Geschwulstbildung
		Plistophora myotrophica			
		Myositis (*Xenopus laevis*)			

* Seitenangaben zur weiteren Erläuterung dieser Begriffe sind dem Index zu entnehmen.

Obwohl die Reptilien im Gegensatz zu den Homoiothermen keinen angeborenen Temperaturregler besitzen, sind sie fähig, aufgrund ihres Verhaltens eine bemerkenswert gleichmäßige Temperatur beizubehalten. Sie erreichen das z. B. indem sie sich sonnen oder den Schatten aufsuchen und ihren Körper so ausrichten, daß die Sonnenstrahlen optimal darauf treffen bzw. indem sie sich auf warmen oder kühlen Oberflächen aufhalten oder sich im Sand oder Schlamm eingraben[4]. Indem er sonnenbadet, kann der Erdleguan *(Liolaemus multiformia)* der Hochanden eine Körpertemperatur erreichen, die bis zu 13° C über der der Umgebung liegt. Besser als durch den Ausdruck **poikilotherm** oder **kaltblütig** werden solche Tiere, die zur Regulation ihrer Körpertemperatur auf äußere Faktoren angewiesen sind, als **ektotherm** bezeichnet; obwohl aus alter Gewohnheit nachstehend die ersten Bezeichnungen verwendet werden.

Innerhalb gleicher Wohngebiete halten unterschiedliche Arten ganz verschiedene Körpertemperaturen aufrecht, z. B. ist diejenige der Schlangen generell niedriger als die der Eidechsen im gleichen Lebensraum. Steht Tieren in Gefangenschaft ein Temperaturgradient zur Verfügung, suchen manche Arten den wärmeren, andere den kühleren Bereich auf[39]. Genauere Angaben zum thermoregulatorischen Verhalten verschiedener amerikanischer Reptilien finden sich bei Brattstrom[6].

Wasser ist nicht nur ein guter Wärmeleiter, sondern hält die Wärme auch besser als Luft, so daß aquatischer Lebensraum im Mikroklima weniger variabel ist als terrestrischer. Aus diesem Grunde wird die Körpertemperatur eines poikilothermen Tieres fast genau der des Wassers im betreffenden geographischen Bereich entsprechen, aber an Land kann sie sich beträchtlich mit der gerade herrschenden Außentemperatur verändern.

Pythons bebrüten ihre Eier, indem sie sich darum wickeln. Forscher haben im Bronx Zoo herausgefunden, daß einige Arten, wie z. B. der Tigerpython *(Python molurus)* eine Körpertemperatur bis zu 7,3° C über der Lufttemperatur aufrechterhalten kann, und zwar mit Hilfe schneller Muskelkontraktionen (bis zu 38 in der Minute)[31].

Für viele Reptilienarten scheint es eine Idealtemperatur für Aktivität, eine für Ruhe im niedrigeren Bereich und eine noch geringere für den Winterschlaf zu geben. Die gerade herrschende Temperatur kann zwar für Kriechen, Schwimmen und Fressen ausreichend sein, für den normalen Ablauf des Verdauungsprozesses jedoch nicht. Während des Verdauungsprozesses suchen Schlangen einen warmen Aufenthaltsort auf; zur Häutung dagegen einen kühleren[6, 51]. Während Ringelnattern *(Natrix natrix)* bei 5° C nach dem Fressen keine Frösche verdauen, läuft bei 15° C die Verdauung verzögert ab. Bei einer Temperatur von 25° C oder 35° C vollzieht sich die Verdauung einer Ringelnatter innerhalb von 60 Stunden.

Die **Vorzugstemperatur,** bei der sich ein Reptil gerne aufhält, ist gegeben, wenn verschiedene Temperaturbereiche ausgewählt werden können. Bei den meisten Schlangen, Schildkröten und nächtlichen Echsen beträgt sie 25° C bis 32° C, bei Krokodilen und vielen taglebenden Echsen 32° C bis 37° C. Anscheinend ist ein gewisser Temperaturwechsel nötig und die Vorzugstemperatur sollte variieren. Obwohl Krokodile und Echsen gewöhnlich bei 25° C bis 32° C gehalten werden und sich wohlfühlen, wäre es besser, ihnen, wie oben angegeben, nach Bedarf auch Zugang zu wärmeren Stellen zu gewähren. Infolge von Hyperventilation geraten Krokodile bei etwa 37° C gelegentlich in eine Art Tetanus. Wenn Zaunleguane *(Sceloporus occidentalis)* 13 Wochen hindurch in ihrer Vorzugstemperatur leben, treten Mortalität oder auch Hyperthyreoidismus auf[61]. Erhöht man über einen längeren Zeitraum die Temperatur auf ein oder zwei Grad über der Vorzugstemperatur, wird bei Echsen die Spermatogenese stark beeinträchtigt[42].

Im Freiland unterliegen Reptilien durch den Tag-Nacht-Rhythmus großen Temperaturschwankungen, was ihre Aktivität in hohem Maße beeinflußt. Die Häufigkeit dieser Änderungen, um die besten Lebensbedingungen in Gefangenschaft zu erreichen, ist ein umstrittener, aber wichtiger Punkt. Es stellte sich heraus, daß tagaktive Echsen während der Hell-Dunkel Phase im allgemeinen für die Dunkelheit kühlere Temperaturen und für die Lichtzeiten wärmere Temperaturen wählten[52].

Die Temperaturwahl gefangen gehaltener Reptilien kann durch menschliche Gegenwart beeinflußt werden, z. B. indem scheue Tiere sich weigern, ihr Versteck zu verlassen. Dominante Echsen erobern und verteidigen ein Revier mit höherer Temperatur und bleiben wärmer im Beisein eines subdominanten Tieres, als wenn sie allein gehalten werden. Auch der Hormonhaushalt, z. B. Trächtigkeit, beeinflußt die Temperaturwahl. Die genaue Analyse und Bedeutung dieses Einflusses und die anderer Faktoren stehen noch aus[52].

Im Endeffekt erscheint eine Imitation der natürlichen Bedingungen am besten, da das Tier in seinen physiologischen Prozessen und seinen Verhaltensweisen darauf eingestellt ist. Im großen und ganzen halten Zoos Arten der gemäßigten Zonen bei 22°C bis 30°C und Tropenbewohner bei 25°C bis 35°C. Somit findet man diejenigen Arten vor, denen diese Bedingungen zusagen. Andere Arten dagegen werden als schwierig zu halten abgetan, was mehr ein Eingeständnis an unsere Unwissenheit ist als eine Minderwertigkeit der betroffenen Art.

Bei der Ausstattung eines Terrariums mit Wasser, Steinen und Sand sowie einer Lichtquelle, z. B. einer Glühbirne oder Heizspirale, (die abgeschirmt sein sollte, um direkten Kontakt zu vermeiden) und mehreren schattigen Orten, kann das Reptil jederzeit eine angemessene Umgebung aufsuchen. Peaker erörtert die Temperaturerfordernisse gefangener Reptilien und gibt eine Übersicht über die einschlägige Literatur[48].

Im allgemeinen bevorzugen Amphibien einen niedrigeren Temperaturbereich als Reptilien. Sie sind aktiv und fressen bei einer Temperatur von 20°C bis 25°C gut. Nur selten überstehen sie eine Temperatur, die höher als 28°C ist, sehr lange.

Die relative Luftfeuchtigkeit übt auf die Körpertemperatur einen deutlichen Einfluß aus. Wird die Luftfeuchtigkeit zu gering, senkt sich durch die Verdunstung auf der Amphibienhaut deren Temperatur unter die der Umgebung. Bei einer hohen Luftfeuchtigkeit hingegen kann der Wärmeproduktion nicht durch die entsprechende Verdunstung entgegengewirkt werden. Die Folge ist, daß das Tier sich überhitzt. Daneben sind die relativ trockenhäutigen Kröten und Salamander auf Wäremabgabe über die Lungenatmung angewiesen. Dies gilt in noch größerem Maß für Reptilien, deren trockene Haut die Wärmeabgabe behindert, jedoch sie nicht ganz unterbindet. Echsen hecheln um so mehr, je höher ihre Temperatur ansteigt. Die Anwendbarkeit dieser Art von Wärmeabgabe wird aber durch den drohenden Wasserverlust begrenzt.

Relative Feuchtigkeit von 35% bis 70% ist für den Großteil der Arten angemessen. Die Werte für Wüstenbewohner liegen niedriger, für Dschungelbewohner höher. Viele Herpetologen glauben, daß eine hohe Luftfeuchtigkeit für die normal ablaufende Häutung bei Schlangen nötig ist (Kap. 1). Kauffeld dagegen behauptet, daß übermäßige Feuchtigkeit schädlich sei und Hauterkrankungen begünstige[38]. Er empfiehlt sogar für Wasserschlangen die Beibehaltung einer relativ geringen Luftfeuchtigkeit.

Im Winter kann die Beschaffung von Insekten oder anderen Futtermitteln problematisch sein. Sollte man deshalb diese Tiere in eine Art Winterschlaf versetzen? In der Freiheit ist der Winterschlaf von Gewichtsverlust und Mortalität begleitet[28], was auch in Gefangenschaft nicht auszuschließen ist. Allgemein sollten tropische Arten ganzjährig warm und aktiv gehalten werden, da der Winterschlaf für sie nicht naturgemäß ist. Über die Auswirkungen eines alljährlichen Winterschlafes auf Lebensdauer, Gesundheit, Wachstum und Fortpflanzung der Tiere gemäßigter Zonen ist wenig bekannt. Ob man sie in Winterschlaf versetzen soll oder nicht bleibt daher dahingestellt.

Überwinterungstemperaturen sollten über dem Gefrierpunkt liegen, aber niedrig genug sein, um das Tier in der Starre zu halten und so eine geringe Umsatzrate zu bewirken. Für die meisten Arten ist ein konstanter Temperaturbereich von 2°C bis 5°C ausreichend, für Kröten dagegen eher 4,4°C bis 6,7°C[15].

Abb. 2-1 Ein Laboratoriums-Hibernaculum aus einem 75 l Plastik-Mülleimer mit eingesetztem Plastikwäschekorb wird bei 4 °C aufbewahrt. Das tiefe Wasser simuliert die Bedingungen des natürlichen Hibernaculums und die Größe sorgt für eine minimale Temperaturschwankung. Belüftet wird mit einem Acrylschlauch von ca. 2 cm Durchmesser, der Luft ins Wasser leitet. Die Frösche werden dadurch nicht gestört und können auf diese Weise in einer Zahl bis zu 200 Tieren pro Behälter von Oktober bis Juli gehalten werden; dabei wird ein- oder zweimal im Monat das Wasser gewechselt. (Aus Gibbs, E. L., Nace, G. W. und Emmons, M. B.: The live frog is almost dead. Bio. Science 21: 1027–1037, 1971. Nachdruck mit Genehmigung von Bio. Science, veröffentlicht vom American Institute of Biological Sciences)

Aus einem Mülleimer und einem Wäschekorb läßt sich leicht ein Hibernaculum herstellen, das auch für andere Wasserformen verwendbar ist (Abb. 2-1). Vor Antritt des Winterschlafes sollten Herpetofaunaarten einige Tage fasten, damit kein unverdautes Futter im Darm bleibt, welches sich zersetzen könnte.

Probleme im Zusammenhang mit zuviel oder zuwenig Wärme oder Feuchtigkeit sowie zu großer oder zu geringer Schwankung dieser Klimafaktoren tragen einen Großteil zu Erkrankungen und Sterblichkeit der Herpetofauna bei. Beim gegenwärtigen Wissensstand können nur Hinweise auf die Natur und Vielfalt dieses Problems gegeben werden; Lösungen erfordern weitere Forschung.

2.3 Lichtbedingungen

Künstliche Lichtquellen mit einem großen Spektralbereich sind im Handel erhältlich.* Angeblich gedeihen Reptilien bei solcher Beleuchtung besser als bei gewöhnlichem Weißlicht und der große Spektralbereich regt u. U. den Appetit eines schlecht fressenden Tieres an[58]. Den gefangen gehaltenen Tieren sollte ein Licht-Dunkel Wechsel geboten werden, der den natürlichen Tag-Nacht Rhythmus vortäuscht.

* Vita-lite und Optima Fluorescent Lamp sind von der Duro-Test Corporation, North Bergen, New Jersey, zu beziehen.

2.4 Unterbringung

Terrarien sollten genug Bewegungsfreiheit bieten, d. h. sie sollten länger als die Schlange sein. Dies kann für den Eigentümer großer Schlangen zu Unbequemlichkeiten führen. Gewöhnlich werden diese Tiere zu beengt gehalten. Da viele taglebenden Reptilien territorial sind, führt Überbevölkerung zu Kämpfen, Unterernährung und dem Ausbleiben von Paarungen.

Die Behausung sollte solide gebaut sein, keine Fluchtmöglichkeiten bieten und ohne vorstehende Nägel oder Splitter sein, an denen sich das Tier verletzen kann. Abdeckungen müssen eine ausreichende Belüftung gewährleisten, damit Moder und Gestank vermieden werden. Fest verschließbare Türen müssen einen sicheren Zugang zum Käfig für Säuberung, Fütterung und Handhabung der Tiere ermöglichen.

Zum Klettern und als Versteck kann man den Käfig mit Zweigen und Steinen ausstatten. Diese können u. U. zu Infektionsträgern werden, z. B. als Versteck für Milben dienen. Sollte dieser Fall eintreten, müssen die Objekte entfernt oder jedenfalls keimfrei gemacht werden.

2.5 Hygiene

Ausreichende Reinhaltung trägt dazu bei, die Ausbreitung von Erkrankungen zu verhindern, z. B. die Entfernung abgestreifter Haut, die als Träger von Milben in Frage kommt. Werden die gleichen Werkzeuge nacheinander in verschiedenen Käfigen zur Entfernung der Exkremente benutzt, sollten sie zwischendurch mit einem starken Desinfektionsmittel, z. B. Jodtinktur gereinigt werden und danach mit heißem Wasser abgespült werden. Terrarien und Wasserbecken können durch Clorox, kochendes Wasser, harmlose Jodverbindungen oder Benzalkoniumchlorid (Zephiran, Winthrop Lab.) desinfiziert werden, wobei die beiden Letztgenannten auch als Oberflächenantiseptikum bei Reptilien verwendet werden können. Benzalkoniumchlorid fördert das Wachstum von *Pseudomonas*-Arten und muß deshalb in kleinen, gut verschlossenen Behältern aufbewahrt werden[46]. Phenol, Kresol und andere Teerprodukte sind für die Herpetofauna hochtoxisch und sollten nicht verwendet werden.

Besonders wichtig ist die Sauberhaltung des Wassers für aquatische Arten, was durch Umwälzung und Filtration oder häufiges Auswechseln zu erreichen ist. Am besten läßt man Leitungswasser einen Tag stehen, damit das Chlor verdunsten kann, bevor man es für Frösche und Salamander verwendet.

2.6 Fütterung und Ernährung

Bei der Fütterung der Herpetofaunaarten sind verschiedene wichtige Grundsätze zu berücksichtigen. Da Frösche und Kröten normalerweise sich bewegende Beutetiere fangen, sollten sie mit lebenden Insekten versorgt werden. Manchmal kann man sie veranlassen auch Fleisch- oder Leberbrocken zu fressen, die man in ihren Käfig wirft und vor ihnen bewegt. Die gleiche Methode bewährt sich auch bei insektenfressenden Echsen. Da Frösche und Kröten einen gewaltigen Appetit haben und es für den Tierhalter schwer ist, sie in einem guten Ernährungszustand zu halten, verhungern solche Tiere oft in Gefangenschaft. Praktisch ist es nicht möglich, eine Sammlung von Amphibien und Echsen durch Fangen von Insekten ausreichend zu versorgen, schon allein weil im Winter keine Insekten vorhanden sind. Das führt dazu, daß viele Herpetofaunahalter Mehlwürmer und Grillen im Handel kaufen, z. B. in Zoohandlungen, oder sie selber züchten, ebenso wie Fliegen und Schaben. Die letzten beiden Arten haben den Nachteil, daß sie gern entkommen und so auf lange Sicht einen Futtervorrat im ganzen Haus verteilt darstellen. Für Laubfrösche kann man flügellose Fruchtfliegen aufziehen. Unter kontrollierten Bedingungen bietet die Insektenzucht den Vorteil, daß sie als Parasitenträger ausscheidet, die sonst Amphibien und Reptilien gefährden.

Ich habe eine vorbildliche Privatsammlung gesehen, deren Käfige zu ebener Erde lagen und hinter Glas. Nach vorne waren sie durch Maschendraht begrenzt, der den Insekten den Durchtritt erlaubte; rückwärts waren sie verglast. Um die Insekten anzulocken, befanden sich verschiedende Gegenstände im Käfig und für die Warmhaltung der Reptilien und Amphibien sorgten Wärmestrahler. Auf diese Weise erreichte der Tierbesitzer, daß sich seine Tiere einerseits innen aufhalten konnten, er sie aber andererseits von außen mit natürlichem Futter versorgen konnte.

Alle adulten Amphibien sind karnivor (Fleischfresser), die Mehrzahl davon insektivor (Insektenfresser). Größere Urodelen (Salamanderartige) erweitern ihren Speisezettel mit Fröschen und Fischen. Die größten Frösche können eine ganze Maus oder Spitzmaus verschlucken. Für aquatische Salamander reicht eine Würmer- und Kleinkrebsnahrung aus, die gewöhnlich als Futter für tropische Fische angeboten wird. Ich selbst habe erfolgreich Grünliche Wassermolche *(Notophthalmus [Diemictylus] viridescens)* mit Mückenlarven aufgezogen.

Im allgemeinen sind Kaulquappen omnivor (Allesfresser) und ernähren sich von organischen Debris, oder sie filtrieren mit ihren Kiemen mikroskopisch kleines Pflanzen- und Tiermaterial. Man kann sie mit kleinen Stücken Salat, gemahlenem Kaninchen- und Meerschweinchenfutter, geschrotetem Hundefutter, Bierhefe oder zerkleinerter Leber füttern. Für kleine *Xenopus laevis*-Kaulquappen haben sich gemahlene Erbsen oder einfach Pulver für Erbensuppe bewährt. Später kann man diese Ernährung durch gemahlene Kaninchen- und Meerschweinchenpellets, durch eine Mischung aus zerkleinertem Rindfleisch und Milchpulver und durch *Tubifex* oder Daphnien erweitern. Salamanderlarven werden mit Salzwasserkrebsen, *Tubifex,* Daphnien und später auch Regenwürmern und Forellenfutter (Purina Trout Chow) ernährt[19]. Ein häufiger Wasserwechsel ist bei Amphibienlarven unerläßlich, um das Faulen der Futterreste zu verhindern.

Zwar sind alle Schlangen Fleischfresser, doch hängen die Freßgewohnheiten von der Art ab. Das natürliche Futter, das für Erdnattern *(Elaphe obsoleta)* aus Ratten und Mäusen, für Siegelringelnattern *(Natrix sipedon)* aus Fröschen und Fischen, für Strumpfbandnattern (*Thamnophis* sp.) aus Regenwürmern und Fröschen und für Königsnattern (*Lampropeltis* sp.) aus anderen Schlangen besteht, sollte so oft wie möglich gereicht werden.

Entgegen der allgemeinen Überzeugung nehmen Schlangen oft totes Futter an, sogar Fleischbrokken. Vorteilhaft ist dies, weil somit Überreste leichter zu entfernen sind und das Futter zur Gabe von Arzneien entsprechend präpariert werden kann. Auch kann das Reptil nicht angegriffen werden, wie dies bei lebenden Mäusen und Ratten gelegentlich vorkommt.

Obwohl Giftschlangen ihre Beute töten oder lähmen, bevor sie sie fressen, warten sie die Wirkung des Giftes nicht immer ab, sondern verschlingen die Beute sofort. Manche Schlangen, wie Ringelnattern, Strumpfbandnattern, Zornnattern und einige andere Arten ergreifen ihre Beute und verschlingen sie sofort. Wieder andere erdrosseln die Beute in ihren Körperwindungen durch **Umschlingen,** wie Boas, Pythons, Königsnattern und Schwarzottern. Eine sehr große Python kann auf diese Weise einen Menschen töten.

Da Schlangen ihre Beute im Ganzen verschlingen, kann es passieren, daß eine größere Schlange eine kleinere mitfrißt, die am entgegengesetzten Ende einer Beute zu schlingen begonnen hat. Stört man Schlangen zu bald nach der Futteraufnahme, würgen sie die Mahlzeit wieder aus.

Das Futterspektrum der Echsen ist sehr breit, die Mehrzahl frißt Insekten. Einige, z. B. Warane (*Varanus* spp.) sind Fleischfresser, andere dagegen ernähren sich von Pflanzen, z. B. Chuckwallas *(Sauromalus obesus)* und einige größere Leguane. Andere Echsen, wie der Wüstenleguan *(Dipsosaurus dorsalis)* sind omnivor.

Wasserschildkröten sind hauptsächlich carnivor und können mit Insekten, Würmern, Nacktschnecken, anderen Schnecken, Fisch, Leber und Fleischstreifen gefüttert werden, was jedoch gelegentlich durch Salat und anderes pflanzliche Futter ergänzt werden muß. Wenigstens einmal die Woche soll man einen Tropfen Dorschlebertran oder ein Vitaminkonzentrat der Vitamine A, D und E dazugeben. Da die Schildkröten ihr Futter unter Wasser verschlucken, hat die Fütterung an Land keinen Sinn. Neuerdings ist ein genau abgestimmtes Futter verfügbar, so daß auf das im Handel erhältliche Schildkrötenfutter nicht mehr zurückgegriffen werden muß, das aus getrockneten Insekten besteht, die keine geeignete Nahrung darstellen.

Landschildkröten erhalten nur auf trockenem Boden ihr Futter. Für die omnivore Carolina-Dosenschildkröte *(Terrapene carolina)* sind Salat, Tomaten, Würmer, Schnecken und Hüttenkäse eine geeignete Ernährung. Meeresschildkröten fressen wirbellose Tiere, Fisch und Algen, wobei die Anteile je nach Art variieren. Krokodile sollten im Wasser mit Fleisch, Fisch und Geflügel ernährt werden. Allgemein müssen Fleischfresser zur Erhaltung ihres Vitamin- und Mineralhaushaltes ganze Beutetiere, wie Fische oder Mäuse oder jedenfalls Eingeweide neben den Fleischbrocken erhalten. Damit manche Reptilien in Gefangenschaft fressen, sind gewisse Kniffe nötig. So kommt es mitunter vor, daß eine Schlange oder Echse zwar ganze Mäuse zurückweist, sie aber im abgezogenen Zustand annimmt. Manchmal läßt sich Zwangsfütterung (im folgenden Abschnitt erläutert) nicht umgehen.

Wie oft gefüttert werden muß, ist bei den einzelnen Arten sehr unterschiedlich. So gilt für insektivore Echsen, Frösche und Kröten sowie junge Krokodile und Schildkröten einmal täglich als Regel. Ein Fastentag von Zeit zu Zeit ist angebracht. Größere Wasserschildkröten brauchen dreimal, die meisten Schlangen ein- oder zweimal die Woche Futter. Allgemein gilt, daß bei zunehmender Körpergröße die Fütterungshäufigkeit geringer wird, doch hängt das insgesamt sehr von der Haltungstemperatur ab. Im oberen Bereich erhöhen sich die Umsatzrate und die Verdauungsgeschwindigkeit und demzufolge muß öfter gefüttert werden. Auch wenn das Tier sofort frißt, kann die Nahrung bei niedrigen Temperaturen über einen längeren Zeitraum unverdaut bleiben. In seinem Buch „Pet Medicine" von R. Caras et al. (erschienen bei McGraw-Hill Co., N.Y., 1977) finden sich in den Kapiteln von Frye zur Amphibien- und Reptilienhaltung nützliche Informationen für den Tierhalter. Tierärzte sollten das Buch weiterempfehlen.

2.7 Unterstützende Therapie

Da über die Dosierung und Toxizität von Medikamenten bei Reptilien wenig bekannt ist, ist der beste Ansatzpunkt die unterstützende Therapie, einschließlich Zwangsernährung und parenteral verabreichten Flüssigkeiten. Ersteres wird erforderlich, wenn ein Reptil in den „Hungerstreik" tritt, was oft ohne ersichtlichen Grund geschieht. Riesenschildkröten und Pythons halten bei Zimmertemperatur über ein Jahr fasten durch, die meisten Schlangen mehrere Monate. (Natürlich ist das Fasten während des Winterschlafes ganz normal.) Auch viele Amphibien können ohne weiteres einige Monate hungern. Macht man feste Nahrung wie Mäuse oder Fleischstücke durch rohes Ei gleitfähig, kann man dieses Futter in die Schlangenkehle schieben. Vorteilhafter ist es aber, über einen Magenschlauch (S. 18) Flüssignahrung zu verabreichen, z. B. Fischbrühe für Ringelnattern oder Fleischbrühe mit rohem Ei, Milch oder Aminosäure- und Zuckerlösungen gemischt, ebenso verschiedene Vitamine für andere Schlangen. Solch ein Magenschlauch kann aus einem weichen Polyäthylenstück, das an einer großen Subkutan-Spritze befestigt ist (Abb. 2-2), hergestellt werden. Um zu verhindern, daß sich das Tier verschluckt, muß das Verabreichen der Nahrung langsam erfolgen.

Bei Schildkröten, Krokodilen und Echsen ist Zwangsernährung schwieriger und wird bei grö-

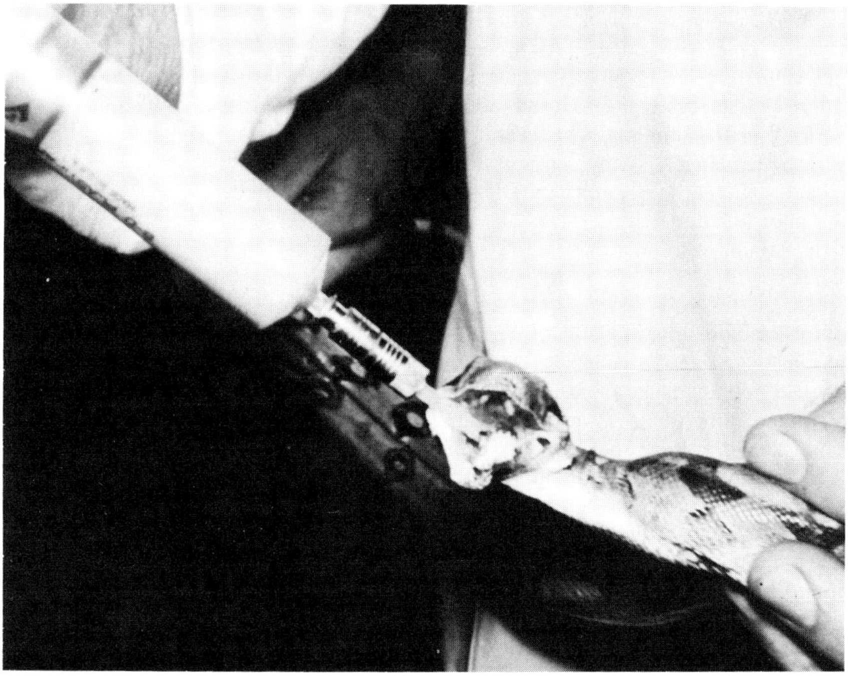

Abb. 2-2 Zwangsernährung einer Boa constrictor *(Constrictor constrictor)* mit Flüssignahrung über eine Spritze und ein Polyäthylen-Röhrchen

ßeren Tieren zu einer gefährlichen Angelegenheit. Gelegentlich läßt sich das Tier durch einen Futterbrocken, der an einer Stange befestigt ist, zum Fressen verleiten. Für die Zwangsernährung von gefährlichen Reptilien ist eine Narkose empfehlenswert, um das Risiko dieser Behandlung zu verringern. Zugleich wird dadurch willkürliches Wiederhochwürgen verhindert[62]. Durch das Injizieren eines Antiemetikums, kann die Gefahr des Brechreflexes beim bewußtlosen Tier gesenkt werden.

Manchmal frißt ein Reptil wieder, wenn es aus einem künstlichen Winterschlaf von 2–3 Wochen erwacht. Nach diesem „Kälte-Urlaub" muß es auf Zimmertemperatur erwärmt werden und bei einsetzender Aktivität Futter erhalten.

Die Folge von Wassergabe in ungeeigneter Form kann zu Wasserverlust führen, z. B. lecken Chamäleons und einige andere Echsen Tau auf. Diese Tiere werden in Gefangenschaft nicht aus einer Schale saufen, sondern das Wasser muß ihnen auf das Laub in ihrem Käfig gesprüht werden. Wüstenreptilien erhalten die meiste Flüssigkeit aus ihrer Nahrung, so kann die Gopher-Schildkröte ihren Durst an einem Sukkulenten-Blatt stillen. Wenn man ihr jedoch Wasser anbietet, trinkt sie eine tüchtige Menge, gerade wie unter natürlichen Bedingungen zur Regenzeit.

Ringer-Lösungen geeigneter Konzentration (s. S. 24), wie sie in der Physiologie benutzt werden, kann man subkutan oder intraperitoneal spritzen, um den Wasserverlust bei Tieren einzuschränken, die alle Nahrung und Wasseraufnahme verweigern. Schlangen kann man subkutan 4,5 ml/kg Ambex (Elanco) verabreichen. Die Dosierung soll aber auf die Erfordernisse und die Reaktion abgestimmt werden.

2.8 Antibiotika-Therapie

Die meisten der gebräuchlichen Antibiotika sind an Reptilien und Amphibien ausprobiert worden. Dabei ist sehr wenig über die Toxizität dieser Medikamente bekannt und die meisten Dosierungen wurden empirisch ermittelt. Allgemein werden dieselben wie für die Säuger angewendet. Die empfohlenen Dosierungen verschiedener Antibiotika sind bei Frye[16] aufgeführt. Eine offensichtlich bessere Wirkung erreicht man bei einer Umgebungstemperatur von 29°C bis 32°C. Langzeitantibiotika, wie Benzathin-Penicillin, sind vorzuziehen, weil der Patient nur wenige Male behandelt werden muß.

Eine Überdosierung von Streptomycin soll bei Schlangen vestibuläre Nervenschädigungen verursachen, die zu Koordinationsstörungen führen. Diese Schlangen wälzen sich, fallen beim Klettern um und verfehlen beim Zustoßen ihre Beute[54].

Gentamycin schädigt die proximalen Nierentubuli und verursacht Harnsäureablagerungen (Gicht) bei Schlangen, wenn die Säugerdosierungen appliziert werden[44]. Als Richt-Dosierung für Schlangen gelten 2,5 mg/kg Körpergewicht, s.c. alle drei Tage sowie für Schildkröten 10 mg/kg Körpergewicht, i.m. alle zwei Tage[10, 11]. Für Chloramphenicol wird für Schlangen 40 mg/kg, s.c. alle 24 Stunden angegeben[10, 11].

2.9 Untersuchung und Zwangsmaßnahmen

Das Tier wird zunächst ohne jeglichen Zwang untersucht. Auf Reize sollte das Tier aufmerksam und direkt reagieren und sich gezielt bewegen. Die Haut sollte bei Echsen und Schlangen glänzen, außer das Tier steht kurz vor der Häutung. Dasselbe gilt für Schlangen. Normalerweise ist Reptilienhaut trocken, die der Amphibien dagegen feucht mit Ausnahme der Kröten und einiger Salamander. Die Augen sind hell und klar, nur die „Brille" der Schlangen scheint vor der Häutung trüb und etwas undurchsichtig zu sein (Kap. 1). Der gesamte Ernährungszustand und Wassergehalt wird in Betracht gezogen. Jedes Tier mit trüben, tiefliegenden Augen, hervorstehenden Knochen, faltiger Haut und apathischen langsamen Bewegungen ist mit Sicherheit krank, meistens schon in fortgeschrittenem Stadium.

Die sicherste Art gefährliche Reptilien zu behandeln ist, sie mit einem Inhalationsmittel zu narkotisieren, und zwar in einem Kasten, der mindestens eine Glaswand zur direkten Beobachtung aufweist (s. auch folgender Abschnitt). Anästhesie, am besten parenteral, wird bei Schildkröten erforderlich, um die Muskeln für die Untersuchung zu entspannen.
Schlangen, Echsen und kleine Krokodile können mit geeigneten Gabeln, Schlingen oder Zangen, die man in Fachgeschäften erhält, gefangen und festgehalten werden. Durchsichtige Plastikröhren von unterschiedlichem Durchmesser und Länge mit verschließbarer Öffnung bieten sich an, um Schlangen und Echsen zu behandeln (Abb. 2-3). Bohrt man Löcher in das Plastik, kann man Subkutannadeln einführen.

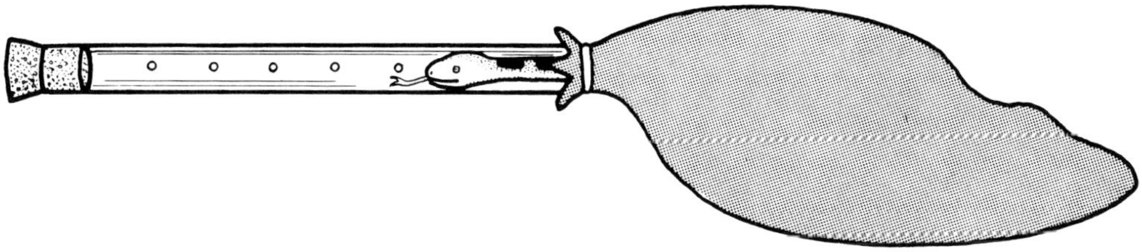

Abb. 2-3 Trick zur Handhabung und Examinierung von Giftschlangen. Die Schlange gelangt durch eine Öffnung aus dem Sack, die über elastisches Band fest mit einer durchsichtigen Plastikröhre verbunden ist. Deren Durchmesser sollte dem Tierkörper angemessen sein und ihr anderes Ende wird mit einem festsitzenden Korken oder einem Schraubenverschluß abgedichtet; zur Ermöglichung von Injektionen kann man Löcher in die Röhre bohren

Schnappschildkröten hebt man am Schwanz und mit der Bauchseite zu sich gewandt hoch, da diese ihren Kopf nur nach oben und zur Seite bewegen können, bauchwärts aber so gut wie nicht.

Während der Untersuchung sollte man die Schlangen kurz hinter dem Kopf halten, jedoch nicht zu fest, und auch den Körper unterstützen. Bei großen Schlangen läßt man den Körper am Boden liegen und derjenige, der das Tier am Kopf packt, hält zugleich mit seinem Fuß den Schwanz niedergedrückt. Wenn man eine Schlange zu lange nur am Nacken hält, kann ihre Wirbelsäule oder der Blutkreislauf geschädigt werden, weil in der Vertikalen kein venöses Blut aus dem Körperkreislauf zum Herzen zurückfließen kann.

Haut und Augen der Schlange müssen daraufhin überprüft werden, ob die Häutung vollständig stattgefunden hat. Ist dies nicht der Fall, legt man das Tier eine Weile in lauwarmes Wasser und entfernt dann die Hautreste mit einer Zange. Dabei ist Vorsicht geboten, weil das darunterliegende Gewebe sehr leicht verletzbar ist und Wunden, die durch übermäßig entfernte Haut entstehen, leicht infizierbar sind.

Beim Schildkrötenpanzer muß man darauf achten, daß er normal geformt ist. Anomalitäten können zwar angeboren sein, sind aber meist auf falsche Fütterung zurückzuführen (s. S. 134). Daneben muß man den Panzer auf Traumata untersuchen. Abschilderung und Nekrose sind möglicherweise auf bakterielle Infektionen (s. S. 70, Kap. 3) oder auf Algenbewuchs zurückzuführen[29].

Neben der Gefahr von Schlangen, großen Echsen, Schildkröten oder Krokodilen gebissen zu werden, muß der Tierarzt berücksichtigen, daß große Echsen und Krokodile sehr hart mit dem Schwanz schlagen und große Schildkröten und Echsen mit ihren scharfen Krallen sehr schmerzhafte Kratzer verursachen können.

Die Muskulatur zur Schließung des Maules ist sehr kräftig, die zum Öffnen dagegen schwach. Deshalb reicht eine Person aus, die Kiefer eines großen Tieres geschlossen zu halten, wenn sie durch eine zweite Person unterstützt wird, die den Körper, die Beine und den Schwanz eines wehrhaften Patienten festhält.

2.10 Anästhesie und Chirurgie

Für kleine chirurgische Eingriffe kann man Amphibien und Reptilien zwei Stunden lang auf 5°C abkühlen[59] oder in Eiswasser tauchen bis sie in Starre verfallen sind. Auch mit Zwangsmaßnahmen am Tier kann ein kurzer Eingriff vollzogen werden; lokal kann man Xylocain-hydrochlorid geben.

Die sicherste, schnellste und zuverlässigste Methode einer Vollnarkose bei Reptilien ist die durch Inhalationsnarkotika. Diese Mittel gestatten bereits kurz nach ihrem Einsatz eine schnelle Erholung des Patienten. Die besten Anwendungsmethoden dieser Narkosen hat Calderwood für Reptilien zusammengestellt[12]. Allerdings hat er in der Übersicht zur parenteralen Anästhesie den falschen Umrechnungsfaktor angegeben (statt mit 2,2 zu multiplizieren, dividiert er damit), um die Dosierung statt in mg/Pfd. in mg/kg zu erhalten. Tabelle 2-2 dieses Buches enthält die richtigen Dosierungen.

Als beste Inhalationsnarkotika wirken Halothan (Fluothan, Ayerst Laboratories, Inc.)[25, 32] und Methoxyfluran (Metofane, Pitman-Moore, Inc.). Sie werden allein und in Kombination mit Lachgas verwendet. Zu Beginn der Halothannarkose tritt eine Erregungsphase ein, die auch wildes Umsichschlagen beinhalten kann.

Tabelle 2–2 Parenteral verabreichte Narkotika zur Immobilisation und/oder Anästhesie von Amphibien und Reptilien

Art	Medikament	Dosierung	Injektionsart	Wirkung, Kommentare	Quellennachweis
Frösche					
Leopardfrosch (*Rana pipiens*)	Pentobarbitalnatrium	600 mg/kg	Dorsaler Lymphsack	Tiefe Operationsnarkose nach einer halben Stunde erreicht; Dauer ca. 9 Std.; geringe Muskelentspannung	35
			Intraperitoneal (IP)	Nach 18 Min. tiefe Operationsnarkose für 9 1/2 Std.	
	Hexobarbitalnatrium	120 mg/kg	Dorsaler Lymphsack	Tiefe Operationsnarkose mit gering entspannter Muskulatur. Schnellerer Eintritt und Erholung als mit Pentobarbital.	
Frösche	Paraldehyd	4,2 g/kg	Ventraler Lymphsack	Narkose nach 15 Min. wirksam	34
	Chloralhydrat	10%ige Lösung	Intrakardial (IC)		
Schildkröten					
Zierschildkröte (*Chrysemys picta elegans*)	Pentobarbitalnatrium	16 mg/kg	Intrakardial (IC)	Die Nadel wird zwischen Nacken und Vorderfuß eingestochen und Richtung Herz gerichtet. Tiefe Operationsnarkose nach 30 Min.	63
			Intraperitoneal (IP)	Wirkung nach 65 Min. für über 3 Std. Die Anzahl roter und weißer Blutkörperchen sinkt 24 Std. nach der Narkose unter 80%.	33
	Chlorpromazin-HCl (Thorazine, Smith, Kline and French,	10 mg/kg und	Intramuskulär (IM)	Basisnarkose	
	Inc.) und Pentobarbitalnatrium (10 Min. später)	10 mg/kg	IC	15 Min. bis zum Einsetzen der Wirkung. Dauer ungefähr 3 Std.	
Maurische Landschildkröte (*Testudo g. graeca*)	Tribromethanol und Amylenhydrat (Avertin, E.R. Squibb and Sons)	250 mg/kg 125 mg/kg	IP	Wirkung nach 40 bis 70 Min. Tiefe Narkose für 1 bis 2 Std. Nachwirkungen 12 bis 16 Std.	30
	Tribromethanol und Amylenhydrat	400 mg/kg 200 mg/kg	per rectum	Wirkung nach 1 bis 2 Std. Tiefe Narkose für 1 bis 1 1/2 Std. Nachwirkungen 6 bis 9 Std.	
Wasserschildkröten (Durchschnitt 1,82 kg)	M 99 (Etorphin M 99, American Cyanamid)	0,5–5 mg (Gesamtdosis)	IM	Wirkung nach 2 bis 20 Min. Immobilisation für 30 bis 180 Min.	57
Galapagos-Schildkröte (45–63 kg)		10–15 mg (Gesamtdosis)	IM	Keine Dosierung in Bezug aufs Körpergewicht angegeben. *Hinsch* und *Gandal* halten weder M 99 Oxymorphon, noch Meperidin-HCl bei verschiedenen Rept.-Arten für wirksam.	27
Wasserschildkröten	Tiletamin-HCl und Arylcycloalkylamin (CI-744, Parke-Davis und Co.)	44 mg/kg	IM		10, 24

(Fortsetzung nächste Seite)

Tabelle 2–2 (Fortsetzung)

Art	**Medikament**	**Dosierung**	**Injektionsart**	**Wirkung, Kommentare**	**Quellennachweis**
Wasserschildkröten (*Pseudemys*-Arten)	Urethan	2,8 g/kg	per os (PO)	Durchschnittliche Dauer bis zur Wirkung 4,5 Std. Tiefe Narkose für über 10 Std.	34
		2,4 g/kg	Intravenös (IV)	Wirkung nach 2,5 Std. Tiefe Narkose für über 10 Std.	
		1,7 g/kg	IC	Wirkung nach 12 Min. Tiefe Narkose etwa 10 Std.	
		2,8 g/kg	IP	Durchschnittlich nach 2,5 Std. Wirkung. Tiefe Narkose für über 10 Std.	
Krokodile					
Mississippi-Alligator (*Alligator mississippiensis*)	Pentobarbitalnatrium	7,7–8,8 mg/kg	IM (Schwanzbasis)	Vollständige Entspannung nach 10 Min. Erholungsphase 2 bis 3 Std.	8
	Nikotin-SO_4 (Cap-Chur-Sol, Palmer Chemical and Equipment Co.)	0,51–3,0 mg/kg	IM (Schwanzbasis)	Starke Verspannung, keine Entspannung. Ungeeignete Substanz	
Mississippi-Alligator	Phencyclidin-HCl (Sernylan, Parke-Davis & Co)	12–22 mg/kg	IM	Entspanntes Stadium nach 50 bis 60 Min. Erholung nach 6 bis 7 Std.	8
	Cholinsuccinat-Cl (Anectine, Burroughs, Wellcome Co.)	2,99–4,95 mg/kg	IM (Schwanzbasis)	Vollständige Entspannung in 4 Min. Erholung nach 7 bis 9 Std.	Für den Bereich wirksamer Dosierungen von Cholinsuccinat bei Krokodilen siehe *Klide* u. *Klein* (40)
Mississippi-Alligator (500–700 g)	Chloralhydrat	1 mg/kg	IP	Operationsnarkose wird erreicht	1
Mississippi-Alligator (40–68 kg)	M 99 (Etorphin M 99, American Cyanamid)	20 mg-Dosis	IM	Sedierung nach 20 Min.	60
Krokodile (0,23–59 kg)		0,05–20 mg (Gesamtdosis)	IM	Dosierung pro Gewichtseinheit nicht im Text angegeben. Wirkung nach 2 bis 20 Min. Immobilisation für 30 bis 180 Min.	57
Mississippi-Alligator	Tricain Methansulfonat (MS–222, Sandoz Pharmaceutical Co.)	88–99 mg/kg	IM (Schwanzbasis)	Vollständige Muskelerschlaffung nach 10 Min. Erholung nach 9 bis 10 Std.	8
Schlangen					
Schlangen (5 Arten)	Pentobarbitalnatrium	15–30 mg/kg	Intrapleuroperitoneal (IPP)	Verlust des Stellreflexes nach 2 bis bis 29 Min. Wiedererlangung desselben nach 6 bis 54 Std.	37

(Fortsetzung nächste Seite)

Tabelle 2–2 (Fortsetzung)

Art	Medikament	Dosierung	Injektionsart	Wirkung, Kommentare	Quellennachweis
Rautenwassernatter (*Natrix rhombifera*)	Pentobarbitalnatrium	30 mg/kg	IPP	Narkosekonzentration 2 bis 5 mg/ml. Operationsnarkose nach 40 bis 60 Min. Erholung nach 30 bis 36 Std.	3
	Na-Thiamylbarbiturat (Surital, Parke-Davis & Co.)	30 mg/kg	IPP Std.	Narkosekonzentration 2 bis 5 mg/ml. Operationsnarkose nach 40 bis 60 Min. Erholung nach 18 bis 24 Std.	
Braune Wassernatter (*Natrix taxispilota*) und Gewöhnliche Strumpfbandnatter (*Thamnophis sirtalis*)	Thiopentalnatrium (Penthothal Na, Abbott Laboratories)	15–25 mg/kg	IPP	Verlust des Stellreflexes nach 25 bis 45 Min. Erholung nach 1 1/2 bis 6 Std.	37
Schlangen (3,6–4,5 kg)	Ketamin-HCl (Ketalar, Parke-Davis & Co.)	88–110 mg/kg	IM	Wirkung von Beruhigung bis zu tiefer Narkose, je nach Dosierung. Dosierungen über 110 mg/kg führten zu Atemstillstand, der mit Intubation und O_2-Therapie reversibel ist.	13, 23
Schlangen (≤ 0,9 kg)		22–44 mg/kg	IM		
Schlangen	Tiletamin-HCl und Arylcycloalkylamin (CI–744, Parke-Davis & Co.)	22 mg/kg	IM		10, 24
Schlangen (4 Arten)	Tricain Methansulfonat (MS–222, Sandoz Pharmaceutical Co.)	200–300 mg/kg	IPP	Verlust des Stellreflexes nach 4 bis 50 Min. Erholung in 2 bis 19 Min.	37
Schlangen (diverse Arten)	M 99 (Etorphin M 99, American Cyanamid)	2,0–15 mg (Gesamtdosis)	IPP		27

Kraner, Silverstein und Parshall führten eine Narkose bei 1,20–1,80 m langen Kiefernnattern *(Pituophis catenifer)* und einer Kletternatter *(Elaphe quadrivitata)* durch, indem sie sie in durchsichtige Plastiksäcke steckten, aus denen die Luft herausgepreßt wurde und durch die eine Mischung aus 4% Halothan, 72% Lachgas und 24% Sauerstoff ersetzt wurde[41]. Nach 20 bis 30 Minuten waren die Schlangen so weit entspannt, daß sie intubiert werden konnten. Weiter wurden sie mit einer Mischung aus 3% Halothan, 49% Lachgas und 48% Sauerstoff narkotisiert gehalten. Ein schnelles Wiederbeleben erfolgte durch Beatmung mit reinem Sauerstoff.

Äther wurde bei Reptilien zwar schon angewandt, hat aber den Nachteil, daß er explosiv ist. Außerdem setzt er die Gerinnungszeit bei Schildkröten, *Chrysemys (Pseudemys), scripta elegans,* während der Narkose herab und senkt die Zahl roter Blutkörperchen und den Hämoglobin-Gehalt für mindestens 24 Stunden[33].

Eingesetzt werden kann er über einen Nasenkonus, der auf den Schnabel paßt. Bis die Wirkung einsetzt, vergeht bei *Chrysemys-(Pseudemys-)* Arten ungefähr eine halbe Stunde und die Dauer erstreckt sich auf manchmal mehr als zehn Stunden[34].

Die bequemste Methode der Inhalationsnarkose besteht darin, das Narkotikum in einen Kasten zu spritzen, in dem sich auch der Patient aufhält oder indem man einen Lappen tränkt und ihn hineinlegt. Wenn ein Gas eingesetzt wird, das schwerer als Luft ist, muß die Kiste flach sein, damit das Tier seinen Kopf nicht über diese Gasschicht (z. B. bei Halothan) heben kann. Zumindest eine Kastenseite sollte durchsichtig sein. Die Menge des Narkotikums hängt eher von der Größe der Kiste als von der Größe des Patienten ab. Die Wirkung ist ebenfalls von der Art und dem verwendeten Narkotikum abhängig, z. B. reagieren Elapiden (Kobras) empfindlicher auf Halothan und Methoxyfluran als Vipern. Letzteres hat bei Kobras wiederholt zu Todesfällen geführt[9].

Gandal beschreibt nach 8–20 Minuten Einwirkung von Methoxyfluran eine anschließende leichte bis mittlere Narkose, die bei verschiedenen Schlangenarten 10 bis 30 Minuten anhält. Er verwandte das Narkotikum in einer Mischung von 1 ml auf 8400 ml bis 190000 ml Kistenvolumen (Tabelle 2-3)[21], indem er es hineinsprühte und das Tier herausnahm, sobald es immobilisiert war. Danach kann leicht ein Tracheenschlauch aus Polyäthylen eingeführt (Anatomie und Methode auf S. 18 in Kap. 1) und die Narkose mit einem Narkoseapparat mit geschlossenem System aufrecht erhalten werden. Das Erwachen aus der Narkose wird durch Sauerstoff beschleunigt.

Tabelle 2–3 Zur Narkose von Schlangen mit Methoxyfluran in abgeschlossenen Kisten*

Kistengröße	Methoxyfluran
22 x 22 x 51 cm	1,5 ml
23 x 30 x 51 cm	3,0 ml
30 x 56 x 56 cm	5,0 ml

* nach Gandal, C.P.: A practical anesthetic technique in snakes, utilizing methoxyflurane. Anim. Hosp. 4: 258–260, 1968.

Die Wirkungsdauer einer Inhalationsnarkose variiert bei Schildkröten sehr stark, da sie eine beträchtliche Zeitlang den Atem anhalten können.

Elektronarkosen wurden für größere Eingriffe am grünen Leguan *(Iguana iguana)* eingesetzt. Evtl. sind sie auch für andere Herpetofaunaarten brauchbar.

Mit vielfältigen parenteralen Narkotika sind Reptilien und Amphibien schon immobilisiert oder/und narkotisiert worden. Eine Zusammenfassung darüber stellt Tabelle 2-2 dar. Intrapleu-

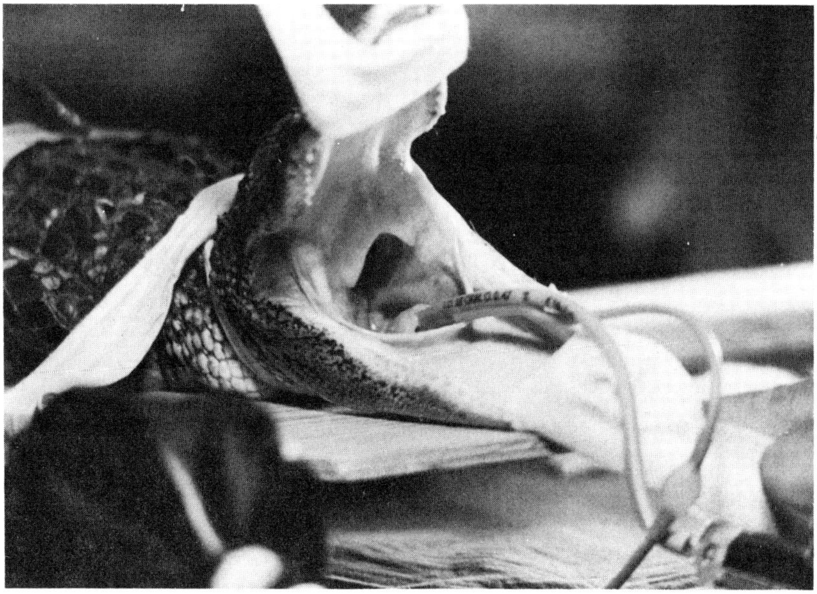

Abb. 2-4 Schnauze und Kehlkopf eines Mississippi-Alligators zur Verdeutlichung der richtigen Lage eines Trachealtubus. Beachte die große und gut entwickelte Epiglottis, die zu völliger Trennung von Pharynx und Mundhöhle dient. (Aus Calderwood, W. H.: Anesthesia for reptiles. J. Am. Vet. Med. Assoc., 159: 1618–1625, 1971)

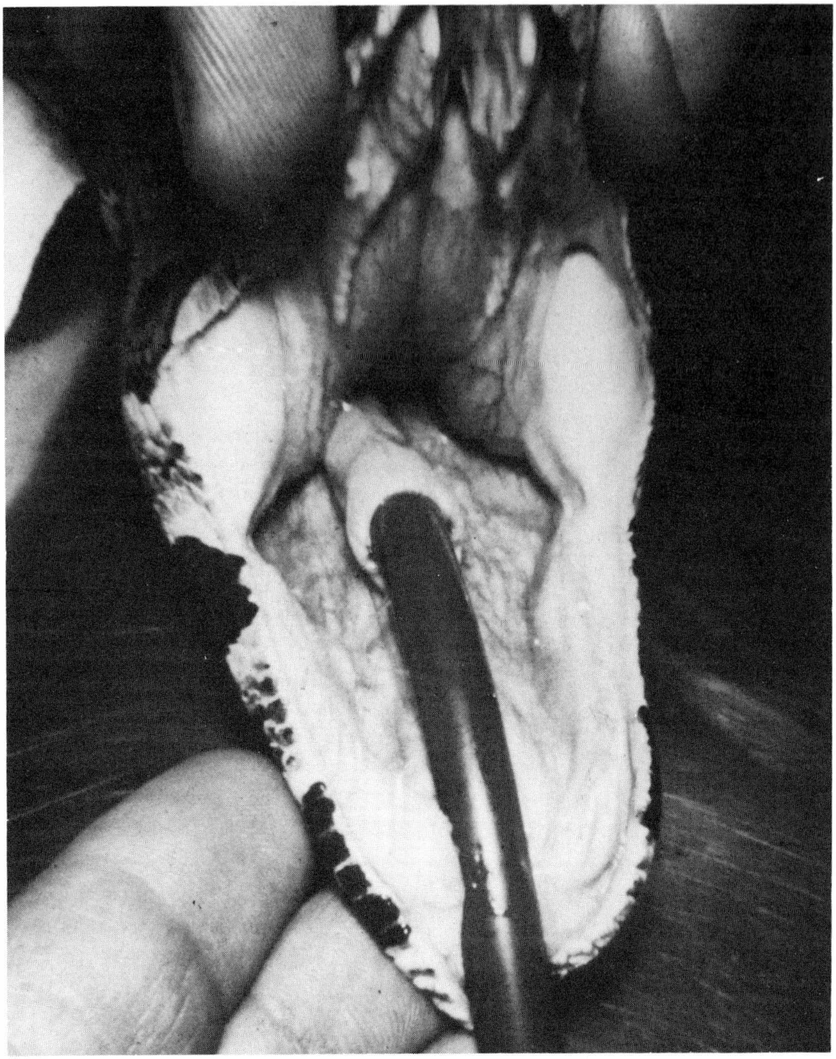

Abb. 2-5 Schnauze und Kehlkopf einer Königsschlange zur Verdeutlichung eines richtig eingeschobenen Trachealtubus. (Aus Calderwood, H. W.: Anesthesia for reptiles. J. Am. Vet. Med. Assoc., 159: 1618–1625, 1971)

roperitoneale (IPP) Injektionen erfolgen bei Schlangen in der Mitte der Bauchseite zwischen zweitem und letzten Körperdrittel.

Amphibien werden durch Eintauchen in MS 222 (Tricain-Methansulfonat) narkotisiert; man braucht eine 0,1% Lösung für erwachsene Leopardfrösche *(Rana pipiens),* Mischungen von 1:2000 bis 1:3000 für Kaulquappen und Adulte der Art *Rana temporaria* und 1:2000 bis 1:7500 für verschiedene Salamanderarten-Larven wie Adulte[34]. Adulte Frösche und Wassermolche *(Notophthalmus viridescens)* narkotisiert man durch Eintauchen in 0,2%iges Chloreton. Viel stärkere Verdünnungen werden für Amphibienlarven benötigt[34]. Beim Leopardfrosch *(Rana pipiens)* ist auch eine Narkose durch Eintauchen in 10%igen Äthylalkohol möglich[36]. Mit chirurgischen Eingriffen kann nach 9½ Minuten begonnen werden und diese können sich über 19 Minuten erstrecken, wenn der Frosch sofort in frisches Wasser gesetzt wird. Bei Verwendung von 20%igem Äthanol für einige Minuten oder 10%igem Äthanol für 20 Minuten traten Todesfälle auf. Nach meinen Erfahrungen bewirkt die Verwendung von Äthanol viel zu starke Abwehrreaktionen und zu geringe Entspannung für den klinischen Gebrauch. Ein 45 g schwerer Leopardfrosch wurde 6 Stunden lang immobilisiert, indem auf sein abgetrocknetes Abdomen 0,25 mg M-99 getropft wurde[60]. Zuerst gehen bei der Reptiliennarkose Stellreflex und der Abwehrreflex bei noxischen Reizen verloren. Der Ausfall des letzten Reflexes zeigt an, daß ein Stadium erreicht wurde, das chirurgische Eingriffe zuläßt.

Das Erwachen aus einer Narkose, die durch parenterales Verabreichen von Mitteln wie Barbituraten vollzogen wurde, kann durch eine Erhöhung der Umgebungstemperatur beschleunigt werden; vermutlich ist dies auf den dabei rascheren Metabolismus dieser Mittel zurückzuführen. Im Gegensatz dazu nimmt die Mortalität nach Äthernarkosen bei Erhöhung der Umgebungstemperatur zu. Wahrscheinlich wird hier der Sauerstoffbedarf in den Geweben erhöht, nicht aber die Ventilation, der Hauptweg der Äther-Elimierung. Darüber hinaus erhöht Wärme die Löslichkeit von Lipiden im Äther, was dazu führt, daß der Äther im Hirn gebunden wird.

Um zu verhindern, daß das Tier beim Erwachen aus der Narkose ertrinkt, darf die dafür verwendete Kiste kein Wasser enthalten. Amphibien, die feucht bleiben müssen, legt man auf feuchte Gaze bis sie wach und agil sind.

Eine Schlange, Echse oder ein kleines Krokodil kann für die Operation mit einem sterilen und aufgerollten Stockinett, wie es in der orthopädischen Chirurgie verwandt wird, bedeckt werden. Man zieht es über den Kopf des Tieres und rollt es dann über die Operationsstelle. Soweit es möglich ist, sollten Schnitte zwischen den Schuppen gemacht werden. Besondere Sorgfalt muß darauf verwandt werden, die zu adaptierenden Hautränder zu evertieren, da eingenähte Schuppen den Heilungsprozeß stark behindern. Zum Nähen von Krokodilhaut sollte rostfreier Draht als Nahtmaterial verwandt werden[16], und um das Einreißen der Hautstiche zu verhindern, können Nahtstellen durch Auflegen von Plastikknöpfen verstärkt werden[26].

2.10.1 Panzer- und Knochenbrüche

Brüche als Folge von Traumata sind bei Schildkröten häufig. Zur Behandlung empfiehlt Wallach Wundtoilette und Abschleifen der Bruchränder mit einer elektrischen Säge und den Verschluß des Spaltes mit Zahnfüllung[57] (Tru-Repair, Harry J. Bosworth Co.). Ist die Öffnung sehr groß, sollte mit Nylon oder tadellosem Stahl ein Maschennetz darüber angebracht werden. Mit Polyesterharz (30-031 Polylite [ED 524],

Abb. 2-6 Gebrochenes Schulterbein bei einer Galapagos-Schildkröte *(Geochelone [Testudo] elephantopus)*, das durch einen Gipsverband wieder hergestellt wurde. Die Behandlung wurde dadurch ermöglicht, daß das Tier mit einem Schlitten auf die Hebebühne eines Automechanikers geschnallt wurde. (Idee dazu von Thomas Bucci, V.M.D.)

Reichold Chemials, Inc.) wurde der Carapaxbruch einer Carolina-Dosenschildkröte wiederhergestellt[64]. Um die Lücke im Panzer einer Galapagos-Schildkröte auszufüllen, wurde Kunststoff zur Hufbehandlung verwandt (H. D. Justi Division, William Gold Refining Co., Inc., Philadelphia)[43]. Auch ein schnell erhärtendes Kunstharz (Devco 5 Minute Epoxy, Devon Corp.) ist zur Verarztung von gebrochenen Schildkrötenpanzern geeignet[17].

Nachdem die Heilung abgeschlossen ist, muß das Fremdmaterial mit einem Bohrer entfernt werden, um ein normales Panzerwachstum zu ermöglichen. Hierbei sollte sich der Behandelnde mit einer Schutzbrille oder einer Maske bzw. einem Respirator schützen[18]. Schnitte im Schildkrötenpanzer bei chirurgischen Eingriffen werden mit einer elektrischen Kreissäge ausgeführt, die mit Ringer-Lösung gekühlt wird[18].

Infolge von Traumata oder sekundär durch Erkrankungen im Knochenstoffwechsel treten oft Knochenbrüche bei den Vertretern der Herpetofauna auf (s. S. 137). Die Fixierung erfordert oft einigen Einfallsreichtum (Abb. 2-6). So wurde etwa eine winzige Thomasschiene eingesetzt, um Brüche im mittleren und distalen Humerusdrittel bei Leguanen ruhig zu stellen[50].

2.10.2 Amputationen

Gliedmaßen müssen soweit oben wie möglich abgenommen werden, d. h. am Skapulolumeralgelenk beim Vorderbein und im oberen Femurdrittel oder im Koxofemuralgelenk beim Hinterbein[18]. Muskeln werden im distalen Band durchschnitten und zwei runde Hautlappen über den Stumpf gegeneinandergesetzt, wozu nichtresorbierbares Nahtmaterial verwendet wird. Man beginnt in der Mitte und fährt beiderseits abwechselnd nach außen zu fort, so daß ein faltenfreier Verschluß entsteht[18]. Mindestens zwei Wochen lang muß die Wunde trocken gehalten werden. Das Tier erhält zwar Trinkwasser, darf aber nicht baden. Nach drei oder vier Wochen können die Fäden gezogen werden.

Operationen der Giftdrüsen bei Schlangen wurden schon im 1. Kapitel (s. S. 21) erörtert und die der gynäkologischen Chirurgie bei Reptilien erfolgt im 3. Kapitel (s. S. 152).

2.10.3 Blutentnahme

Bei einem Großteil der Herpetofauna kann Blutentnahme durch Herzpunktur ausgeführt werden (Abb. 2-7). Die Lage des Herzens kann anhand des Herzspitzenstoßes beobachtet oder ertastet werden, wenn man Krokodile, Schlangen, Echsen, Frösche und Salamander auf den Rücken legt und festhält. Bei Siegelringelnattern *(Natrix sipedon)* befindet sich das Herz im Bereich der 25. bis 30. Bauchschuppe, bei Klapperschlangen im Bereich der 70. bis 80. Bauchschuppe[5]. Das Schildkrötenherz wird durch ein knapp 2 mm großes Loch punktiert, das man ventral vom Herzen durch das Plastron bohrt. Die geeignetste Stelle dafür ist die Mitte der Verwachsungsnaht von pektoralem und abdominalem Panzerteil. Die Nadel wird kaudodorsal im Winkel von 20° zur Vertikalen eingeführt[20]. Verschlossen wird das Loch mit Epoxidharz.

Ist das Reptil groß genug, kann aus der Schwanzvene Blut entnommen werden, indem man auf der ventralen Mittellinie des Schwanzes mit leicht kraniad gerichteter Nadel einsticht. In Wirbelnähe wird die Spritze etwas aufgezogen. Anatomie und Beschreibung der Venen im Eidechsenschwanz wurden im Artikel von Esra et al. illustriert[14a]. Bei Schildkröten kann auch im dorsalen und dorsolateralen Schwanzbereich und aus dem femoralen Venenplexus Blut entnommen wer-

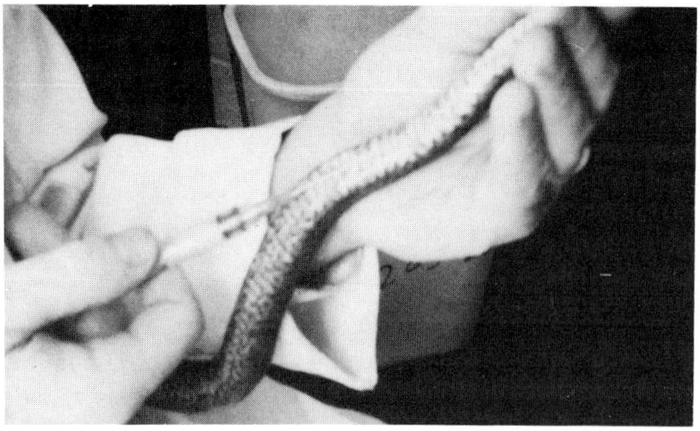

Abb. 2-7 Blutentnahme bei einer Schlange durch Herzpunktur. Das Kopfende der Schlange ist oben rechts

den. Krokodilen entnimmt man das Blut aus der Jugularvene und Schlangen aus den Venen des Palatinums, die zwischen den Zahnreihen des Maxillare sichtbar sind[47]. Kleinen Reptilien und Amphibien nimmt man Blut ab, indem eine Kapillare im medianen Augenwinkel eingeführt und gedreht wird, da dort ein Venenplexus liegt.

Standard-Antikoagulantien können bei den meisten Vertretern der Herpetofauna angewandt werden, um die Blutgerinnung zu verhindern, allerdings muß für Schildkröten Heparin zugesetzt werden, da Agentien, die Kalzium binden (Oxalat, Citrat, EDTA), Hämolyse verursachen können[14].

2.11 Literatur

1 Akers, T. K.: Some circulatory characteristics of *Alligator mississippiensis*. Copeia, No. 3, 522–555, 1966

2 Bernstein, J. J.: A clinical view of some reptilian medical problems. J. Zoo Anim. Med., *3:* 3–7, 1972

3 Betz, T. W.: Surgical anaesthesia in reptiles with special reference to the water snake, *Natrix rhombifera*. Copeia, No. 2, 284–287, 1962

4 Bogert, C. M.: How reptiles regulate their body temperature. Sci. Am., *200:* 105–120, 1959

5 Bragdon, D. E.: A contribution to the surgical anatomy of the water snake, *Natrix sipedon sipedon*. The location of the visceral endocrine organs with reference to ventral scutellation. Anat. Rec., *117:* 145–161, 1953

6 Brattstrom, B. H.: Body temperature of reptiles. Am. Midland Naturalist, *73:* 376–422, 1965.

7 Brazenor, C. W., and Kaye, G.: Anaesthesia for reptiles. Copeia, No. 3, 165–170, 1953

8 Brisbin, I. L., Jr.: Reactions of the American alligator to several immobilizing drugs. Copeia, No. 1, 129–130, 1966

9 Burke, T. J., and Wall, B. E.: Anesthetic deaths in cobras (*Naja naja* and *Ophiophagus hannah*) with methoxyflurane. J. Am. Vet. Med. Assoc., *157:* 620–621, 1970

10 Bush, M.: Reptilian medicine. Am. Assoc. Zoo Veterinanians, Annu. Proc., 68–78, 1974

11 Bush, M., et al.: Recommendations for antibiotic therapy in reptiles. *In* Reproductive Biology and Diseases of Captive Reptiles. Edited by J. B. Murphy and J. T. Collins. Society for the Study of Amphibians and Reptiles, 1980, pp. 223–226

12 Calderwood, H. W.: Anesthesia for reptiles. J. Am. Vet. Med. Assoc., *159:* 1618–1625, 1971

13 Cooper, J. E.: Ketamine hydrochloride as an anesthetic for East African reptiles. Vet. Rec., *95:* 37–41, 1974

14 Dessauer, H. C.: Blood chemistry of reptiles: physiological and evolutionary aspects. *In* Biology of the Reptilia. Edited by C. Gans and T. S. Parsons. Academic Press, New York, 1970, Vol. III, pp. 1–72

14a Esra, G. N., Benirschke, K., and Griner, L. A.: Blood collecting technique in lizards. J. Am. Vet. Med. Assoc., *167:* 555–556, 1975

15 Frazer, J. F.: Anura (Frogs and Toads). *In* Handbook on the Care and Management of Laboratory Animals. 4th Edition. Edited by UFAW. Williams & Wilkins, Baltimore, 1972, pp. 511–519

16 Frye, F. L.: Husbandry, Medicine and Surgery in Captive Reptiles. Veterinary Medicine Publishing, Inc., Bonner Springs, Kansas, 1973

17 Frye, F. L.: Clinical evaluation of a rapid polymerizing epoxy resin for repair of shell defects in tortoises. Vet. Med. Small Anim. clin., *68:* 51–53, 1973

18 Frye, F. L.: Surgery in captive reptiles. *In* Current Veterinary Therapy V. Edited by R. W. Kirk. W. B. Saunders Co., Philadelphia, 1974, pp. 640–641

19 Frye, F. L.: General considerations in the care of captive amphibians. *In* Current Veterinary Therapy VI. Edited by R. W. Kirk. W. B. Saunders Co., Philadelphia, 1977, pp. 772–778

20 Gandal, C. P.: A practical method of obtaining blood from anesthetized turtles by means of a cardiac puncture. Zoologica N.Y., *43:* 93–94, 1958

21 Gandal, C. P.: A practical anesthetic technique in snakes, utilizing methoxyflurane. Anim. Hosp., *4:* 258–260, 1968

22 Gibbs, E. L., Nace, G. W., and Emmons, M. B.: The live frog is almost dead. Bioscience, 1027–1037, 1971

23 Glenn, J. L., Straight, R., and Snyder, C. C.: Ketamine as an anesthetic for snakes. Am. J. Vet. Res., *33:* 1901–1903, 1972

24 Gray, C. W., Bush, M., and Beck, C. C.: Clinical experience using CI-744 in chemical restraint and anesthesia of exotic specimens. J. Zoo Anim. Mcd., *5:* 12–21, 1974

25 Hackenbrock, C. R., and Finster, M.: Fluothane: A rapid and safe inhalation anesthetic for poisonous snakes. Copeia, No. 2, 440–441, 1963

26 Hartman, R. A.: Gastrotomy for removal of foreign bodies in a crocodile. Vet. Med. Small Anim. Clin. *71:* 1096–1097, 1976

27 Hinsch, H., and Gandal, C. P.: The effects of etorphine (M-99), oxymorphone hydrochloride and meperidine hydrochloride in reptiles. Copeia, No. 2, 404–405, 1969

28 Hirth, H. F.: Weight changes and mortality of three species of snakes during hibernation. Herpetologica, *22:* 8–12, 1966

29 Hunt, T. J.: Influence of environment on necrosis of turtle shells. Herpetologica, *14:* 45–46, 1958
30 Hunt, T. J.: Anaesthesia of the tortoise. *In* Small Animal Anesthesia. Edited by O. Graham-Jones. Pergamon Press, Macmillan Co., New York, 1964, pp. 71–76
31 Hutchison, V. H., Dowling, H. G., and Vinegar, A.: Thermoregulation in a brooding female Indian python, *Python molurus bivitatus.* Science, *151:* 694–696, 1966
32 Jackson, O. F.: Snake anaesthesia, Br. J. Herp., *4:* 172–175, 1970
33 Kaplan, H. M.: Effects of ether and of sodium pentobarbital upon turtle blood. Lab. Anim. Care, *13:* 181–185, 1963
34 Kaplan, H. M.: Anesthesia in amphibians and reptiles. Fed. Proc., *28:* 1541–1546, 1969
35 Kaplan, H. M., Brewer, N. R., and Kaplan, M. R.: Comparative value of some barbiturates for anesthesia in the frog. Proc. Anim. Care Panel, *12:* 141–148, 1962
36 Kaplan, H. M., and Kaplan, M.: Anesthesia of frogs with ethyl alcohol. Proc. Anim. Care Panel, *11:* 31–35, 1961
37 Karlstrom, E. L., and Cook, S. F.: Notes on snake anesthesia. Copeia, No. 1, 57–58, 1955
38 Kauffeld, C.: The effect of altitude, ultra-violet light and humidity on captive reptiles. Int. Zoo Yearbook, *9:* 8–9, 1969
39 Kitchell, J. F.: Thermophilic and thermophobic responses of snakes in 2 thermal gradients. Copeia, No. 1, 189–191, 1969
40 Klide, A. M., and Klein, L. V.: Chemical restraint of three reptilian species. J. Zoo Anim. Med., *4:* 8–11, 1973
41 Kraner, K. L., Silverstein, A. M., and Parshall, C. J., Jr.: Surgical anesthesia in snakes. *In* Experimental Animal Anesthesiology. Edited by D. C. Sawyer. USAF School of Aerospace Medicine, Brooks AFB, Texas, 1965, pp. 374–378
42 Licht, P.: The relation between preferred body temperatures and testicular heat sensitivity in lizards. Copeia, No. 4, 428–436, 1965
43 LyVere, D. B.: Repair of the shell of a Galapagos tortoise. Mod. Vet. Pract., *47:* 76, 1966
44 Montali, R. J., Bush, M., and Smeller, J. M.: The pathology of nephrotoxicity of gentamicin in snakes: a model for reptilian gout. Vet. Pathol. *16:* 108–115, 1979
45 Northway, R. B.: Electroanesthesia of green iguanas *(Iguana iguana).* J. Am. Vet. Med. Assoc., *155:* 1034, 1969
46 Mittleman, M. B.: Letter to the editor. Phila. Herp. Soc. Bull, *10:* 9, 1962
47 Olson, G. A., Hessler, J. R., and Faith, R. E.: Technics for blood collection and intravascular infusion of reptiles. Lab. Anim. Sci., *25:* 783–786, 1975
48 Peaker, M.: Some aspects of the thermal requirements of reptiles in captivity. Int. Zoo Yearbook, *9:* 3–8, 1969
49 Pearson, O. P.: Habits of the lizard, *Liolaemus multiformis multiformis* at high altitudes in southern Peru. Copeia, 111–116, 1954
50 Redisch, R. I.: Management of leg fractures in the iguana. Vet. Med. Small Anim. Clin. *72:* 1847, 1977
51 Regal, P. J.: Thermophilic response following feeding in certain reptiles. Copeia, No. 3, 588–590, 1966
52 Regal, P. J.: Temperature and light requirements of captive reptiles. *In* Reproductive Biology and Diseases of Captive Reptiles. Edited by J. B. Murphy and J. T. Collins. Society for the Study of Amphibians and Reptiles, 1980, pp. 79–89
53 Richter, A. G., et al.: Techniques for collecting blood from Galapagos tortoises and box turtles. Vet. Med. Small Anim. Clin., *72:* 1376–1378, 1977
54 Rothman, N., and Rothman, B.: Course and cure of respiratory infection in snakes. Phila. Herp. Soc. Bull., *8:* 19–23, 1960
55 Skoczylas, R.: Influence of temperature on gastric digestion in the grass snake *Natrix natrix* L. Comp. Biochem. Physiol., *33:* 693–804, 1970
56 Vaughn, L. K., Bernheim, H. A., and Kluger, M. J.: Fever in the lizard *Dipsosaurus dorsalis.* Nature, *25:* 473–474, 1974
57 Wallach, J. D.: Medical care of reptiles. J. Am. Vet. Med. Assoc., *155:* 1017–1034, 1969
58 Wallach, J. D.: Environmental and nutritional diseases of captive reptiles. J. Am. Vet. Med. Assoc., *159:* 1632–1643, 1971
59 Wallach, J. D.: Anesthesia of reptiles. *In* Current Veterinary Therapy V. Edited by R. W. Kirk. W. B. Saunders Co., Philadelphia, 1974, pp. 638–640
60 Wallach, J. D., and Hoessle, C.: M-99 as an immobilizing agent in poikilotherms. Vet. Med. Small Anim. Clin., *65:* 163–167, 1970
61 Wilhoft, D. C.: The effect of temperature on thyroid histology and survival in the lizard *Sceloporus occidentalis.* Copeia, 265–276, 1958
62 York, W.: Treatment of anorexia in an anaconda. J. Zoo Anim. Med., *5:* 11–12, 1974
63 Young, R., and Kaplan, H. M.: Anesthesia of turtles with chlorpromazine and sodium pentobarbital. Proc. Anim. Care Panel *10:* 57–62, 1960
64 Zeman, W. Z., Falco, F. G., and Falco, J. J.: Repair of the carapace of a box turtle using a polyester resin. Lab. Anim. Care, *17:* 424–425, 1967

3 Spezielle Krankheiten der Herpetofauna

3.1 Infektionskrankheiten (nichttierische Parasiten)

Hauptursachen für Krankheiten gefangen gehaltener Reptilien und Amphibien sind schlechte Unterbringung, falsche Ernährung sowie Mängel bei der Reinhaltung und Hygiene. Solche Verhältnisse prädestinieren diese Tiere für Infektionskrankheiten, die eine der Haupttodesursachen darstellen. Sie sind von Marcus besprochen worden[195] und eine Anleitung zur Identifizierung bakterieller Pathogene im Labor bei der Herpetofauna, Fischen und Mollusken wurde von Glorioso veröffentlicht[112].

3.1.1 Bakterielle Infektionen

Die bedeutendste Gruppe von Pathogenen, die die Mehrzahl der Krankheits- und Todesfälle verursacht, sind die gram-negativen Bazillen. Von diesen wurde *Aeromonas hydrophila (Proteus hydrophilus)* die größte Aufmerksamkeit gewidmet. Es handelt sich dabei um einen beweglichen, nicht sporulierenden und gramnegativen Vertreter aus der Familie der Pseudomonaceae, in der zwei Genera medizinische Bedeutung haben: Pseudomonas baut oxidativ Glukose ab und Aeromonas vergärt Glukose, indem es H_2 und CO_2 freisetzt[46]. Interessanterweise wachsen *A. hydrophila* und *A. liquefaciens* in vitro am besten bei 37° C, obwohl sie Pathogene kaltblütiger Tiere sind[46]. Angehörige der Herpetofauna bilden agglutinierende Antikörper gegen *A. hydrophila,* die einen geringen Schutz darstellen[29, 281].

Aeromonas hydrophila gilt als Urheber für Stomatitis ulcerosa und Pneumonie bei Schlangen und für Septikämie bei einer Vielzahl anderer Reptilien[125]. Es befällt auch Menschen, wobei Infektionen wie Enteritis, Osteomyelitis und tödliche Fälle von Septikämie auftraten[188, 255]. Menschen werden jedoch selten angesteckt und dies geschieht meistens dann, wenn die Widerstandskraft durch eine Immunosuppressive Therapie oder einer gleichzeitig auftretenden Erkrankung herabgesetzt ist. Experimenten zufolge ist *A. hydrophila* pathogen für Mäuse, Meerschweinchen und Kaninchen.

Stomatitis ulcerosa. Auch unter dem Namen Mundfäule (im amerik. auch „canker-mouth") bekannt. Sie ist eine Infektion der Mundschleimhaut und führt zu Schwellungen und käseartigem Ausfluß. Besonders häufig tritt sie bei Schlangen und etwas seltener bei Echsen auf.

Page isolierte *Aeromonas hydrophila* aus Schlangen mit Stomatitis ulcerosa, die unter natürlichen Bedingungen lebten und konnte damit die Krankheit bei anderen Tieren induzieren[221, 222]. Heywood beschrieb Stomatitis ulcerosa als Erscheinungsbild einer chronischen Infektion mit *Aeromonas hydrophila*[125]. Da es bei Zimmertemperatur zur Proteolyse kommt, erhöht dieser Umstand die nekrotisierenden Wirkungen bei Poikilothermen.

Pseudomonas aeruginosa wurde aus anderen Fällen mit Stomatitis ulcerosa isoliert[118], aber da sie im Versuch nicht erneut eine Infektion hervorrief, ist ihr Vorkommen als Krankheitsursache nicht bewiesen. Trotzdem wurde *P. aeruginosa* wiederholt bei einer immer wiederkehrenden Infektion des Kopfes und Maules einer Netzpython *(Python reticulatus)* isoliert, und es erfolgte eine Besserung auf unterstützende Behandlung und Gentamycin, auf das die Bakterien auch in vitro sensitiv waren. Beim letzten Auftreten der Erkrankung wurde ohne Antibiotika behandelt, indem ein Bakterienvakzin eingesetzt wurde, das aus der *Pseudomonas*-Kultur stammte und deutliche Heilung bewirkte[4]. Eine Studie über Septikämie bei Tieren und Stomatitis ulcerosa auf einer Schlangenfarm ergab, daß 18% der Fälle vom Auftreten von *Pseudomonas*- und 63% von *Aeromonas*-Arten begleitet wurden[65].

Gray, Davis und McCarten schrieben die „Nekrotische Enteritis", die meist im hinteren Darmdrittel auftritt, einer intestinalen Infektion mit *Pseudomonas aeruginosa* zu, die auf das Schlucken des Ausflusses aufgebrochener Stomatitis ulcerosa-Stellen zurückzuführen ist[118]. Zwart beobachtete ihr gemeinsames Auftreten mit Stomatitis ulcerosa[313]. Es fanden sich aber ähnliche Darmschädigungen bei Amöbiasis (S. 86f.), die bei Tieren im Washingtoner Zoo auftrat, wo die Untersuchung von Gray et al. durchgeführt wurde, und es gibt keinen Hinweis, daß diese völlig ausgeschlossen werden kann[118].

Wallach postuliert, daß schlechte Ernährung, vor allem Mangel an Vitamin C, Stomatitis ulcerosa begünstigt[285]. Daneben wirken sich Verletzungen

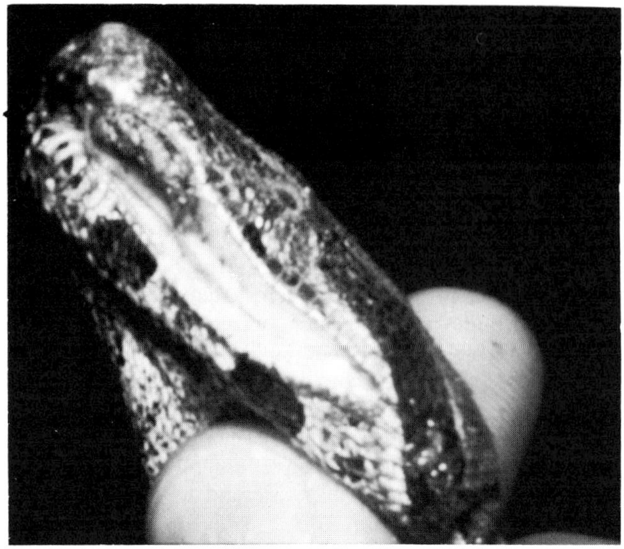

Abb. 3-1 Traumata mit Brandschorf bei einer Königsschlange *(Constrictor constrictor)*, die dadurch entstanden, daß das Tief den Kopf am Käfigdraht rieb. Solche Verletzungen können die Ausgangsbasis für Stomatitis ulcerosa sein

des Mauls, die durch Zwangsfütterung entstehen können oder wenn eine Schlange versehentlich gegen die Terrarienscheibe stößt, ähnlich aus. Manche Schlangen haben die Angewohnheit ihren Kopf gegen Drahtgeflechte zu reiben, vor allem während der Eingewöhnungszeit ihrer Gefangenschaft. Solche Abschürfungen verursachen Ulzerationen, die u. U. unter Bildung übermäßigen Granulationsgewebes verheilen. (Abb. 3-1). Bei Infektion dieser Verletzung mit dem entsprechenden Erreger kommt es zur Stomatitis ulcerosa.

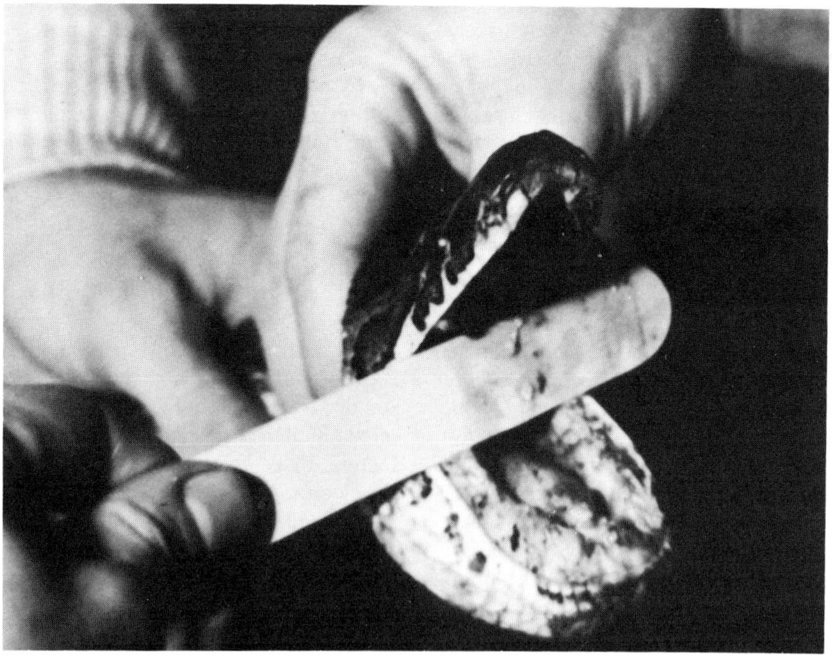

Abb. 3-2 Ein schwerer Fall der Stomatitis ulcerosa bei einer Netzpython *(Python reticularis)*. Das Unterkiefergewebe ist deutlich geschwollen, ein Teil des käsigen Ausflusses im Maul klebt an der Zunge. (Mit freundlicher Genehmigung von Dr. Robert Altman)

Im typischen Krankheitsfall ist die Mundschleimhaut von käseartigem Ausfluß überzogen (Abb. 3-2) und im weiteren Verlauf werden Zahnwurzeln und Kieferknochen in Mitleidenschaft gezogen, so daß die Zähne ausfallen und Osteomyelitis auftritt.

Ohne Behandlung sterben Schlangen gewöhnlich an den Folgen. Das Einatmen des Ausflusses kann z. B. Pneumonie hervorrufen oder falls der Erreger in den Blutkreislauf gelangt, ist Septikämie die Folge. Außerdem behindern orale Ulzerationen das Fressen und führen zu Appetitlosigkeit und Verhungern des Tieres. Erstrecken sich die Schädigungen des Palatinums erst einmal auf das Jacobsonsche Organ (S. 33), kann der Ausfluß den Tränenkanal blockieren und den Abfluß der Harder-Drüse verstopfen (S. 33). Schließlich wird der Bereich zwischen Kornea und Brille aufgetrieben (Abb. 3-3, 3-4, 3-5 und 3-6), was ich als korneospektakuläre Schwellung bezeichnen würde, aber auch unter dem Namen Pseudo-Buphthalmus bekannt ist[32]. Auch hier kann die Flüssigkeit infiziert werden und Trübung und Blindheit sind die Folge (Abb. 3-7).

Das klinische Bild der Stomatitis ulcerosa ist recht einheitlich. Etwas Ähnliches habe ich nur einmal bei einer Anakonda im Fall einer von Pilzen verursachten Stomatitis beobachtet (s. S. 84).

Verhindert werden kann Stomatitis ulcerosa durch saubere Haltung und richtige Ernährung der Tiere. Befallene Schlangen müssen während

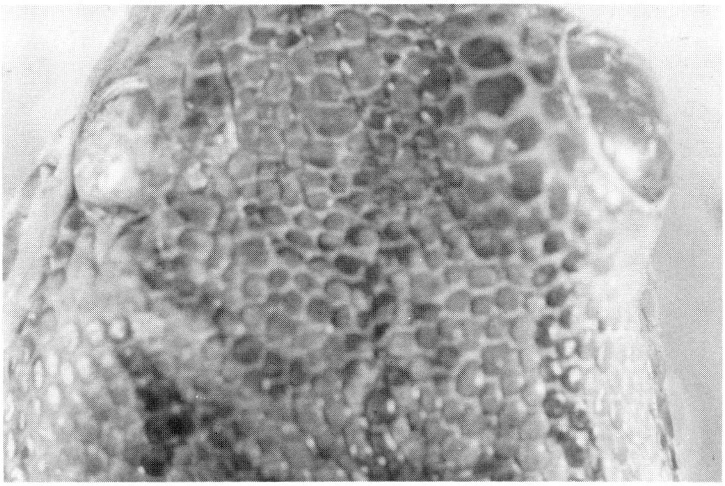

Abb. 3-3 Rückenansicht des Kopfes einer Königsschlange *(Constrictor constrictor).* Der Cornea- und Brillenbereich ist beidseitig geschwollen, weil der Ausführgang der Harder-Drüse vom Ausfluß der Stomatitis ulcerosa verstopft wurde. (Negativ aus dem Armed Forces Institute of Pathology)

Abb. 3-4 Seitenansicht des rechten Auges der Königsschlange von Abb. 3-3. (Negativ aus dem Armed Forces Institute of Pathology)

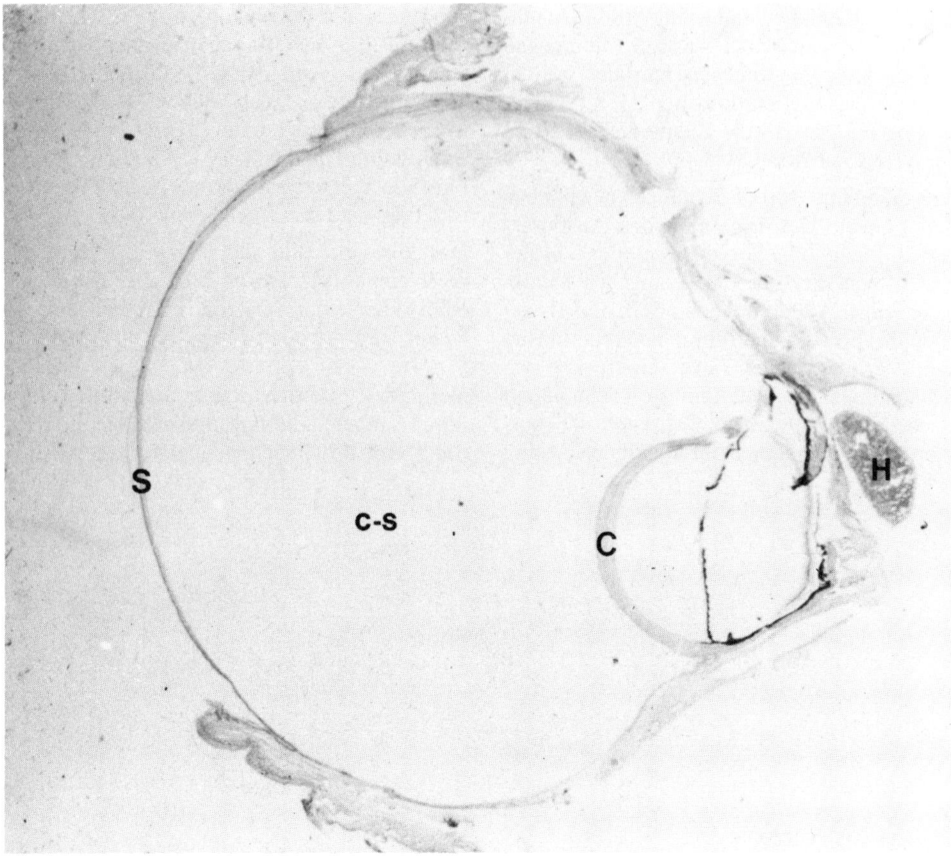

Abb. 3-5 Schnitt durch das rechte Auge der Königsschlange von Abb. 3-3 und 3-4. Brille **(S)**, Cornea **(C)**, Cornea-Brillenbereich **(c-s)**, Harder-Drüse **(H)**. 2½fach vergrößert. (Negativ aus dem Armed Forces Institute of Pathology)

der Behandlung isoliert und ihre Behausungen desinfiziert werden, wozu man Produkte wie Benzalkoniumchlorid (Zephiran) oder verdünnte Natriumhypochlorit-Lösung (Chlorox) verwendet, die für die Herpetofauna nicht giftig sind.

Behandlung der Stomatitis ulcerosa erfolgt durch Abtragen des nekrotischen Gewebes und einer Behandlung der Oberfläche mit 25% Sulfa-dimidin (Wirkung allerdings zweifelhaft), Mafenidazetat[92a] oder milden Antiseptika wie Thiomeral (Merthiolate), Benzalkoniumchlorid oder 3%igem Wasserstoffperoxid. Oral soll zweimal täglich 25–50 mg/kg Tetracyclin verabreicht werden, und zwar bis mindestens zwei Tage nach der Ausheilung. Stattdessen kann man auch 3–6 mg/kg Ampicillin intramuskulär (i.m.) oder subkutan (s.c.) spritzen, ebenfalls bis zwei Tage nach Genesung des Tieres[96]. Wallach empfiehlt für Ascorbinsäure als Anfangsdosis 50 mg, die parenteral verabreicht werden und an den folgenden 10 Tagen 10–30 mg oral[285].

Bei geschwächten Tieren wird als unterstützende Therapie manchmal eine Fütterung durch einen Schlauch und Gaben parenteral verabreichter Flüssigkeit erforderlich. Die corneospektakuläre Schwellung kann im Zuge der Ausheilung der Stomatitis klarer werden oder bei der nächsten Häutung verlorengehen. Ist sie besonders stark, muß sie durch einen halbmondförmigen Schnitt – von 3 nach 9 Uhr um den ventralen Augenrand – geöffnet werden. Der corneospektakuläre Raum muß mit Augenflüssigkeit ausgewaschen und mit antibiotisch wirkender Augensalbe behandelt werden.

Pneumonie. Bei Reptilien tritt sie häufig auf und ist für einen beträchtlichen Anteil der Krankheiten und Todesfälle verantwortlich. Sie wird durch eine ganze Reihe von Mikroorganismen verur-

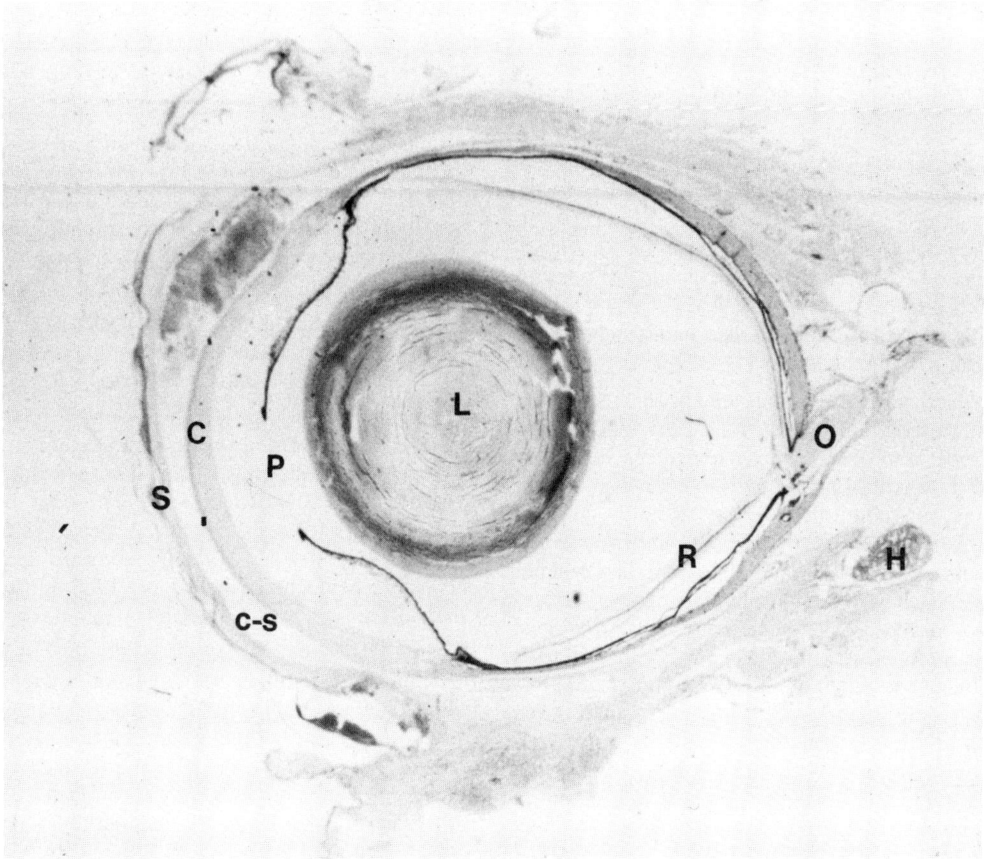

Abb. 3-6 Schnitt durch Pupille **(P)** und Nervus opticus **(O)** des linken Auges der Königsschlange von Abb. 3-3. Linse **(L)**, Retina **(R)**, Brille **(S)**, Cornea **(C)**, Cornea-Brillen-Bereich **(c-s)**, Harder-Drüse **(H)**. 3,5fach vergrößert. (Negativ aus dem Armed Forces Institute of Pathology)

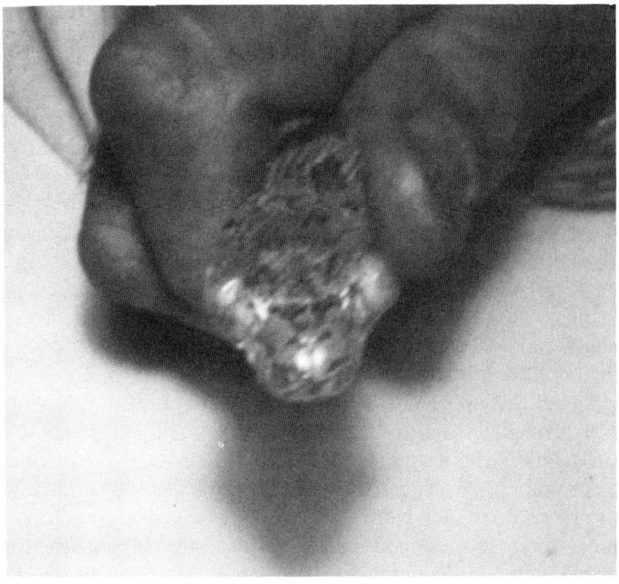

Abb. 3-7 Schwellung im Cornea-Brillen-Bereich mit paralleler Infektion und Trübung des Harder-Drüsensekrets bei einer Erdnatter *(Elaphe obsoleta spiloides)*

sacht. Hauptschwerpunkt wird hier auf Pneumonie bei Schlangen als Folge einer *Aeromonas hydrophila*-Infektion gelegt. Heywood betrachtet sie, geradeso wie die Stomatitis ulcerosa, als eine Erscheinungsform des *A. hydrophila*-Befalls[125].

Hauptüberträger der Infektion sind Schlangenmilben, *Ophionyssus natricis*[237]. Auch ist Ansteckung durch Aerosol oder direkten Kontakt wahrscheinlich, aber nicht nachgewiesen. Als begünstigende Faktoren gelten plötzlicher Temperaturwechsel, vor allem starke Abkühlung, Entkräftung und Schwäche infolge parasitischer oder anderer Krankheiten.

Anzeichen für Pneumonie sind Nasenausfluß, ein geöffnetes Maul, interkostale Zuckungen, blubbernde und keuchende Atemgeräusche, Lust- und Appetitlosigkeit. Der Nasenausfluß geht eher auf eine gleichzeitige Rhinitis als auf Lungenausfluß zurück. Gelegentlich sterben Reptilien an Pneumonie ohne äußerlich erkennbare Zeichen wie es bei einer Gruppe von Tokees *(Gecko gecko)* mit einer pulmonalen *Klebsiella pneumoniae*-Infektion geschah[32a]. Zur Differentialdiagnose einer durch *A. hydrophila* hervorgerufenen Pneumonie sollte auch eine durch Bakterien, Mycobakterien (s. S. 81), Pilze (s. S. 84) und durch Würmer (s. S. 121) verursachte Pneumonie in Erwägung gezogen werden sowie Trematodenbefall im Maul, der auch zum Aufsperren des Mauls führen kann. Der Großteil nichtbehandelter Fälle von *A. hydrophila*-Pneumonie endet innerhalb von zwei Wochen nach Beginn tödlich.

Eine Obduktion ergab Kongestion (Blutüberfüllung) und eitrigen oder käsigen Lungenausfluß (Abb. 3-8). Direktabstriche infizierten Lungengewebes enthielten zahlreiche gramnegative Bazillen[190].

Diagnosen und gezielte Behandlungen erfolgen mit Hilfe des Schleims, den man über einen Tracheenschlauch absaugt. Hieraus werden Kulturen angelegt, deren Sensibilität man prüft. Feine Abstriche können sofort auf Mycobakterien und Pilze untersucht werden. Nachdem erste Ergebnisse aus den Kulturen vorliegen, wird zunächst mit Tetracyclin behandelt, und zwar 50 mg/kg täglich. In der Fachliteratur werden für „kleine" Schlangen Dosierungen von 50 mg und für „große" 100 mg pro Tag angegeben. Wichtig ist, daß die Schlangen in einer Umgebungstemperatur von über 33°C gehalten werden. Es existieren Berichte, denen zufolge Tetracyclin-Behandlungen von Dosierungen bis zu 125 mg/kg nicht zur Heilung der Pneumonie ausreichten[214].

Dagegen erwies sich Tylosin, in Menge von 25 mg/kg i.m. oder oral einmal täglich sieben Tage lang verabreicht, als wirksam und ungefährlich[214].

Nur das völlige Ausrotten der Milben schließt die Entstehung der Pneumonie aus. Sowie ein Ausbruch der Krankheit erfolgt ist, muß das kranke Tier isoliert und Käfige und andere Infektionsträger desinfiziert werden.

Septikämie. Meistens wird Septikämie, die bei Reptilien und Amphibien ein Hauptkrankheitsbild ist, von gramnegativen Bazillen hervorgerufen. Dabei wird sie oft *Aeromonas hydrophila* zugeschrieben.

Diese Bazillen werden durch Kontakt mit infiziertem Wasser übertragen, der übliche Weg bei Fröschen und aquatischen Reptilien, oder bei Schlangen[51] und wahrscheinlich auch Echsen führt der Weg über die Milbe *Ophionyssus natricis*. Wahrscheinliche Ursache einer Infektion auf einer afrikanischen Schlangenfarm war direkter Kontakt mit verseuchtem Boden und Wasser.

In vielen Fällen tritt kein vorhergehendes Krankheitsbild zutage und beim Patient mit Septikämie treten erst im Endstadium krampfhafte Zuckungen auf oder er gerät ins Koma. Kardinalzeichen einer Septikämie ist Blutung, gewöhnlich auch Blutflecke auf der Haut und auf mukösen und serösen Oberflächen. Krankengeschichte und Untersuchung oder Autopsie enthüllen oft den tieferen Grund und die Infektionsquellen, z. B. Stomatitis ulcerosa, Hautläsionen, Milbenbefall oder Pneumonie.

Heywood beschreibt Syndrome der *Aeromonas hydrophila*-Infektionen bei Schlangen: akute Septikämie, Pneumonie und chronische Infektion[125]. Die akute Form war vor allem bei jungen Schlangen deutlich zu sehen und wurde klinisch durch Schlaffheit, Schwäche und im Endstadium durch Krämpfe gekennzeichnet. Innerhalb von 24 Stunden nach Ausbruch der Krankheit trat der Tod ein. Obduktionen ergaben, daß Blutflüssigkeit in Körperhöhlen und Lunge getreten waren, die Leber fleckig war und Enteritis und epi- und endokardiale Blutungen auftraten. Beim Atmungs-(Lungen-)Syndrom zeigten sich Lethargie, Appetitlosigkeit und Nasenausfluß, der anfangs wäßrig, am dritten Tag aber eitrig wurde. Am fünften Tag starb das Tier im allgemeinen und Pneumonie der Schleimhäute war dann nachweisbar. Bei größeren Schlangen, die an Stomatitis ulcerosa, Atemnot und Nasenausfluß litten, wurde eine chronische Form der Infektion

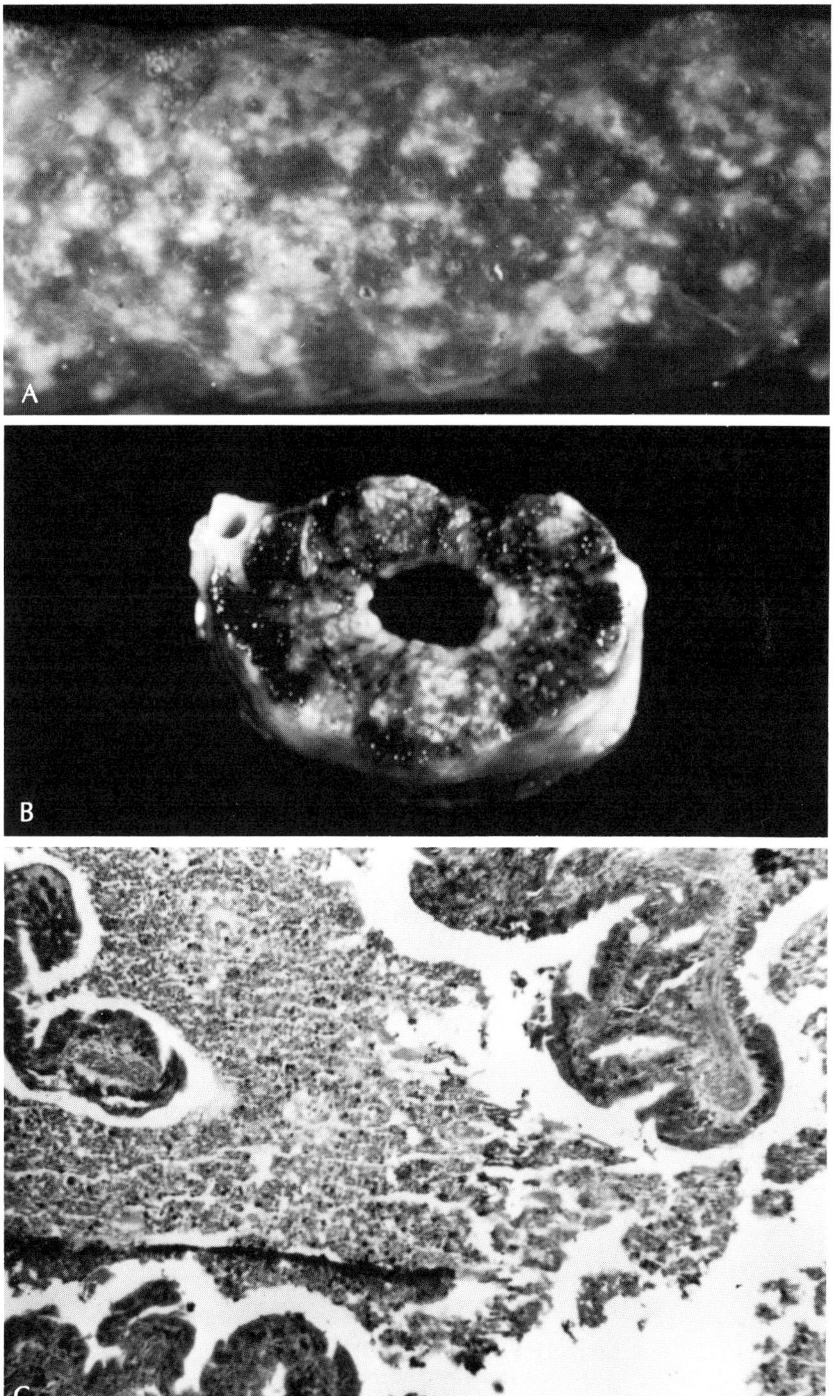

Abb. 3-8 **A** und **B.** Pneumonie bei einer Schlankboa *(Epicrates subflavus)*, die durch *Arizona* sp. hervorgerufen wurde. **A.** Pleurale Lungenoberfläche. **B.** Aufgeschnittene Oberfläche. (A und B mit freundlicher Genehmigung von Dr. Marilyn Anderson und der Ohio State University, Department of Veterinary Pathobiology.) **C.** Pneumonie bei einer Waldklapperschlange *(Crotalus horridus)*. Eiter füllt den Luftraum. 20fach vergrößert

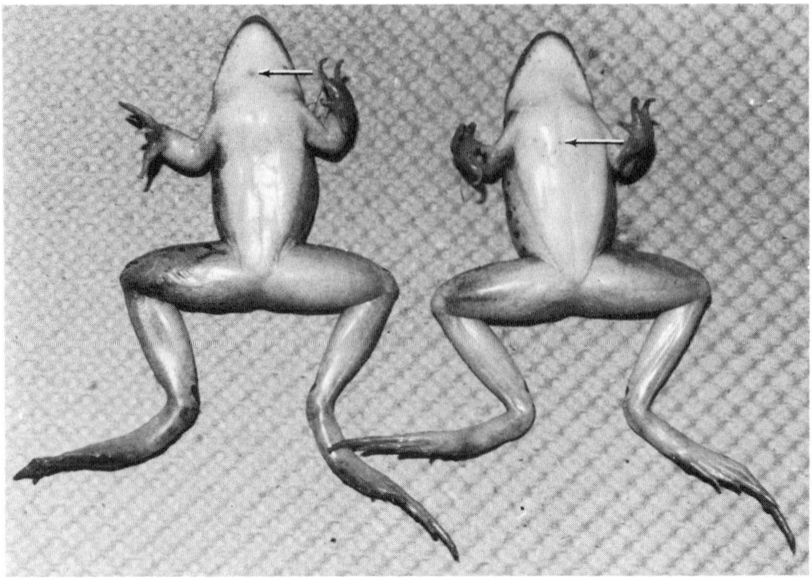

Abb. 3-9 Hautblutungen an den Hinterbeinen und Petechie (Pfeil) zwischen den Mandibeln und im Brustbereich von Leopardfröschen *(Rana pipiens)*, die an „Redleg" erkrankt sind

entdeckt. Bei ihnen trat der Tod erst nach fünf bis sechs Wochen ein und die pathologischen Befunde reichten von Ulzerationen in Maul und Trachea bis zu Starrheit und Nekrosen der Lungen. Heywoods Bericht zufolge wurde in allen kranken Schlangen Schlangenmilben *(Ophionyssus natricis)* gefunden. Heywood macht Kontrolle und Verhinderung der Seuche von der Milbenvernichtung abhängig (s. S. 128). Aus kranken Schlangen isoliertes *Aeromonas hydrophila* reagierte auf Tetracyclin, Streptomycin, Neomycin und Chloramphenicol sensibel und war in vitro gegen Ampicillin resistent.

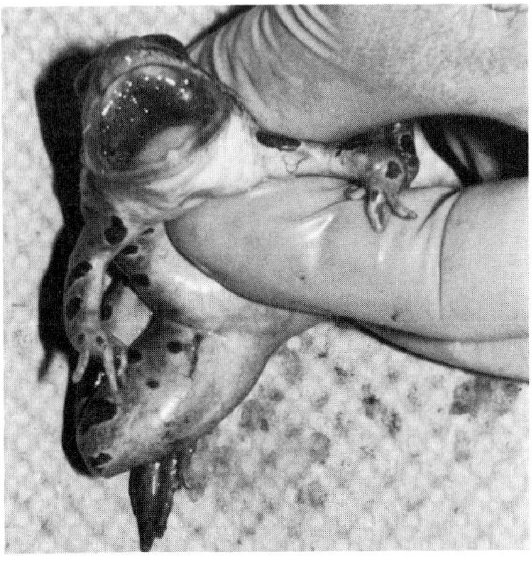

Abb. 3-10 Schaumiger, blutiger Ausfluß im Maul eines Leopardfrosches *(Rana pipiens)* im Endstadium der „Redleg"-Infektion

Redleg. Dies ist der gemeinhin für Frösche verwendete Begriff für Septikämie. Gewöhnlich wird sie von *Aeromonas hydrophila* verursacht, nebenbei erhält man oft auch *Mima*-Arten aus Blut und Eingeweiden[110]. Das Krankheitsbild des Redleg umfaßt Gewichtsverlust, dumpfe Hautfärbung, verminderte Aktivität, Verlust der Bewegungskoordination, Hautblutungen, Ulzerationen und im Endstadium auch Krämpfe sowie Blutspucken (Abb. 3-9 und 3-10). Redleg bezieht sich auf die Blutungen, die man normalerweise auf der Haut der Hinterbeine erkrankter Frösche sieht.

Nach Erfahrungen des Autors ist das erste Anzeichen von Septikämie bei Fröschen Appetitlosigkeit. Ein gesunder Frosch sollte unverzüglich ein Insekt, das sich in seiner Reichweite bewegt, verschlucken, es sei denn, sein Magen ist schon gänzlich gefüllt und die Umgebungstemperatur entspricht nicht seinen Bedürfnissen. Jeder Frosch, der nicht sofort ein verlockendes Futter annimmt, ist wahrscheinlich krank und wegen seiner verheerenden Folgen sollte Redleg als erstes in Betracht gezogen werden. Kann die

Krankheit nicht ausgeschlossen werden, sollte mit der Behandlung sofort begonnen werden. Frösche mit Redleg zeigen makrozytäre Anämie, Leukopenie und Thrombozytopenie. Daneben erhöhen sich Gerinnungszeit und Senkungsgeschwindigkeit der Erythrozyten und es tritt Anisozytose und Poikilozytose auf. Das Gesamtprotein nimmt beträchtlich ab (von 2,5 auf 1,7 g/dl), vor allem Globuline, so daß das A/G-Verhältnis von seinem Normwert 1,38 auf 1,5 ansteigt[109].

In einer Kolonie Mexikanischer Axolotls *(Ambyostoma [Siredon] mexicanum)* wurde *Aeromonas hydrophila* als Ursache einer Septikämie der Tiere erkannt[40]. Gekennzeichnet war die Krankheit durch Schlaffheit, Appetitlosigkeit, generelle Ödembildung und Blutüberfüllung sowie subkutane oder Hautblutungen. *A. hydrophila* wurde in Reinkultur aus Hautblutungen, Herzblut, der Peritonealflüssigkeit, Leber und Milz isoliert und die Krankheit ließ sich durch Übertragung des Erregers auf gesunde Tiere auch dort hervorrufen. Die Mortalitätsrate lag bei 5%, d. h. 150 der 3000 Tiere der Kolonie starben, und unter den Tieren, die äußerlich das Krankheitsbild zeigten, lag der Todesanteil bei 90%.

Wieder unter Kontrolle brachte man die Seuche durch verbesserte Haltungsbedingungen. Täglich wurden die Behausungen gereinigt und die Hände nach Berührung mit jedem einzelnen Tier gewaschen. Ganz verhindert wurde das Auftreten der Krankheit unter gesunden Tieren, indem sie aus der Kolonie entfernt und einige Wochen bei 4° C bis 5° C gehalten wurden. Durch „Kälteferien“ erholten sich auch einige kranke Axolotls, bei anderen kranken Tieren führte eine Tetracyclin-Behandlung in den meisten Fällen zur Genesung (keine Zahlenwerte angegeben).

Die Autopsie von Reptilien und Amphibien mit Septikämie ergab überall Blutansammlungen, Blutungen in der Muskulatur, in Brust- und Abdominalorganen sowie der Serosa und den Schleimhäuten (Abb. 3-11).

Endgültige ätiologische Diagnosestellung erfolgt anhand der Blutkultur. Die Behandlung erkrankter oder gefährdeter Tiere muß sofort beginnen, bevor man die Ergebnisse der Sensibilitätstests weiß. Gegen Redleg bei Fröschen wird über einen Magenschlauch 5 mg Tetracyclin in 0,2 ml destilliertem Wasser verabreicht (Dosierung für einen 30 g *Rana pipiens*); und zwar fünf bis sieben Tage lang zweimal täglich[110]. Dies entspricht 1 mg pro 6 g Körpergewicht. Reptilien werden mit mindestens 50 mg pro kg zweimal täglich eine

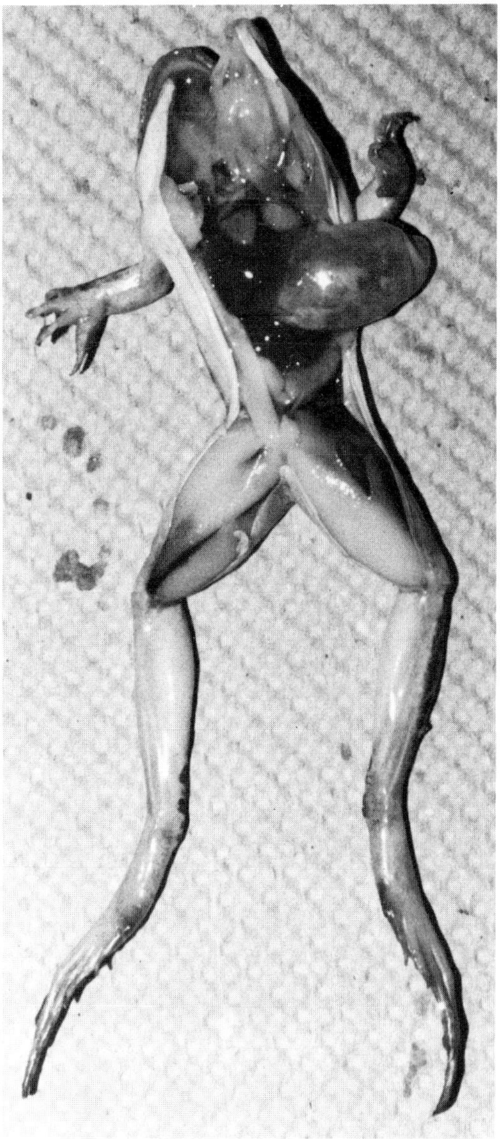

Abb. 3-11 Hautblutungen auf den Hinterbeinen, in der Schenkelmuskulatur und im Magen bei einem Leopardfrosch *(Rana pipiens)* mit „Redleg“

Woche oder länger behandelt. In einem nicht eingehend untersuchten Fall beendete Chloramphenicol offenbar eine Seuche und heilte Frühstadien von Redleg bei Kröten *(Bufo marinus)* mit einer Anfangsdosis von 5 mg/100 g Körpergewicht, die in den nächsten 5 Tagen täglich durch zwei Gaben von 3 mg/100 g ersetzt wurde[259].

Vorbeugende Maßnahmen gegen Septikämie sind vor allem die Vernichtung von Milben, Isolierung oder Tötung erkrankter Tiere und Desinfektion der Behausungen. *Aeromonas hydrophila (Proteus hydrophilus)* wurde in den Gallenblasen von drei Fröschen aufgefunden, die einen gesunden Eindruck machten. Dies zeigt, daß auch Tiere ohne deutliche Symptome als Überträger in Frage kommen[174].

Leider sind Chemikalien, die das Auftreten von *A. hydrophila* ganz verhindern, für Frösche langfristig giftig, und man kann sie deshalb nicht in Desinfektionsbäder setzen[162].

Ohne Nennung genauer Daten behaupten Kulp und Borden, Frösche gegen Redleg schützen zu können, indem sie sie mit Impfung durch abgetötete Bakterien immunisierten[174]. Sie zitierten auch eine frühere Arbeit, der zufolge „60 bis 100% erfolgreiche Immunisierung" erreicht wurde.

Im Juni 1971 richteten amerikanische Medien das nationale Interesse auf die Situation im Apopka-See, Florida, in dem tausende Lebewesen, darunter Fische, Alligatoren, Schlangen, Schildkröten und Vögel innerhalb kürzester Zeit tot aufgefunden wurden. Diese Seuche beruhte auf einer *Aeromonas hydrophila-* und *A. shigelloides*-Infektion, die wiederum auf die Verschmutzung des Sees durch Dünger, Abwasser und andere organische Schadstoffe zurückzuführen war[257].

Pseudomonas reptilivora ist ein weiterer gramnegativer und peitschenförmiger Erreger bei Herpetofauna-Arten. Beim Gefleckten Furchenmolch *(Necturus maculosus)* verursacht er eine Krankheit, die dem Redleg der Frösche ähnelt und die von Kaplan und Glaczenski so beschrieben wird:

„Teilweise erscheint auf der unpigmentierten Bauchfläche eine kutane Hyperämie. Die Kiemen werden hellgrau und verwandeln ihr federartiges Äußeres in die bloßen Stümpfe der Kiemenbögen. Rote Blutzellen enthalten Vakuolen. Ohne Behandlung sterben die Tiere, wobei die Zerstörung der Kiemen das Grundübel ist, da Sauerstoffmangel auftritt. Der Grund der Erkrankung ist eine überstarke Infektion[161]."

Kaplan und Glaczenski bekämpften *Pseudomonas reptilivora*, indem sie täglich 10 Tage lang etwa 0,2 g lösliches Furacinpulver (Eaton Laboratories) auf die Kiemen sprühten[161].

Innerhalb weniger Tage zeigte sich eine Besserung, bis hin zur normalen Kiemenform. Auch die Gaben von Chloramphenicol (Chloromycetin, Parke Davis und Co.) über einen Magenschlauch wird von den Autoren empfohlen. Man beginnt mit einer Dosis von 8 mg in 2 ml Wasser und gibt während der nächsten sechs Tage 4 mg in 1 ml Wasser einmal täglich und danach 4 mg einmal in der Woche bis zur Heilung.

Als pathogen erwies sich *Pseudomonas reptilivora* bei der Gila-Krustenechse *(Heloderma suspectum)*, beim Chuckwalla *(Sauromalus ater)* und der Krötenechse *(Phrynosoma solare)*. Bei diesen Echsen trat tödliche Septikämie auf.

Septikämische ulzerierende Unterhautentzündung (SUUE) der Schildkröte. Ursprünglich beschrieben wurde die Krankheit 1957 von Kaplan[156]. Nachdem der Urheber anfangs *Escherichia freundii* hieß, nannte Kaplan sie zunächst Escherichiosis[157]. Weil der Erreger systematisch heute als *Citrobacter freundii* klassifiziert wird, empfiehlt es sich, wieder den alten, unbequemeren Namen zu verwenden. Hier erscheint er abgekürzt als SUUE.

Citrobacter freundii ist peitschenförmig und gramnegativ und kommt im Boden, Wasser und dem Darmtrakt vieler Tiere, auch des Menschen vor. Man glaubt, daß Schildkröten über Hautabschürfungen in verseuchtem Wasser infiziert werden.

Zum Krankheitsbild gehören Lethargie, verminderter Muskeltonus, Lähmungen der Gliedmaßen, Verlust von Krallen oder Zehen, Vasodilatation der Haut sowie Blutungen und Ulzerationen. Die Erythrozyten weisen Vakuolen auf und können zahlreiche Bakterien enthalten. In den inneren Organen findet Hämolyse statt, und es treten zahlreiche Nekrose-Herde auf. Die Bakterien lassen sich leicht auf Eosin-Methylenblau-Agar aus Hautgeschwüren, Blut und viszeralen Nekrose-Herden kultivieren. Auf Frösche überträgt sich die Krankheit auf natürliche Weise, diese entwickeln ebenfalls Oberflächen-Ulzerationen und tödliche Septikämie.

Eine durch Hautparasiten bedingte Dermatose der Schildkröten von ähnlichem äußeren Erscheinen – evtl. sogar identischem – wird mit anderen gramnegativen Bakterien, z. B. *Serratia*-Spezies – auch in Gemeinschaft mit *Citrobacter*-Arten – in Verbindung gebracht[143].

SUUE wird mit Chloramphenicol behandelt. Anfangs erfolgt eine Dosierung von 8 mg/100 g Körpergewicht, danach werden 7 Tage lang 4 mg/100 g Körpergewicht zweimal täglich intramuskulär, intraperitoneal oder bei Fröschen in den dorsalen Lymphsack verabreicht.

Panzerfäule (Panzerfraß, im Amerik. auch spot-disease od. rust). Sie ist eine ansteckende chronische Krankheit bei Schildkröten, die zu dunklen

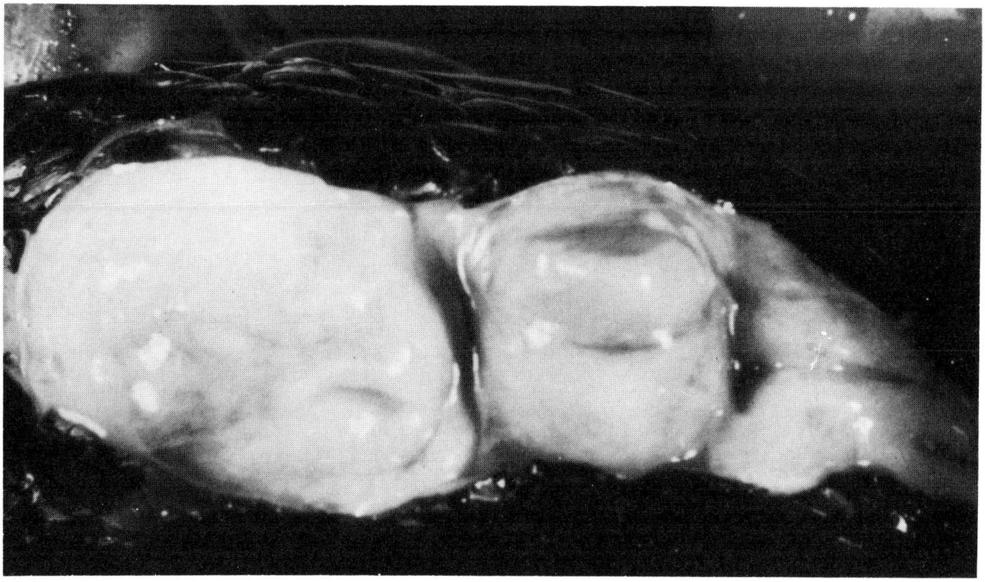

Abb. 3-12 Drei benachbarte subkutane Abszesse bei einer Wassermokassinschlange *(Agkistrodon piscivorus)*. Die Haut über den Abszessen wurde aufgeschnitten, ebenso die fibröse Kapsel des mittleren Abszesses, so daß die feste, kondensierte Masse darin sichtbar wird. (Armed Forces Institute of Pathology, Accession, Nr. 1058160)

Pusteln sowie Lockerung und Verlust der keratinisierten Panzerplatten am Plastron und Carapax führt. Sie wird durch den gramnegativen Bazillus *Beneckea chitinivora* verursacht. Bei verschiedenen Süßwasserschildkröten konnte man sie beobachten[287a, 287b]. Geschädigte Platten werden abgeworfen und hinterlassen eine rohe Ulzeration und eine braungelbe Pseudomembran, aus der der Erreger isoliert werden kann. Die Differentialdiagnose schließt SUUE (oben) und Algen-Infektion (s. S. 83) ein.

Ohne Behandlung kommt es meistens zu einem spontanen Verheilen, wobei aber ein löchriger oder narbiger Panzer zurückbleibt. Todesfälle sind wahrscheinlich auf sekundäre Infektionen zurückzuführen.

Um das Einschleppen von *B. chitinovora* in die Schildkröten-Population zu verhindern, kommen Neuzugänge zunächst für zwei Wochen in Quarantäne, und erkrankte Tiere werden abgesondert. Ebenso muß Überbevölkerung vermieden werden. Da *B. chitinovora* auch Krebse, Hummer und Krabben befällt, sollten diese weder an Schildkröten verfüttert noch gemeinsam mit ihnen gehalten werden[287a, 287b].

Empfohlene Behandlung besteht in parenteraler Gabe von Chloramphenicol von 40 mg/kg, lokaler Ausschabung[287b] und oberflächlicher Antiseptikum-Behandlung.

Abszesse. Sie sind bei Reptilien nichts Außergewöhnliches und im allgemeinen subkutan (Abb. 3-12), innere Organe können jedoch auch betroffen sein (Abb. 3-13). Die Läsionen werden meist von fibrösem Bindegewebe als deutliche runde Gebilde umgeben, und die Konsistenz ihres Ausflusses reicht vom dicklichen braunen Eiter bis zu dichtem und festem blätterartigen Material, das dem Ausfluß bei Lymphverkäsung der Schafe und Ziegen ähnelt (Abb. 3-14)[194].

Ist letzterer Fall gegeben, ergibt eine mikroskopische Untersuchung u. U., daß es sich um konzentrische, laminare Ablagerungen eines eosinophilen Materials handelt, das seltsamerweise azellulär ist (Abb. 3-15).

Aus diesen Abszessen wurden verschiedene Bakterien isoliert. Beim Ritteranolis, *Anolis equestris,* handelte es sich um *Serratia anolium* in einem „ansteckenden tumorähnlichen Gebilde"[58], und beim Chuckwalla, *Sauromalus varius,* um *Bacterium sauromali* in den Abszessen[61]. In subkutanen Abszessen der Leguane wurden Mikrokokken, *Salmonella marina* und *Serratia marcescens* nachgewiesen[31].

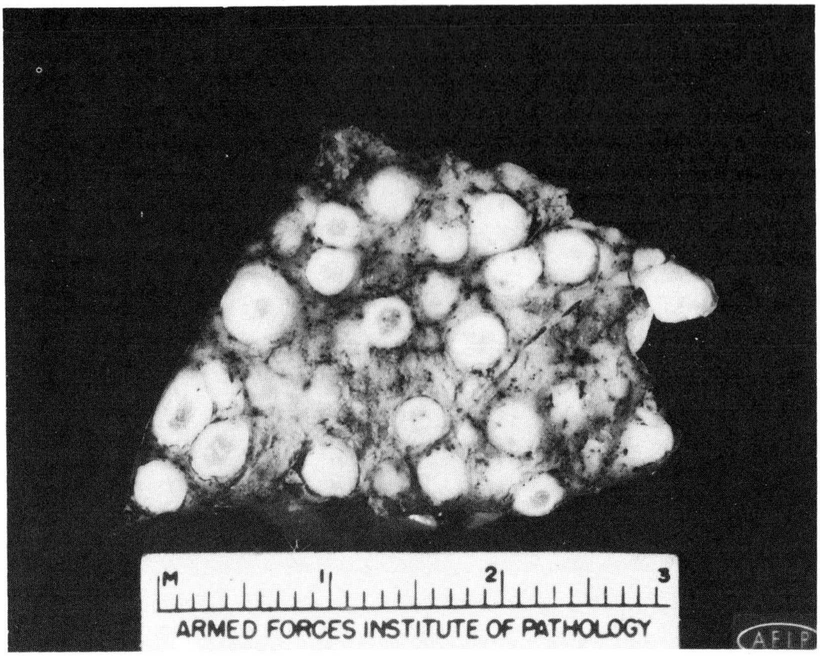

Abb. 3-13 Zahlreiche Leberabszesse bei einer Pelomedusen-Schildkröte. (Armed Forces Institute of Pathology, Negativ-Nr. 63-2190)

Eine bunte Mischung gramnegativer, peitschenförmiger Bazillen war im Abszeß einer Carolina-Dosenschildkröte *(Terrapene carolina)* vorhanden, der auf der einen lateralen Nackenseite eine Schwellung verursacht hatte[144] (Abb. 3-16). Außerdem wiesen drei weitere Vertreter dieser Art das gleiche Symptom auf. Jackson et al. vermuten, daß die Pathogene über Traumata im Pharynx an diesen Ort gelangen[144]. Die Tiere hatten vermutlich alle Mittelohrentzündung, wie sie auch für die Schildkröte *Testudo graeca* beschrieben ist[117, 312] (Abb. 3-17).

Faktoren, die die Entstehung von Abszessen fördern, sind lokale Traumata durch Ektoparasiten oder Rindenspreu, zu große Feuchtigkeit, Exkremente, die nicht entfernt werden und falsche Ernährung. Letzteres versetzt das Tier in einen katabolischen Zustand, wodurch Schäden im Gewebe entstehen. Vorbeugend gegen Abszesse wirken Sauberkeit, trockene Unterbringung, Bekämpfung von Ektoparasiten, richtige Streu und optimale Ernährung.

Bei der Differentialdiagnose zu berücksichtigen sind mycobakterielle Infektionen (s. S. 77), Sandflohbefall (s. S. 82), kutane Geotrichose (s. S. 84), Sparganose (s. S. 106), Fadenwurmbefall der Haut (s. S. 123), Hautmyiasis (s. S. 134), Parasiten- und Pilz-Granuloma und Tumoren wie Schuppenzellkarzinome (s. S. 160). Ist der Ausfluß laminiert, können alle diese Diagnosen verworfen werden. Die Differentialdiagnose entscheidet sich meist auf den ersten Blick nach einem Einschnitt. Endgültiger Bescheid hängt aber gelegentlich von einer Kultivierung und der histopathologischen Untersuchung ab.

Die Behandlung erfolgt bei flüssigem Eiter durch Dränage oder bei festem Inhalt muß der Eiter wie eine Erbse aus seiner fibrösen Kapsel geschält werden. Mit dem Ausfluß werden Kulturen angelegt und Sensibilitätsuntersuchungen durchgeführt. Die Schnittstelle muß mit Antiseptika- oder Antibiotika-Lösung ausgewaschen oder die Höhlung mit Sulfonamidazetat angefüllt werden. Für oberflächliche Geschwüre dient Benzalkoniumchlorid 1:1000 (Zephiran, Winthrop Lab.) als Spül- und Behandlungsmittel[211], aber sein Nutzen ist insofern begrenzt, als es das Wachstum von Pseudomonas fördert[7]. Nach der Operation kann auch ein proteolytisches Enzym (Kymar Ointment, Armour Baldwin Laboratories), in die Wunde gespritzt werden. Außerdem müssen dem Tier Antibiotika verabreicht werden, die sich in den Sensibilitätstests als wirksam erwiesen haben.

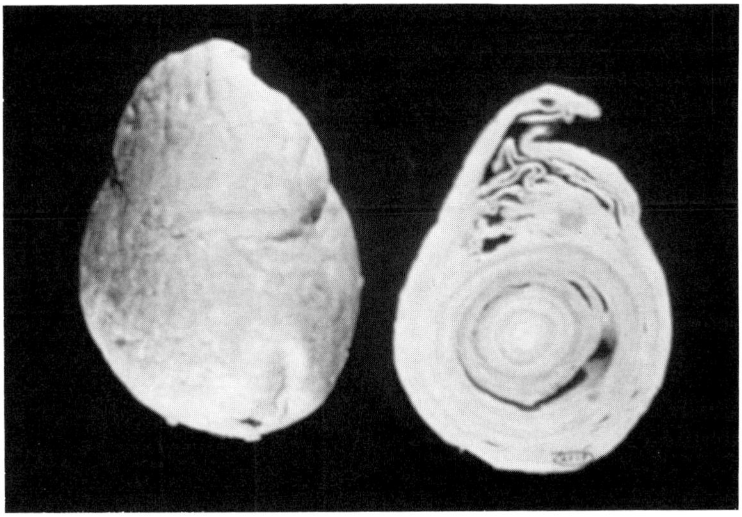

Abb. 3-14 In Formalin fixierter Abszeß-Inhalt, der chirurgisch aus einem Abszeß unter der Haut einer Königsschlange *(Constrictor constrictor)* entfernt wurde. Das Exemplar ist 3 cm breit. Im Anschnitt erkennt man die konzentrischen Schichtbildungen (rechts). (Armed Forces Institute of Pathology, Negativ-Nr. 63-5120)

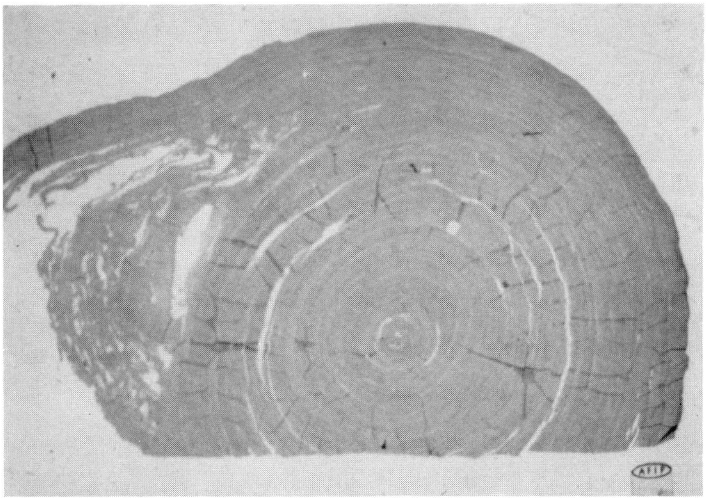

Abb. 3-15 In Schichten gelagerter Inhalt aus dem Abszeß unter der Haut einer Königsschlange *(Constrictor constrictor)*. Die eosinophilen Schichten waren offenbar azellulär und auch mit speziellen Färbemitteln waren keine Mikroorganismen sichtbar. Von dieser Läsion wurde keine Kultur angelegt. 1,7fach vergrößert. (Armed Forces Institute of Pathology, Negativ-Nr. 63-5120)

Salmonellose. Limerick-Liebhabern werden folgende klassische Zeilen einfallen:

"There once was a lady named Myrtle
Who had an affair with a turtle
But dimensions phenomenal
Around her abdominal
Proved to Myrtle
The turtle was fertile."

Hierdurch wird deutlich, daß wir von diesen Reptilien mehr als unbeabsichtigte Schwangerschaft zu fürchten haben.

Salmonellose ist die Hauptgefahrenquelle im Hinblick auf Reptilien. In ihrer Darmflora sind mehr als 200 Serotypen der Gruppe *Salmonella* und *Arizona* unter den Enterobacteriaceae nachgewiesen worden[169].

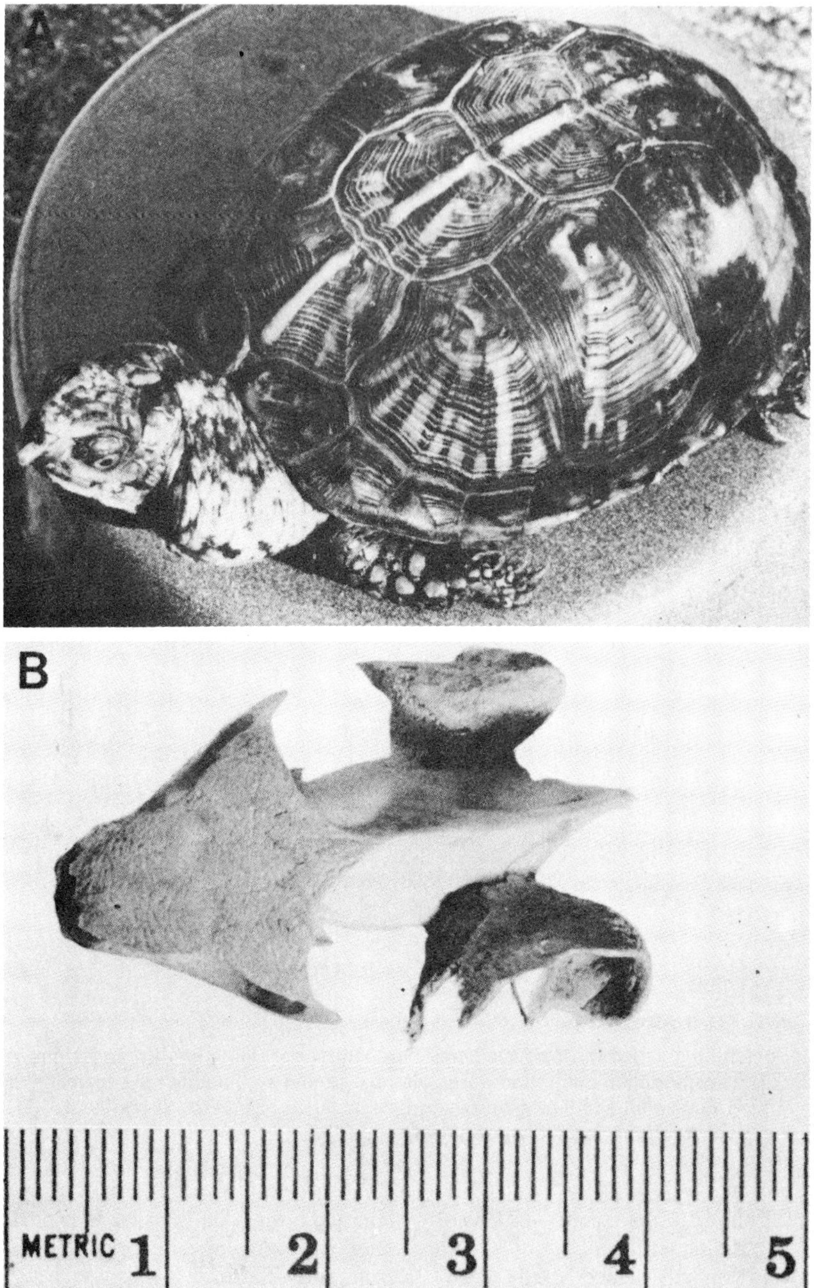

Abb. 3-16 Massiver Bakterien-Befall bei einer Carolina-Dosenschildkröte. **A.** Lebendes Tier mit starker Schwellung des lateralen Halsbereiches. **B.** Dorsalansicht des Schädels zur Demonstration des stark vergrößerten und beschädigten linken Squamosums. (Aus Jackson, C. G., MacDonald, F. und Jackson, M. M.: Cranial asymmetry with massive infection in a box turtle. J. Wildl. Dis., 8: 275, 1972)

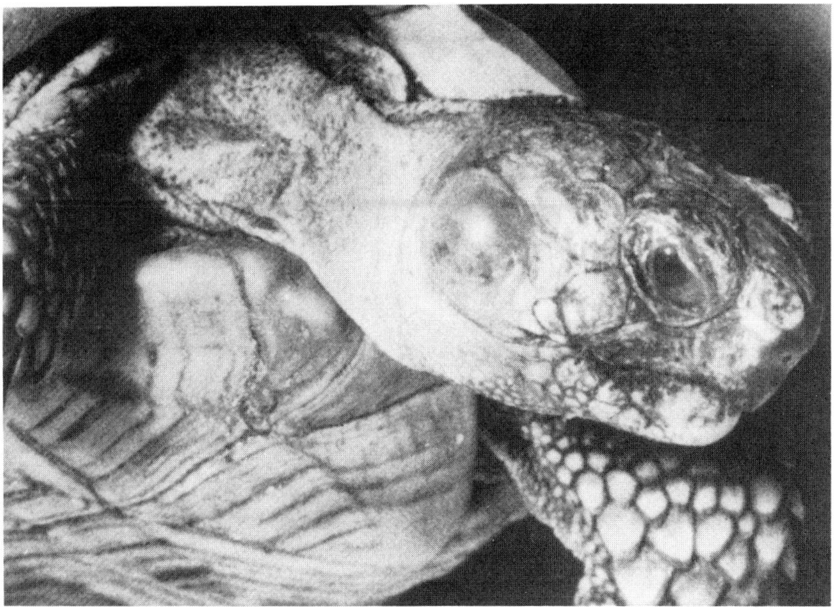

Abb. 3-17 Maurische Landschildkröte *(Testudo graeca)* mit Mittelohrentzündung. Zu beachten ist die vorgewölbte Hautmembran über dem Ohr. (Aus Zwart, P.: Ziekten van reptielen II: aandoeningen van de ogen, de oren, de mondholte en de longen, Lacerta, 30: 72–79, 1972a)

Boycott et al.[39] berichteten, daß unter 11 Schildkröten 10 Salmonellen im Kot aufwiesen, darunter 17 verschiedene Serotypen. Diese Art *(Testudo graeca)* wurden zu Hunderttausenden von Marokko nach England als Haustiere eingeführt. In den Vereinigten Staaten wiesen Jackson und Jackson[145] sechs *Salmonella*- und einen *Arizona*-Serotyp in Kloakenabstrichen bei 15 von 124 Zooschildkröten nach (9 Zoos untersucht), was immerhin eine Infektionsrate von 12,1% ergibt. Spätere Untersuchungen ergaben, daß 37 von 127 Zooschildkröten (29%) als Überträger von Darm-Salmonellen in Frage kamen[220].

Viele Rotkehl-Anolis *(Anolis carolinensis)* in meinem Labor waren mit Salmonellen infiziert, dasselbe gilt für die Gekkos vieler Zoos[232, 240]. Bei Schlangen ist dies ebenfalls häufig der Fall[127], so fand Kennedy *Salmonella* und *Arizona* bei verschiedenen Schlangen, besonders bei einer Reihe Constrictors, die in einem Kanadischen Terrarium ausgestellt wurden[171]. In großer Anzahl kamen diese Bakterien im terminalen Colon indischer Schlangen vor und gelegentlich auch in anderen Eingeweiden[170]. Obschon Schlangen öfter als andere Herpetofauna-Arten als Überträger von Salmonellose angesehen werden müssen, müssen alle Reptilien dafür in Betracht gezogen werden.

Der Großteil der als Haustiere gehaltenen Schildkröten in den USA wird auf Farmen im Süden gezüchtet (am häufigsten ist die Zierschildkröte *Chrysemys (Pseudemys scripta elegans)*[16, 168]. Wildfänge darunter sind evtl. schon vorher mit *Salmonella* infiziert worden, später werden sie in großen Massen und in stehenden Gewässern aufgezogen. Sie werden oft mit rohem Fleisch oder gar dem Abfall der umliegenden Schlachthäuser gefüttert, wobei beides meist stark mit Darm-Pathogenen verseucht ist. Auch die Ufer, an denen die Schildkröten ihre Eier ablegen, sind oft infiziert und da *Salmonella* die Eierschale passieren kann[86], sind bereits die schlüpfenden Jungtiere von dieser Krankheit befallen[168].

Die Kombination von Übervölkerung, stehenden Gewässern und verseuchtem Futter fördert die Ausbreitung von *Salmonella.* Beim Export und später in den Zoohandlungen wird dieses Problem noch verschärft. Es ist nicht ungewöhnlich, daß in Zoogeschäften 25–50% der Schildkröten *Salmonella* und *Arizona*-Bakterien haben.

Salmonellose ist bei Reptilien im allgemeinen nicht erkennbar, obwohl das Tier als Überträger fungiert. Schildkröten zeigen mindestens 12 Monate lang keine Anzeichen der Infektion[167], die erst unter Streß-Einwirkung, z. B. Wasserverlust, zum Ausbruch kommt[79a].

Selten leiden Reptilien unter Enteritis oder Septikämie mit Pneumonie (s. Abb. 3-8 A und B) und Nekrose-Herden in Leber und anderen Organen. (Als Beispiel ist der Bericht von Boever über *Arizona*-Septikämie bei *Boa constrictor*-Exemplaren zu nennen[31a].)

Kranke Tiere fallen durch Durchfall, Appetitlosigkeit und Lustlosigkeit auf. Bei der Diagnosestellung müssen Amöbiasis, Wurmkrankheiten des Gastrointestinaltrakts, Vergiftung durch Chemikalien und Septikämie infolge *Aeromonas hydrophila*-Infektion in Betracht gezogen werden. Endgültige Diagnosestellung auf Salmonellose am lebenden Tier kann nur aufgrund des Nachweises im Kot, Kloakenabstrich oder Blut erfolgen. Postmortem können Kulturen aus Verletzungen, Blut, Galle, Darminhalt oder den weiblichen Geschlechtsorganen angelegt werden. Zum Salmonellose-Nachweis in einer Tiergruppe, die gemeinsam gehalten wird, werden Wasserproben aus ihrem Gehege entnommen.

Bei Amphibien gibt es wenig Berichte über Salmonellose. *S. enteritis* wurden in Wasserbecken und herdförmigen Nekrosen bei Leberschädigungen des Leopardfrosches *(Rana pipiens)* nachgewiesen, bei dem sieben bis zehn Tage nach Ausbruch der Seuche hohe Mortalität auftrat[262]. Reichenbach-Klinke und Elkan berichten über einen Fall von Salmonellose, der beim Wasserfrosch *(Rana esculenta)* Lähmungen und Unterhautblutungen hervorrief[233]. Von 129 Fröschen, die in der Gegend von Hissar, Indien, gefangen wurden, beherbergten 18 (14%) *Salmonella*[254], so daß Amphibien in gewissen Regionen als bedeutende Infektionsträger angesehen werden können.

Da diese Organismen so häufig vorkommen und das Gesundheitsrisiko der Bevölkerung groß ist, ist es ratsam, den Kot jedes im Haus gehaltenen Reptils auf *Salmonella* untersuchen zu lassen. Einzelkulturen reichen dafür u. U. nicht aus, da die Ausscheidungsrate von *Salmonella* variiert und eine Schildkröte, die zum einen Zeitpunkt als stark infiziert gilt, zum anderen einen negativen Befund liefert[167]. Bei der Handhabung der Reptilien müssen deshalb Gesundheitsmaßnahmen getroffen werden, die im folgenden näher erörtert sind. Obgleich für die pathogene Wirkung der einzelnen Serotypen bei den verschiedenen Wirten beträchtliche Unterschiede bestehen, muß jeder *Salmonella*- oder *Arizona*-Serotyp als möglicher menschlicher Krankheitserreger betrachtet werden.

Bisher fehlen konkrete Untersuchungen über die Wirksamkeit von Antibiotika-Behandlungen gegen *Salmonella*-Infektionen bei Reptilien. Drei *Salmonella*-infizierte Schildkröten, die noch keine äußeren Symptome zeigten, konnten durch 200 mg Neomycin-Sulfat auf ca. 18 l Wasser bei 29,5°C nach vier Tagen völlig vom Befall befreit werden. Zwei weitere, deren Wassertemperatur nicht reguliert wurde, benötigten die doppelte Dosis des Mittels und vier weitere Tage bis zur Beseitigung der Infektion[276]. Anderen Untersuchungen zufolge, konnte *Salmonella* im Darm von Schildkröten nach oralen Oxytetracyclin-Gaben von täglich 50 mg sechs Tage lang völlig eliminiert werden. Drei aufeinanderfolgende Kotproben mit negativem Befund zeigten dies[297].

Beim Menschen muß zur Vernichtung des Überträgerstadiums von *S. typhi* gelegentlich Cholezystektomie durchgeführt werden, weil in der Gallenblase sitzende Erreger gegen Chemotherapien resistent sind. *Salmonella* wurden aus den Gallengängen von Schildkröten isoliert[169], aber für diese Tiere ist Cholezystektomie selbstverständlich keine praktikable Behandlungsmethode. Nur unter genau regulierten Bedingungen und bei genügendem Schutz der menschlichen Gesundheit kann man die Behandlung der infizierten Reptilien ihrer Tötung vorziehen. Versucht man eine Heilung von Salmonellose, muß der Tierarzt den Eigentümer über dessen eigene Gesundheitsgefährdung aufklären und ihn zu strikter Isolierung des Tieres und Hygienemaßnahmen bewegen, zu denen die Entfernung des Kots, Desinfektion möglicher Krankheitsherde und gründliches Händewaschen nach Umgang mit dem Tier oder seinem Käfig gehören. Kleinkinder müssen vom Umgang mit den Reptilien und allen verseuchten Gegenständen abgehalten werden oder anschließend sofort von einem Erwachsenen die Hände gewaschen bekommen. Herpetofauna-Arten und ihre Terrarien dürfen nicht in der Küchenspüle gewaschen werden oder auf andere Weise mit Nahrungsmitteln in Berührung kommen.

Aufgrund von Daten, die an anderen Arten erhoben wurden, eignen sich für allgemeine (extraintestinale) Salmonellose-Behandlung Chloramphenicol und Ampicillin. Beim Menschen verzögert Antibiotika-Behandlung die Ausscheidung von Darm-Salmonellen mit dem Stuhl, deshalb wird sie gewöhnlich symptomatisch behandelt, d. h. mit einer Flüssigkeit. Wenn Reptilien Antibiotika verabreicht bekommen, müssen bis einige Wochen nach der Behandlung mehrere Kotproben genommen werden um sicherzustellen, daß die Infektion ausgeheilt ist. Wie oben ausgeführt, hat ein negativer Befund nicht immer einen Aussagewert.

Über Futterobjekte wie Ratten oder Mäuse für Schlangen kann eine erneute Infektion erfolgen. Abgepacktes Schildkrötenfutter wie es z. B. in Zoohandlungen verkauft wird, enthielt bisher nie Salmonellen.

Besonders bei Kindern stellen Reptilien, speziell junge Süßwasserschildkröten, eine Hauptquelle menschlicher Salmonellose dar wie viele Berichte und epidemiologische Studien bewiesen haben[5].

Schätzungen zufolge beruhen 14% – d. h. 280000 der etwa 2000000 jährlichen Salmonellose-Erkrankungen bei Menschen in den USA (1970, 1971) – auf Ansteckung durch Schildkröten[180]. Alle Versuche, dieses Problem durch Untersuchung der Tiere auf *Salmonella* in den Griff zu kriegen, scheiterten, und Infektionen wurden teilweise auf Schildkröten, die als „Salmonellen-frei" galten, zurückgeführt. In den USA hat daher die Food und Drug Administration verboten, lebensfähige Eier oder Schildkröten unter 10 cm Carapax-Größe zu verkaufen[8]. (Meeresschildkröten sind hiervon ausgenommen, da bei ihnen Salmonella nicht nachgewiesen wurde. Da ihr Bestand gefährdet ist und sie in Gefangenschaft nicht zu züchten sind, sollte der Handel mit ihnen eingeschränkt werden. Für wissenschaftliche, Bildungs- und Ausstellungszwecke werden jedoch Eier und Jungtiere von der Regelung ausgenommen.) Die Begrenzung des Schildkrötenhandels hat einen deutlichen Nachlaß menschlicher Salmonellose durch diese Tiere als Überträger zur Folge gehabt[60a].

Als treffender, aktueller Limerick dazu paßt:

There once was a maiden named Nelly
Who developed a pain in her belly.
Some bacilli she caught
From a turtle she bought
Turned her stool into cranberry jelly.

Neben *Salmonella-* und *Arizona*-Arten schließt die Darmflora der Herpetofauna auch andere Bakterien ein, die für Menschen pathogen sein können. So finden sich im Kot der Schildkröten *Aeromonas, Enterobacter, Klebsiella, Pseudomonas, Citrobacter, Serratia* und *Proteus*[201]. Beim Mississippi-Alligator[300] und bei Schildkröten[148] traten *Edwardsiella tarda* und bei Fröschen *Yersinia enterocolitica* und verwandte Bakterien auf[36]. Daneben wiesen Frösche *(Rana p. pipiens* und *Rana catesbeiana)* sowie eine Zierschildkröte *(Chrysemys picta)*[37] *Listeria monocytogenes* im Kot auf, aber diese Poikilothermen können die Organismen auch passiv aus einer verseuchten Umgebung ausgeschleppt haben. Nach oraler Infektion gab es bei Fröschen keinen Hinweis auf die Vermehrung von *L. monocytogenes*[35].

Mycobacterium-Infektionen. Sie sind bei Reptilien und Amphibien in Gefangenschaft recht häufig und verursachen vielerorts granulomatöse Läsionen der Haut und inneren Organe, die zu einer Erkrankung führen, die sich meist als langwierig, schwächend und gelegentlich tödlich erweist. Eine genaue Übersicht der *Mycobacterium*-Infektionen bei kaltblütigen Vertebraten gibt Vogel[283], und Ippen beschreibt die zugehörige Pathologie[141].

Der Großteil der Mycobacteria, die bei Herpetofauna-Arten Krankheiten verursachen, sind sich schnell vermehrende Vertreter der Gruppe IV nach Runyons Klassifizierung säurebeständiger Bazillen[153, 219]. Unter den bedeutenderen Arten befinden sich *M. ranae (fortuitum)* – erstmals von Kuester 1905 bei Fröschen entdeckt –, *M. xenopi* – erstmals von Schwabacher 1959 beim Glatten Krallenfrosch *(Xenopus laevis)* nachgewiesen[249] und als nicht färbbar von Runyon in Gruppe III gestellt –, *M. thamnopheos* – erstmals von Aronson 1929 bei der gewöhnlichen Strumpfbandnatter *(Thamnophis sirtalis)* gefunden[12] – und *M. chelonei (friedmanii, runyoni, abscessus, borstalense)* – 1903 von Friedmann bei Schildkröten nachgewiesen. Aus Lymphosarkom-Läsionen bei *Xenopus laevis* (s. S. 159) wurde *M. marinum (balnei)* isoliert. Die Bestimmung der Art ist nicht nur von akademischem Interesse, da einige Mycobacteria der Herpetofauna, z. B. *M. ranae, M. chelonei, M. marinum* und *M. xenopi,* sich als pathogen für Menschen erwiesen haben (s. S. 81).

Verschiedene Vertreter der Herpetofauna sind im Labor geeignete Wirtstiere für *M. ulcerans,* das in einigen tropischen und subtropischen Ländern beim Menschen schwere nekrotisierende Pannikulitis und Dermatitis hervorruft[197]. Man spekuliert, daß Reptilien und Amphibien in der Natur diese Erreger beherbergen und eine mögliche Infektionsquelle für den Menschen darstellen[198].

Man hat behauptet, daß Lepra experimentell auf Reptilien übertragbar ist[176, 177]. Bewahrheitet

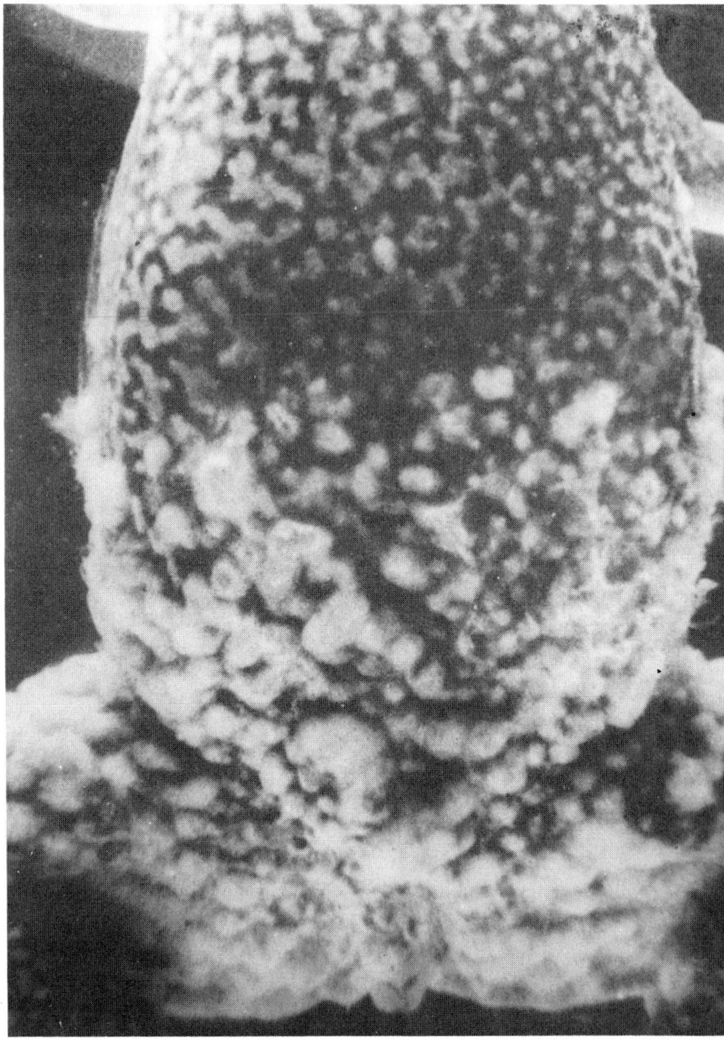

Abb. 3-18 Glatter Krallenfrosch *(Xenopus laevis)* mit diffuser Dermatitis infolge *Mycobacterium*-Infektion. (Aus Reichenbach-Klinke, H. und Elkan, E.: The Principal Diseases of Lower Vertebrates. New York, Academic Press, 1965. Photographie mit freundlicher Genehmigung von Dr. E. Elkan)

sich dies, kann das in der Lepraforschung zu einem enormen Durchbruch führen.

Saprophytische Mycobakterien befinden sich häufig in Aquarien oder Wasserbehältern, in denen Reptilien und Amphibien gehalten werden, daher reicht der Nachweis säurebeständiger Bazillen aus Wunden, besonders in der Haut, nicht aus, um die pathogene Wirkung des Organismus zu beweisen. Kochs Forderungen müssen erfüllt werden, um die Pathogenität des betreffenden Erregers zu belegen. Säurebeständige Bazillen müssen zumindest histologisch erkennbar mit Läsionen im Zusammenhang stehen, um sicher zu sein, daß es sich nicht um bloße Verunreinigungen handelt, sondern tatsächlich um pathogene Keime.

Reichenbach-Klinke und Elkan berichten, daß Tiere, die durch Verletzungen, falsche Ernährung oder eine andere Krankheit geschwächt sind, prädestiniert für *Mycobacterium*-Infektionen sind, aber die bloße Anwesenheit der Bakterien nicht zum Auftreten der Krankheit führt[233]. Dies stellt eine Parallele zum Fall der Tuberkulose beim Menschen dar.

Haut-Infektionen mit *Mycobacterium* bei Amphibien verursachen gelegentlich granulomatöse

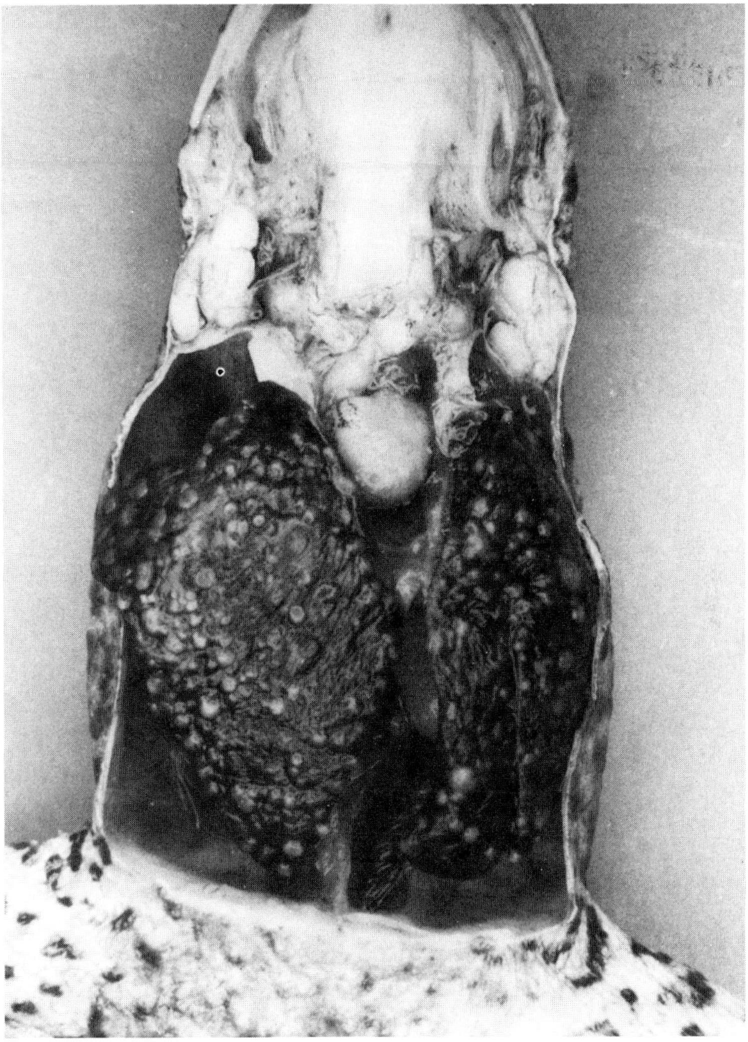

Abb. 3-19 Weit verbreitete Granulome nach *Mycobacterium*-Infektion in der Leber einer Kröte *(Bufo bufo).* (Aus Reichenbach-Klinke, H. und Elkan, E.: The Principal Diseases of Lower Vertrebrates. New York, Academic Press, 1965. Photographie mit freundlicher Genehmigung von Elisabeth Canning)

Ulzerationen, die wuchern können, oder es kommt zu diffuser tuberkulöser Dermatitis (Abb. 3-18). Zur Bestätigung der Diagnose ist Bakterienkultivierung, ein Abstrich und Gewebsuntersuchung der Läsion nötig. Für Erkrankungen der inneren Organe ist die klinische Diagnosestellung wesentlich erschwert, hier kann eine fortschreitende Verschlechterung eintreten bis das Tier schließlich stirbt. Unter Umständen sind Granulome in inneren Organen hirseförmig (Abb. 3-19). Große Granulome kann man ertasten und sie können zu Behinderungen der Exkretion, Ernährung und Atmung führen (Abb. 3-20) oder ein lebenswichtiges Organ verdrängen.

Bei der Obduktion muß die Haut des kranken Amphibs durchleuchtet werden, um ihr Aussehen wie „Motten-Fraß" zu veranschaulichen; dies beruht auf einer diffusen tuberkulösen Dermatitis. Reichenbach-Klinke und Elkan fanden heraus, daß zumeist Leber, Milz, Niere und Hoden betroffen sind[233]. Tuberkel dehnen sich eher aus, als daß sie einwandern, daher kann zwar eine Froschlunge völlig verhärtet, die Krankheit aber doch auf den Intrapleuralraum beschränkt sein.

Histologisch erkennt man *Mycobacterium*-Infektionen der Herpetofauna an den gebildeten Granulomen, die verteilt oder in scharf umrissenen

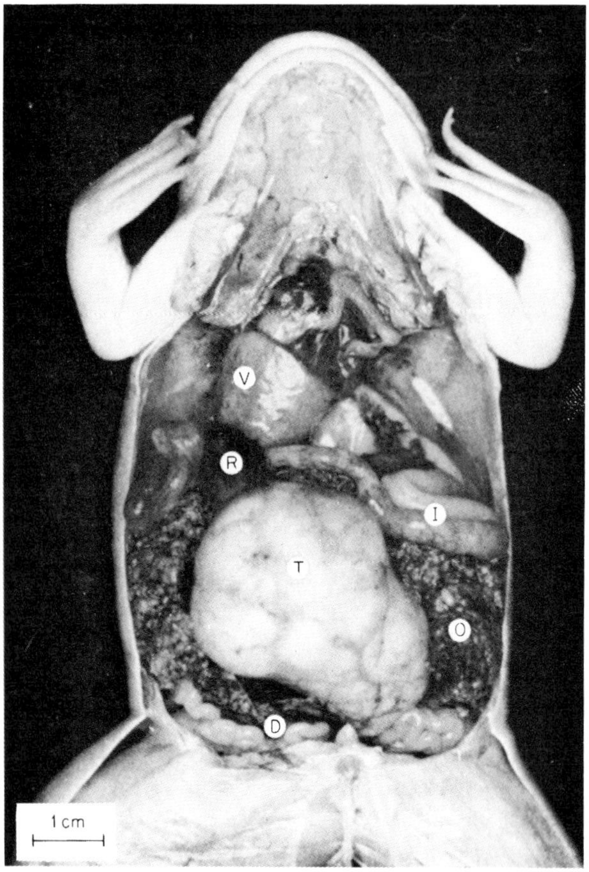

Abb. 3-20 Von *Mycobacterium* verursachte schwere Granulombildung, die das Rektum eines erwachsenen Weibchens des Glatten Krallenfrosches *(Xenopus laevis)* blockiert. **D:** Eileiter; **I:** Dünndarm; **R:** Ileorektale Verbindung, die durch den Darminhalt stark gedehnt ist; **T:** Granulom, das das Rektum blokkiert; **V:** Ventrikel. (Aus Reichenbach-Klinke, H. und Elkan, E.: The Principal Diseases of Lower Vertrebrates. New York, Academic Press, 1965. Photographie mit freundlicher Genehmigung von Dr. E. Elkan)

Bereichen auftreten, in denen säurebeständige Bazillen nachweisbar sind (Abb. 3-21). Zentral kann in Reptilien-Tuberkeln Verkäsung vorkommen; bei Amphibien-Läsionen ist sie dagegen nicht bedeutsam.

Kalkablagerung findet selten in Amphibien- oder Reptilien-Tuberkeln statt. Gelegentlich treten vielkernige Riesenzellen auf. In Fällen, wo die Leber hochgradig zerstört ist, wird u. U. Melanin – ein natürlicher Bestandteil des Lebergewebes bei Amphibien und Reptilien – ins Blut entlassen und in der Niere konzentriert, wo man es als dunkle Pigment-Granula im tubulären Epithel nachweisen kann.

Machicao und La Placa schrieben 19,6% einer granulomatösen Krankheit dem Einfluß eines nicht identifizierten Mycobacteriums auf wilde Bolivianische Frösche *(Pleurodema cinerea* und *P. mormoratus)* zu[191]. Am häufigsten waren Haut und Leber betroffen, doch traten auch im Gastrointestinaltrakt und Mesenterium und seltener in Niere, Milz, Lungen, Trachea und Bronchien Läsionen auf. Säurebeständige Bazillen (SBB) entdeckte man in chitinösen Überresten aus Eingeweiden der Frösche, aber auch in bestimmten Insekten, die zu ihrer Nahrung gehören. Die Mycobacteria aus den Froschläsionen konnten auf den unterschiedlichsten Medien und bei 18°, 25° und 37°C nicht kultiviert werden. Auch über die SBB, die man in den Insekten fand, liegen keine bakteriologischen Untersuchungen vor, doch vermuten die Autoren darin den Ursprung der Amphibien-Krankheit. Machicao und La Placa verwiesen auf die Läsionen als auf „lepraähnliche Granulome", da oftmals periphere Nerven von der Infektion betroffen, daneben Makrophagen (bei menschlicher Lepra werden solche Zellen Globi genannt) oft mit SBB gefüllt waren und die Organismen in vitro nicht wuchsen.

Genauere Untersuchungen zur Chemotherapie bei *Mycobacterium*-Erkrankungen der Amphibien und Reptilien existieren nicht. Aus diesem

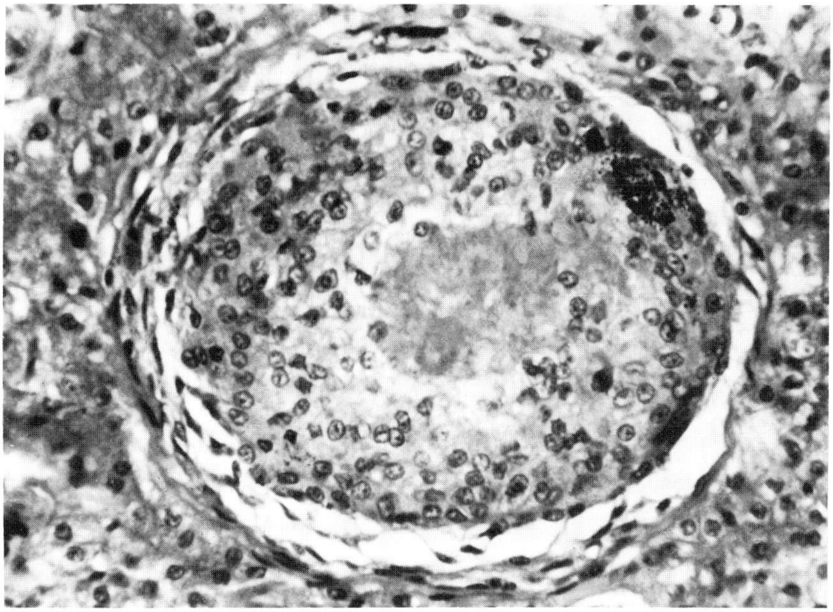

Abb. 3-21 Von *Mycobacterium* verursachtes Granulom in der Leber einer Python *(Python spilotes)*. Eine Zone mit käsiger Nekrose ist konzentrisch von einkernigen Abwehrzellen und einer dünnen fasrigen Kapsel umgeben. 200fach vergrößert. (Aus Ippen, R.: Vergleichende pathologische Untersuchungen über die spontane und experimentelle Tuberkulose der Kaltblüter. Abh. Deutsch. Akad. Wiss. Berlin Klass. Med. 1: 1–90, 1964. Photographie mit freundlicher Genehmigung von Dr. Rudolf Ippen)

Grunde scheint es vernünftigerweise besser, befallene Tiere zu töten und kontaminierte Gehege zu desinfizieren. Ich wüßte nicht, daß der Tuberkulin-Test bei Vertretern der Herpetofauna zur Erkennung kranker Tiere nutzbar ist.

Verschiedene *Mycobacterium*-Arten, die für die Herpetofauna pathogen sind, verursachen auch beim Menschen Erkrankungen, so wurde *M. xenopi* in Fällen menschlicher Lungenerkrankung isoliert[224]. Gewöhnlich befindet sich *M. ranae (fortuitum)* als Saprophyt im Auswurf, aber es kam auch in Abszessen, Lungeninfektionen und einmal auch bei Endokarditis bei Menschen vor[224]. In Zusammenhang mit Abszessen als Folge einer Injektion trat *M. cheloni (abscessus)* auf. Der gleichzeitige Ausbruch bei mehreren Personen beruhte auf Verunreinigung einer Histamin-Packung[140]. Unter dem Namen Swimming pool-Granulom oder Daphne-Geschwür verursacht *M. marinum* eine granulomatöse Dermatitis, die ulzerieren kann. Solche Infektionen sind beim Menschen z. B. auf kontaminierte Fischbecken zurückgeführt worden[3, 124].

Genau untersucht wurde die Rolle der Herpetofauna als Quelle atypischer *Mycobacterium*-Infektionen für Menschen noch nicht. Trotzdem ist anzunehmen, daß sich sowohl Menschen wie kaltblütige Tiere eher in ihrer direkten Umgebung infizieren, als daß interspezifische Übertragungen stattfinden. Es empfiehlt sich aber, Mycobacteria der Amphibien und Reptilien als potentielle menschliche Pathogene zu betrachten und mit infizierten Tieren entsprechend zu verfahren.

Leptospiroseninfektion. Sie tritt bei Fröschen, Schildkröten[113] und Schlangen spontan auf. Erworben wird die Infektion unter natürlichen Bedingungen von den Reptilien durch Kontakt mit verseuchtem Wasser oder indem sie infizierte Beute fressen, z. B. Nager[6].

Abdulla und Karstadt impften Schlangen und Schildkröten *Leptospira pomona* ein und zeigten, daß Schlangen sich gegenseitig durch Körperkontakt ansteckten[1]. 6½ Monate nach der Impfung sind Leptospiren in der Schlangenniere nachzuweisen und überdauerten auch eine 70tägige Winterruhe, die induziert worden war. Eine der befallenen Schlangen hatte eine interstitielle Nephritis, aber die meisten wiesen keine derartigen Läsionen auf. In einer Freilanduntersuchung ergab sich, daß Schlangenserum zwar Agglutinine gegen die Serotypen *ballum, icterohemorrhagiae* und *pomona* enthielten, aber keine Leptospiren konnten aus Nieren oder Leber kultiviert werden[299].

Hohe Durchschlagskraft erreichte eine Infektion von *L. interrogans* mit dem Serotyp *tarrasovi* bei Schildkröten in Zuchtteichen in Georgia, die Organismen wurden aus den Nieren und Kloaken durch Überimpfung auf Hamster isoliert[113]. Reptilien könnten eine Quelle für Leptospirosis darstellen, was insbesondere über die Wintermonate Bedeutung gewänne, doch sind zu genauer Einschätzung mehr Freiland-Daten erforderlich.

Andere bakterielle Infektionen. Offensichtliche Krankheitsursache bei zwei Krokodilen war *Erysipelothrix insidiosa,* die einmal die Leber und Milz eines 6–8 Wochen alten Kaimans *(Caiman crocodilus)* befallen hatte und ein andermal neben anderen Bakterien in Hautläsionen eines alten Krokodils *(Crocodilus acutus)* vorkam[152].

Aus Leberläsionen einer Landschildkröte *(Testudo graeca)* gewann man *Pasteurella pseudotuberculosis*[89] und aus einem entzündeten Kniegelenk eines Teju *(Tupinambis teguixin) Serratia marcescens*[2].

Clostridium novyi kann bei Schildkröten tödliche Septikämie hervorrufen, deren Kennzeichen Appetitlosigkeit und Lethargie sind. Hier wurde ein Serum entwickelt, das die Infektion zu verhindern vermag[79]. Bei Leguanen lag eine gemischte Bakterienflora vor, in der *Clostridium welchii* nach Traumata an den Beinen Brand und Septikämie verursachte[87].

Der Actinomyzet *Dermatophilus congolensis* war offenbar Ursache hyperkeratotischer Knoten auf der Bein- und Rumpfhaut zweier Schönechsen *(Calotes mystaceus)*[9], auch in einem subkutanen Abszeß und oberflächlichen knötchenförmigen Hautläsionen der Bartagame *(Amphibolurus barbatus)* fand man ihn[213, 258].

Aus eitrigen Infektionen an Froschbeinen *(Rana pipiens)* wurde *Staphylococcus epidermis* isoliert, weit häufiger aber noch *Aeromonas hydrophila*[110]. Beide sprechen auf Tetracyclin an. (Behandlung von „Redleg" wurde weiter vorne schon besprochen.)

Unter anderen bakteriellen Infektionen der Amphibien, die von Reichenbach-Klinke und Elkan erwähnt werden, rief *Bacterium ranicida* – ein gramnegativer und peitschenförmiger Organismus – bei *Rana temporaria* Septikämie und *Diplobacterium ranarum* eine Epidemie bei Fröschen allgemein hervor, die von Enteritis, Ödemen und Blutungen gekennzeichnet war. Der letzte Erreger ist ebenfalls gramnegativ und ein Diplobacillus[233].

3.1.2 Virusinfektionen

Als einziger Virusinfektion bei Herpetofauna-Arten wurde der Tumorbildung größeres Interesse entgegengebracht und erwogen, ob hier eine potentielle Infektionsquelle für ARBO-Viren vorliegt. Band 126 der Annalen der New York Academy of Sciences (August 19, 1965) trägt den Titel „Viruserkrankungen poikilothermer Vertebraten", aber in seinen 46 Artikeln mit 680 Seiten steht nichts über Viruserkrankungen der Reptilien. Zwei Krankheiten bei Amphibien werden dagegen ausführlicher abgehandelt – Lymphosarkome bei *Xenopus laevis,* dem südafrikanischen Krallenfrosch, und Luckés renales Adenokarzinom beim Leopardfrosch, *Rana pipiens* (s. S. 154–158). Jacobson hat Tumorbildungen bei Reptilien, die mit einem Virus in Zusammenhang stehen, zusammengefaßt[149b].

Polyedrische Protoplasmen-Virus der Amphibien (Polyhedral Cytoplasmic Amphibian Virus – PCAV). Dieser Virus wurde in völlig normal erscheinendem Gewebe des Leopardfrosches *(Rana pipiens),* Ochsenfrosches *(R. catesbaiana)* und des Grünlichen Wassermolches *(Notophthalmus viridescens)* gefunden und vermutlich zufällig in Lucké-Tumoren eines Leopardfrosches. Bei diesen natürlichen Wirten hat PCAV nachweislich keine Läsionen oder Krankheiten bewirkt, dagegen aber bei der Kröte *Bufo woodhousei fowleri* nach Einimpfung zahlreiche viszerale Läsionen hervorgerufen[56].

Kaulquappen-Ödem-Virus (Tadpole Edema Virus – TEV). Er kann bei Ochsenfrosch-Kaulquappen bis zu einem Alter von zwei Monaten eine tödliche Krankheit verschulden und gehört in die Gruppe des PCAV. Ausgebreitet wird die Infektion vermutlich über das Wasser, da man den Virus nur in das Becken mit Kaulquappen geben muß, um den Ausbruch der Krankheit zu erreichen. Diese führt nach fünf bis 13 Tagen zum Tod und wird gekennzeichnet durch Ödeme und Nekrosen der Leber, Nieren, des Gastrointestinaltrakts und der Skelettmuskulatur[307].

Virusenzephalitis. Aus Wildfängen wurden bei Schlangen Enzephalitis-Viren aus den Regionen östliche (ÖE), westliche (WE) USA, St. Louis (SLE) und Japan, Typ B (JBE) isoliert. Auch bei wilden Schildkröten wies man ÖE, WE, SLE und zwei weitere ARBO-Viren nach, die den Menschen infizieren können, nämlich Powassan (POW) und Bunyamwera[40a, 130]. Serologisch steht fest, daß Schlangen unter natürlichen Bedingungen mit POW und dem Vesikulären Stomatitis-Virus (VSV) infiziert werden, Schildkröten mit VSV, Echsen mit ÖE und einer durch Zecken übertragenen Enzephalitis (ZÜE) und der Mississippi-Alligator mit ÖE[130].

Reptilien reagieren auf Infektionen mit ÖE oder WE oft mit einem Anstieg der Antikörper-Zahl, doch werden sie nicht klinisch krank. Erwiesen ist, daß eine WE-Infektion bei Schlangen angeboren sein kann oder auch durch Moskitos übertragbar ist, die infizierte Schlangen stechen[106]. Besonders im Verlauf des Winters kommen Reptilien als Quelle für östliche und westliche Enzephalitis in Frage, das gilt wohl auch für Japanische B-Enzephalitis. Unveröffentlichten Berichten von Detels zufolge, tritt JBE-Virus bei Wasserkobras, Fröschen und Kröten in Taiwan auf.

Immunologische Befunde sprechen für seine Existenz bei Kobras *(Naja naja)* in China. Weiterhin wurde er bei zwei Asiatischen Rattenschlangen *(Elaphe rufodorsata)* unter insgesamt 747 untersuchten Schlangen nachgewiesen[149b]. Trotzdem konnten unter 305 Schlangen sechs verschiedener Arten des JBE-Virus in Japan nicht isoliert werden und nur 6 von 270 Schlangen besaßen eine geringe Zahl spezifischer Antikörper. Auch eine experimentelle Infektion japanischer Schlangen mit JBE erwies sich als äußerst schwierig, so daß man sie als Quelle dieser Infektion sehr wahrscheinlich ausschließen kann[266].

Herpes-Viren. Ein Herpes-ähnlicher Virus kommt bei Leguanen vor[56a]. (Hinweise für die Kultivierung von Zell-Klonen bei Poikilothermen finden sich in der Bibliographie des Artikels von Clark und Karzon[56a].) Ähnliches bewirkte auch ein Virus, der mit einer Leguan-Krankheit in Zusammenhang stand, die als wesentliche Merkmale Appetitlosigkeit, Lethargie, Lymphozytose, lymphatische Hyperplasie in der Milz und Monozytenzersetzung in Leber, Myokard und Knochenmark zeigte[102c].

Bei zwei Pazifik-Wasserschildkröten *(Clemmys marmorata)* war eine herpesähnliche Infektion mit plötzlich einsetzender Lethargie, Appetitlosigkeit und Schwäche verbunden. In Leber und Milz traten Einschlüsse im Zellkern und herpesähnliche Viren in Erscheinung[102c].

Der Herpes-Virus verursacht „Weißfleckenkrankheit", eine Haut-Infektion, bei zwei bis drei Monate alten Suppenschildkröten *(Chelonia mydas)*. Die Epidermiszellen enthalten basophile Einschlüsse im Zellkern[149B].

Andere Virus-Erkrankungen. Das Auftreten eines pockenartigen Virus war beim Brillenkaiman *(Caiman sclerops)* mit Dermatitis verbunden, bei der grau-weiße runde Läsionen über den ganzen Körper verstreut waren, und die Epidermiszellen enthielten große eosinophile intrazytoplasmatische Einschlüsse.

Aus den Lungen einer Gewöhnlichen Lanzenotter *(Bothrops atrox)* wurde ein Paramyxo-Virus isoliert. Dieses Tier war im Verlauf einer Seuche auf einer Schlangenfarm eingegangen. Im Verlauf der Krankheit ließ der Muskeltonus nach. Im Endstadium der Krankheit klaffte das Maul und aus der Glottis kam Ausfluß[149b].

Einige Pathogene in den Eryhtrozyten, die anfangs für Protozoen gehalten wurden, gelten jetzt als Viren (*Pirhaemocyton*-Arten) oder Rickettsienarten (*Haemobartonella*- und *Grahamella*-Arten). Sie werden auf S. 100 näher beschrieben. Q-Fieber, eine Rickettsien-Infektion wird im Abschnitt über Milbenbefall erörtert (S. 128–133).

3.1.3 Algen- und Pilz-Infektionen

Pilzerkrankungen von größerer pathologischer Bedeutung existieren nicht in Gefangenschaft bei Vertretern der Herpetofauna. Gelegentlich treten sekundär Pilz-Infektionen auf, d. h. als Folge von falscher Ernährung, muffiger Unterbringung, Kälte oder schwächenden Krankheiten. Am häufigsten werden davon Haut und Atemorgane betroffen[149a].

Algen. Die Panzer der Wasserschildkröten sind gewöhnlich mit Algen bedeckt, was eine Symbiose darstellen kann und dem Tier im natürlichen Habitat als Tarnung dient[137]. In Gefangenschaft können sich aber Algen in den Panzerschichten festsetzen und die Ränder loslösen (große Schuppen des Panzers) und schließlich eine Abschuppung bewirken, wenn das Wasser von Futterresten verschmutzt ist und nicht fließt. Im Endstadium sind die Malpighi-Schicht und der darunter liegende Knochen zerfressen und die Schildkröte stirbt nach wenigen Wochen[137]. Einige Infektionen, die man Algen zuschrieb, können auch Panzerfäule gewesen sein, die durch *Beneckea chitinivora* hervorgerufen wurde (s. S. 71).

Durch entsprechende Sauberkeit kann man Algeninfektionen des Schildkrötenpanzers verhindern. Dazu gehört das Abwaschen des Panzers mit Lugol-Lösung oder 1%igem Kupfersulfat[137].

In ihrer Untersuchung über Algen, die auf Tieren vorkommen, am Beispiel der nordamerikanischen Schildkröte, fanden Edgren et al. heraus, daß das Ausmaß und die Verteilung des Bewuchses auf dem Panzer je nach dem Habitat des Wirtes und seinen Gewohnheiten variierten. Besonders die Zeiten, die die Tiere im Wasser oder in der Sonne verbringen, sind ausschlaggebend[80]. Sie beurteilten Schildkröten und Algen als Kommensalen, erwähnten aber keinerlei pathologische Befunde.

Pilz-Pneumonie. Gelegentlich findet man diese Krankheit bei Schildkröten. *Aspergillus* kann Verhärtung und Brand in den Lungen verursachen, wobei Landschildkröten öfter betroffen sind als Wasserschildkröten[136]. Tödliche Lungeninfektionen rief *Beauvaria bassiana* bei zwei Riesenschildkröten im Zoologischen Garten von Chicago hervor. Bei direkter Einimpfung des Pilzes in die Lunge einer Carolina-Dosenschildkröte konnte die Krankheit experimentell induziert werden[108]. (*Beauvaria bassiana* wurde als erster Mikroorganismus als Krankheitserreger erkannt und zwar beschrieb Bassi sie 1835 als Pathogen der Seidenraupe.) Eine dritte Schildkröte im Zoo von Chicago starb an Pilz-Pneumonie, die von *Paecilomyces fumosa-roseus* verursacht wurde.

Basidiobolus ranarum. Dieser saprophytische Pilz findet sich im Gedärm von Salamandern, Fröschen, Kröten, Schildkröten, Echsen und Schlangen in den unterschiedlichsten Gegenden der Welt, z. B. in Arkansas und Missouri[217]. Bei der Seychellen-Riesenschildkröte *(Testudo gigantea elephantina)* wies man ihn in granulomatösen Schnauzenläsionen nach[149a]. Auch als Verursacher subkutaner Phykomykose bei Indonesiern und Afrikanern gilt *B. ranarum*[187, 303]. Welche Rolle Amphibien und Reptilien bei der Erhaltung des Pilzes spielen, ist nicht bekannt.

Andere Pilzinfektionen. Aus käsigen subkutanen Knötchen der Siegelringelnatter *(Natrix sipedon)* isolierte man *Geotrichum candidum* und ebenso aus Hautpusteln der Strumpfbandnatter *(Thamnophis-Arten)* und der Rautenpython *(Morelia spilotes variegata)*. Man glaubt, daß eine ständige muffige Umgebung die Infektion mit Haut-Geotrichose begünstigt[222]. Die Krankheit tritt zuerst zwischen den Schuppen auf und breitet sich aus bis sie Nekrosen bei angrenzenden Schuppen bewirkt[203]. Ähnlichkeiten mit Abszessen (S. 71) und Nekrotischer Dermatitis (S. 151) sind bei der Differentialdiagnose zu berücksichtigen.

Eine adulte Anakonda *(Eunectes murinus)*, die der Autor im Zoologischen Garten von Washington D.C. untersucht hat, zeigte im Maul eine Infektion, die wie Stomatitis ulcerosa aussah (s. S. 61), mit Hyperämie, Ulzerationen und Verkäsung der Mundschleimhaut. Die Krankheit erstreckte sich bis in die Mandibel und der histologische Befund wies sie als Pilz-Stomatitis und Osteomyelitis aus. Pilzerreger waren pigmentiert und gehörten zum Genus *Cladosporium* (Abb. 3-22). In einem Granulom der Lumbalmuskulatur eines Barren-Tigerquerzahnmolches *(Ambystoma tigrinum mavortium)* fand man einen Pilz mit ähnlicher Morphologie[210].

Saprolegnia, einen Wasserschimmelpilz, findet man oft bei kaltblütigen Tieren, darunter ist *S. parasitica* das geläufigste Pathogen, das Kaulquappen[41], Fische, Schildkröten und Salamander[277] befällt und beim Gefleckten Furchenmolch *(Necturus maculosus)* vor allem in dessen Kolonien auftritt[161]. Der Schimmel bildet ein weißes Myzel auf der Haut und beginnt am Kopfende, dabei ist die Krankheit in hohem Maß ansteckend, vermutlich schon durch Körperkontakt. Befallene Tiere behandelt man, indem man sie 15 Sekunden in eine Lösung von Malachitgrün 1:1500 (0,2 g auf 3 Liter Aqua dest.) – taucht. Ein längeres Eintauchen in die Färbelösung führt zum Abblättern der Epidermis. Man führt die Behandlung zwei oder drei Tage lang einmal täglich durch.

Eine weitere, aber weniger wirksame Methode der *Saprolegnia*-Bekämpfung beim Gefleckten Furchenmolch besteht darin, das Tier zwei Minuten in eine 1:2000 Lösung von Kupfersulfat zu tauchen. Dies wird einmal täglich an mindestens fünf aufeinanderfolgenden Tagen wiederholt und bis zur Ausheilung weiterhin einmal die Woche beibehalten.

Hautinfektionen bei Axolotln *(Ambystoma mexicanum)* werden durch Bäder in 0,001% Chloramin (Paratoluol-Natrium-Sulfonamid) kuriert[34], auch Merkurochrom soll 0,002 bis 0,004%ig ein wirksames Fungizid sein[4].

In einer Darmschwellung einer Ringelnatter *(Tropidonotus natrix)* und in Brandläsionen der Leber und Lunge dreier Kaimane *(Caiman sclerops)* fand man *Cephalosporium*-Arten[279]. Die Hyphen durchdrangen die Wände thrombosierter Blutgefäße. Da die Krokodile experimentell auf eine Vitamin-E-lose Diät gesetzt waren, kann sich hier die Empfindlichkeit gegenüber *Cephalosporium*-Befall erhöht haben.

Aus Ulzerationen der Augen, der Haut und des Panzers sowie normal erscheinender Haut und

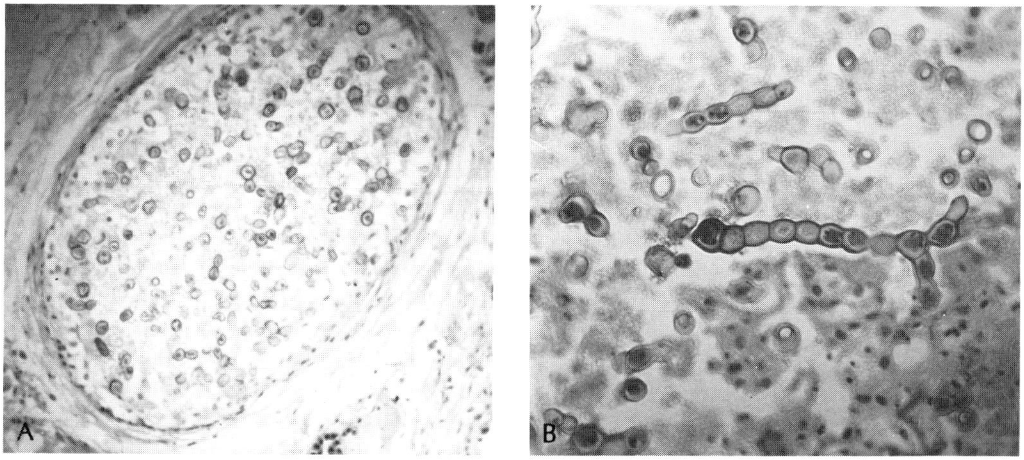

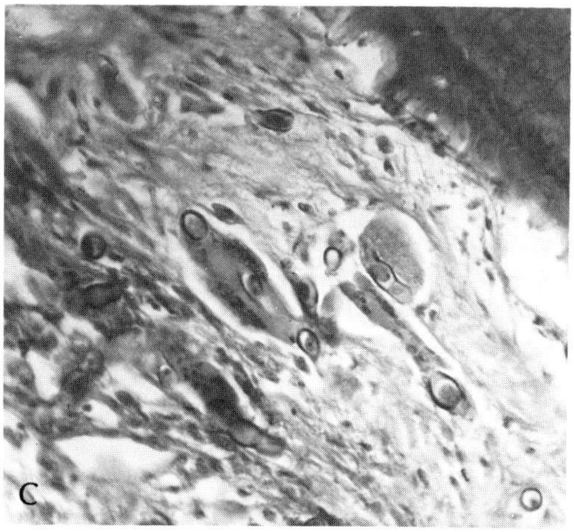

Abb. 3-22 Durch Pilze (*Cladosporium* sp.) verursachte Stomatitis bei einer Anakonda *(Eunectes murinus)*. In **C** erkennt man Phagozytose von Pilzkörpern durch Riesenzellen. Das dunkle Gewebe in der rechten oberen Ecke von **C** ist Knochen (Unterkiefer). **A** 125fach, **B** und **C** 250fach vergrößert

Darm junger Unechter Karettschildkröten *(Caretta caretta)* wurde *Fusarium solani* isoliert, das bei den jungen Schildkröten während der ersten sechs Monate nach dem Schlüpfen hohe Mortalität bewirkte[231]. *Fusarium*-Arten wies man bei Hauteinfektionen von Schildkröten, einem Kaiman und einer Python nach und ebenso in Zusammenhang mit einer Cornea-Ulzeration bei einer Regenbogenboa *(Epicrates cechris)*[149a].

Ein Septobasidiale nicht bekannter Art verursachte bei 46% der Schwarznarbenkröten *(Bufo melanostictus)*, die in der Gegend von Kuala Lumpur gefangen wurden, Hautknoten bis zu einem Durchmesser von 2 cm. Ein Drittel der Tiere mit Hautschäden wiesen auch viszerale Granulome auf, die Leber und Nieren, aber vereinzelt auch Milz, Ovarien, Herz oder Lunge betrafen[75].

Phykomykose fand man im umgestülpten Kolon eines Ostafrikanischen Dreihornchamäleons *(Chameleo jacksoni)*[253].

Pilz-Läsionen wurden manchmal ins Register der Tumoren bei niederen Tieren eingereiht (s. S. 163), z. B. stehen darunter zwei Fälle von Adiaspiromykose beim Grünlichen Wassermolch *(Notophthalmus viridescens)*.

3.2 Parasitäre Erkrankungen

Reptilien und Amphibien beherbergen eine Vielzahl Protozoen und Metazoen als Parasiten. Dieser Befall ist oft beträchtlich, da jede Körperoberfläche und jedes Organ durch irgendeinen Parasiten geschädigt werden kann. Tatsächlich ist Parasitismus so geläufig, daß er klinisch schwer feststellbar ist.

Allgemein verbreiten sich diejenigen Parasiten am weitesten, die ihren Wirt möglichst wenig schädigen, so daß die erfolgreichste Beziehung die mit einem Kommensalen oder aber einem Symbionten ist. Gefangenschaftsfaktoren wie z. B. Übervölkerung oder geänderte Ernährungsweise, können auf Wirt-Parasit-Beziehung rückwirken und zu Erkrankungen führen. Parasiten ohne Wirtswechsel vermehren sich dabei zumeist überproportional bei gefangenen Individuen und werden so pathogen. Parasiten mit Zwischenwirt im Vermehrungszyklus überschreiten selten gewisse Raten oder werden gar nicht übertragen, da der geeignete Zwischenwirt fehlt.

Im Folgenden werden besonders Parasiten besprochen, die häufig vorkommen und erwiesenermaßen pathogen wirken. Daneben findet man bei den angegebenen Quellen weitere Literaturhinweise. Walton veröffentlichte eine umfassende Liste und Bibliographie der Amphibien-Parasiten[292, 293, 294] und Fantham und Porter eine Übersicht über Endoparasiten einiger Süd- und Nordafrikanischer Schlangen[84, 85]. Parasitenkrankheiten der Reptilien wurden weiterhin von Marcus[196] und Telford[273] zusammengestellt und eine Zusammenfassung des Parasitismus bei Reptilien und Amphibien in Laborhaltungen gibt Kaplan[159].

3.2.1 Protozoen

Amöbiasis. Unter einem halben Dutzend Amöben, die in Amphibien leben, schreiben Reichenbach-Klinke und Elkan nur *Entamoeba ranarum,* die in Darm und Leber der Kaulquappen vorkommt, Pathogenität zu.

Viele verschiedene Amöben existieren bei Reptilien, doch auch hier gilt nur eine als Krankheitserreger und wurde daher am meisten beachtet. Es ist dies *Entamoeba invadens,* die unter Schlangen und in geringerem Ausmaß auch unter Echsen (vor allem karnivoren) in Gefangenschaft große Morbidität und Mortalität verschuldet.

Amöbiasis wird durch Aufnahme ansteckender Zysten im Kot übertragen. Die Amöben entwikkeln sich im Darm zu beweglichen Trophozoiten, die durch Paarung verschmelzen. Sie phagozytieren bestimmte Stoffe und können das Gewebe durchdringen. Einige verwandeln sich in Zysten, die mit dem Kot ausgeschieden werden, und der Fortpflanzungszyklus wird geschlossen, wenn ein anderer Wirt sie aufnimmt. Auch einige Trophozoite werden mit dem Kot abgegeben, sie sind aber vermutlich nicht ansteckend.

E. invadens verursacht manchmal eine Krankheit bei Schildkröten, aber gewöhnlich kommt er bei ihnen vor, ohne daß sie Anzeichen dafür zeigen. Möglicherweise dienen Schildkröten als Ansteckungsherd für Schlangen und Echsen, und Meerovitch vermutet, daß Schildkröten aufgrund ihrer eher pflanzlichen Nahrung ein kommensalisches Verhältnis von *E. invadens* begünstigen. Dieses deckt so den Stärkebedarf für die Zystenbildung. In Schlangen – die streng karnivor leben – liegt die Trophozoiten-Form vermehrt vor[207, 208]. Beim Menschen treten die Trophozoiten von *Entamoeba histolytica* im Zusammenhang mit Gewebeschädigungen auf, daher zeigen Leute, die regelmäßig Zysten im Stuhl ausscheiden, oft keine Symptome. Ähnliches gilt auch für Parasitenstadium und Pathogenität bei Reptilien.

Endgültige Diagnose der Amöbiasis stellt man durch den Nachweis von Protozoen im Kot oder Gewebeabstrichen der Leber oder anderer befallener Organe. In feuchten Präparaten kann man Trophozoiten beobachten, die mit Hilfe von Pseudopodien in eine Richtung wandern und dabei Leukozyten, Leberzellen, Zellreste, Bakterien oder Stärkekörner aufnehmen. Eine Erythrozytenaufnahme hat man dagegen nie beobachtet[107]. Den Größenbereich und die Durchschnittsgröße von Trophozoiten gibt Tabelle 3-1 wieder. Zysten besitzen einen Durchmesser von 11,0 bis 20,2 µm (durchschnittlich 13,88 µm) und haben im Reifestadium vier Nuclei.

Entamoeba invadens-Infektion äußert sich bei Reptilien als Ulzerative Gastritis und Dickdarmentzündung, wobei letzteres Krankheitsbild schlimmere Folgen hat. Weniger häufig und auch

Tabelle 3–1 Größe der Trophzoiten von *Entamoeba invadens* (Durchschnittsgröße in Klammern)*

	im Darmtrakt	in der Leber
Länge (µm)	10–34 (15,68)	9,2–38,6 (18,8)
Breite (µm)	8–30 (13,29)	9,2–27,6 (16,0)
Kerndurchmesser (µm)	3,5–7,3 (4,57)	3,6–7,3 (5,0)
Verhältnis Kerndurchmesser : Trophozoiten-Durchmesser	0,28–0,34 (0,31)	0,26–0,30 (0,28)

* Aus Geiman, Q.M. und Ratcliffe, H.L.: Morphology and life cycle of an amoeba producing amoebiasis in reptiles. Parasitology, 28: 208–228, 1936.

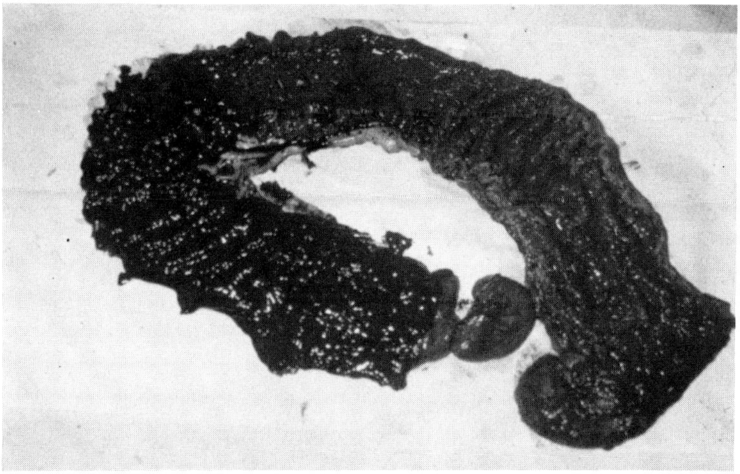

Abb. 3-23 Diffuse Dickdarmentzündung mit Blutungen bei einem Komodowaran *(Varanus komodoensis)*, die Entamoeba invadens zugeschrieben wird. Verdickte Mukosafalten befinden sich im proximalen Bereich (oben und rechts), Blutstuhl im Rektum (links und unten). (Armed Forces Institute of Pathology Accession Nr. 1134021)

harmloser wirkt sich der Befall im Dünndarm aus. 1938 veröffentlichten Ratcliffe und Geiman die klassische Untersuchung zur Pathogenität und Pathologie der Amöbiasis bei Schlangen[230]. Meine eigenen Beobachtungen an Freilandfällen bestätigen ihre Befunde, daß Schlangen mindestens zwei Wochen an Appetitlosigkeit leiden, nachdem sie durch Zysten infiziert wurden. Danach treten Lustlosigkeit und Gewichtsverlust auf und der Kot enthält Blut und Schleim. Die Todesrate liegt bei 100% und in Experimenten trat der Tod nach 13 bis 77 Tagen nach der Infektion ein, wobei die Überlebenszeit umgekehrt proportional zur verabreichten Erregerdosis war. Bei einem spontanen Ausbruch kann sich die Erkrankung sehr schnell im gesamten Tierbestand ausbreiten und jede Schlange infiziert werden und sterben.

Obduktionen ergaben Ulzerative Gastritis, Enteritis und Dickdarmentzündung. Die Schäden beginnen als kleine Ulzerationen, die zusammenwachsen bis sie zu großen Nekrosen in weiten Darmbereichen werden. Die Schädigungen sind im Dickdarm am häufigsten und schwersten. Es kommt u. U. zu starken Blutungen (Abb. 3-23) oder Verkäsungen der Mukosa (Abb. 3-24) und die Serosa erscheint blau gefärbt (Abb. 3-25). Die Zerstörung der Darmwand kann soweit gehen, daß der Darminhalt nicht mehr weiter befördert werden kann. Daher müßte ein Schlangenbesitzer, der zuvor Blut und Schleim im Kot nicht bemerkt hat, zumindest wissen, ob das Tier in seinen letzten Lebenstagen überhaupt noch Kot abgegeben hat.

Die Erreger werden auf dem Blutweg zu anderen Organen transportiert, wo sie histologisch sichtbar sind, aber ohne dort eine Reaktion oder Nekrose hervorzurufen. Leberabszesse, Pfortaderthrombosen und Leberinfarkte treten aber häufig auf und man sieht gewöhnlich eine diffuse Entzündung der Leber bei gleichzeitigem Auftreten der Amöben im Leberparenchym (Amöbenhepatitis) (Abb. 3-26). Im Ganzen ist die Leber geschwollen, gesprenkelt oder bröselig und kann zahlreiche Nekroseherde enthalten. Amöben sind oft in den Nieren nachzuweisen, wo sie ebenfalls Nekroseherde bilden können[309].

In Darmläsionen treten gemeinsam mit Amöben immer Bakterien auf. Jedoch auch in anderen Organen kann dies der Fall sein. Welchen Anteil Bakterien bzw. Amöben an Krankheitssymptomen tragen, ist schwer zu beurteilen, doch muß beiden beträchtliche Bedeutung dabei zugeschrieben werden[306]. Amöbiasis tritt häufig in Verbindung mit Gefäßthrombosen in Darm und Leber auf, so daß Zerstörung des Gewebes nicht nur von Amöben und Bakterien, sondern auch durch Infarkte verursacht wird (Abb. 3-27, 3-28).

Diagnose auf Amöbiasis stellt man am besten durch Nachweis von Zysten und/oder Trophozoiten im Kot, wozu man den Teil verwendet, der Blut und Schleim enthält. Kultiviert man ihn vorher auf geeigneten Medien, steigen die Chancen des Amöben-Nachweises beträchtlich[76, 199]. Zur Differentialdiagnose gehören Salmonellose und intestinaler Nematodenbefall, die jedoch nicht so große Schäden und so hohe Mortalität bewirken, außerdem können sie durch richtige Untersuchung des Kots ausgeschlossen werden. Auch bestimmte Gifte verursachen blutige oder nekrotisierende Enteritis, aber Krankengeschichte und Labortests geben normalerweise endgülti-

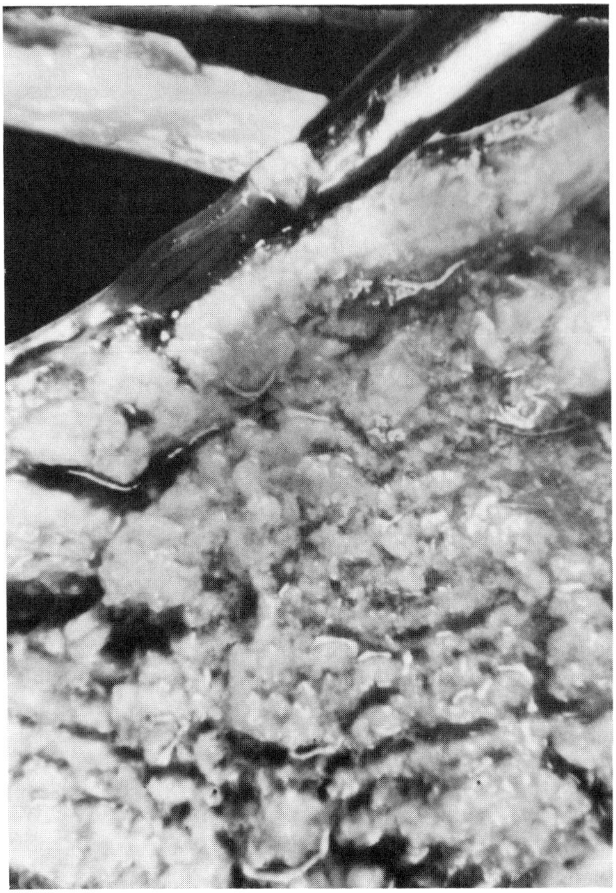

Abb. 3-24 Amöbiasis bei einer Rattennatter *(Zaocys dhumnades)* aus Taiwan. Käsige Nekrose in der Mukosa des Dickdarms. (Armed Forces Institute of Pathology, Accession Nr. 1058269)

gen Aufschluß. (Siehe auch „Nekrotische Enteritis", S. 61.)

Eine Vermeidung der Amöbiasis beruht auf angemessener Quarantäne und Sauberkeit. Telford berichtet, daß *E. invadens* zwar als Kommensale bei Schlangen aus dem Südosten der USA vorkommt, aber bei der Übertragung auf Tiere aus einem anderen Gebiet eine Erkrankung und Gewebebefall verursachen kann[273]. Eine sachgerechte Quarantäne beinhaltet daher, daß der Kot auf Parasiten untersucht wird, Tiere aus verschiedenen Regionen getrennt gehalten werden und Kontakt von infizierten Schildkröten mit empfindlichen Schlangen und Echsen vermieden wird. Man sollte für jedes Terrarium eigene Werkzeuge zur Reinigung verwenden und Wasserbecken und Sitzstangen vor dem Wiederbenutzen desinfizieren. Prophylaxen bei gefährdeten Schlangen zu Beginn der Seuche verringern die Verluste[78a].

Auf den Ausbruch der Amöbiasis bei Reptilien übt die Temperatur einen deutlichen Einfluß aus. So fanden Barrow und Stockton heraus, daß künstlich mit *E. invadens* infizierte Schlangen bei 13–14° C keine großen Schädigungen aufwiesen, obwohl man die Amöbe aus ihren Eingeweiden kultivieren konnte[25]. Andere Schlangen dagegen, die auf gleiche Art infiziert und bei 25° C gehalten wurden, entwickelten die üblichen Darm- und Leberschäden, ebenso auch Tiere, die man die ersten zwei Wochen bei 13° C hielt und danach in 25° C transferierte. In einer kleinen Gruppe von Schlangen bildeten sich bei 30° C Darm- und Leberläsionen, aber die Autoren glauben, daß bei einem Tier deutliche Anzeichen von Heilung des Darms bestanden. Allerdings fehlt ein genauer Bericht oder photographischer Beleg dieses Heilungsprozesses. Überzeugender demonstrierte Meerovitch den therapeutischen Wert einer erhöhten Temperatur, indem er für Schlangen eine geringere Infektionsrate und leichtere Amöbiasis

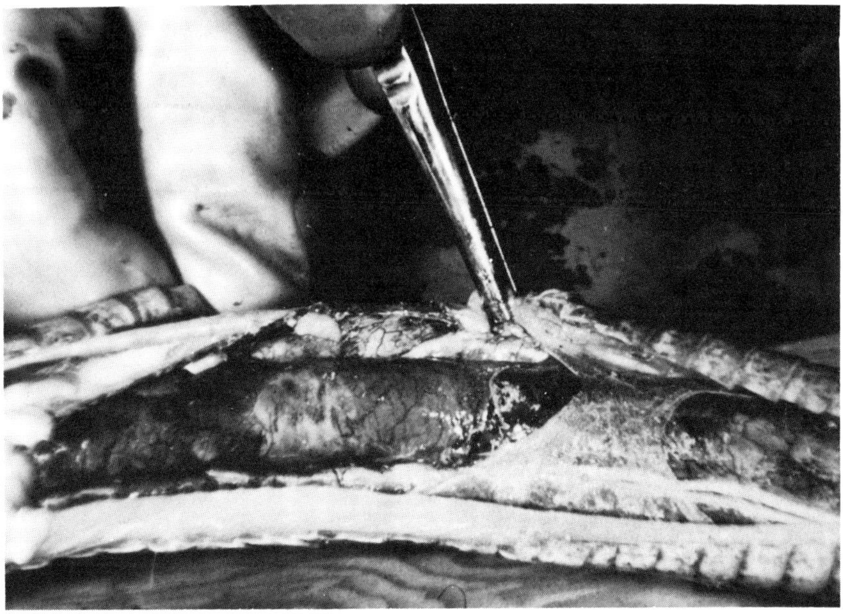

Abb. 3-25 Amöbiasis bei einer Rattenschlange *(Zaocys dhumnades)* aus Taiwan. Der Dickdarm ist deutlich blau verfärbt und brüchig, die Blutgefäße der Serosa wurden gespritzt und es liegt eine eitrige Bauchfellentzündung vor. (Armed Forces Institute of Pathology Accession Nr. 1058269)

bei 35°C als bei 25°C nachwies[209]. In jedem Fall muß die Temperatur reguliert werden, wenn diese Krankheit bei Reptilien behandelt wird. Erhöht man nur die Temperatur, so muß auf möglichen Wasserverlust beim Patienten geachtet werden, der in überheizten Terrarien leicht auftritt.

Amöbiasis wurde bei Reptilien erfolgreich mit Amöbaziden bekämpft, die in der Humanmedizin verwendet werden; z. B. brachte Diloxanid (Entamid) in einer Dosierung von 500 mg/kg Körpergewicht oral verabreicht gute Erfolge[88]. Diloxanidfuroat erwies sich in Rattenexperimen-

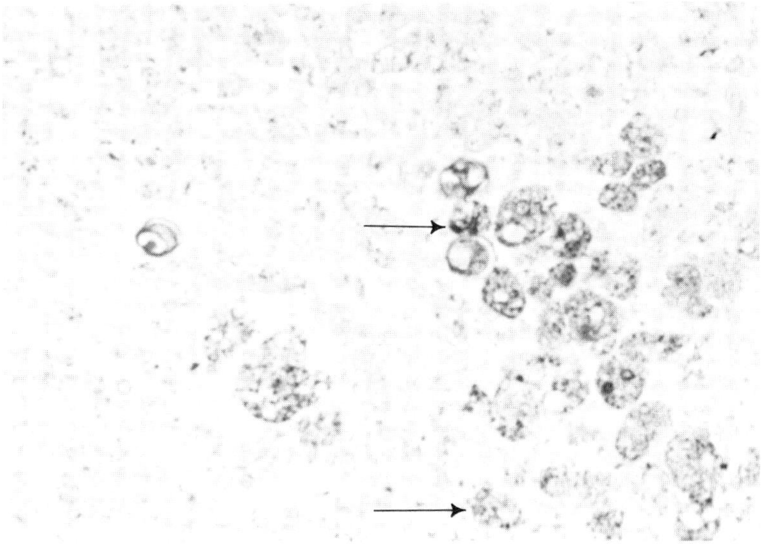

Abb. 3-26 Amöben (Pfeile) in der Leber eines Komodowarans *(Varanus komodoensis).* 250fach vergrößert. (Armed Forces Institute of Pathology, Accession Nr. 1058270)

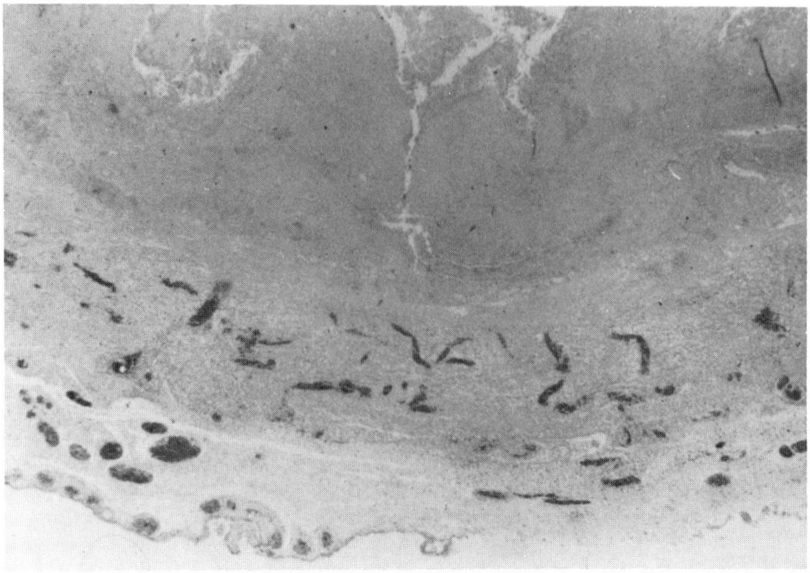

Abb. 3-27 Amöbiasis im Dickdarm einer Kletternatter *(Elaphe carinata)* aus Indien. Man sieht diffuse käsige Nekrose der Mukosa (oben) und Submukosa und Verstopfung und Thrombose in den Blutgefäßen der Muscularis mucosae und der Serosa. Die Serosa (unten) zeigt Ödeme. 8fache Vergrößerung. (Armed Forces Institute of Pathology, Accession Nr. 1058270)

ten als noch wirksamer als Diloxanid und sollte einen Versuch bei der Reptilienbehandlung wert sein. Behandlung mit Chlorjodhydroxychinolin (Entero-Vioform, Ciba Pharmaceutical Co.) und orale Tetracycline werden auch empfohlen, doch ist mir über ihre Wirksamkeit bei Reptilien nichts bekannt. Tetracyclinhydrochlorid wirkte bei Zooschlangen in einer Dosierung von 400 bis 800 mg/m Körperlänge weder als Heilmittel noch als Prophylaxe gegen Amöbiasis[78a]. Paramomycin (Humatin, Parke-Davis Co.) ist ein weiteres Amöbacid, hier variiert die Richtdosierung von 33 bis 55 mg/kg bis zu 110 mg/kg[73]. Bei Schlangen kurierte Schweinfurth mit 25 bis 100 mg/kg Paromomycin einmal täglich vier Wochen lang Amöbiasis[250]. Bernstein verabreichte im Abstand von einer Woche zweimal Paromomycin gegen „nekrotische Enterohepatitis“, die ich für die Folge einer Amöbiasis halte. Alle angeführten Medikamente eignen sich gegen Amöbiasis.

Bei einem 57 kg schweren Komodowaran *(Varanus komodoensis)* verheilte Amöbiasis nach täglichem Einlauf von 650 mg Dijodhydroxychinolin (Diodoquin, Searle and Co.) in 150 ml 0,9%iger Salzlösung 14 Tage lang und anschließend täglich gespritzten Emetinhydrochlorid, von dem 7 Tage lang intramuskulär 65 mg verabreicht wurden[119]. Intramuskuläre Emetinhydrochlorid-Spritzen waren bevorzugtes Behandlungsmittel gegen extraintestinale Amöbiasis beim Menschen, wurden inzwischen aber von oral gegebenem Metronidazol (Flagyl, Searle and co.) abgelöst, das auch als bestes Mittel gegen schwere intestinale Amöbiasis gilt[206a]. Hierfür beträgt die Richtdosierung für Reptilien 275 mg/kg[73] und bereits eine einmalige Gabe kurierte angeblich eine *Boa constrictor,* die Amöben im Kot aufwies[78a].

Entamoeba invadens scheint auf Menschen und andere Säuger nicht pathogen zu wirken, aber sie ähnelt in ihrer Biologie und ihrem Krankheitsbild in vieler Hinsicht *Entamoeba histolytica*[199], so daß die Amöbiasis der Reptilien ein gutes Untersuchungsmodell für die menschliche abgibt.

Telford berichtet, daß Reptilien bestimmte freilebende Acanthamoebae in ihrem Darm beherbergen können[267]. Ich kenne aber keinen Fall, in dem diese Arten mit denen in Verbindung zu bringen sind, die beim Menschen und niederen Säugern im Gehirn und der Lunge leben (*Naegleria-*, *Acanthamoeba-* und *Hartmanella-*Arten)[200, 235]. Doch wäre es der Mühe wert, die Rolle der Reptilien als Quelle dieser Erkrankung zu untersuchen, da *Acanthamoeba-*Arten aus den Eingeweiden von Schlangen und Echsen bei Laborratten eine weitverbreitete Infektion bewirkten[304a].

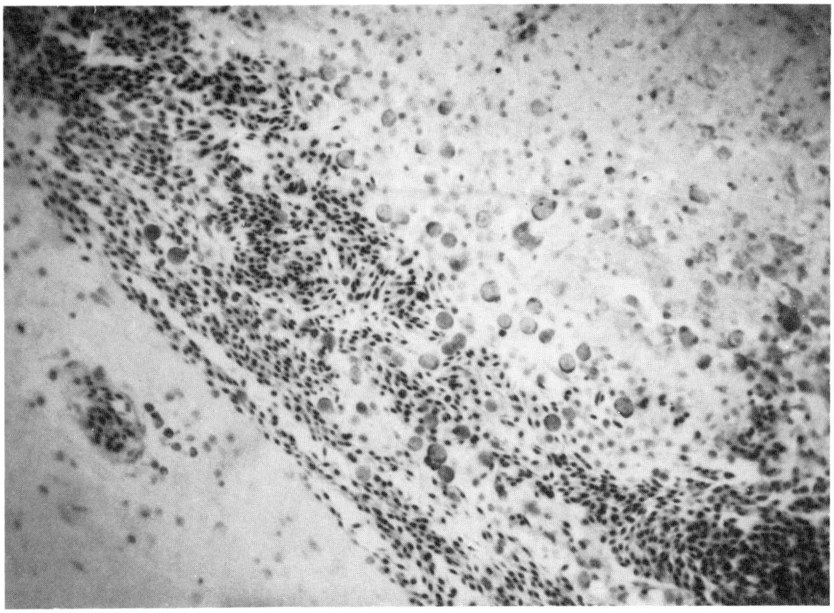

Abb. 3-28 Amöbiasis bei einer Kletternatter *(Elaphe carinata)* aus Indien. Die Serosa des Dickdarms enthält zahlreiche Amöben (große runde Zellen) und zeigt eine Gegenreaktion der Zellen. Links unten sieht man ein Blutgefäß mit Thrombose. Giemsa-Färbung, 125fach vergrößert. (Armed Forces Institute of Pathology Accession Nr. 1058270)

Kokzidiose. Viele Kokzidienarten (meist aus der Gattung *Eimeria*) wurden bei Reptilien beschrieben und einige auch bei Amphibien[38, 233]. Alle sind strikt intrazelluläre Parasiten. Der Fortpflanzungszyklus kann ohne Wirtswechsel verlaufen*, wobei die Entwicklung (Gametogonie = geschlechtliche Fortpflanzung) in Epithelzellen des Wirtes verläuft. Die Oozysten werden nach außen abgegeben, wo die weitere Entwicklung (Sporogonie) stattfindet. Vollendet wird der Zyklus, wenn ein neuer Wirt die infektiösen Sporozoiten aufnimmt. Der Großteil der Reptilienkokzidien ist äußerst wirtsspezifisch und meist befallen sie die Eingeweide (Abb. 3-29), aber einige findet man auch in den Gallengängen (Abb. 3-30). Die Oozysten werden mit dem Kot weitergegeben. In der Niere des Wasserfrosches *(Rana esculenta)* wurde *Isospora lieberkühni* nachgewiesen, bei einer *Boa constrictor* verursachte *Klossiella boae* Nierenkokzidiose[310].

Kokzidiose verläuft bei wildlebenden Reptilien innerhalb gewisser Grenzen, aber bei mangelhafter Sauberkeit kann sie in Gefangenschaft so weit fortschreiten, daß Krankheiten ausbrechen[273].

Wallach behauptet, daß sie bei Schlangen und Echsen zu Enteritis führt, die von Blutungen begleitet sein kann[285]. Bei Altwelt-Chamäleons (*Chameleo*-Arten) bewirkt Kokzidiose Appetit- und Ruhelosigkeit[30] und gelegentlich auch Einstülpungen im Darmtrakt[314]. Klinisch kann man die pathogene Rolle der Kokzidien durch die Antwort auf die Therapie ermitteln, indem man die Oozystenzahl vor und nach der Behandlung mit der Ausprägung der Symptome vergleicht.

Kokzidien aus dem Genus *Cryptosporidium* verursachen bei Schlangen chronische hypertrophische Gastritis. Der klinische Ablauf erstreckt sich über Wochen und ist von ständigem Hochwürgen der Nahrung nach der Fütterung, Gewichtsverlust und durch feste Schwellung des mittleren Körperbereiches gekennzeichnet. Die meisten Tiere sterben, ihre Magenwand erweist sich als stark verdickt und das Lumen enthält große Schleimmengen. Es kommt zur Hyperplasie der Schleimzellen, Atrophie granulierter Zellen, Zystenbildung und örtlichen Nekrosen der Magenschleimhaut. Auf der Oberfläche der Mikrovilli findet man zahlreiche *Cryptosporidia* und oft zei-

* Kürzlich wurden Reptilien-Kokzidien (*Sarcocystis*-Arten) beschrieben, die einen Wirtswechsel durchmachen, wobei die Reptilien als Endwirt und Beutetiere, z. B. Nager, als Zwischenwirt dienen[213a, 213b].

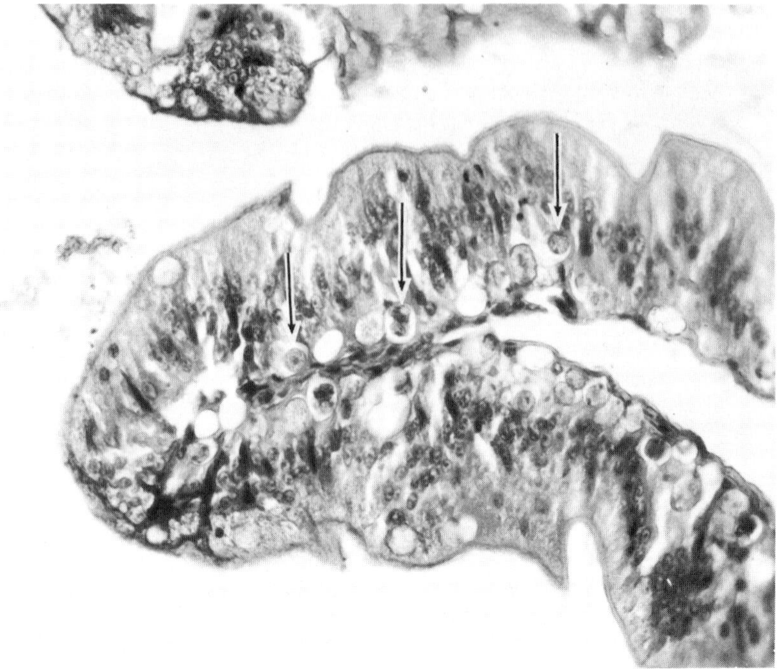

Abb. 3-29 Kokzidiose im Dünndarm einer Klapperschlange (*Crotalus* sp.). Entwicklungsstadien des Parasiten sieht man im Epithel (Pfeile), ohne daß eine Entzündung vorliegt. 375fach vergrößert. (Armed Forces Institute of Pathology Negativ Nr. 72-4807)

gen befallene Schlangen eine bleiche, braungelbe und fetthaltige Leber. Klinische Diagnose erfolgt durch den Oozystennachweis in angefärbten Kotabstrichen (in Feuchtpräparat und Abstrich sind sie evtl. nicht sichtbar)[42a].

Differentialdiagnose der Enteritis bei Herpetofauna-Arten sollte Kokzidiose, andere intestinale Parasiten, Salmonellose und Infektion mit Pseudomonas beinhalten. Endgültig diagnostiziert man Kokzidiose, nachdem man die Oozysten im

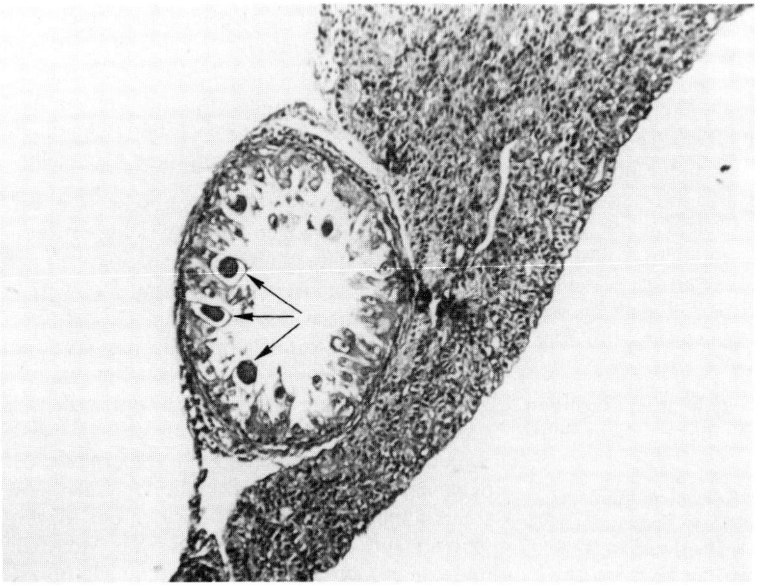

Abb. 3-30 Kokzidiose in der Gallenblase eines Rotkehl-Anolis *(Anolis carolinensis)*. Die Protozoen (Pfeile) haben die Gallenblase nur wenig geschädigt und diese ist kaum entzündet. 160fach vergrößert

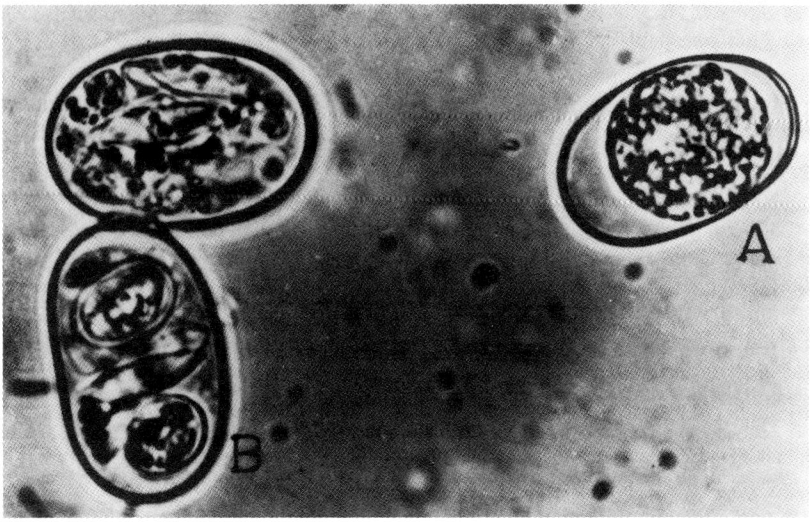

Abb. 3-31 Kokzidien im Kot eine Chamäleons (*Chameleo* sp.). **A.** Frisch ausgeschiedene (noch nicht ausgereifte) Oozyste. **B.** Oozyste mit voll ausgebildeten Sporen. 1500fach vergrößert. (Aus Blok, J.: Eetlustvermindering bij Kameleons, Lacerta, 29: 87–88, 1971)

Kot gefunden hat (Abb. 3-31). Obduktionsergebnisse beruhen auf dem Oozystennachweis im Darminhalt sowie dem Nachweis anderer Parasitenstadien im histologischen Präparat. Der Bericht des Pathologen muß eine Beschreibung beinhalten, wie die Entzündung als Antwort auf den Befall aussieht.

Wallach schlägt als Behandlung der Kokzidiose bei Reptilien 6,5 g Natrium-Sulfa-dimidin auf 1 l Trinkwasser vor und zwar zehn Tage lang[285]. Dagegen empfiehlt Deakins 75 mg/kg an sieben Tagen[73], was Zwart als wirkungslos beurteilt[314] ESB 3, ein Kokzidiostatikum für Geflügel, kuriert erfolgreich Kokzidiose bei Chamäleons, wovon drei Tage lang 1 g auf 1 Liter Trinkwasser gegeben werden muß.

Reptilien weisen manchmal im Darm (sexuelle) und in der Muskulatur (ungeschlechtliche) *Sarcocystis*-Stadien oder ihnen verwandte Arten auf[213a, 213b].

Andere Protozoen im Darm. Viele Ciliaten- und Flagellaten-Arten bewohnen den Darm der Reptilien und Amphibien, doch ist von keiner bekannt, daß sie pathogen wirkt. Man sollte sich ihrer harmlosen Natur bewußt sein wie auch ihres häufigen Auftretens im Kot. Gelegentlich kommen sie ebenfalls im Blut vor, auch hier ohne Anzeichen einer Krankheit. In den Artikeln und Bibliographien von Walton[292, 293, 294], Reichenbach-Klinke und Elkan[233], Telford[267, 272, 273], Fantham und Porter [84, 85] und von Kaplan[159] sind diese Ciliaten und Flagellaten aufgelistet und beschrieben.

Hämoflagellaten (Trypanosomiasis). Zwar findet man im Blut bei Reptilien und Amphibien oft Tryponosomen (Abb. 3-32), doch führen die meisten Arten nicht zu Erkrankungen. Dagegen verursacht *Trypanosoma inopinatum* eine Infektion, die bei Altwelt-Anuren in ihrer akuten Form tödlich verläuft und beim Amerikanischen Wassermolch verursacht *T. diemictyli* eine tödliche Krankheit. *T. pipientis* führt beim Leopard-

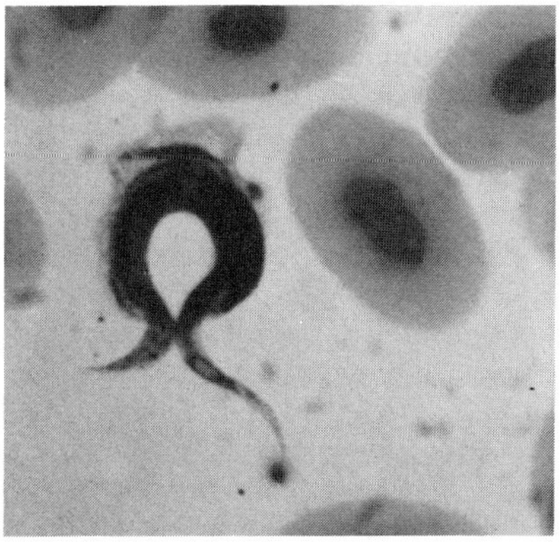

Abb. 3-32 Trypanosoma im Blut einer Siegelringelnatter *(Natrix sipedon)* aus dem Staate New York. Das Tier erschien gesund. 900fach vergrößert

frosch *(Rana pipiens)* zu Milzvergrößerung und in manchen Fällen zum Tod[159].

Übertragen werden Trypanosomen auf Reptilien und Amphibien von Zwischenwirten, die keine Vertebraten sind, so dienen Egel bei aquatischen Tieren wie Schildkröten und Fröschen dazu[77, 233].

Der Egel *Hemiclepsis marginata* überträgt auf Kaulquappen *Trypanosoma rotatorium,* das noch im Blut der adulten Frösche existiert[202]. Für terrestrische und weiterhin auch aquatische Reptilien und Amphibien fungieren zahlreiche blutsaugende Insekten als Überträger. So z. B. die Tsetsefliege (*Glossina*-Arten) für einige afrikanische Reptilien. Durch Einbringen der Protozoen ins Maul des Nilkrokodils kann *Glossina palpalis* laut Hoare[128, 129] *T. grayi (kochi)* übertragen. Da Krokodile gewöhnlich mit weit offenem Maul sonnenbaden, können Tsetsefliegen darin am reich vaskularisierten Mundepithel saugen. Die infektiösen Stadien gelangen ins Maul, wenn die Fliege ihren Kot dort hinterläßt (die Trypanosomen durchlaufen zunächst ein Vorstadium im Fliegendarm) oder das Krokodil das Insekt ganz herunterschluckt. Diese Art der Trypanosomen-Übertragung unterscheidet sich deutlich von der der Schlafkrankheit beim Menschen und der Nagana-Seuche bei Rindern, die beide durch den Stich der Fliege in den Wirt gelangen. Welche Rolle und ob überhaupt eine, afrikanische Reptilien als Trypanosomenquelle für Menschen und Haustiere spielen, ist ungewiß[308], doch saugen bestimmte Insekten auch Reptilienblut und dies kann für ihr Überleben in gewissen Gebieten von Bedeutung sein.

Die Südliche Krokodilschleiche *(Gerrhonotus multicarinatus webbii)* erwies sich im Labor als sehr geeignetes Wirtstier für *Trypanosoma cruzi,* dem Erreger der Chagas-Krankheit (Amerikanische Trypanosomiasis)[239], der mit Hilfe blutsaugender Raubwanzen den Wirt wechselt. Zwar stechen einige dieser Insekten auch Echsen, doch kehrt sich oft das Verhältnis von Räuber und Beute um, und die Echse frißt die Wanze, ganz Polonius' Schicksal entsprechend[252a] (*Shakespeare, W.,* 1604). Da der Kot der Käfer infektiöse Trypanosomen-Stadien enthält, steckt sich die Echse auch auf diesem Weg an. Wie wahrscheinlich dieser Zyklus unter natürlichen Bedingungen abläuft, wäre eine Untersuchung wert, da oft Wanzen und Echsen gemeinsam in Hütten der Leute vorkommen, die an Chagas-Krankheit leiden, ein Hauptgrund für Morbidität und Mortalität bei den Menschen Lateinamerikas. Sollten sich Echsen als Krankheitsquelle erweisen, würde eine Kontrolle der Krankheit sehr erschwert. Unter den Genera *Leptomonas* und *Leishmania* befallen zwar einige Arten Vertreter der Herpetofauna, aber über ihre Pathogenität weiß man kaum etwas.

Zur Chemotherapie bei Trypanosomiasis der Herpetofaunen-Arten gibt es keine Hinweise. Überhaupt scheint eine Behandlung in der Mehrzahl der Fälle nicht angezeigt. Diamond schrieb über die Anuren-Trypanosomen eine umfassende Monographie[77].

3.2.1.1 Sporozoen im Blut

Reptilien und Amphibien beherbergen eine erstaunlich große Vielzahl intrazellulärer (meist in den Erythrozyten lebenden) Parasiten in ihrem Blut. Davon gehören viele der Ordnung *Eucoccidia* an, deren Charakteristikum Schizogonie und Auftreten sexueller und geschlechtsloser Stadien sind. Sie benötigen einen Invertebraten als Zwischenwirt, obwohl für viele Arten der genaue Lebenszyklus noch nicht erforscht ist. Da sich der Großteil an Veröffentlichungen über diese Sporozoen mit ihrer Morphologie und ihrem Zyklus befaßt, weiß man noch wenig über die Pathogenität. Meinen eigenen Beobachtungen und allen verfügbaren Berichten zufolge zieht eine Infektion mit diesen Parasiten meist keine klinisch erkennbare Erkrankung nach sich*[192, 202, 225].

Schellackia. Schizogonie und Sporogonie finden im Darm eines Vertebraten (z. B. einer Echse) statt, die Sporozoiten dringen in rote Blutkörper-

* Letzte Ergebnisse der Protozoologie erfordern Änderungen einiger Punkte oder Beschreibungen oder stellen sie ganz in Zweifel. Zu einer Gesamtübersicht und weiteren Literaturhinweisen auf andere Genera der Protozoen, die im Blut und Gewebe der Reptilien vorkommen – d. h. *Parahaemoproteus, Simondia, Lainsonia* und *Fallisia* – findet man bei Frenkel Näheres[94]. Weiter beschreiben Lainson, Shaw und Landau *Fallisia*-Arten, die in Leukozyten und Thrombozyten ihre Schizo- und Gametogonie durchlaufen, und *Garnia multiformis,* die eine frühe Schizo- und Gametogonie in Vorstadien der roten Blutkörperchen vollzieht[178].
Nah verwandt mit *Leucocytozoon,* das häufig bei Vögeln vorkommt, ist *Saurocytozoon,* seine Gametozyten entwickeln sich in Lymphozyten, Monozyten oder Vorstadien der Erythrozyten. Im peripheren Blut wurden keine ungeschlechtlichen Stadien beobachtet. Beim Nördlichen Großteju, *Tupinambus nigropunctatus,* fand man *S. tupinambi*[177b] und *S. mabuyi* bei einer Mabuya, *Mabuya mabouya*[177a].

chen ein (einige auch in Leukozyten), blutsaugende Milben oder Mücken nehmen infizierte Erythrozyten auf und die Entwicklung stagniert dann, bis der Arthropode von einer Echse gefressen wird. Hier setzen sich die Sporozoiten im Darmepithel fest und vollenden damit den Zyklus[179].

Lankesterella. Schizogonie und Sporogonie verlaufen im Endothel der Blutgefäße, die Sporozoiten dringen in Erythrozyten ein, die von einem Blutegel verdaut werden. Bis zur Weitergabe der Sporozoiten an einen neuen Vertebraten-Wirt steht die Entwicklung still. Durch den erneuten Eintritt ins Endothel der Blutgefäße wird der Entwicklungskreislauf geschlossen. Als Beispiele sind hier *L. minima* beim Wasserfrosch, *Rana esculenta,* und *L. canadensis* beim Ochsenfrosch, *R. catesbeiana,* anzuführen.

Bei den folgenden fünf Genera (*Haemogregarina, Hepatozoon, Karyolysus, Plasmodium* und *Haemoproteus*) enthalten Blutzellen eines Vertebraten-Wirtes Gametozyten, die von einem blutsaugenden Invertebraten aufgenommen werden. In diesem läuft das sexuelle Stadium und die Bildung von Oozysten ab, aus denen Sporozoiten frei werden. Letztere gelangen über den Invertebraten wieder in das Amphib oder Reptil (entweder, wenn der Invertebrat gefressen wird oder wenn er das nächste Mal Blut saugt).

Haemogregarina. Schizonten und Gametozyten treten in roten Blutkörperchen von Schlangen und Wasserschildkröten auf. Im Invertebraten-Wirt (z. B. einem Blutegel) entwickelt sich eine Oozyste, die freie Sporozoiten enthält und beim nächsten Saugen des Egels wieder auf einen Vertebraten übertragen wird. Bekanntester Vertreter des Genus ist *H. stepanowi,* die über den Egel *Placobdella catenigera* in zahlreiche Süßwasserschildkröten gelangt (Abb. 3-33).

Hepatozoon. Schizogonie erfolgt in inneren Organen, meist im Endothel der Blutgefäße. Bei einigen Arten besteht der Trend zum Ablauf in bestimmten Organen, z. B. in Leber oder Lunge[186]. Die Gametozyten dringen in rote oder weiße Blutkörperchen ein und werden darin von einem Invertebraten aufgenommen (z. B. Zekken, Milben, Fliegen oder Moskitos), in diesem reifen die Oozysten und bilden Sporozysten, die dann wiederum Sporozoiten freisetzen. *Hepatozoon*-Arten sind nicht sehr wirtsspezifisch und können über Moskitos von einer Reptilienart auf eine andere weitergegeben werden[33, 54].

Karyolysus. Schizogonie findet im Endothel der Blutgefäße statt und die Gametozyten entwickeln sich in roten Blutkörperchen, die auch hier als Nahrung des Invertebraten-Wirts dienen (z. B. einer Milbe). In diesem entwickeln sich Oozysten mit Sporoblasten darin. Schließlich werden bewegliche Sporozoiten aus der Oozyste entlassen, die in die Milbeneier eindringen. Die Sporozysten entstehen dann im Darmepithel der Milbenlarven und die Sporozoiten werden mit dem Kot ausgeschieden. Über die Sporozoiten im Kot oder in den Milben selbst werden wieder Echsen infiziert. Am besten untersucht ist die Art *Karyolysus lacertarum,* die durch die Milbe *Neoliponyssus saurarum* auf die Gewöhnliche Mauereidechse, *Lacerta muralis,* übertragen wird[233].

Die Genera *Haemogregarina, Hepatozoon* und *Karyolysus* werden als **Hämogregarinen** unter den Parasiten zusammengefaßt. Gewöhnlich sind sie endogloguläre Parasiten der Reptilien. Es wäre außergewöhnlich, wenn in einer großen, vielfältigen Sammlung von Schlangen, Echsen, Schildkröten und Krokodilen bei keinem der Tiere eine Infektion des Blutes mit diesen Protozoen vorläge. Meist weisen Hämogregarinen die Form einer Banane auf, enthalten keine Pigmente und liegen in Erythrozyten (Abb. 3-34) vor. Befallene Zellen zeigen gelegentlich veränderte Größe und Umrisse[19] und ihr Nucleus wird vom Parasiten zur Seite gedrängt. Der Großteil der Formen in Erythrozyten sind vermutlich Gametozyten, aber einige dürften auch Trophozoiten sein. Die Befunde widersprechen sich hierin[18, 134]. Manchmal findet man auch extrazelluläre Formen in Blutausstrichen.

Als Gruppe sind Hämogregarinen weniger wirtsspezifisch als Plasmodien, sowohl in Bezug auf Invertebraten- wie auf Vertebraten-Wirte. Trotzdem benannte man sie oft nach dem Wirt, in dem der Parasit entdeckt wurde. Der taxonomische Wert ist zweifelhaft und die endgültige Bestimmung der Art sollte auf dem lästigen Vergleich aller Zyklusphasen beruhen und Entwicklungsstadien in Invertebraten müssen außerdem experimentell auf mehrere Wirte transferiert werden[18, 270].

Dem praktischen Tierarzt genügt im allgemeinen das Erkennen von Hämogregarinen als solchen im Blutausstrich, und er muß wissen, daß sie häufig vorkommen, von blutsaugenden Arthropoden oder Egeln übertragen werden, die Morphologie der befallenen Zelle verändern können, aber keine erkennbare Krankheit bei der Herpetofauna hervorrufen[123a]. Es gibt Hinweise darauf,

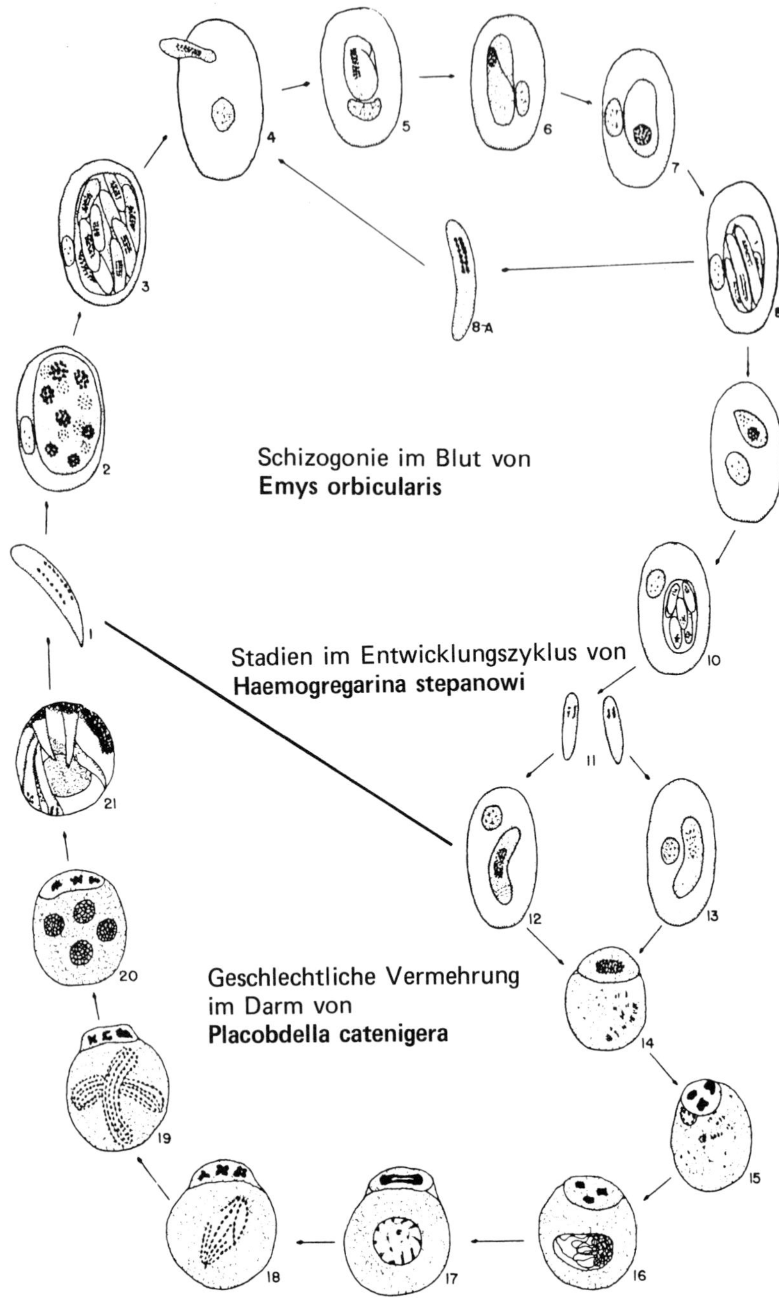

Abb. 3-33 Stadien im Lebenszyklus von *Haemogregarina stepanowi*, einer Kokzidie, die als Parasit der Schildkröte *Emys orbicularis*, und des Egels *Placobdella catenigra* lebt. **1:** einzelner Sporozoit. **2–8:** Stadien der Schizogonie. **8A:** ein einzelner Merozoit befällt ein weiteres Mal einen Erythrozyten seines Wirtstieres (Vertrebrat) und setzt so einen weiteren Zyklus der Schizogonie in Gang. **9** und **10:** Stadien, in denen Gametozyten gebildet werden. **11:** junge Stadien der Makro- und Mikrogametozyten. **12:** reifer Mikrogametozyt. **13:** reifer Makrogametozyt. **14** und **15:** Verschmelzen der Gametozyten. **16:** Die Befruchtung findet im Darm des Egels statt. **17–21:** Teilung des Zygotenkerns und Bildung von acht Sporozoiten. (Alle Abbildungen nach Reichenow, 1919, gezeichnet und modifiziert). (Aus Cheng, T. C.: The Biology of Animal Parasites. Philadelphia, W. B. Saunders Co., 1964)

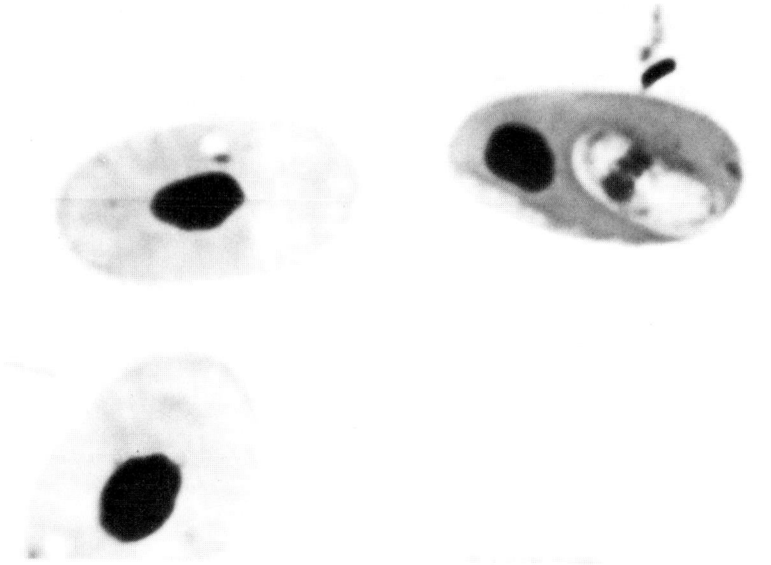

Abb. 3-34 Hämogregarine im roten Blutkörperchen eines Mississippi-Alligators *(Alligator mississippiensis)* (oben rechts). Der ovale, leicht halbmondförmige Parasit drängt den Zellkern nach links. Giemsa-Färbung, 450fach vergrößert

daß sie zur Anämie bei Schlangen beitragen und sie schwächen[87]. Über eine Chemotherapie bei Hämogregarinen-Befall weiß man wenig. Pyrimethamin (Daraprim, Burroughs Wellcome Co.) wirkt bei schweren Infektionen angeblich nicht[87]. In den meisten Fällen empfiehlt sich vermutlich gar keine Behandlung.

Plasmodium (Abb. 3-35). Ungeschlechtliche Zyklen (Schizogonie) finden im Gewebe (gewöhnlich der Leber) und Blutzellen des Vertebraten-Wirtes statt. Gametozyten findet man in den roten Blutkörperchen. Sexuelle Vermehrung (Gametogonie und Sporogonie) erfolgt in Insekten (fast immer Moskitos). Als Ausnahme von der Regel, daß sexuelle Fortpflanzung nur in Moskitos vor sicht geht, sind die Sporozoiten des Echsen-Parasiten, *P. mexicanum,* anzuführen, die sich in zwei Arten von Phlebotomidae entwickeln[15], obwohl die tatsächliche Übertragung der Echsen-Malaria durch diese Insekten nicht nachgewiesen ist.

Eine weitere Ausnahme von der taxonomischen Ordnung fand Telford, der Gametozyten dreier *Plasmodium*-Arten in Thrombozyten und Lymphozyten von sechs Arten mittelamerikanischer Echsen beschrieb[271].

Weiteres Charakteristikum der *Plasmodium*-Arten ist das Vorkommen eines mit Berliner Blau nicht färbbaren, doppelbrechenden Malariapigments in Zellen, die von einem bestimmten Parasitenstadium befallen sind. Bei zwei Malariaparasiten, *P. gonatodi* und *P. morulum,* konnte Telford allerdings das typische Malariapigment bei Echsen aus Panama nicht finden[272].

32 Plasmodienarten sind bei Reptilien beschrieben worden, die meisten davon bei Echsen. Bei diesen weisen einige Populationen starken Malariabefall auf und bei einigen Individuen parasitieren in mehr als der Hälfte aller Erythrozyten Plasmodien. Das Ausmaß des Parasitismus kann jahreszeitlichen Schwankungen unterliegen. So wird *P. mexicanum* in erster Linie im Spätfrühjahr und Frühsommer auf den Zaunleguan *(Sceloporus occidentalis)* in Kalifornien übertragen[14]. Diese Echsen erleiden jedes Frühjahr eine Wiederinfektion, während der der Höchststand ungeschlechtlicher Erregerstadien in ihrem Blut erreicht wird. Im weiteren Jahresverlauf überwiegen die Gametozyten (Abb. 3-36). Trotz der starken Konzentrierung der Parasiten auf einzelne Individuen oder ganze Populationen, besteht kein Hinweis darauf, daß Malaria der Grund für den Tod adulter Echsen ist. Sie führt aber zu Hämolyse und auch Anämie. Für manchen einjährigen Zaunleguan wirkt *P. mexicanum* vermutlich im Laufe des Frühjahrs und Sommerbefalls tödlich.

Systematik und Biologie der Reptilienmalaria wird näher von Garnham erläutert[105] und ebenso

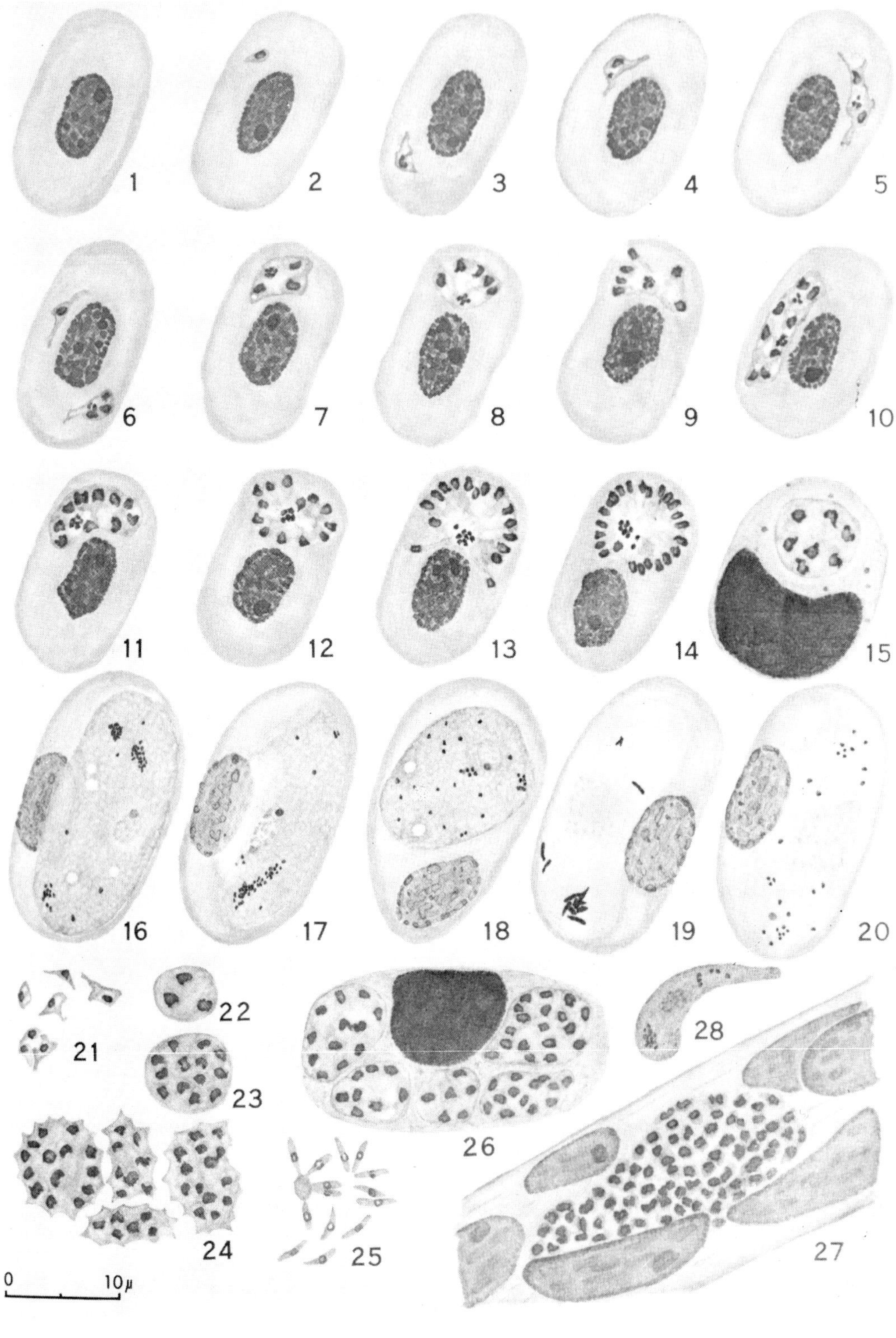
1
2
3
4
5
6
7
8
9
10
11
12
13
14
15
16
17
18
19
20
21
22
23
24
25
26
27
28
0
10μ

in vielen Artikeln von Telford, von denen einige in diesem Buch zitiert sind[271, 272, 273]. Thompson und Huff schrieben eine klassische Untersuchung über den Lebenszyklus eines Malariaerregers bei Echsen, dem *P. mexicanum,* nieder[275] und beide Autoren trugen Weiteres zum Thema der Echsenmalaria bei (siehe Bibliographie in Huffs Artikel[133]).

Ich kenne nur einen Bericht über Chemotherapie bei einer Echsenmalaria, und zwar zeigte Thompson, daß Chinin auf einige *P. mexicanum*-Stadien in Erythrozyten wirkte, auf außerhalb vorliegende Formen dagegen nicht[274].

Haemoproteus. Diese Gattung ist nah mit *Plasmodium* verwandt und verursacht ebenfalls Pigmentablagerungen in befallenen Zellen. Sie unterscheidet sich insofern von *Plasmodium,* als Schizogonie nicht in Erythrozyten stattfindet. Die Gametozyten findet man in roten Blutkörperchen und außerhalb davon im Endothel der Blutgefäße. Vertreter des Genus *Haemoproteus* wurden in Echsen, Schildkröten und Schlangen nachgewiesen.

Babesiosoma und Dactylosoma. Beide Genera bezeichnet man gemeinsam als **Babesioide.** Sie gehören zur selben Unterordnung Babesioidea wie *Babesia,* die Tierärzten gut bekannt ist. Aufgefunden wurden diese relativ kleinen Parasiten in Erythrozyten der Kröten, Frösche und Salamander. Jakowska und Nigrelli stellten eine Übersicht zur Biologie und Taxonomie der Babesioide von kaltblütigen Vertebraten zusammen[150]. Die Folgen eines Parasitenbefalls sind gering. So konnten Schmittner und McGhee keinen Todesfall auf *Babesiosoma stableri* zurückführen, mit der sie Leopardfrösche *(Rana pipiens)* infiziert hatten, obwohl der Befall noch bis zu einem Jahr nach Beginn anhielt[246]. Zwei der verwendeten Frösche zeigten als Antwort auf die Infektion verstärkte Hämopoese.

Verschiedene nahe Verwandte der Babesioide wurden bei Reptilien beschrieben und Pienaar hat aus der Literatur diese und andere Blutparasiten der Reptilien zusammengestellt[225]. Im Vergleich zu Plasmodien und Hämogregarinen sind Babesioide und ihre Verwandten relativ klein,

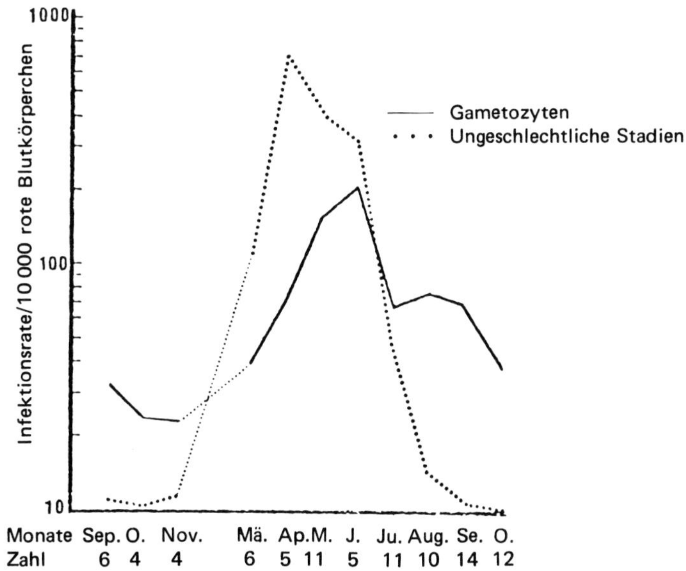

Abb. 3-36 Jahreszeitabhängige Schwankungen im Vorkommen von Blutparasiten bei adulten Echsen aus Hopland Valley, California. Unter natürlichen Bedingungen liegt eine Infektion mit *Plasmodium mexicanum* vor. Die Infektionsrate gibt den Durchschnittswert bei mehreren Tieren (Zahl) wieder, die im jeweiligen Monat untersucht wurden. (Aus Ayala, S. C.: A new strain of *Plasmodium mexicanum* from California lizards. J. Parasitol. 56: 417–425, 1970)

Abb. 3-35 Der California-Stamm von *Plasmodium mexicanum.* **1:** nicht infizierter Erythrozyt. **2–4:** Trophozoiten. **5–11:** Schizonten. **12–14:** Merozoiten. **15:** Schizont, der statt eines Erythrozyten einen Leukozyten mittlerer Größe befallen hat. **16–18:** reife Makrogametozyten. **19–20:** reife Mikrogametozyten. **21–25:** frei im peripheren Blut vorliegende Trophozoiten, Schizonten und Merozoiten. **26:** Schizonten in einem großen Leukozyten, der in der Leber gefunden wurde. **27:** Schizont im Endothel eines Hirngefäßes. **28:** Ookinet, wie er 12 Stunden, nachdem *Lutzomyia (= Phlebotomus) vexatrix occidentis* Blut gesaugt hat, vorliegt. (Aus Ayala, S. C.: A new strain of *Plasmodium mexicanum* from California lizards. J. Parasitol., 56: 417–425, 1970)

rund bis oval, unpigmentiert und Parasiten der Erythrozyten. Sie verschieben wegen ihrer geringen Größe den Zellkern kaum oder gar nicht. (Bei Malaria und Hämogregarinen-Befall wird der Nucleus gewöhnlich auf eine Seite des Erythrozyten gedrängt.)

Nuttallia guglielmi kommt in der Breitrandschildkröte, *Testudo marginata*[233], vor und Pienaar fand *Tunetella emydis* bei der Sumpfschildkröte *Emys leprosa* und *Sauroplasma thomasi* bei südafrikanischen Echsen der Gattung *Cordylus (Zonurus)*. Er beschreibt auch eine neue Art, *Serpentoplasma najae* bei der Speikobra, *Naja nigricollis*[225]. Insgesamt verursachen alle diese Erreger leichte anämische Veränderungen im Blut, ziehen aber keine klinische Krankheit nach sich.

3.2.1.2 Organismen mit nicht bekannter systematischer Stellung

Eine Reihe Mikroorganismen wurde ehemals als Protozoen eingeordnet. Heute stellt man sie in die Nähe von *Rickettsia.* Da sie auch in roten Blutkörperchen parasitieren wie die Haemosporidia, werden sie an dieser Stelle behandelt. Unter die Parasiten der Herpetofauna-Arten zählen Kreier und Ristic die folgenden Mitglieder der Genera *Haemobartonella* und *Grahamella* (Tabelle 3-2)[173].

Tabelle 3–2 *Haemobartonella-* und *Grahamella*-Arten, die bei der Herpetofauna vorkommen

Parasit	Wirt
Haemobartonella batrachorum	Frosch (*Leptodactylus ocellatus*)
H. ranarum	Frosch (*Leptodactylus ocellatus*)
H. sp.	Maurische Landschildkröte (*Testudo graeca*)
H. sp.	Gekko (*Phylodactylus mauritanicus*)
H. sp.	Eidechse (*Lacerta* sp.)
H. sp.	Kielschwanz (*Tropidurus peruvianus*)
Grahamella sanii	Maurische Landschildkröte (*Testudo graeca*)
G. thalassochelys	Unechte Karettschildkröte (*Thalassochelys caretta* = *Caretta caretta*)

* Nach Kreier, J.P. und Ristic, M.: Diseases caused by protista. In: Infectious Blood Diseases of Man and Animals. Herausg.: D. Weinman und M. Ristic. Academic Press, New York, 1968

Haemobartonella- und *Grahamella*-Arten erscheinen in einer Vielzahl rundlicher Formen, die mit Giemsa gut färbbar sind und in oder auf roten Blutkörperchen vorkommen. Über ihre Pathogenität für die Herpetofauna weiß man wenig.

Zwei neue Arten zweifelhafter Zugehörigkeit beschrieb Pienaar bei südafrikanischen Echsen[225]. In den Erythrozyten des Echten Gürtelschweifs *(Cordylus vittifer)* kam *Pirhaemocyton zonurae* vor, und zwar als anaplasmaähnliches Körperchen von 1 bis 1,4 μm Durchmesser und in größerer sphärischer, sternförmiger und fadenförmiger Gestalt. Oft trat der Parasit gemeinsam mit Albumintropfen im Zytoplasma der befallenen Erythrozyten auf. Pirhaemocytonosis verursacht schwere hämolytische Anämie mit deutlicher Anisozytose und Poikilozytose, Pyknose (Verdichtung) und Kernzerfall der Erythrozytenkerne sowie Zerteilung des Zytoplasma in roten Blutkörperchen. Auf die Infektion hin stieg die Erythropoese bei den Echsen an und auch im peripheren Kreislauf erschienen Erythroblasten, deshalb hält Pienaar schwere Infektionen für tödlich.

Bei einem nordafrikanischen Gekko, *Tarenteola mauritanica,* fand man *Pirhaemocyton tarenteola* zusammen mit fortgeschrittener Anämie, *P. lacertae* bei einer Smaragdeidechse, *Lacerta viridis,* aus Italien[225]. Anfangs hielt man *Pirhaemocyton* für ein Protozoon, doch wies es die Elektronenmikroskopie als Einschlußkörper eines Virus aus[149b]. Ein weiterer anaplasmaähnlicher Parasit, *Sauromella haemolysus,* existierte bei einem Südafrikanischen Gekko, *Pachydactylus c. caponsis*[149b], hier war das Hämoglobin um den rundlichen Mikroorganismus zerstört und schwerer Befall führte zu starker hämolytischer Anämie mit hämatologischen Veränderungen, die denen bei Pirhaemozytonosis ähneln.

3.2.1.3 Protozoen-Infektionen der Haut

*Charchesium polysinum** wächst auf der Haut von Kaulquappen und kann zum Tode führen, wenn es die Kiemen bedeckt. Man behandelt, indem man die Kaulquappen für zwei bis drei Stunden in Aqua dest. setzt[226].

* Die Schreibweise „*Charchesium polysinum*" entspricht der Pollacks[226]. Da ich sonst keinen Hinweis auf diesen Organismus finde, nehme ich an, daß es sich um *Carchesium polypinum* handelt, einen Ciliaten mit Stiel, der oft an Süßwassertieren haftet.

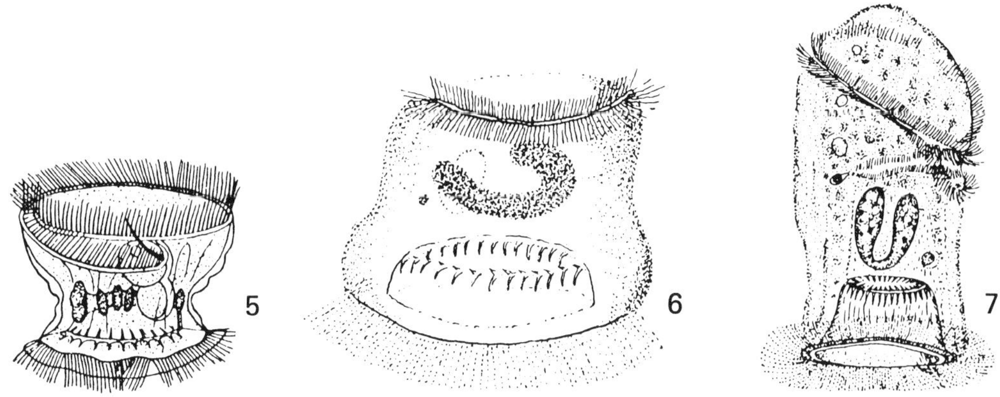

Abb. 3-37: **5:** *Trichodina pediculus,* ein peritricher Ziliat, der auf *Hydra* und den Kiemen von *Necturus* und Molchen vorkommt (nach James Clark). **6:** *Trichodina* sp. aus der Haut und den Kiemen von Kaulquappen der Frösche und Kröten (Zeichnung nach Diller, 1928). **7:** *Trichodina urinicola,* ein peritricher Ziliat aus der Harnblase von *Bufo* sp. und von Fröschen. (Nach Fulton, 1923. Aus Cheng, T. C.: The Biology of Animal Parasites. Philadelphia, W. B. Saunders Co., 1964)

Oodinium pillularis ist ein Flagellat, der Fische und aquatisch lebende Amphibien wie Kaulquappen, Axolotl und Echte Wassermolche befällt, indem er sich an Haut und Kiemen dieser Tiere festsetzt. Bei einer starken Infektion scheint der ganze Wirt unter einem gräulichen Überzug zu stecken. Da der Organismus von Wirt zu Wirt schwimmen kann, verursacht ein einziges infiziertes Tier, das neu in den Bestand eingeführt wird, u. U. eine Ansteckung aller. Endgültig stellt man eine Diagnose nach Untersuchung eines Hautabstriches unterm Mikroskop, wobei man das Parasitenstadium des Einzellers findet. Behandelt wird am besten mit Kupfersulfat (2 mg/l Wasser) oder Trypaflavin (10 mg/l Wasser)[233].

Trichodina-Arten weisen spärische Formen auf, tragen Cilien und leben als Ektoparasiten auf Süßwasser-Crustaceen, Mollusken, anderen Invertebraten, Fischen, Kaulquappen und Salamandern. Zusätzlich befallen manche Arten angeblich die Harnblase einiger Amphibien (Abb. 3-37). Für die Behandlung empfehlen Reichenbach-Klinke und Elkan ein Bad in Trypaflavin (Konzentration 1:1000 bis 1:100)[233].

Dermocystidium und *Dermosporidium* (aus der Ordnung *Haplosporida* unter den Sporozoa) bilden Zysten in der Haut von Fischen und in Wasser lebenden Amphibien[42] (Abb. 3-38 und 3-39), so daß der Wirt durch vielfachen Befall entstellt und geschwächt wird. Direktabstriche

Abb. 3-38 Knoten auf der Haut eines Grasfrosches *(Rana temporaria)* aus der Tschechoslowakei; darin befand sich eine Zyste mit *Dermosporidium granulosum.* (Aus Broz, O. und Privora, M.: Two skin parasites of *Rana temporaria: Dermocystidium ranae* Guyenot and Naville and *Dermosporidium granulosum n. sp. Parasitology, 42: 65–69, 1952*

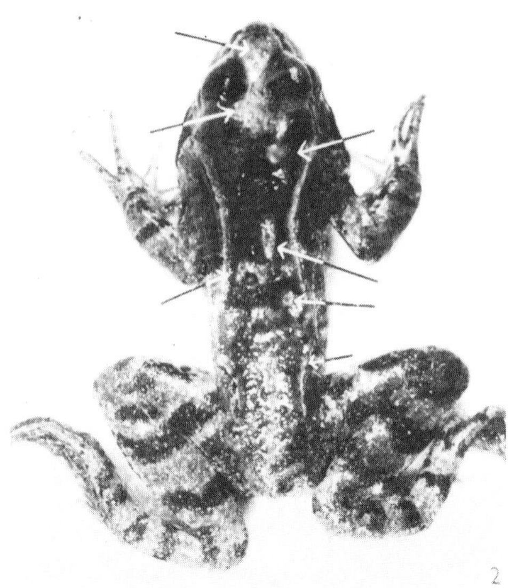

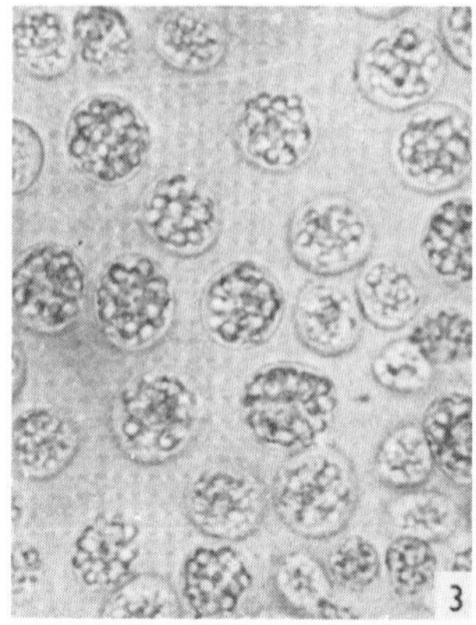

Abb. 3-40 Lebende Sporen von *Dermosporidium granulosum.* (Aus Broz, O. und Privora, M.: Two skin parasites of *Rana temporaria: Dermocystidium ranae* Guyenot and Naville and *Dermosporidium granulosum* n. sp. Parasitology, 42: 65–69, 1952

Abb. 3-39 Dermocystidium ranae. Zysten (Pfeile) auf der Haut eines Grasfrosches *(Rana temporaria)* aus der Tschechoslowakei. (Aus Broz, O. und Privora, M.: Two skin parasites of *Rana temporaria: Dermocystidium ranae* Guyenot and Naville and *Dermosporidium granulosum* n. sp. Parasitology, 42: 65–69, 1952

oder Schnittpräparate der Zysten dienen zur Diagnose (Abb. 3-40 und 3-41). Medikamente sind nicht bekannt.

3.2.1.4 Protozoen-Befall der tieferen Gewebeschichten

Unter den beiden Klassen Myxosporidea und Microsporidea der Unterordnung Cnidospora parasitieren nur wenige Arten auf Reptilien und Amphibien. Der Großteil der Myxosporidea leben als Fischparasiten, der Großteil der Microsporidea als Fisch- oder Arthropodenparasiten.

Plistophora myotrophica[53] ist ein Microsporidium, das die Erdkröte *(Bufo bufo)* befällt. Dabei dringt es in die Skelettmuskulatur ein und ruft eine chronische Erkrankung mit starkem Muskelschwund hervor (Abb. 3-42) sowie hohe Mortalität. Canning, Elkan und Trigg beschreiben einen Ausbruch der Krankheit, in dessen Verlauf ein Drittel der Labortiere nach drei bis zwölf Monaten in Gefangenschaft Appetitlosigkeit zeigten und dann derartig abmagerten, daß der Großteil starb[53]. Die Obduktion ergab in der gesamten Skelettmuskulatur – mit Ausnahme des Myokards – einen Befall von weißen spindelförmigen

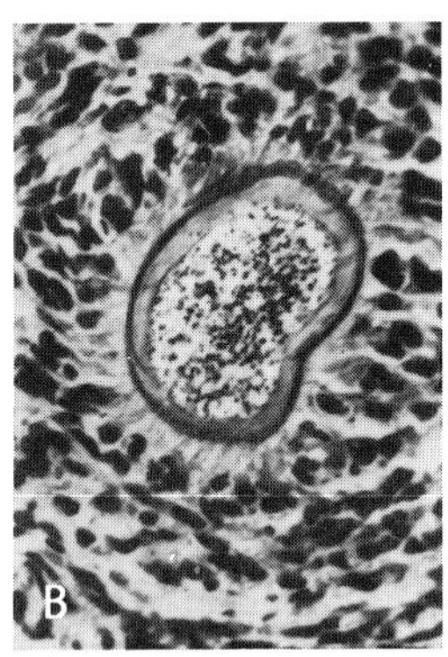

Abb. 3-41 Dermocystidium ranae. **A.** Frisches Präparat einer nicht voll entwickelten Zyste. **B.** Schnittpräparat einer nicht voll entwickelten Zyste, die von Fibroblasten und Wanderzellen des Bindegewebes umgeben ist. (Aus Broz, O. und Privora, M.: Two skin parasites of *Rana temporaria: Dermocystidium ranae* Guyenot and Naville and *Dermosporidium granulosum* n. sp. Parasitology, 42: 65–69, 1952)

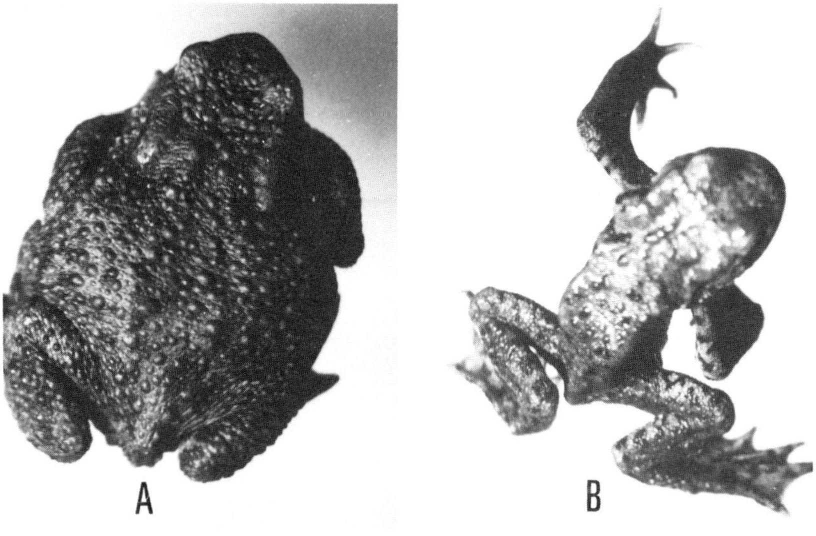

Abb. 3-42 *Plistophora myotrophica*-Befall bei Erdkröten *(Bufo bufo),* adulte Männchen. **A.** Zwei Monate nach der Infektion trat keine Verschlechterung des Gesamtbefindens ein. **B.** Nach zwei Jahren kam es zu starker Abmagerung. (Aus Canning, E. U., Elkan, E. und Trigg, P. I.: *Plistophora myotrophica* spec. nov. causing high mortality in the common toad *Bufo bufo.* J. Protozool., 11: 157–166, 1964)

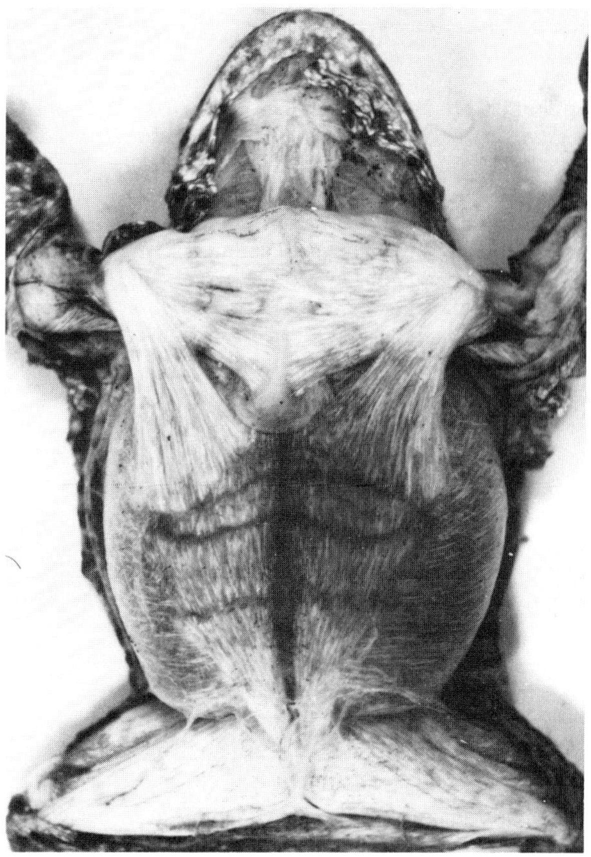

Abb. 3-43 Adultes Erdkrötenmännchen *(Bufo bufo)* mit abgezogener Haut. Schwere Infektion der Brust-, Abdominal- und Schenkelmuskulatur mit *Plistophora myotrophica* (weiße Striche). (Aus Canning, E. U., Elkan, E. und Trigg, P. I.: *Plistophora myotrophica* spec. nov. causing high mortality in the common toad *Bufo bufo.* J. Protozool., 11: 157–166, 1964)

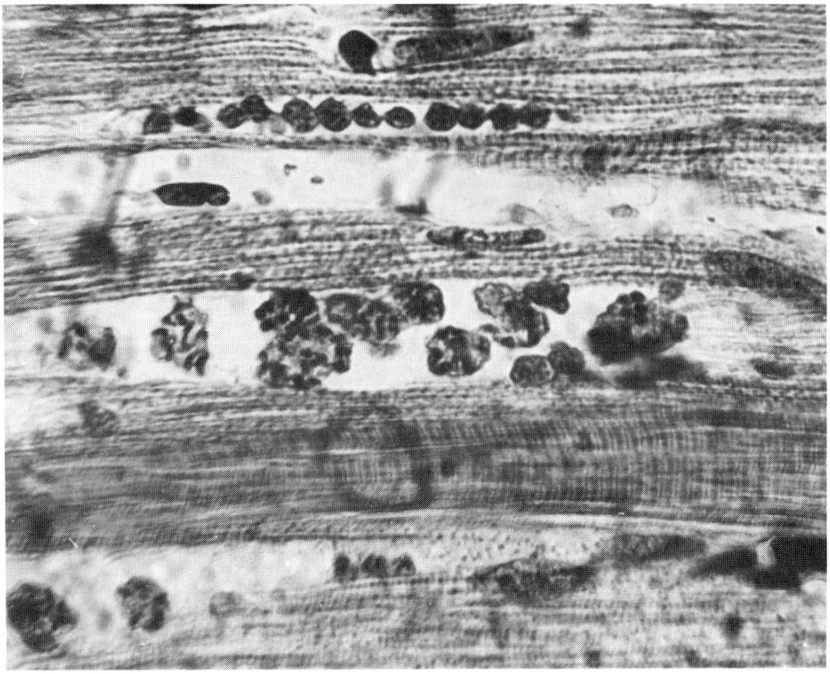

Abb. 3-44 Plistophora myotrophica in der Skelettmuskulatur einer Erdkröte *(Bufo bufo)*. Die Parasiten sind nicht von einer Kapsel umgeben. (Mit freundlicher Genehmigung von Dr. E. Elkan und Dr. Elizabeth Canning)

Streifen (Abb. 3-43). Unter dem Mikroskop erwiesen sich diese als Sporoblasten, die jeder 60 bis 100 Sporen in der Muskelfaser enthielten (Abb. 3-44). Verfütterte man gesunden Tieren das Fleisch infizierter Kröten, erkrankten sie daran und die Autoren nehmen daher an, daß unter natürlichen Bedingungen die Krankheit ausgebreitet wird, indem die Sporen verwesender Kröten in die Umgebung verteilt und gefressen werden. Aasfressende Insekten, bzw. deren Maden, spielen vermutlich eine Schlüsselrolle bei der Übertragung dieser Krankheit.

Im Experiment starben Kröten drei bis zwölf Monate nach der Infektion und es gibt keine Behandlungsmöglichkeit. Glatte Krallenfrösche *(Xenopus laevis)*, die mit den befallenen Kröten im gleichen Labor lebten, steckten sich nicht an.

Sarkosporidenkrankheit: häufig befallen die Zysten Herz- und Skelettmuskeln wilder wie domestizierter Vögel und Säuger. Die sexuellen Stadien findet man in der Darmschleimhaut vieler Fleischfresser. Gelegentlich beobachtet man *Sarcocystis* oder verwandte Gattungen in Muskeln oder Eingeweiden von Reptilien[213a, 213b].

Nierenkokzidiose: Zwart beschrieb *Klossiella boae* in der Niere einer *Boa constrictor*[310]. Es wurden verschiedene Stadien im Tubulusepithel der Niere festgestellt. Wie der Befall von *K. muris* bei Mäusen und *K. equi* bei Zebras zeigt, zieht auch die Nierenkokzidiose bei Boas keine sichtbare Erkrankung nach sich, und der mikroskopische Nachweis scheint auf Zufall zu beruhen. Auch *Isospora lieberkühni* setzt sich in die Nieren europäischer Frösche und Kröten, doch wirkt sie ebenfalls nicht wirklich pathogen[292].

Toxoplasmose: Einige Berichte über toxoplasmaähnliche Organismen bei der Herpetofauna existieren[185a], doch sind sie vorläufig eher von theoretischem und biologischem Interesse, als daß sie die öffentliche Gesundheit und die Belange der Tiermedizin betreffen.

3.2.2 Cestodes

Die Cestodaria bilden eine primitive Unterklasse der Bandwürmer und bestehen aus einem einzigen Segment mit unpaaren Geschlechtsorganen. Die meisten Vertreter leben als Fischparasiten, aber als einzige Art wurde *Austramphilina elongata* in der Leibeshöhle der Glattrückigen Schlangenhalsschildkröte *(Chelodina longicollis)* aus Australien gefunden.

Cestoda ist die Unterklasse, die alle Bandwürmer von tier- und humanmedizinischem Interesse enthält. Als Adulte besitzen sie mehrere Segmente und sind Hermaphroditen. Reichenbach-Klinke und Elkan stellten fest, daß elf Arten der Bandwürmer im Adultstadium in Amphibien gefunden werden[233], drei davon sollen hier näher besprochen werden.

Cestoden der Gattung *Nematotaenia* sind „waffenlos" (d. h. ihnen fehlt das Rostellum) und sie besitzen als einzige Bandwürmer einen runden Körper statt eines flachen. Sie kommen im Verdauungskanal der Amphibien und Reptilien vor. So findet man im Darmbereich verschiedener Frosch-, Kröten- und Salamanderarten aus Asien, Afrika, Nordamerika und Europa *Nematotaenia dispar.* Diese erreicht eine Länge von 5 bis 22 cm und einen Durchmesser von 0,5 bis 0,6 mm. In einem Fall verursachte *N. dispar* im Jejunum einer Erdkröte *(Bufo bufo)* Verschluß und Gewebsnekrosen[81]. Über den Fortpflanzungszyklus dieses Wurmes weiß man nichts.

Der Glatte Krallenfrosch *(Xenopus laevis)* wird häufig vom Cestoden *Cephalochlamys nomaquensis* parasitiert, dagegen soll parenteral gegebenes Bromphenol als wirksames und ungefährliches Wurmmittel helfen[233]. (Diese Behandlungsmethode wurde zufällig von Elkan entdeckt, der diesen Farbstoff im Trächtigkeitstest bei X. laevis verwendete. Dosierungen werden im Bericht keine angegeben[81].)

Ophiotaenia filaroides ist ein Bandwurm des Tigerquerzahnmolches, *Ambystoma tigrinum,* der mit dem Kot die Eier ins Wasser ausscheidet, wo diese von Copepoden (z. B. *Cyclops vernalis*) aufgenommen werden und sich darin zu Plerozerken umwandeln. Dieses Stadium wiederum steckt wieder die Molche an. Auch im übrigen Körper von *A. tigrinum* sind Plerozerken beschrieben worden. In der Regel verwandelt sich das Larvenstadium im Darm des Molches in adulte Würmer, wobei es die Darmwand duchdringt oder es zeigt Kannibalismus[206]. Copepoden stellen auch im Fortpflanzungszyklus von *O. gracilis* den einzig nötigen Zwischenwirt dar, hierbei handelt es sich um einen Bandwurm des Ochsenfrosches *(Rana catesbeiana)*[47].

Zugleich ist *Ophiotaenia* bei Schlangen die häufigste Bandwurmgattung, ebenso kommt sie bei Schildkröten vor. Wie es für *O. filaroides* bereits gesagt wurde, benötigen die Vertreter dieses Genus normalerweise *Cyclops*-Arten oder deren Verwandte als ersten Zwischenwirt. Amphibien fungieren in der Regel als zweiter Zwischenwirt. Im folgenden ist der Vermehrungszyklus von *O. perspicua* wiedergegeben, eines häufigen Endoparasiten der Ringelnattern *(Natrix rhombifera, N. sipedon)* und der Gewöhnlichen Strumpfbandnattern *(Thamnophis sirtalis)*[55].

Im Darm der Schlange legt der adulte Bandwurm Eier, die mit dem Kot nach außen gelangen. Im Wasser schlüpfen daraus Cilien-tragende Oncosphären, die aktiv in die Leibeshöhle von Copepoden eindringen, wo sie sich innerhalb von 14 Tagen zu einem ersten Larvenstadium entwikkeln. Fressen Kaulquappen befallene Copepoden, verläuft die weitere Entwicklung zu Plerozerken in Leber und Mesenterium der Kaulquappen. In diesem Larvenstadium überdauert der Bandwurm die Metamorphose zum adulten Amphib, in dessen Körperhöhle er dann einwandert. Wird der Frosch von einer Schlange gefressen, kann in deren Darm der adulte Bandwurm heranwachsen.

Acanthotaenia findet man oft bei Echsen, besonders Waranen (*Varanus* sp.). Auch diese Bandwurmgattung gehört wie *Ophiotaenia* zu der Ordnung der Proteocephala.

Für Herpetofauna-Arten wirken adulte Bandwürmer geradeso pathogen wie bei höheren Vertebraten, d. h. sie verbrauchen Nährstoffe, verursachen Enteritis, vor allem an ihrer Anhaftungsstelle, oder Darmverstopfung. Bei drei Grünen Baumpythons *(Chondropython viridis)* war eine Pseudophyllidea-Infektion (Bandwurm vom Genus *Bothridium*) mit leichter, chronischer Enteritis gekoppelt, die durch Hypertrophie und Hyperplasie der Verdauungsdrüsen und örtlich auftretenden Knötchen mit Cholesterolfissuren in der Lamina propria gekennzeichnet war[278]. Insgesamt ruft Bandwurmbefall bei Reptilien kaum klinische Anzeichen oder nachweisbare Läsionen hervor. Die Diagnose wird durch Nachweis von Segmenten oder Eiern im Kot gestellt.

Man hat Reptilien gegen adulte Bandwürmer mit Dichlorophen (Dicestal, May and Baker Co.) Diphentane 70 (Pitman-Moore Co.), und zwar 182 mg/kg Körpergewicht[149] oder Niclosamid (Yomesan, Chemagro Co.) – 300 mg/kg[73] oder eine 500 mg Tablette auf 1650 g[27] – behandelt. Für Niclosamid empfiehlt Bush 165 bis 220 mg/kg[49].

Oft dient die Herpetofauna den Bandwurmlarven als Wirt, was tier- und humanmedizinisch von größerer Bedeutung ist als der Befall mit adulten Bandwürmern. *Mesocestoides*-Arten

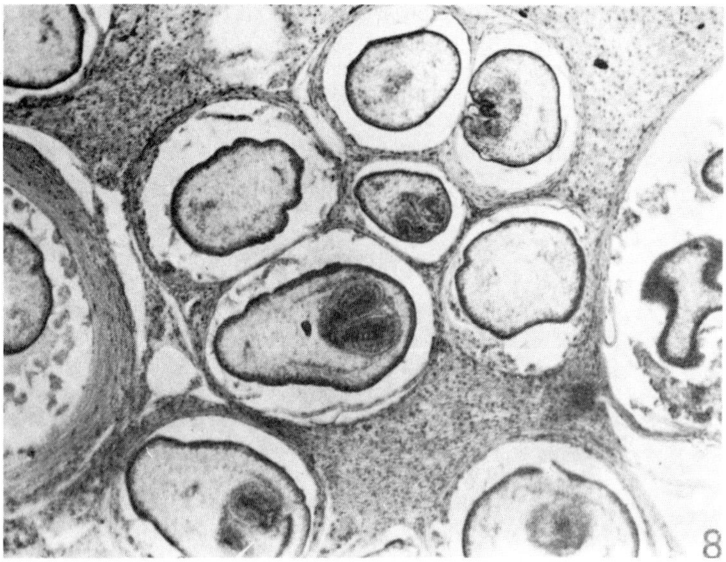

Abb. 3-45 Sparganumartige Larven (2. Larvenstadium) von *Mesocestoides corti* in der Leber der Echse, *Uta standsburiana.* (Aus Telford, S., Jr.: Parasitic diseases of reptiles: J. Am. Vet. Med. Assoc., 159: 1644–1652, 1971

kommen adult im Darmtrakt von fleischfressenden Vögeln und Säugern vor, darunter auch Hunde, Katzen und Waschbären. Infiziert werden die Tiere, wenn sie die sparganumartigen Larven (2. Larvenstadium) aufnehmen, die sich im Gewebe verschiedener Vertebraten finden – Schlangen, Echsen und Amphibien eingeschlossen (Abb. 3-45). Sie sitzen in Niere, Darmwand, Mesenterium und anderen Organen bei nordamerikanischen Fröschen *(Rana pipiens)* und Kröten *(Bufo americanus, B. cognatus)*[151].

Reptilien und Amphibien beherbergen die Spargana oder Plerozerken verschiedener Pseudophyllidea-Arten, unter anderem *Diphyllobothrium*-Arten und *Spirometra*-Arten. Sie sitzen in der Subkutis, wo sie deutliche Schwellungen hervorrufen, in der Leber, in der sie beträchtlichen Schaden verursachen können, im Peritoneum und in anderen Geweben (Abb. 3-46). Vollendet wird der Zyklus, sobald ein Fleischfresser, der ein geeigneter Endwirt ist, ein Tier frißt, das mit Spargana infiziert ist. Kann dieser Wirt den adulten Bandwurm nicht unterhalten, wird er zum „Wartewirt“ d. h. das Sparganum dringt ins Gewebe ein und lebt dort weiterhin in diesem Stadium. Verschiedene solche Fälle wurden auch für Menschen beschrieben. Hier gab das Essen von rohem Schlangenfleisch (besonders der Schlangenleber) den Ausschlag. Im Fernen Osten ist diese Ernährungsgewohnheit nicht ungewöhnlich, da man ihr Heilkräfte nachsagt[298]. Daneben führt in Fernost auch das Auflegen von frisch zerschnittenen Fröschen auf Wunden und Au-

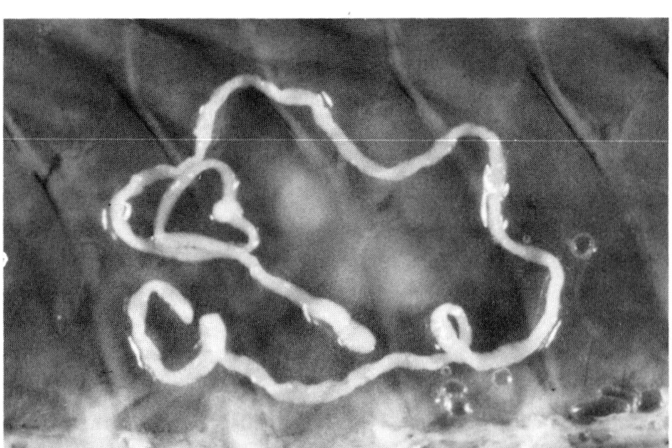

Abb. 3-46 Bandwurmlarve (Sparganum) in einer Indigoschlange *(Drymarchon corais cooperi).* Die Larve befand sich in einer Kapsel in einem Knoten der Körperwand. Der Knoten ähnelte den Knoten (helle Flecken) hinter dem Wurm. (Mit freundlicher Genehmigung von Dr. Marilyn Anderson und der Ohio State University, Department of Veterinary Pathobiology)

genläsionen zu Sparganose beim Menschen. Auf diese Weise können die Spargana auf direktem Weg vom Frosch in das menschliche Gewebe einwandern.

Außer wenn der Parasit subkutan eine Schwellung verursacht oder zufällig bei einer Bauchhöhlenöffnung entdeckt wird, besteht wenig Wahrscheinlichkeit, daß man ihn bei Vertretern der Herpetofauna vor deren Tod findet. Ist dies aber der Fall, kann er durch einen chirurgischen Eingriff entfernt werden.

Wardle und McLeod bieten eine umfassende Übersicht über die Bandwürmer und geben Informationen zur Morphologie und Taxonomie derjenigen, die Herpetofauna-Arten befallen[296].

3.2.3 Trematoden-Befall

Reptilien und Amphibien sind üblicherweise von parasitierenden Trematoden befallen, deren adulte Stadien in Atmungs-, Exkretionsorganen oder dem Verdauungskanal leben, während die Larven in den unterschiedlichsten Geweben auftreten. Der Großteil dieser Saugwürmer gehört der Ordnung Digenea an, die auch sämtliche Trematoden des Menschen und der Haustiere beinhaltet. Adultstadien dieser Ordnung besitzen einen oder mehrere Bauchsaugnäpfe zur Anhaftung und sind Endoparasiten der Vertebraten, in denen die geschlechtliche Fortpflanzung stattfindet. Im Verlauf der meisten Fortpflanzungszyklen werden die Trematodeneier mit dem Kot oder Urin ausgeschieden und als infektiöses Stadium parasitieren sie dann in einem geeigneten Mollusken (i. a. Schnecken) und pflanzen sich als Larve ungeschlechtlich fort. Ein infektiöses Larvenstadium gelangt in den Endwirt, indem es direkt in diesen eindringt (z. B. die Schistosomae) oder indem die Larve gefressen wird, nachdem sie im Mollusken, auf Pflanzen oder in einem weiteren Zwischenwirt eine Zyste gebildet hat.

In Tabelle 3-3 sind Digenea-Vertreter aufgelistet, die man bei der Herpetofauna findet. Daneben ist die Art und Weise beschrieben, wie die Endwirte befallen werden. Unter den Wirt-Parasit-Beziehungen der Tabelle 3-3 sind einige sehr häufig anzutreffende (z. B.: *Ochetosoma [Neorenifer] aniarium, Pneumoneces [Haematoloechus]*-Arten [Abb. 3-47] und *Dasymetra*-Arten). Man kann bei der Mehrzahl der Reptilien oder Amphibien, die aus entsprechenden Regionen stammen, mit ihrem Auftreten rechnen. Unter den in Tabelle 3-3 aufgeführten Digenea-Arten verursacht die überwiegende Mehrzahl in ihrem natürlichen Wirt einen geringen oder gar keinen Schaden. Zu Pathogenen werden sie höchstens, wenn sie bei Tieren, die normalerweise nicht befallen sind, auftreten, in normalerweise nicht parasitierte Gewebe ihres Wirtes gelangen, oder wenn sie zahlenmäßig überhand nehmen.

Reniferen umfassen als Trematoden-Gruppe die Genera *Renifer, Dasymetra, Ochetosoma, Stomatrema, Pneumatophilus* und *Lechriorchis*. Gewöhnlich findet man sie in Maul, Rachen, Oesophagus, Tracheen oder Lungen bestimmter Schlangen, z. B. der Indigoschlangen *(Drymarchon corais cooperi)* (Abb. 3-48 A), der Königsnattern (*Lampropeltis*-Arten), Kielrückennattern (*Natrix*-Arten), Hakennattern *(Heterodon contortrix)* und Strumpfbandnattern (*Thamnophis*-Arten)[116]. Bei Belichtung versuchen diese Trematoden i. a. fortzukriechen, wenn man das Schlangenmaul öffnet. Obwohl man sie nicht für pathogen hält, treten sie bei dem Maulaufsperren gelegentlich auf. Schlangen infizieren sich, wenn sie Amphibien (z. B. *Rana-, Bufo-* und *Amphiuma*-Arten fressen, in deren Unterhaut Metazerkarien Zysten gebildet haben.

Im Maul frisch gefangener Baumvipern (*Atheris*-Arten) fand Cooper eine große Anzahl von Reniferen (*Ochetosoma-* und *Mesocoelium*-Arten) (Abb. 3-48 B), und entfernte sie mit einem feuchten Tupfer[64]. Nelson empfiehlt zur Behandlung von Trematoden-Befall im Mundraum mit *Lechriorehis tygarti* bei Siegelringnattern *(Natrix s. sipedon)* Tetrachloräthylen, das oral als Kapsel in einer Menge von 0,2 ml/kg Körpergewicht über mindestens vier Tage nach der letzten Fütterung verabreicht wird. Man wiederholt die Behandlung nach frühestens drei Wochen bei gleicher Dosierung[216]. Da dieses Mittel toxisch wirken kann (Leberschäden) und die Trematoden wenig pathogen sind, empfiehlt sich eine solche Behandlung nur, wenn die Infektion ungewöhnlich stark ausbricht und eine Entfernung der Trematoden mit der Hand unmöglich oder nicht durchzuführen ist.

Adulte Vertreter der Gattung *Stypholodora* wurden in Nierentubuli, Uretern oder Kloaken der Königsnattern (*Lampropeltis* sp.), der Wassermokassinschlange *(Agkistrodon piscivorus),* der Indigoschlange *(Drymarchon corais),* tropischer Hühneresser *(Spilotes pullatus),* der Schwarzstreifennatter (*Coniophanes* sp.), der Buschmeister *(Lachesis mutus)* und der Königsschlange *(Constrictor constrictor)* gefunden. Diese Parasiten können in den Tubuli zu Nierenschäden und

Tabelle 3–3 Einige häufig vorkommende Digenea-Arten, die bei nordamerikanischen Vertretern der Herpetofauna parasitieren

Aufenthaltsorgan des adulten Trematoden	Trematodenart	Endwirt	Art und Weise der Infektion
Maul	*Ochetosoma* (= *Neorenifer*) *aniarium*	Kielrückennattern (*Natrix*-Arten)	Verzehr von Kaulquappen
	Halipegus-Arten	Frösche (*Rana*-Arten)	Verzehr von Libellen
Lunge	*Pneumoneces* (*Hematoloechus*)-Arten	Frösche (*Rana*-Arten)	Verzehr von Libellen
Trachea	*Pneumatophilus*-Arten	Kielrückennatter (*Natrix*-Arten)	Verzehr von Kaulquappen
Ösophagus	*Dasymetra*-Arten	Kielrückennattern (*Natrix*-Arten)	Verzehr von Kaulquappen
Dünndarm	*Brachycoelium*-Arten	Salamander verschiedener Gattungen	Verzehr von Schnecken oder deren Schleim
	Crepidostomum serpentinum	Königinschlange (*Natrix septemvitata*)	vermutlich Verzehr von Krebsen
	Plagitura parva	Grünlicher Wassermolch (*Notophthalmus viridescens*)	Verzehr von Schnecken oder Insektenlarven, die Metazerkarien enthalten
	Glypthelmins-Arten	Frösche (*Rana*-Arten)	Metazerkarien bilden in der Froschhaut Zysten, die nach der Häutung mit der alten Haut gefressen werden
Dickdarm	*Megalodiscus temperatus*	Frösche (*Rana*-Arten)	Metazerkarien bilden in der Haut Zysten und werden nach der Häutung mitverzehrt
	Diplodiscus-Arten	Frösche (*Rana*-Arten)	Verzehr der Zysten in der alten Haut; außerdem Verzehr von Kaulquappen
Gallengänge	*Loxogenoides bicolor*	Frösche (*Rana*-Arten)	vermutlich Verzehr von adulten Libellen oder den Nymphen
Harnblase	*Gorgoderina*-Arten	Frösche (*Rana*-Arten)	Verzehr von Krebsen
Blut	*Spirorchis*-Arten	Schildkröten (verschiedene Gattungen)	direktes Eindringen von Zerkarien durch die Haut

damit zu Störungen im Mineralhaushalt führen[170a].

Einigen Digenea-Arten dient die Herpetofauna als zweiter Zwischenwirt oder Überträger. So kommen in Fröschen und Kaulquappen Mesozerkarien von *Alaria*-Arten vor. Werden diese Amphibien von Mäusen, Ratten oder Waschbären gefressen, entwickelt sich darin das nächste Stadium (Mesozerkarien). Geschlosen wird der Zyklus, wenn ein Hund oder eine Katze den Mesozerkarien-befallenen Wirt frißt und dann im Hunde- oder Katzendarm der adulten Trematode heranwachsen kann. Mesozerkarien anderer *Alaria*-Arten entwickeln sich in Fröschen, Kaulquappen, Salamandern und Kielrückennattern, um schließlich mit diesen von verschiedenen Wasservögeln, ihrem Endwirt, gefressen zu werden. Die zugehörigen Larvenstadien können in so großer Zahl auftreten, daß sie schwere Nekrose und Entzündung im Verlauf ihrer Wanderung im Wirt verursachen und ihn dadurch schwächen. Mesozerkarien des Genus *Diplostomulum* rufen im Gehirn von *Triturus*-Molchen eine „Tumor"-Bildung in der Hirnhaut hervor[182]. Um beurteilen zu können, ob es sich lediglich um eine Entzündung oder echte Neoplasie handelt, sind die Schäden nicht genau genug beschrieben. In der Zerebrospinalflüssigkeit aquatischer Frösche kann man Mesozerkarien von *Tylodelphis excarata* vorfinden, deren Endwirt ein Storch ist. Wieder andere Mesozerkarien – und zwar die

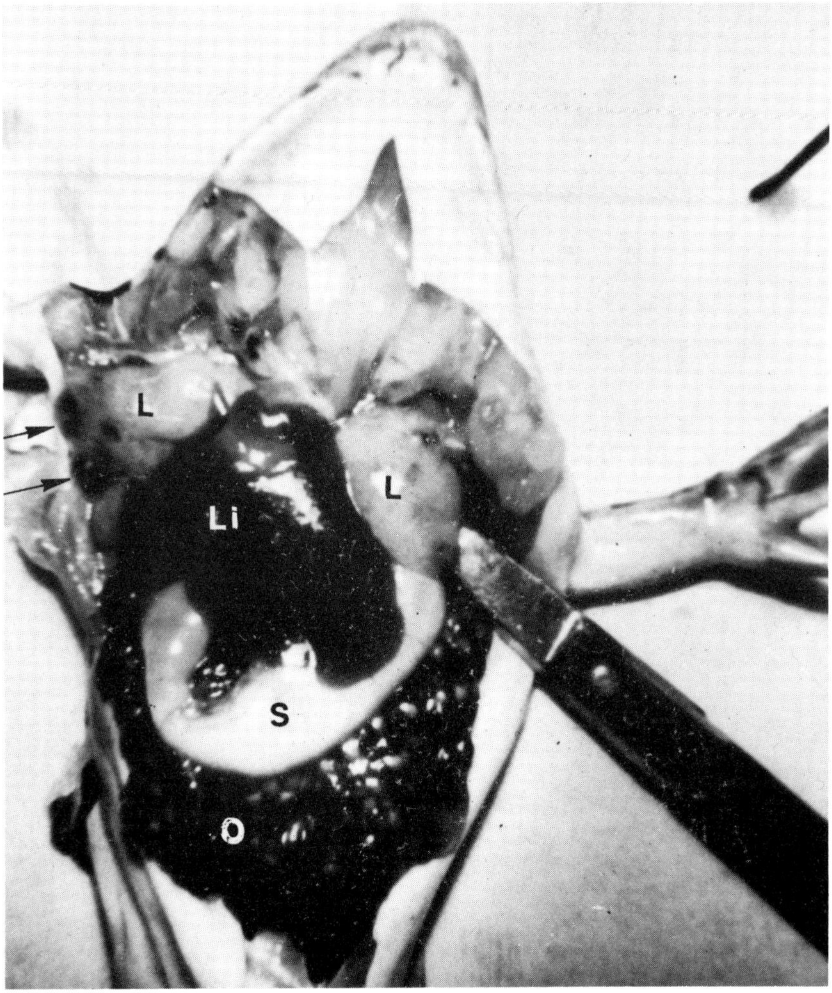

Abb. 3-47 Trematodenbefall in der Lunge eines weiblichen Leopardfrosches *(Rana pipiens)*. Die dunklen Punkte in der Lunge sind *Pneumoneces (Haematoloechus)* sp. (oberhalb der Scherenspitze zur rechten und an den Pfeilen links). **L:** Lunge; **Li:** Leber; **O:** Ovar; **S:** Magen

von *Diplostomulum xenopi* – kommen oft als Zysten im Perikard des Glatten Krallenfrosches *(Xenopus laevis)* vor. Schwere Infektionen führen zu regionalen Blutungen und enden tödlich[218].

Eine tödliche *Alaria*-Infektion trat bei einem jungen Mann auf, der vermutlich rohe oder nicht abgekochte Froschschenkel gegessen hatte[93a]. Bei einem einzigen Ochsenfrosch können in den Hinterbeinen mehr als 3000 Mesozerkarien sitzen, die einzeln kaum sichtbar sind (~ 300 μm lang).[93a] Es ist daher empfehlenswert, sich nach Berührung von Froschgewebe oder anderen möglichen Wirten von *Alaria*-Larven die Hände gründlich zu waschen.

In Michigan verursachten Larven von *Alaria*-Arten eine Krankheit bei Kaulquappen, die die Tiere auftrieb. Acht bis zehn Tage nach schweren Infektionen bekamen die Kaulquappen einen Trommelbauch, wurden langsam oder verloren ihr Gleichgewicht, so daß sie auf dem Rücken trieben, und starben nach wenigen Tagen. Leichtere Infektionen manifestierten sich in einer längeren Krankheitsdauer[66].

Bemerkenswert ist eine Infektion des Seitenlinienorgans (s. S. 37) beim Glatten Krallenfrosch *(Xenopus laevis)* mit Mesozerkarien-Zysten einer *Alarien*-Art, die Elkan beschrieb[81]. Alle Neuralplatten des Organs waren parasitiert und zeigten verstärkte Pigmentierung, wogegen die übrige

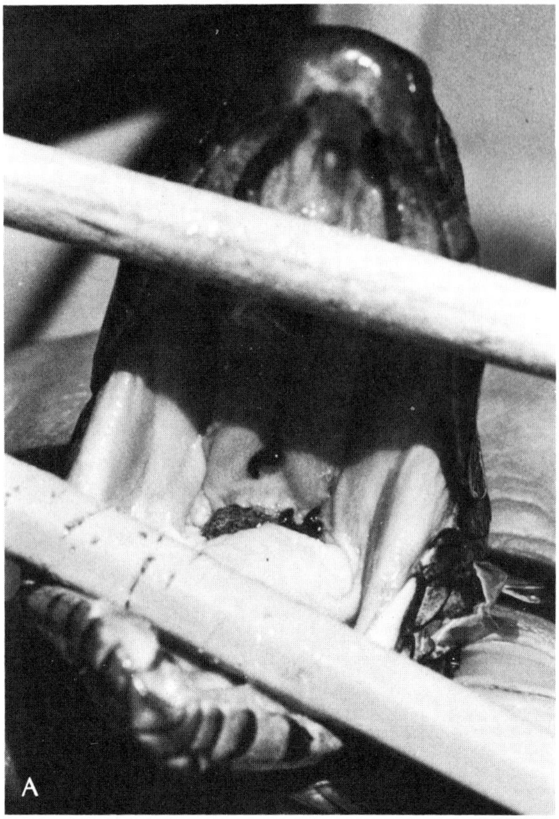

Abb. 3-48 **A.** Parasitische Trematoden aus der Familie Ochetosomatidae im Maul einer Indigoschlange *(Drymarchon corais).* (Aus Soifer, F.: Parasitic diseases of reptiles. In: Zoo and Wild Animal Medicine. Herausg.: M. E. Fowler. Philadelphia, W. B. Saunders Co., 1978. Photographie mit freundlicher Genehmigung von Dr. Murray E. Fowler.) **B.** Trematodenbefall im Maul einer Baumviper (*Atheris* sp.). (Aus Cooper, J. E.: Veterinary aspects of recently captured snakes. Br. J. Herpetol., 5: 368–374, 1973. Photographie mit freundlicher Genehmigung von Dr. J. E. Cooper)

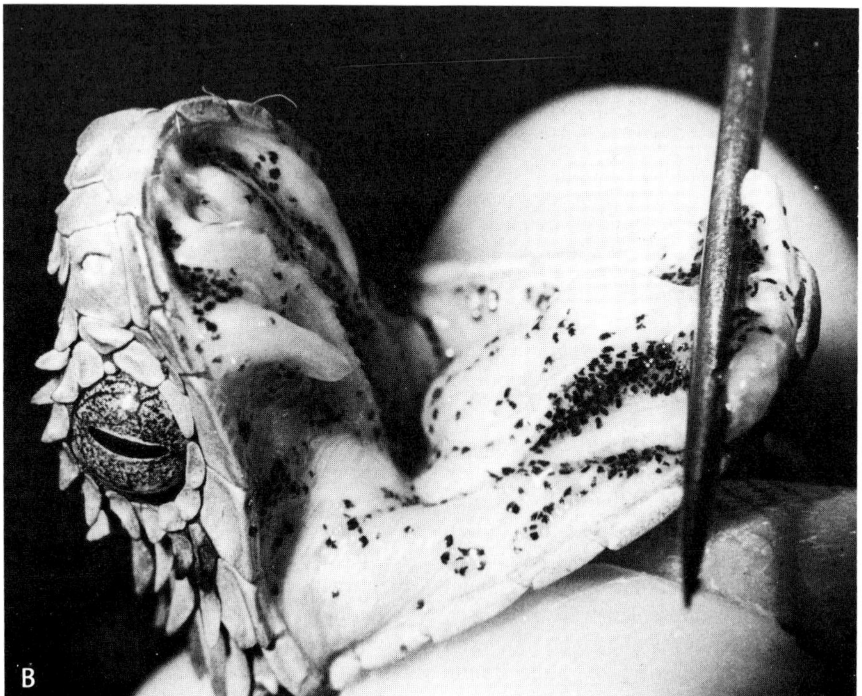

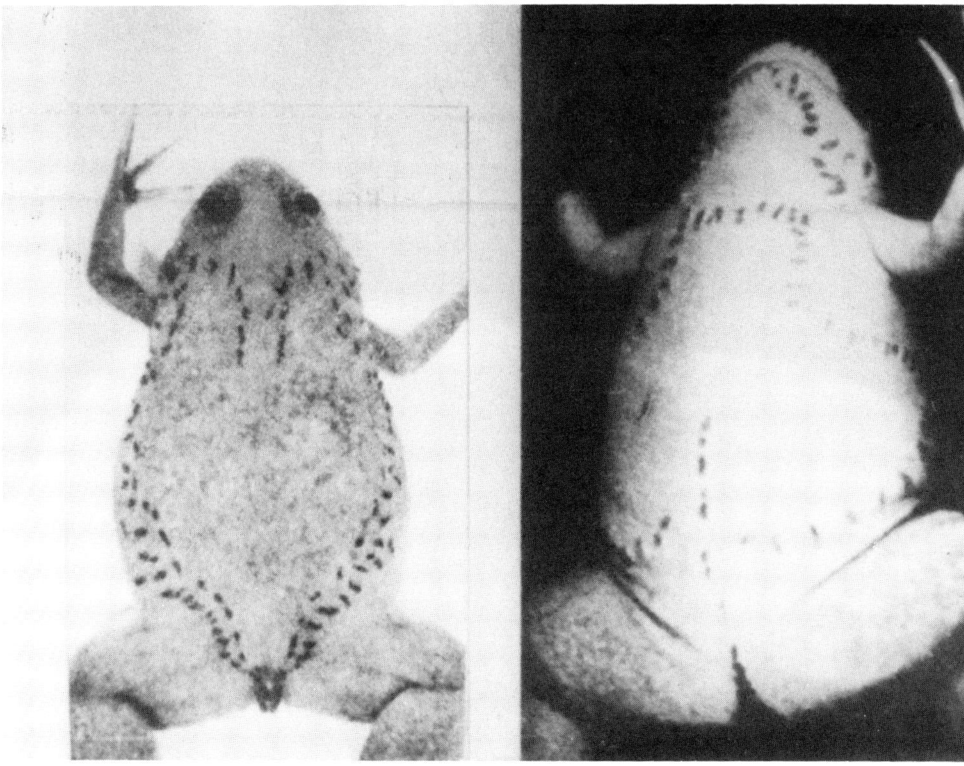

Abb. 3-49 Xenopus laevis: Adultes Weibchen mit Zerkarien-Befall des Seitenlinienorgans. Unterhalb jeder Neuralplatte Zysten der Zerkarien mit starker Verdunklung der Haut. Links Dorsal-, rechts Ventralansicht. (Aus Reichenbach-Klinke, H. und Elkan, E.: The Principal Diseases of Cold Blooded Vertebrates. New York, Academic Press, 1965. Photographie mit freundlicher Genehmigung von Dr. E. Elkan und der Zoological Society of London)

Froschhaut ein blasses Aussehen annahm, was ein einzigartiges, symmetrisches Muster ergab, geradeso, als ob die Haut genäht worden sei (Abb. 3-49). Die befallenen Frösche verloren das Gleichgewicht, fraßen nicht mehr und starben innerhalb von zwei Wochen nach Auftreten der klinischen Symptome.

Das Vorhandensein von Metazerkarien verschiedener Trematoden-Arten in der Amphibienhaut ist oft durch Melanozytenablagerungen gekennzeichnet. Mit Ausnahme der oben erwähnten Infektion des Seitenlinienorgans, verursacht ein Befall der Haut durch Trematodenlarven normalerweise keine ernsthafte Erkrankung, so daß man besser gar nicht dagegen vorgeht. Unter Zuhilfenahme einer Nadel und eines Vergrößerungsglases kann man aber die Zysten leicht entfernen.

Spirorchidae sind eine Parasitenfamilie, deren adulte Tiere von Reptilienblut leben, besonders häufig bei Schildkröten. Ausgebreitet wird die Infektion über Zerkarien, die von Schnecken stammen und sich durch die Haut oder Schleimhaut des Wirtes bohren, ganz ähnlich wie *Schistosoma* bei Säugern und Vögeln. Diese Art des Eindringens ruft lokale Reizung hervor, worauf das befallene Tier mit Kratzen dieser Stelle reagiert oder auch mit Aufsperren des Maules oder Kieferklappen[115, 131]. In den Herzkammern und in den Blutgefäßen wachsen die Parasiten weiter und legen Eier, die die Gefäßwände durchdringen und sich in verschiedenen Organen festsetzen, wo sie zu Granulationen führen. Nur Eier, die ins Darmlumen gelangen, werden mit den Fäzes ins Wasser ausgeschieden und können sich weiterentwickeln. Aus dem Ei schlüpft eine Mirazidie und bohrt sich in eine geeignete Schnecke, wo sich die Larve ungeschlechtlich fortpflanzt und schließlich Zerkarien produziert, die sich nach Außen bohren und aktiv einen neuen Schildkröten-Wirt aufsuchen.

Abb. 3-50 Ödem am Fuß einer Zierschildkröte *(Chrysemys picta belli)* mit schwerem Spirorchiden-Befall

Zu den Spirorchiden, die oft in die Arterien und Venen der Zierschildkröte *Chrysemys picta* eindringen, gehört *Spirorchis elegans,* der eine noch nicht manifeste Phase von sechs bis zehn Wochen aufweist, und *S. parvus, S. elephantis* und *S. artericola,* die sich erst nach dreieinhalb oder vier Monaten manifestieren[115]. *Proparorchis artericola* ist ein Trematode in den Arterien der Süßwasserschildkröten, darunter auch *Chrysemys-(Pseudemys-)*Arten und *Malaclemys (Malacoclemmys) leseierrii*[295, 302]. Eier von *P. artericola* bewirken Granulombildung in Lunge und Eingeweiden.

Eine Zierschildkröte mit einem 5 cm langen Panzer zeigte eine deutliche hydropische Schwellung an allen vier Extremitäten (Abb. 3-50). Bauchpunktion förderte eine sterile, farblose und klare Flüssigkeit mit einer Dichte von 1.005 und einem Proteingehalt von 1,4 g/dl zutage. Da das Tier nach zwei Wochen starb, wurde eine Obduktion vorgenommen, bei der vielerorts Granulome gefunden wurden, so in Herz, Leber, Nieren, Schilddrüse, Darm, Milz, Pankreas und Lunge. Alle enthielten Eier einer Spirorchiden-Art (Abb. 3-51). Wie in den meisten Fällen fand man keine Adultstadien, offenbar weil sie nur kurze Zeit leben, dabei aber viele Eier produzieren.

Spirorchiden können bei Schildkröten schwere Läsionen hervorrufen, vor allem Ödeme. Die befallenen Tiere machen einen lustlosen Eindruck und sterben bei schweren Infektionen oder leiden an weiteren Erkrankungen. Leichte Infektionen können dagegen ohne klinische Symptome verlaufen[131].

Eine Diagnose auf Spirorchiden-Befall stellt man durch den Nachweis der Eier im Kot oder im Gewebe. Da sie in den Faezes bei einer Weichfutterdiät vermehrt ausgeschieden werden, hält man diese einige Tage ein und füttert dann Rohfutter, z. B. Salat[131]. Bisher wurde keine Behandlungsmethode gegen eine solche Infektion beschrieben.

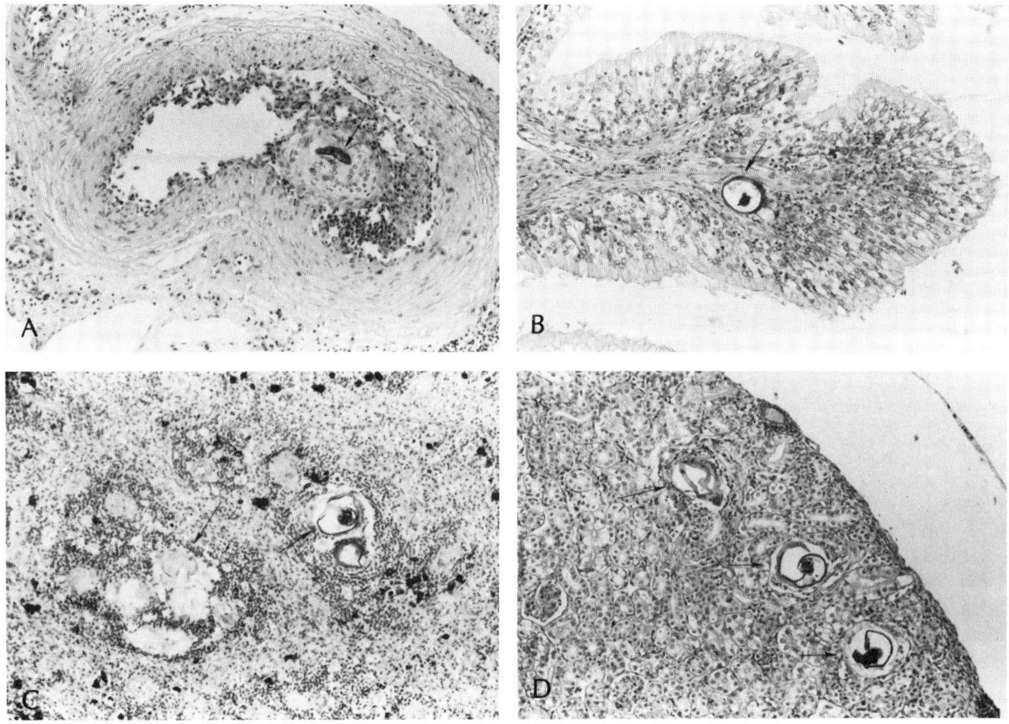

Abb. 3-51 Spirorchiden-Eier (Pfeile) bei einer Zierschildkröte *(Chrysemys picta belli)*. 125fach vergrößert. **A:** In einem Thrombus in einem Gefäß des Mesenteriums; Bildung einer Riesenzelle. **B.** Darm. **C.** Milz. **D.** Niere. Ähnliche Läsionen fand man in Herz, Schilddrüse, Pankreas, Leber und Lunge dieses Tieres

Neben den Digenea-Arten dient die Herpetofauna auch Arten der anderen beiden Trematoden-Ordnungen – Aspidobothrea und Monogenea – als Wirt.

Aspidobothrea treten als Ekto- und Endoparasiten bei Mollusken, Fischen, Fröschen und Schildkröten auf, doch ist die häufigste Art des Parasitismus bei der Herpetofauna diejenige im Darmtrakt der Schildkröten. Die Vermehrung erfolgt sexuell und manche Arten wechseln den Wirt im Verlauf ihres Lebenszyklus. Als Haftorgan dient ein ovaler Saugnapf, der die ganze Bauchseite bedeckt und meist von Septen in zahlreichen Alveolen unterteilt wird (Abb. 3-52).

Wie die Aspidobothrea vermehren sich auch die Monogenea nicht asexuell. Sie weisen weder Generations- noch Wirtswechsel auf. Als Haftorgan dient hier ein posteroventraler Saugnapf, der viele kleinere Saugnäpfe und evtl. auch kleine Häkchen besitzt (Abb. 3-53). Zwar sind die Mehrzahl der Monogenea Ektoparasiten der Fische, doch wurden etwa zwei Dutzend Arten auch bei der Herpetofauna beschrieben, von denen wiederum die meisten in der Harnblase von Schildkröten vorkommen. Auch in der Blase der Frösche und Kröten, in Nase, Maul und Ösophagus von Schildkröten treten sie auf und bei letzteren wie beim Gefleckten Furchenmolch *(Necturus maculosus)* auch als Ektoparasiten.

Der Entwicklungszyklus von *Polystoma integerrimum (nearcticum)* (Abb. 3-53), dem häufigsten Amphibienparasit unter den Monogenea, ist für alle Herpetofaunenparasiten dieser Ordnung ein Paradebeispiel[55, 233]. Die monözischen Adulten leben in der Harnblase verschiedener Frösche und Kröten. Sie kopulieren im Frühjahr. In der darauffolgenden Woche legt das Weibchen Eier, und zwar gerade zur Laichzeit ihrer Wirte. Da Anuren sich im Wasser paaren, gelangen die meisten Trematodeneier ebenfalls ins Wasser. Die Entwicklung der Larve ist temperaturabhängig. Oberhalb von 10°C schlüpft eine zilientragende Larve, das Onchomirazidium, aus dem Ei, und zwar nach etwa drei Wochen. Sie heftet sich an die Kiemen von Kaulquappen, die zu der Zeit das geeignete Entwicklungsstadium für die Parasitierung darstellen. Die Kaulquappen haben dann schon großenteils ihre Kiemen nach innen

Abb. 3-52 Adultes Stadium von *Aspidogaster conchicola,* einem Endoparasiten der Venusmuschel, der auch Schildkröten befallen kann, die sich von diesen Muscheln ernähren. **1:** Saugapparat; **2:** Alveolen; **3:** Mundkanal; **4:** Pharynx. (Aus Cheng, T. C.: The Biology of Animal Parasites. Philadelphia. W. D. Saunders Co., 1964)

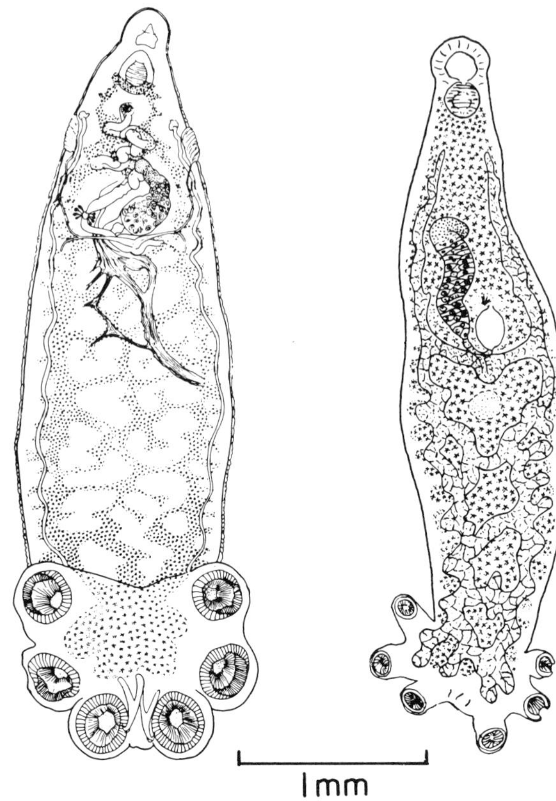

Abb. 3-53 Polystoma integerrimum (nearcticum) aus der Harnblase eines Grauen Laubfrosches *(Hyla versicolor).* Blasengeneration (links); Kiemengeneration (rechts). (Nachdruck mit Genehmigung von Parasites of Laboratory Animals by Robert J. Flynn © 1973 by the Iowa State University Press, Ames, Iowa)

verlagert und wenn die Larve auf so einen Wirt trifft, kann sie in dessen Kiemenhöhle eindringen und sich an den Kiemenbögen festsetzen. Dort ernährt sie sich die nächsten zwei Monate von Schleim und abgestoßenen Zellen ihres Wirtes. Im Verlauf der Metamorphose, wenn die Kaulquappe zum Frosch wird und ihre Kiemen verliert, wandert der Trematode den Nahrungskanal abwärts und erreicht u. U. die Harnblase des Frosches, wo er vom Blut aus den Schleimhautgefäßen lebt. Nach drei Jahren wird der Parasit geschlechtsreif und kann weitere drei Jahre überleben. Setzt sich das Onchomirazidium dagegen an den äußeren Kiemen einer jüngeren Kaulquappe fest, entwickelt es sich zum Ektoparasiten und weist Neotenie auf, d. h. es wird schon als Larve geschlechtsreif.

Am bemerkenswertesten im Fortpflanzungszyklus von *P. integerrinum* ist, daß die Entwicklung des Parasiten so eng mit derjenigen des Wirtes und den jahreszeitlichen Änderungen verknüpft ist. Die Synchronisation erfolgt offenbar über den hormonellen Zustand des Amphibs.

Sphyranoura oligorchis, S. polyorchis und *S. osleri* sind ebenfalls Monogenea, die in den Kiemen des Gefleckten Furchenmolches *(Necturus maculosus)* in Nordamerika parasitieren. Sie saugen Blut, raspeln die Kiemen ab und bewirken Sauerstoffmangel[159]. Andererseits ist wenig über die Pathogenität bekannt und zur Behandlung der Herpetofauna bei Befall mit Aspidobothrea oder Monogenea ist nichts veröffentlicht worden. Reichenbach-Klinke und Elkan haben eine Liste mit Vertretern dieser Ordnungen aufgestellt, die auf Reptilien und Amphibien parasitieren[233]. Weitere Informationen zur Biologie dieser Parasiten findet man bei Cheng und den von ihm zitierten Autoren[55].

3.2.4 Acanthocephala-Infektionen

Die Larven der Kratzer oder Kratzwürmer findet man gelegentlich in den Abdomina oder der Subkutis von Amphibien und terrestrischen Reptilien, doch kann man damit keine bestimmten Symptome in Zusammenhang stellen, so daß eine klinische Diagnose unwahrscheinlich ist. Auch über eine Behandlung ist nichts bekannt. Larven werden aufgenommen, wenn ein Arthropode gefressen wird, der als Zwischenwirt dient.

Adulte Kratzer kommen häufig im Dünndarm bestimmter Wasserschildkröten vor, die infiziert werden, wenn sie die Zwischenwirte – hier Schnecken – fressen. Frösche, Kröten und Molche stecken sich mit Adultstadien aus Arthropoden an. Hier kommt es gelegentlich zu knötchenförmigen Granulomen der Darmwand an der Anhaftungsstelle des Parasiten, was zum Darmdurchbruch führen kann. Die Diagnose stellt man anhand der dickschaligen ovalen Eier, die vorne eine Widerhaken besitzen. (Diese Eier könnte man mit Bandwurmeiern der Cylophyllidea verwechseln, die auch einen Hakenkranz zeigen.) Zur Chemotherapie des Acanthocephala-Befalls der Amphibien und Schildkröten gibt es keine Untersuchungen, man kann aber die Mittel, die für Schweine bei solchen Infektionen verwendet werden, ausprobieren.

3.2.5 Nematoden-Infektionen

Unter den vielfältigen Nematodenformen im Darmtrakt der Herpetofauna verdienen nur wenige besondere Erwähnung in Bezug auf Pathogenität oder häufiges Auftreten. Zu den Wurmmitteln, die sich gegen viele Darmnematoden der Reptilien als wirksam erwiesen, gehören Piperazin-citrat (40 bis 60 mg/kg), Dichlorvos (Task, Shell Chemical Co.) (12,5 bis 25 mg/kg täglich an zwei Tagen), Mebendazol (Telmin, Pitman-Moore Laboratories) (20 mg/kg täglich an zwei Tagen) und Thiabendazol (Thibenzole, Merck) (50 mg/kg), alle werden oral verabreicht und subkutan kann man mit Citorin^{R} (= Levamisol, Tramisole, Cyanamide) (5 mg/kg) behandeln. Soweit bekannt ist, wird eine Auswahl einiger Medikamente gegen spezifische Nematoden-Infektionen weiter unten gegeben. Generell müssen für Schildkröten alle Richtdosierungen der Reptilien halbiert werden.

Ascariden findet man bei vielen Reptilien, am besten bekannt sind die *Polydelphis*- und *Ophidascaris*-Arten, mit denen Schlangen sich infizieren, wenn sie befallene Zwischenwirte fressen – z. B. Frösche, Marsupialier oder Nager[260, 261]. Die adulten Fadenwürmer, die oberflächlich den Ascariden der Hunde und Katzen ähneln, leben im Ösophagus der Schlangen, in ihrem Magen

Abb. 3–54 Ophidascaris sp. Adulte Tiere kriechen aus einem Schnitt im Dünndarm einer Bambusotter *(Trimeresurus gramineus).* (Armed Forces Institute of Pathology Accession Nr. 1058159)

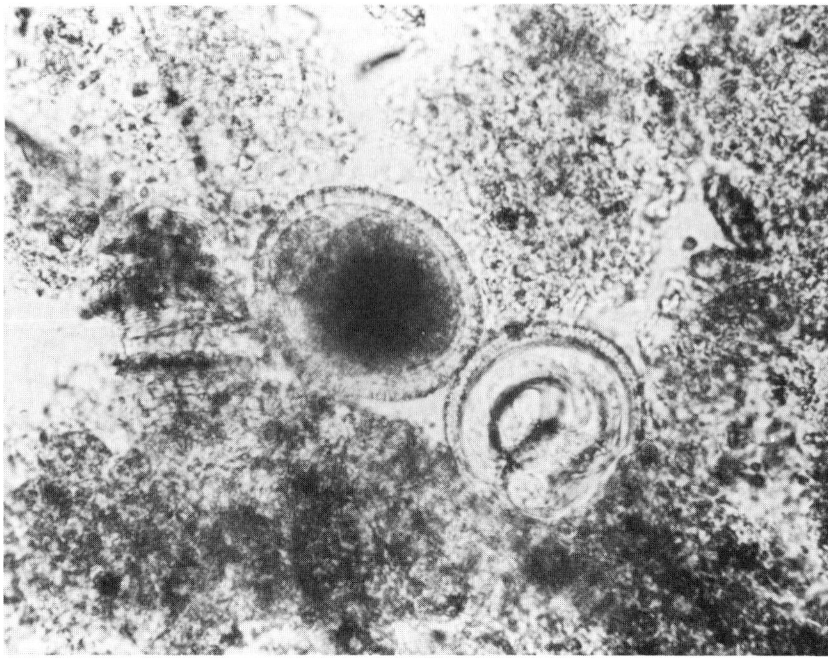

Abb. 3–55 Eier von *Ophidascaris* sp. im Kot einer Netzpython *(Python reticulatus).* Das Ei rechts unten enthält eine infektiöse Larve (1. Stadium). Die Entwicklung des Embryonen vollzog sich in 10%igem Formalin

oder dem Dünndarm (Abb. 3-54). Eier werden mit dem Kot ausgeschieden (Abb. 3-55) und der Embryo entwickelt sich im Boden bis zum sekundären Larvenstadium, das für einen geeigneten Zwischenwirt infektiös ist, wenn er es mit der Nahrung aufnimmt. In seinem Gewebe entwikkelt sich der Nematode weiter, bis er schließlich wieder von einem seiner Schlangenwirtstiere gefressen wird. Sprent wies nach, daß die Larven von *Ophidascaris moreliae* die Verwesung ihres Zwischenwirtes (Maus) überleben[260]. Sie können Pythons infizieren, wenn sie zu ihnen in einen Wasserbehälter gesetzt werden.

Das Ausmaß der Wanderung von *Ophidascaris*-Larven im Schlangenkörper variiert mit der Nematoden-Art, z. B. kann die Larve von *O. moreliae* in ihrem dritten Stadium zur Lunge ihres Python-Wirtes gelangen, und zwar anscheinend, indem sie den Ösophagus durchdringt[260]. Das dritte und vierte Larvenstadium wandert von der Lunge die Trachee hinauf in den Ösophagus. *Polydelphis anoura,* ein weiterer Ascaridenparasit australischer Pythons, entwickelt sich zu einem infektiösen dritten Stadium im Zwischenwirt. Sobald dieses von einer Schlange gefressen wird, wächst der Nematode bis zur Geschlechtsreife in deren Ösophagus und Magen weiter, ohne daß er weiterwandert[261].

Eine Bambusotter *(Trimeresurus gramineus),* deren Befinden normal war und die für Forschungszwecke getötet worden war, beherbergte verschiedene adulte Ascariden im Dünndarm (Abb. 3-54) und drei Larven hatten sich auf der Leberoberfläche eingekapselt (Abb. 3-56). Die Nematoden gehörten dem Genus *Ophidascaris* an, die Art wurde nicht bestimmt. Die Kapsel der Larven war derartig stark, daß sich die Würmer nur hätten weiterentwickeln können, wenn ihr Wirt von einer anderen Schlange gefressen worden wäre.

Besonderes Kennzeichen vieler Ophidascariden ist es, daß sich das vierte Larvenstadium und der adulte Nematode mit einem Teil des Körpers in der Ösophagus- oder Magenwand verankern, und zwar viele Tiere beieinander. Dabei wird das Kopfende in die Magenschleimhaut gesteckt, während die Körper ins Lumen ragen, so daß das Ganze das Aussehen eines „Medusenhauptes" gewinnt (Abb. 3-57). *Ophidascaris labiatopapillosa* bohrt sich hin und wieder aus der Magenwand, so daß die Mitte des Körpers in die Magenwand zu liegen kommt. Er kann auch bis zu 1 cm ins Mesenterium hineinragen und Kopf- und Schwanzende des Nematoden befinden sich im

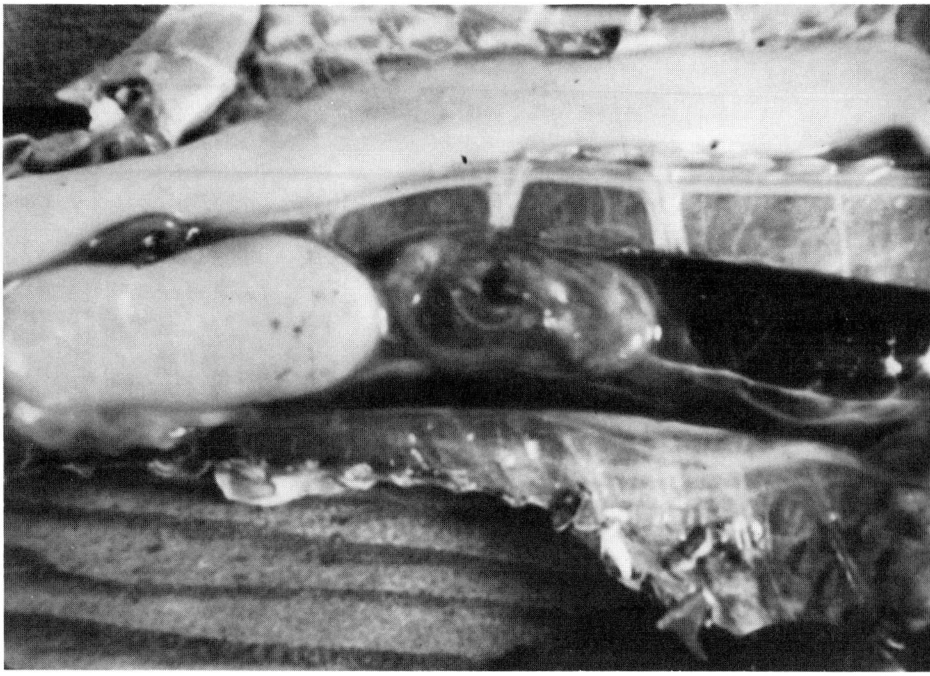

Abb. 3-56 Larven von *Ophidascaris* haben sich auf der Leberoberfläche einer Bambusotter *(Trimeresurus gramineus)* eingekapselt. Die Kapsel zur linken wurde aufgeschnitten (oberer Rand), so daß der Wurm herauskriechen konnte. (Armed Forces Institute of Pathology Accession Nr. 1058159)

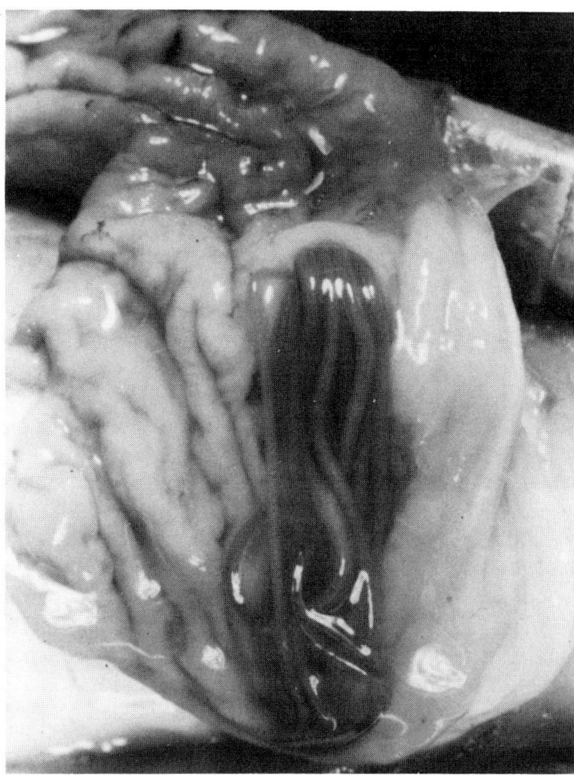

Abb. 3-57 *Ophidascaris*-Larven des 4. Stadiums, die sich zu einem dichten Klumpen geballt in der Mukosa des Magens einer Kletternatter *(Elaphe carinata)* festgesetzt haben. (Armed Forces Institute of Pathology Accession Nr. 1058270)

Lumen des Magens. *O. labiatopapillosa* parasitiert nordamerikanische Schlangen, z. B. Kielrückennattern *(Natrix s. sipedon, N. c. cyclopion)*, Schwarznattern *(Coluber constrictor)*, Gewöhnliche Hakennattern *(Heterodon platyrhinos)* und Kettennattern *(Lampropeltis getulus)*, als Zwischenwirt nutzt sie Frösche und andere Amphibien[13].

Ohne Anzeichen einer Erkrankung können Schlangen eine begrenzte Belastung durch Ascariden ertragen. Trotzdem bilden sich gelegentlich Abszesse an den Anhaftungsstellen der Larven im Magen, was zu einer Trennung der Schleimhaut von der Submukosa führt[87]. Ist die Infektion schwer oder entsteht Streßeinwirkung, z. B. in Form einer weiteren Krankheit, treten die Nematoden in ernsthafte Nahrungskonkurrenz mit dem Wirt und verschulden dann manchmal Darmdurchbrüche, Darm-, Gallengang- oder Bauchspeicheldrüsenverstopfung[175]. In der Lunge, Trachea und an anderen Stellen, die lebenswichtig sind, führt die Entwicklung und das Wandern der Larven zu eitrigen Wunden oder Ulzerationen.

Eindeutig ist die Gegenwart von Ascariden, wenn die Schlange diese Würmer erbricht oder ausscheidet, doch erfolgt die Diagnose gewöhnlich anhand einer Kotprobe. Die Eier der Ophidascariden gleichen denen von Ascariden der Haustiere in Größe und Gestalt, da sie fast rund sind und eine dicke Schale haben (Abb. 3-56).

Die Maße von *Polydelphis anoura*-Eiern betragen 81 bis 90 × 60 bis 71µm[261], die von *Ophidascaris moreliae* durchschnittlich 81 × 78 µm[260], und die von *O. labiatopapillosa* haben einen Durchmesser von 90 bis 100 µm[13]. Die Askaridiasis der Reptilien kann mit Dichlorvos (Atgard V. Shell Chemical Co.) behandelt werden. Man gibt oral 24 mg/kg Körpergewicht[77a]. Nach einer Woche wiederholt man bei Bedarf die Behandlung. Als Alternative bieten sich Thiabendazol (Mintezol, Merck, Sharp & Dohme) an, und zwar 50 mg/kg oral verabreicht oder 4 Chlorphenol/Toluol (Vermiplex, Pitman-Moore, Inc.), und zwar in einer Dosis von 0,55 ml/kg Körpergewicht. Letzteres Mittel wird als Kapsel gegeben, die 2,5 ml Flüssigkeit enthalten. Es ist darauf zu achten, daß die Kapsel nicht im Schlangenmaul zerbricht, da Vermiplex ätzend wirkt. Am besten spült man die Kapsel mit Wasser den Ösophagus hinunter. Vermiplex ist relativ leicht überzudosieren. Bereits Dosierungen, die das 1,5fache der Richtwerte umfassen, können bei Schlangen zu Krämpfen führen[111].

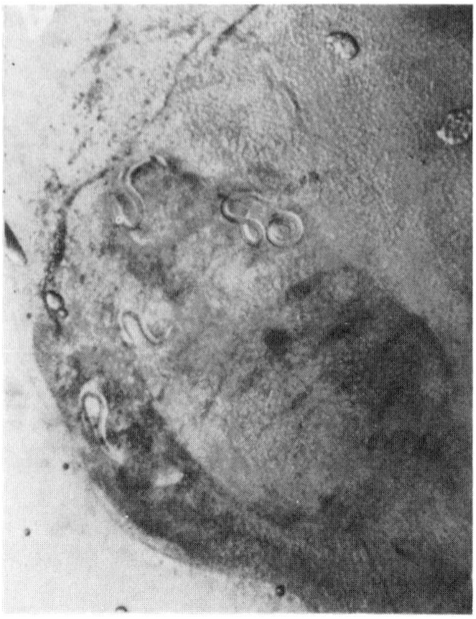

Abb. 3-58 Gastritis bei einer Kiefernnatter (*Pituophis* sp.), 2 Wochen nach der Infektion liegt hier das eingekapselte 3. Larvenstadium von *Kalicephalus parvus* vor. (Wiedergabe mit Erlaubnis des National Research Council of Canada from the Canadian Journal of Zoology, 34: 425–452, 1956)

Kalicephalus, eine Gattung aus der Nematoden-Überfamilie Strongyloidea, parasitiert Schlangen, wobei sie wenig wirtsspezifisch ist. Je nach Art, trifft man die Nematoden überall im Nahrungstrakt an, vom Ösophagus bis in den Dickdarm. Sie wurden mit blutigen Ulzerationen (Abb. 3-58), Anhäufungen von Entzündungsrückständen und Verstopfung des Verdauungssystems in Zusammenhang gebracht[63, 85].

Schwere Infektionen führen zu Appetitlosigkeit, Schwächung und Tod. Bei der Differentialdiagnose müssen bakterielle, amöbenbedingte, von anderen Parasiten verursachte Gastroenteritis und Vergiftungen berücksichtigt werden.

Der Nachweis von *Kalicephalus*-Infektionen erfolgt über die dünnschaligen, durchsichtigen, ovalen Eier im Kot oder über Ösophagusabstriche. Bei der Eiablage befindet sich der Embryo im Morula-Stadium, treten die Eier aber im Kot auf, enthalten sie oft schon das erste Larvenstadium (Abb. 3-59). Bei *K. parvus* sind die Eier 80 bis 100 µm lang und 40 bis 50 µm breit, diejenigen von *K. agkistrodontis* und *K. rectiphilus* sind genauso breit, aber 10 µm kürzer. Das erste (rhabditiforme) Larvenstadium erreicht bei allen drei Arten eine Länge von ⅓ mm und eine Breite von 0,02 mm[243].

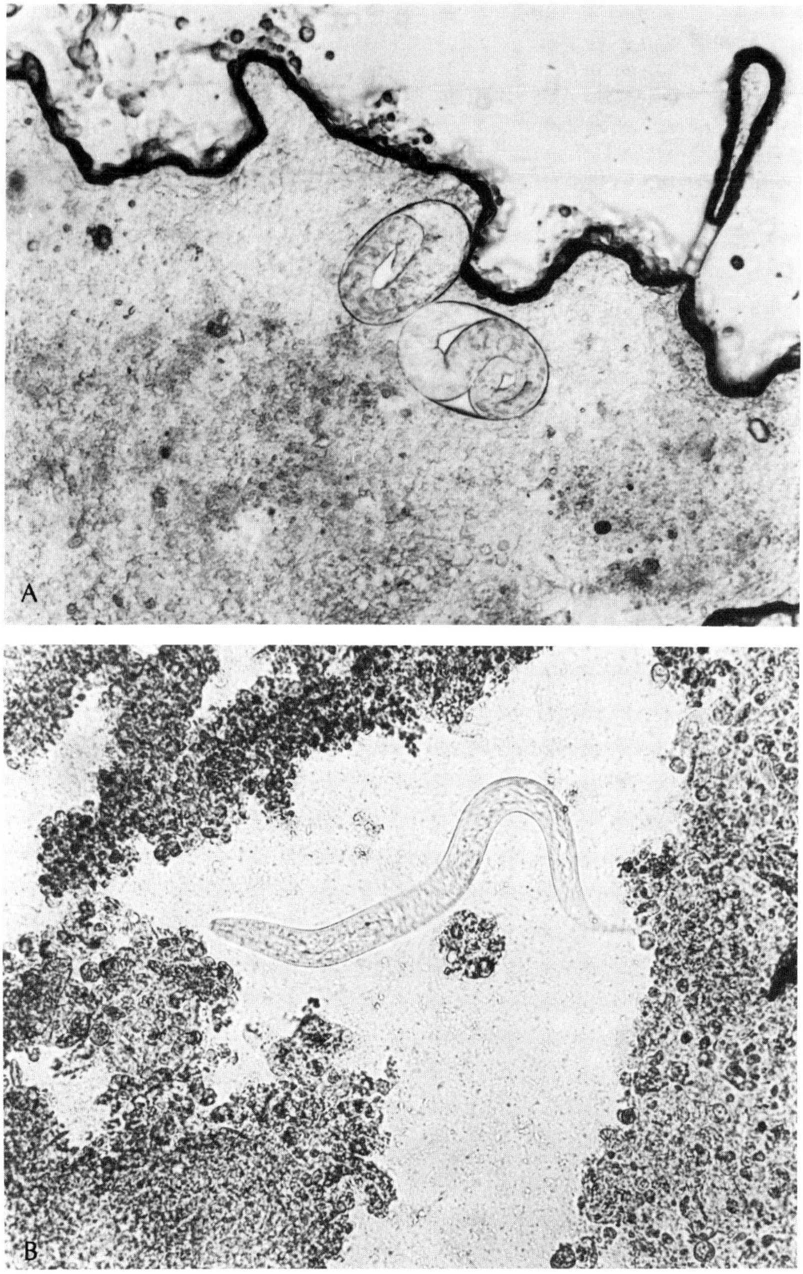

Abb. 3-59 **A.** Zwei Eier von *Kalicephalus,* die beide Larven in der Entwicklung zeigen. **B.** Junge *Kalicephalus*-Larven im Debris des Ösophagus. (Aus Cooper, J. E.: Disease in East African snakes associated with *Kalicephalus* worms [Nematoda: Diaphanocephalidae]. Vet. Rec., 89: 385, 1971. Photographien mit freundlicher Genehmigung von Dr. J. E. Cooper)

Der Entwicklungszyklus von *Kalicephalus* ist ein direkter. Die Infektion kann über die Aufnahme infektiöser Larven, aber auch durch deren Eindringen in die Haut erfolgen[243]. Der Parasit kann sich bei Reptilien in Gefangenschaft beträchtlich vermehren. Die Trockenhaltung der Käfige und eine regelmäßige Entfernung des Kotes wirken dem entgegen. *Kalicephalus* kann mit Thiabendazol behandelt werden. Man gibt es als Trank in einer Dosierung von 50 mg/kg und kann die Behandlung nach zwei Wochen wiederholen. Bricht die Infektion in der gesamten Schlangenhaltung aus, sollte nach den ersten zwei Gaben weiterhin alle sechs Wochen die gleiche Dosis verabreicht werden[63]. Dies führt letzten Endes bei genügender Sauberkeit zur endgültigen Eliminierung des Parasiten.

Camallanus microcephalus, C. trispinosus und *Spiroxys contortus* sind Nematoden, die häufig im Magen und Duodenum nordamerikanischer Süßwasserschildkröten vorkommen. Erster Zwischenwirt ist ein Copepode, der von Amphibien oder Fischen gefressen wird, die dann als Überträger dienen. Entweder durch den Copepoden oder den Überträger infiziert sich die Schildkröte, wenn sie ihn frißt. Die Nematoden setzen sich tief in der Magen- oder Duodenumwand fest und können Abszesse verursachen[159]. Keine genaue Behandlung wurde beschrieben, doch kann man vielfach wirksame Wurmmittel ausprobieren (S. 115).

Die Oxyuriden gehören zu den zahlenmäßig reich vertretenen Würmern in Eingeweiden der Echsen und Schildkröten, und zeigen anders als die *Kalicephalus*-Arten eine hohe Wirtsspezifität. Diese Madenwürmer leben geradeso wie ihre Gegenstücke beim Menschen *(Enterobius vermicularis),* bei Kaninchen *(Passaleuris ambiguus)* und bei Pferden *(Oxyuris equi)* zumeist im unteren Bereich des Verdauungssystems und führen kaum oder gar nicht zu einer echten Erkrankung. Es gibt einen Bericht, demzufolge ein Kurzkammleguan *(Brachylophus fasciatus)* an einer Verstopfung des Colons einging, die durch eine Menge verknäulter Oxyuriden *(Alaeuris brachylophi)* verschuldet worden war[155].

Oxyuriden-Befall stellt man anhand der Eier oder unversehrter Adultformen im Kot fest. Die Eier sind bei den meisten Arten oval und auf einer Seite abgeflacht. Einige Arten von Oxyuriden der Reptilien enthalten bereits Embryonen in den Eiern, wenn diese gelegt werden. Alle Entwicklungszyklen verlaufen direkt. Im allgemeinen empfiehlt sich keine Behandlung bei Madenwurmbefall, doch kann man Thiabendazol in einer Dosierung von 50 mg/kg Körpergewicht verwenden. Nach zwei Wochen wird eine weitere Dosis verabreicht.

Nematoden der Unterordnung Spiruroidea trifft man oft im Magen von Herpetofauna-Vertretern an. Die Infektion erfolgt über Larven, die ein Zwischenwirt als Zysten in sich trägt, der den Tieren als Beute dient (Copepoden oder Insekten). Zum Beispiel kommt *Skrjabinoptera phrynosoma* oft in großen Mengen bei der Texas-Krötenechse *(Phrynosoma cornutum)* vor, wobei als Zwischenwirte Ameisen dienen – das Hauptfutter dieser Echsen[184]. Der Entwicklungszyklus von *S. phrynosoma* ist insofern bemerkenswert, als das adulte Weibchen, das die eingekapselten Eier im Uterus trägt, diese unversehrt mit dem Kot ausscheidet und diese dann von bestimmten Ameisen aufgenommen werden, die den Nematoden in ihr Nest tragen. Hier wird er von Ameisenlarven gefressen, die dadurch infiziert werden. Als Erwachsene dienen diese Ameisen wiederum der Krötenechse als Nahrung und der Kreislauf ist geschlossen.

Die Herpetofauna stellt für einige Spiruriden-Larven den Zwischenwirt dar. Ist der Endwirt ein Fleischfresser, etwa ein Hund, eine Katze oder ein Mensch, infizieren sich diese über ihre Nahrung in Form des befallenen Reptils oder Amphibs. Man konnte beispielsweise Katzen mit adulten *Physaloptera rara* infizieren, indem man an sie das dritte Larvenstadium verfütterte, das aus dem Magen von Klapperschlangen isoliert worden war[301]. Unter den Spiruridenlarven kommt *Gnathostoma spinigerum* die größte Bedeutung zu.

Für sie kommen i. a. als Endwirte Wild- und Haushunde und Katzen Asiens in Frage. Die Eier gelangen mit dem Kot ins Wasser, wo die Larven schlüpfen und von einem winzigen Crustaceen (*Cyclops*-Arten) gefressen werden, der seinerseits wieder zur Nahrung von Fischen, Amphibien oder aquatischen Reptilien gehört. Werden diese wiederum von einem ungeeigneten Wirtstier gefressen, verharrt der Wurm im Larvenstadium. Er vollendet seinen Entwicklungszyklus erst, wenn dieser sekundäre Zwischenwirt von einem Caniden oder Feliden gefressen wird. Beim Menschen rufen *G. spinigerum*-Larven Entzündungen hervor, wenn sie in der Unterhaut, im Auge oder den Magen- und Darmwänden herumwandern.

Frösche *(Rana pipiens, R. clamitans, R. septentrionalis, R. catesbeiana)* und manche Fische, z. B. Hechte oder Groppen, dienen dem Nierenwurm *Dioctophyma renale* als „Wartewirte“. Die Eier werden mit dem Urin des Endwirtes, z. B. eines Musteliden oder Hundes ausgeschieden und von Süßwasseroligochaeten *(Lumbricus variegatus)* aufgenommen, in denen sie sich zum

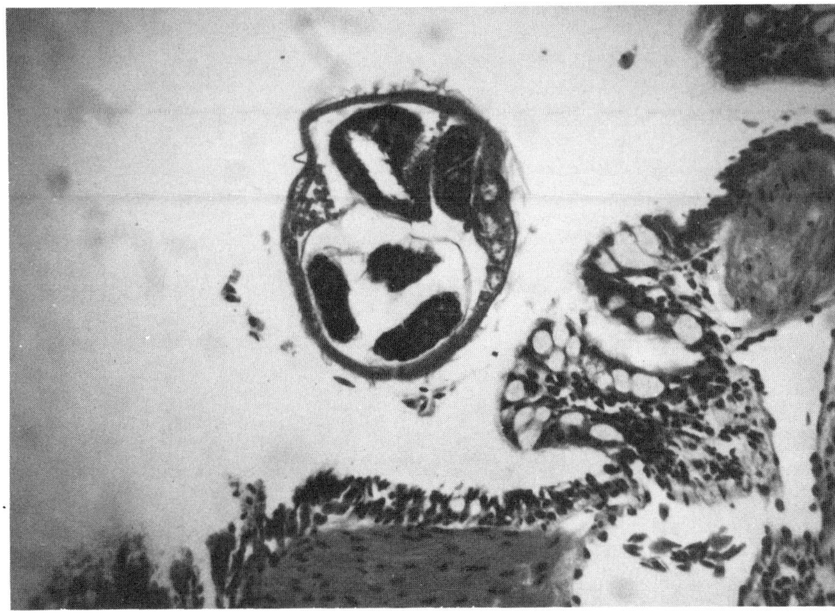

Abb. 3-60 Nematoden der Lunge im Lungenquerschnitt eines Leopardfrosches *(Rana pipiens)*. Wie es bei Fröschen üblich ist, liegt hier keine Nekrose oder Entzündung als Begleiterscheinung vor

infektiösen (dritten) Stadium entwickeln. Sobald passende Frösche oder Fische den befallenen Oligochaeten fressen, bilden die Larven in deren Magen- oder Darmwand oder im Mesenterium Zysten. Der Zyklus wird vollendet, wenn Endwirte (Fische oder Frösche), infizierte Oligochaeten verzehren.[190a].

Lungennematoden, meist aus der Gattung *Rhabdias*, kommen bei vielen Fröschen, Kröten, Schlangen, Chamäleons und der Blindschleiche, *Anguis fragilis* vor. Gebietsweise erstreckt sich der Befall mit Lungennematoden fast auf die gesamte Population und in Einzelfällen sind Individuen sehr stark befallen. Trotzdem zeigen die Tiere kaum oder gar keine Symptome und evtl. nur eine leichte Entzündung (Abb. 3-60). Allerdings wurden Lungennematoden als Ursache schwerer Atemnot bei Schlangen beschrieben, die zum Tod führen kann. In solchen Fällen folgt exudative Pneumonie[312] (Abb. 3-61) und Hauptdifferentialdiganose ist eine bakterielle Pneumonie, die zu Beginn dieses Kapitels besprochen wurde (s. S. 66).

Der Entwicklungszyklus der *Rhabdias*-Arten gleicht demjenigen der *Strongyloides*-Arten, bis auf die Tatsache, daß erstere als Adulte in der Lunge und die letzteren im Dünndarm ihrer jeweiligen Wirtstiere leben. Das Weibchen des

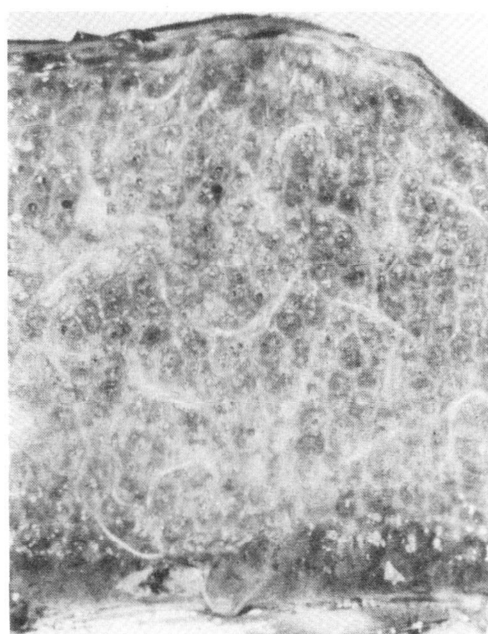

Abb. 3-61 Äskulapnatter *(Elaphe longissima)* mit schwerer Pneumonie, die durch *Rhabdias fuscovenosa* hervorgerufen wurde. (Aus Zwart, P.: Ziekten van reptielen II: Aandoeningen van de ogen, de oren, de mondholte en de longen. Lacerta, 30: 72–79, 1972)

Abb. 3-62 Hautnekrose mit Schuppenablösungen bei einer Netzpython *(Python reticulatus)* infolge Fadenwurmbefalls. (Aus Reichenbach-Klinke, H. und Elkan, E.: The Principal Diseases of Lower Vertebrates. New York, Academic Press, 1965)

Lungennematoden produziert Eier, die Embryonen enthalten, oder rhabditiforme Larven in der Lunge. In beiden Fällen gelangen diese über die Trachea ins Maul, werden verschluckt und schließlich mit dem Kot ausgeschieden, der zur Stellung einer Diagnose herangezogen werden kann. Die rhabditiformen Larven wachsen im Boden heran, paaren sich und bringen filarienförmige Larven hervor, die in ein geeignetes Amphib oder Reptil über den Mund oder durch die Haut eindringen. Dann wandern sie über den Blutkreislauf in die Lungen, wo sie ihre Entwicklung vollenden[304]. Schwerer Befall durch Larven kann sich als tödlich erweisen, wie eine *R. sphaerocephala*-Infektion bei der Aga-Kröte *(Bufo marinus)* zeigte[304]. Unter schlechten hygienischen Bedingungen kann dieser Befall fortbestehen, so daß eine Verhinderung dieser Krankheit auf Sauber- und Trockenhaltung der Käfige beruht.

Zwart und Jansen behandelten Infektionen durch Lungennematoden bei Kielrückennattern *(Natrix tessellata, N. natrix)* und Gewöhnlichen Strumpfbandnattern *(Thamnophis sirtalis)* mit offensichtlichem Erfolg, indem sie intrapleuroperitoneal Tetramisol (Ripenol) und zwar 10 mg/kg und oral Oxytetracyclin gaben[316].

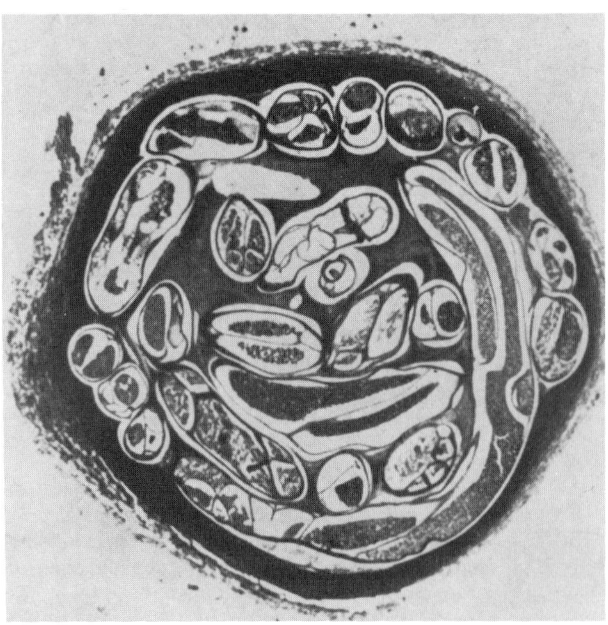

Abb. 3-63 Schnitt durch die Arterie im Mesenterium von *Python molurus bivittatus* Kühl, die mit adulten Fadenwürmern *(Macdonaldius oschei* Chabaud and Frank) gefüllt ist. (Photographie von W. Frank. Aus Reichenbach-Klinke, H. und Elkan, E.: The Principal Diseases of Lower Vertebrates. New York, Academic Press, 1965)

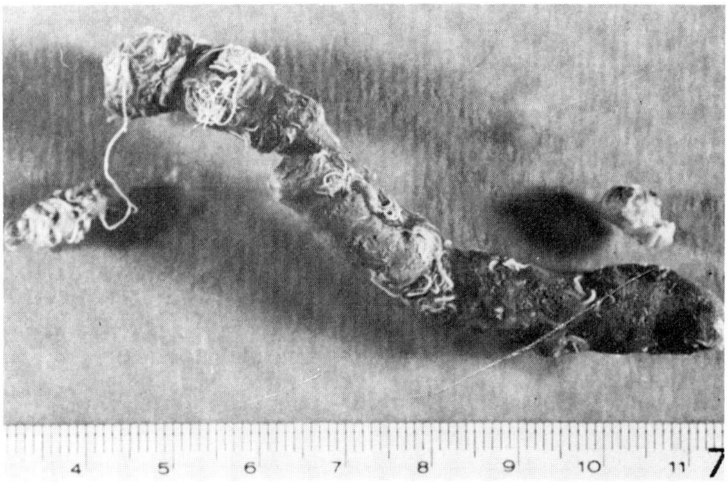

Abb. 3-64 Eine Ansammlung von Fadenwürmern *(Macdonaldius oschei)*, die die Vena cava posterior einer *Boa constrictor* blokkierte. (Aus Telford, S. R., Jr.: Parasitic diseases of reptiles. J. Am. Vet. Med. Assoc., 159: 1644–1652, 1971)

Fiennes berichtet über eine einigermaßen erfolgreiche Behandlung mit Piperazin bei Schlangen[87].

Filarien findet man bei verschiedenen Amphibien und Reptilien[69, 305]. Je nach Art, halten sich Adultstadien in den Blutgefäßen oder im Bindegewebe, z. B. der Unterhaut oder dem Mesenterium, auf. Filarienbefall kann ohne klinische Symptome verlaufen, doch massive Infektionen führen besonders bei ungewöhnlichen Wirtstieren zu Verstopfung der Lymph- oder Blutgefäße, was zu Ödembildung und/oder Nekrosen in diesem Bereich führt.

Hautschwellungen und schwere Hautnekrosen wurden bei asiatischen Pythons durch *Macdonaldius oschei*, einer Filarie von Neuweltschlangen, in Gefangenschaft verursacht (Abb. 3-62)[233]. In diesem unkonventionellen Wirtstier – der asiatischen Python – fand man die adulten Nematoden vor allem in den Arterien des Mesenteriums vor (Abb. 3-63). Dagegen treten sie bei ihren natürlichen Wirten (der Neuen Welt) gewöhnlich in der Vena cava posterior und dem Renalen Pfortadersystem auf, wo sie gelegentlich Arterienerweiterungen und Thrombosen verschulden (Abb. 3-64)[273]. Trotz der relativ schweren Venenschädigung verlaufen *M. aschei*-Infektionen bei Boa constrictors und anderen mexikanischen Schlangen ohne klinische Symptome, und man stellt keine damit zusammenhängenden Hautschäden fest[269].

Wie beim Filiarienbefall der Säuger wird die Diagnose gestellt, indem man die Mikrofilarien im Blut (Abb. 3-65) oder die Adultstadien oder Mikrofilarien in den Läsionen nachweist. Vor-

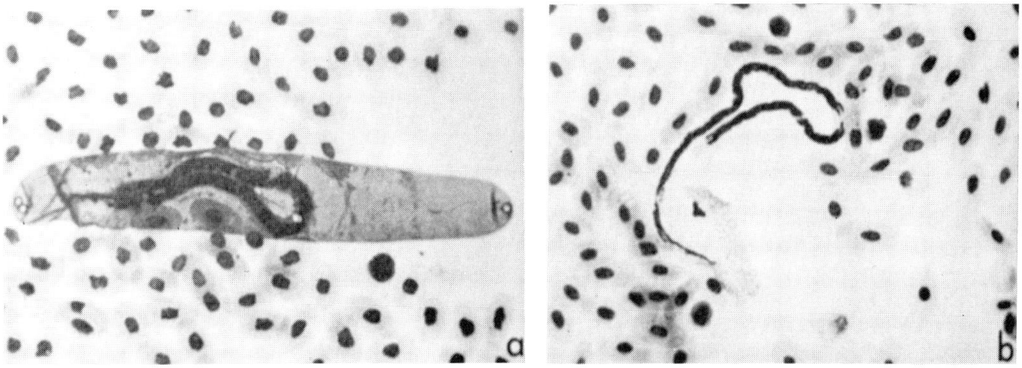

Abb. 3-65 Mikrofilarien einer mexikanischen Königsschlange *(Constrictor constrictor)*. **A.** *Macdonaldius oschei.* **B.** *M. colimensis.* (Aus Telford, S. R., Jr.: Parasitic diseases of reptiles. J. Am. Vet. Med. Assoc., 159: 1644–1652, 1971)

beugen gegen Filarienbefall kann man nur dadurch, daß man die Überträger, d. h. blutsaugenden Arthropoden wie Zecken und Mücken, vernichtet. Zur Chemotherapie gibt es meines Wissens noch keine Hinweise, doch könnte man Medikamente ausprobieren, die in der Human- und Tiermedizin für analoge Infektionen verwendet werden, z. B. Diethylcarbamazin. Angeblich können adulte *M. oschei* getötet werden, wenn man eine befallene Königsschlange *(Constrictor constrictor)* für 24 bis 48 Stunden in konstanter Umgebungstemperatur von 35 ° bis 37 °C hält. Auch unter diesen Bedingungen bleiben die Mikrofilarien noch eine Woche erhalten[268].

3.2.6 Blutegel

Blutegel sind häufige Ektoparasiten aquatisch lebender Reptilien und Amphibien, vor allem der Schildkröten. Sie saugen sich mit Blut voll und fallen dann von selber ab, so daß man sie in Gefangenschaft selten antrifft. Durch angemessene Quarantänebedingungen vor der Einführung neuer Exemplare in eine Tiergruppe wird wirksam verhindert, daß diese Anneliden sich in für sie durchaus vorteilhafter Umgebung – z. B. den Schildkrötenbecken in einem Zoo – einnisten.

Da ein einfaches Abreißen der Blutegel die Haut ihres Wirtes verletzt oder ihre Mundwerkzeuge darin zurückbleiben, sollte man dies unterlassen. Oberflächlich aufgetragene und konzentrierte Salzlösung, Alkohol oder Essig veranlaßt u. U. den Egel loszulassen. Einige Blutegel der Reptilien sind nicht wirtsspezifisch und saugen auch am Menschen oder anderen Tieren Blut. Auch in solchen Fällen empfiehlt sich die oben beschriebene Behandlung.

Mann und Tyler berichten über die äußerst bemerkenswerte und einmalige Tatsache, daß ein Egel, *Philaemon* sp. (vermutlich *Ph. grandidieri*)

Abb. 3-66 Ein Blutegel *(Philaemon)* im dorsalen Lymphsack eines kleinen Frosches aus Neu-Guinea. (Aus Reichenbach-Klinke, H. und Elkan, E.: The Principal Diseases of Lower Vertebrates, New York, Academic Press, 1965. Mit freundlicher Genehmigung von B. N. Dovetil, Esher, Surrey)

als Endoparasit bei fünf Froscharten in Neu-Guinea gefunden worden ist[193]. Die Parasiten waren meist einzeln, und zwar im dorsalen Lymphsack unter der Haut (Abb. 3-66) oder vereinzelt in der Leibeshöhle oder in deren Wand anzutreffen. In solchen Fällen kann man den Egel nur mit einem chirurgischen Eingriff entfernen.

Neben ihrer Rolle als Blutsauger spielen die Blutegel auch noch die des Zwischenwirts der Hämogregarinen und Trypanosomen bei wasserlebenden Vertretern der Herpetofauna. Egel *(Ozobranchus branchiatus)* traten in Zusammenhang mit fibroepithelialen Tumoren in der Haut bei Suppenschildkröten *(Chelonia mydas)* auf, doch wurde nicht bewiesen, daß die Parasiten tatsächlich die Ursache dafür waren (s. S. 160).

3.2.7 Pentastoma-Befall

Die Pentastomida sind ein Parasitenstamm, der einige Merkmale der Arthropoden und Anneliden zeigt. Die große Mehrheit davon kommt adult in Reptilien vor.

Für die hier behandelten Pentastoma folgt der Entwicklungszyklus nach folgendem Schema: der adulte Wurm bewohnt die Atmungswege (meist die Lunge) von Schlangen, Echsen oder Krokodilen (einige wenige Arten kommen auch bei Schildkröten vor). Bei der Eiablage (Abb. 3-67) befindet sich bereits das erste Larvenstadium im Ei, das u. U. vier gelenklose, beinartige Fortsätze aufweist (Abb. 3-68), was ihm auf den ersten Blick das Aussehen einer Milbe verleiht. Die Eier entwickeln sich in einem Sputum weiter, werden mit Kot ausgeschieden und werden infektiös. In diesem Stadium nimmt sie ein geeigneter Zwischenwirt auf, wie z. B. ein Nager, Primate oder Ungulate. Für manche *Raillietiella*-Arten der Echsen dienen vermutlich Insekten als Zwischenwirt. Auch der Mensch kann als Zwischenwirt für Pentastomida eine Rolle spielen (s. S. 125). Die Larven entwickeln sich in Mesenterium, Leber oder anderen Geweben des Zwischenwirts zu infektiösen Nymphen und dann in den Atemwegen der Reptilien zu Adulten, wenn der Endwirt den Zwischenwirt frißt. Der adulte Wurm besitzt eine Pseudosegmentierung in Form mehrer verdickter kutikulärer Ringe, die

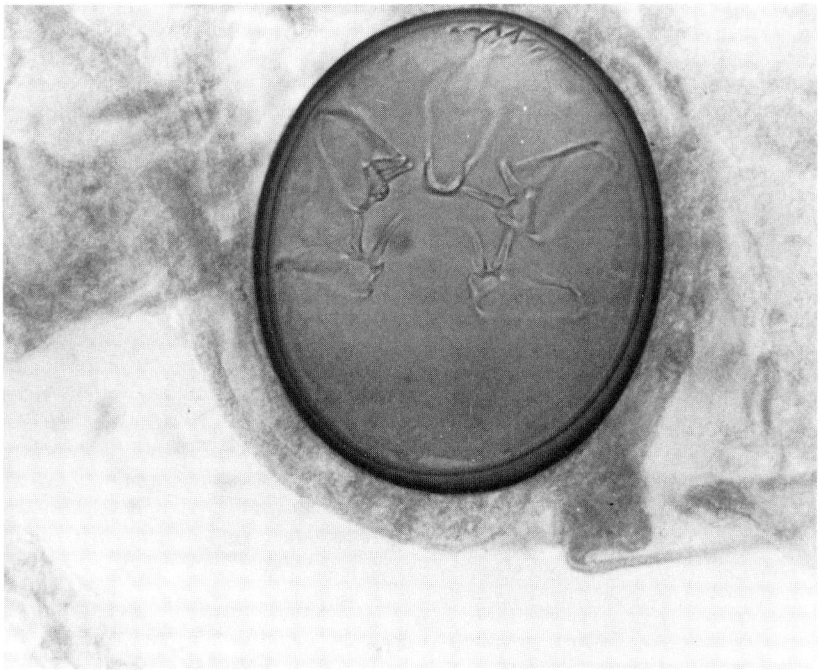

Abb. 3-67 Ei (125 µm Durchmesser) mit *Raillietiella orientalis*-Larve des ersten Stadiums darin, das man bei einer Kobra *(Naja naja philippinensis)* fand. 320fach vergrößert. (Mit freundlicher Genehmigung von Dr. D. E. Deakins. Aus Deakins, D. E.: *Raillietiella orientalis* (Pentastomida) hyperinfection in *Naja naja philippinensis* (Reptilia: Serpentes). M.S. thesis, University of Oklahoma, 1969)

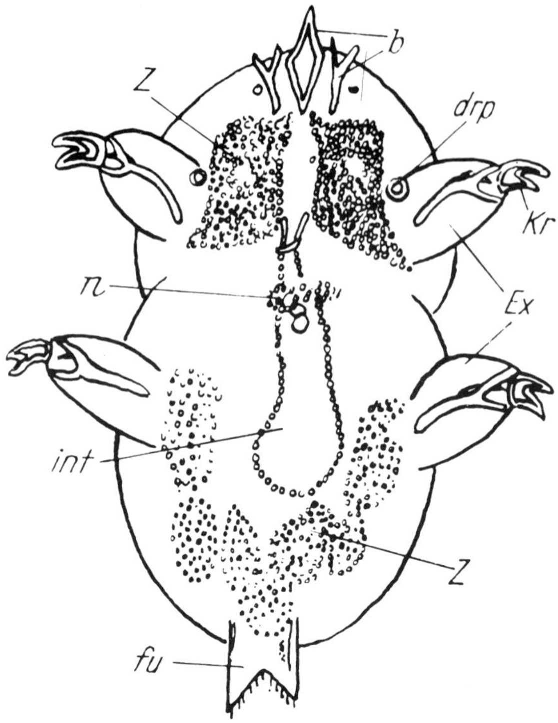

Abb. 3-68 Erstes Larvenstadium von *Porocephalus clavatus.* Aus Osche (1963). **b:** Apparat zum Eindringen ins Wirtsgewebe; **drp:** Drüsenmündung; **ex:** Körperanhänge; **fu:** gegabelter Schwanzfortsatz; **int:** Darmkanal; **kr:** Klauen (Anhangshäkchen); **n:** Rudimente des Nervensystems; **z:** große Drüsenzellen. (Aus Self, J. T.: Biological relationships of the Pentastomida; a bibliography on the Pentastomida. Exp. Parasitol., 24: 63–119, 1969. Photographie mit freundlicher Genehmigung von J. Teague Self)

bei einigen Arten wie eine Ringreihe aussehen (Abb. 3-69).

Die Fähigkeit der Pentastomida, sich durch Gewebe zu bohren, ist ausgesprochen groß und gelegentlich bohren sich adulte Tiere durch Lunge und Körperwand und ragen aus der Haut heraus (Abb. 3-70). Man hat auch schon beobachtet, daß sie aus dem Maul oder den Nasenöffnungen hervorkommen (Abb. 3-71), besonders dann, wenn der Wirt unter Streß oder Atemnot leidet. Zumeist treten diese Parasiten in großer Zahl auf, sowohl als Adulte im Endwirt, als auch als Larven und Nymphen im Zwischenwirt. Trotz ihrer Häufigkeit und ihrer Fähigkeit, im Gewebe zu wandern, verlaufen die meisten Pentastomida-Infektionen – egal ob es sich um Larven oder Adulte handelt – bei den natürlichen Wirten ohne klinische Symptome und rufen kaum Entzündungen hervor. In einigen Fällen erleidet das befallene Reptil allerdings schweren Schaden, d. h. Gewebe wird regelrecht zerstört oder die Trachea blockiert.

Reptilien fallen gelegentlich einer Selbstinfektion zum Opfer, z. B. durch *Raillietiella-*, *Sambonia-* und *Kiricephalus-*Arten. Es kommt zu Einwanderung von Larven, Nymphen und Adulttieren ins Gewebe, die zu Blutungen, akuten Entzündungen oder einer chronischen Granulombildung in den verschiedenen Organen – besonders in Colon, Leber und Lunge – führen[74]. Als solche Fälle hat Deakins massive Granulombildung bei Dickdarmentzündung mit schwerer Fibrose der Darmwand und schwere Endzündungen mit Granulabildung im Lebergefäßsystem beschrieben[74]. Beim Mississippi-Alligator *(Alligator mississippiensis)* riefen Larven von *Sebekia oxycephala* blutige Nekrose in der Leber und Adulte blutige Nekrose in der Lunge hervor[123a]. Beeinflußt wird der Grad und die Auswirkung einer Pentastomida-Infektion durch die Abwehrkräfte des Wirtes, vorherige Sensitivierung, weitere Erkrankungen und die Zahl und das Entwicklungsstadium der eindringenden Parasiten. Die Nymphen und adulten Pentastomida ernähren sich von Parenchymzellen und Blut und schwere Infektionen führen daher zu beträchtlichen Blutungen und zur Zerstörung von Gewebe.

Als Beispiele für häufig bei Reptilien vorkommende Adultformen sind *Armillifer armillatus* (siehe Abb. 3-69) bei Afrikanischen Pythons und Vipern, *Porocephalus crotali* (Abb. 3-72) bei der Wassermokassinschlange *(Agkristodon piscivorus)* und nordamerikanischen Klapperschlangen *(Crotalus-*Arten*)*, *Kiricephalus-*Arten bei Nat-

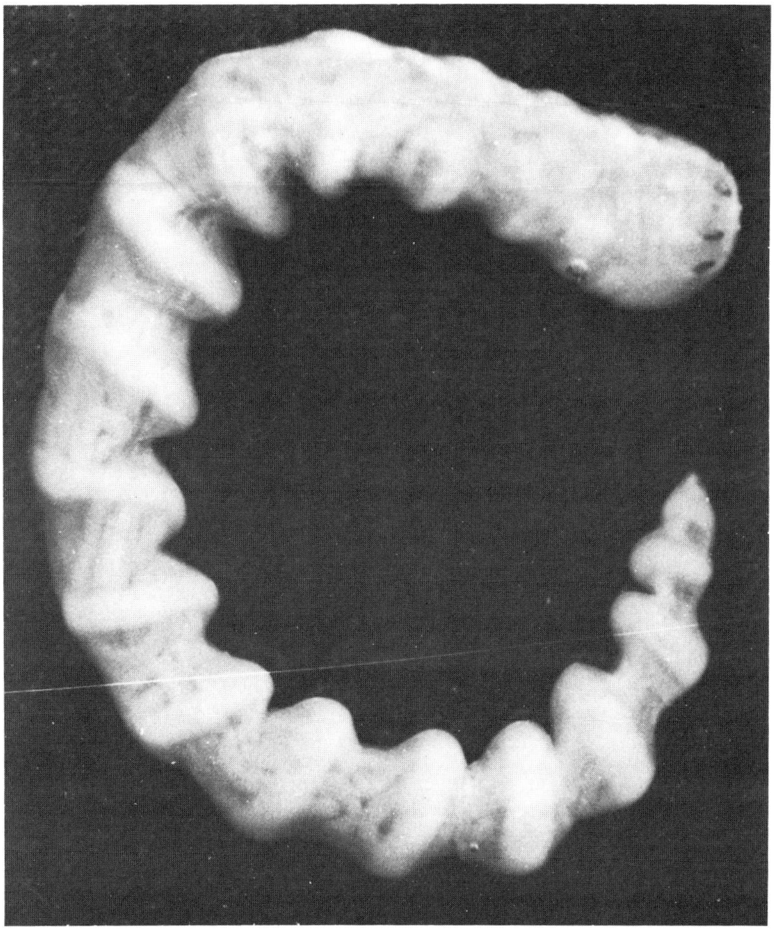

Abb. 3-69 Adultform von *Armillifer armillatus,* ein häufiger Pentastoma-Vertreter bei afrikanischen Pythons und Vipern. (Mit freundlicher Genehmigung von George L. Graham, Ph. D.)

Abb. 3-70 Pentastomiden, *Kiricephalus pattoni,* bei ihrem Austritt durch die Haut einer Grasnatter *(Opheodrys [Liopeltis] major).* (Aus Self, J. T. und Kuntz, R. E.: Host-parasite relations in some Pentastomida. J. Parasitol., 53: 202–206, 1967)

Abb. 3-71 Ein Pentastomum, *Kiricephalus pattoni,* das aus der Nasenöffnung einer Grasnatter *(Opheodrys [Liopeltis] major)* herauskriecht. (Aus Self, J. T. und Kuntz, R. E.: Host-parasite relations in some Pentastomida. J. Parasitol., 53: 202–206, 1967)

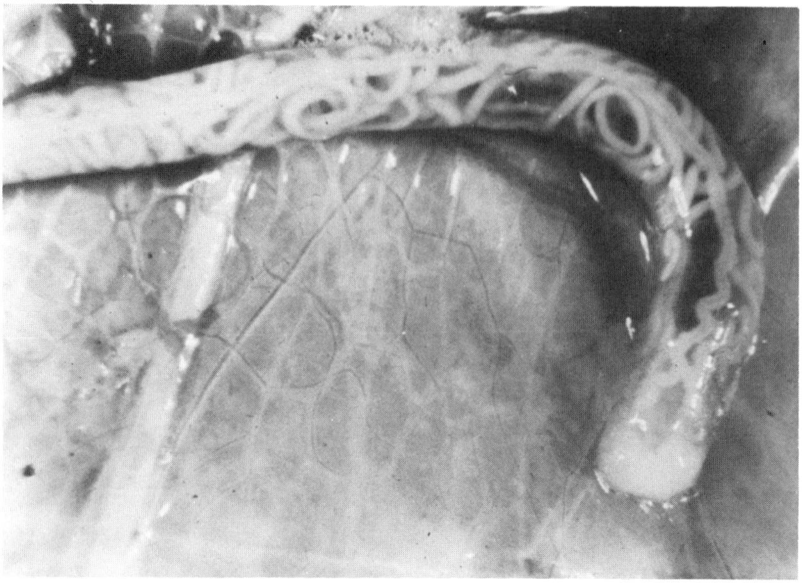

Abb. 3-72 Kopfhälfte eines adulten Pentastomum-Weibchens, *Porocephalus crotali,* in der Lunge einer Wassermokassinschlange *(Agkistrodon piscivorus).* Der Kopf ist in der Lunge verankert (unten rechts), den gewundenen Genitaltrakt kann man durch die durchsichtige Kutikula sehen. (Armed Forces Institute of Pathology Accession Nr. 1058160)

tern (einschließlich vieler ungiftiger Schlangen der Vereinigten Staaten), *Raillietiella*-Arten bei Echsen und Schlangen und *Sebekia*-Arten bei Krokodilen zu nennen.

Armillifer armillatus nutzt i.a. als Zwischenwirte Primaten, Nager und kleinere Antilopen. Dabei ist der Mensch in Afrika oft zufälliger Wirt; wenn der Großteil der Infektionen sich auch nicht einmal äußern, sollte man doch bezüglich der Hygiene Vorsicht walten lassen, für den Fall, daß jemand eine infizierte Schlange besitzt.

Man kennt keine zuverlässige Behandlungsmethode gegen Pentastomida-Befall bei Reptilien. Zur Übersicht und Beschreibung dieser Parasiten existiert eine umfassende Veröffentlichung[251].

3.2.8 Milbenbefall

Nach Reichenbach-Klinke und Elkan wurden bei Reptilien 250 Milbenarten als Parasiten beschrieben[233]. Die bekannteste darunter ist *Ophionyssus natricis (serpentium),* die bei Schlangen sehr häufig vorkommt (Abb. 3-73) und in Gefangenschaft ernsthaft pathogen wirkt. Diese Milbe ist rot, grau oder schwarz gefärbt und knapp 1 mm lang. Sie lebt zwischen oder unter den Schuppen der Schlangen (gelegentlich auch bei Echsen), und zwar vor allem in der Kinn-, Augen- und Kloakenregion.

Befallene Schlangen reiben ihren Körper oft an Gegenständen und winden sich oder bleiben ungewöhnlich lange im Wasser. Ertrinken die Milben dabei, kann man sie im Wasser sehen[166]. Bei mangelhafter Sauberkeit kann die Milbenpopulation in Gefangenschaft ernorm anwachsen, so daß stark befallene Reptilien durch Blutverlust geschwächt werden. Daneben übertragen diese Parasiten *Aeromonas hydrophila*[51], einen gramnegativen peitschenförmigen Erreger von Pneumonie und blutiger Septikämie bei Reptilien (s. S. 66). Beim Menschen kann *O. natricis* Dermatitis hervorrufen[248].

Manche Echsen verringern selbst ihre Ektoparasiten, indem sie die Milben fressen[48]. Dabei infizieren sie sich allerdings u. U. mit gewissen Blutparasiten. Überprüfen auf Milbenbefall gehört unbedingt zur Untersuchung einer Schlange.

Oberflächlich kann man gegen Milben mit einem Kieselgelpuder (Dri-Die 67, Neil A. Maclean Co.) vorgehen, der die Milben dehydriert. Da bei sehr kleinen Reptilien der Puder den gleichen Effekt bewirkt, sollte er hier nur mit äußerster Vorsicht verwendet werden. Außerdem wird er hierfür ungünstig in Sprühdosen verpackt gelie-

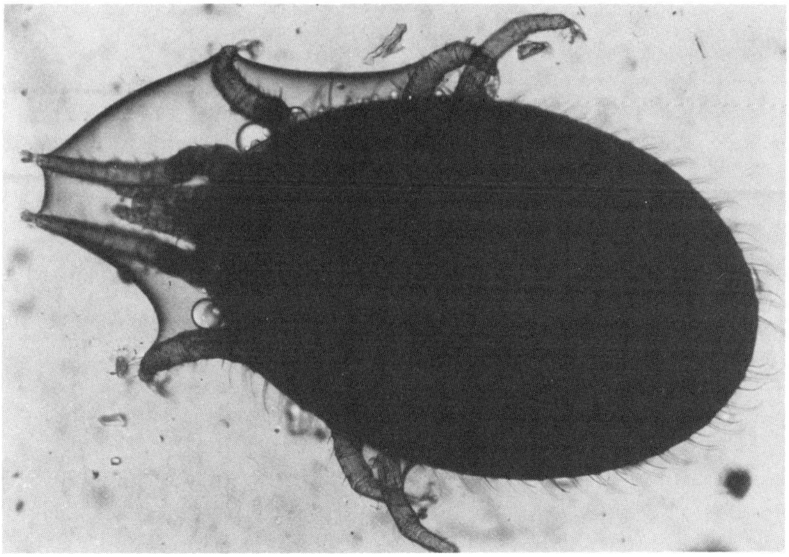

Abb. 3-73 Ophionyssus natricis (serpentium), adult, 60fach vergrößert

fert und wird vom Patient und der behandelndei Person eingeatmet. Das Aufhängen von Fliegenfängern, die kleben und mit Dichlorvos präpariert sind (Vapona, Shell Chemical Corp.) vernichtet offenbar die Milben. Aber auch hier können nach meinen Erfahrungen die Chemikalien für kleine Reptilien toxisch sein (z. B. für den Rotkehl-Anolis, *Anolis carolinensis).* (Siehe hierzu auch den Abschnitt über die Toxikologie auf S. 152–153.) Im Schlangenpark von Nairobi bekam man den Milbenbefall dadurch unter Kontrolle, daß man neueingetroffene Tiere mit 1%igem Trichlorophon (Neguvon, Bayer Laboratories) besprühte und diese Behandlung weiterhin alle 4 bis 6 Wochen durchführte[64].

Zwei absolut wirksame Milben-Vernichtungsmittel sind Ortho-Dibrom 8-E (California Chemical Co.), und zwar 0,5 bis 1 ml pro Liter Wasser und Diazinon 25 E (Geigy) in einer Verdünnung von 1:240 bis 1:480 im Wasser. Beide Mittel werden als Spray gebraucht und können nach zwei bis vier Wochen wieder verwendet werden[52]. Ihre Harmlosigkeit ist allerdings nicht voll erwiesen. Diazinon 25 E war zwar 1:240 verdünnt für einen Rotkehl-Anolis gut verträglich, doch töteten bereits 5 ml dieser Lösung zwei von fünf Halsbandnattern *(Diadophis punctatus arnyi)* innerhalb von einer Woche[52]. Zwei adulte Brasilianische Glattnattern *(Cyclagras gigas)* gingen zwei Stunden, nachdem man sie kurz in eine 1:360 Lösung von Diazinon getaucht hatte, ein, obwohl sie sofort nach der Behandlung mit Wasser abgespült worden waren[120a]. Diazinon 25 E in einer Verdünnung von 1:480 wurde von Halsbandnattern ohne Weiteres vertragen, so daß die Verträglichkeitsgrenze dieses Mittels für Reptilien sehr niedrig zu liegen scheint.

Um die Ansteckung weiterer Tiere zu verhindern, kann man Reptilien regelmäßig gegen Milben behandeln, bevor man sie in eine Tiergruppe einführt. Zu den Hygienemaßnahmen, die Milbenbefall entgegenwirken, zählen das Entfernen abgestreifter Haut, Rindenstücke und anderer Objekte, in denen sich die Parasiten verstecken können.

Bei Südamerikanischen Schlangen kommt *Ophioptes tropicalis* vor, eine Milbe, die zu typischen grubenförmigen Verletzungen auf den Schuppen führt, in denen sie lebt (Abb. 3-74)[83]. Hier empfiehlt sich die gleiche Behandlungsmethode wie gegen *Ophionyssus natricis.*

Zwei Gattungen von Lungen-Milben findet man bei Schlangen: *Entonyssus* und *Ophiopneumicola*[245]. Zu ihrer Pathogenität oder den klinischen Symptomen gibt es kaum Hinweise, und keine Behandlung wurde dazu erwähnt.

Die sechsbeinigen Trombiculalarven parasitieren auf der Haut von Reptilien, Vögeln und Säugern einschließlich des Menschen (Abb. 3-75). Als Nymphen (dann achtbeinig) und Adulte leben sie nichtparasitisch und fressen andere kleine Arthropoden und deren Eier. Den Larven wurde im Englischen der Trivialname „red bugs" gegeben.

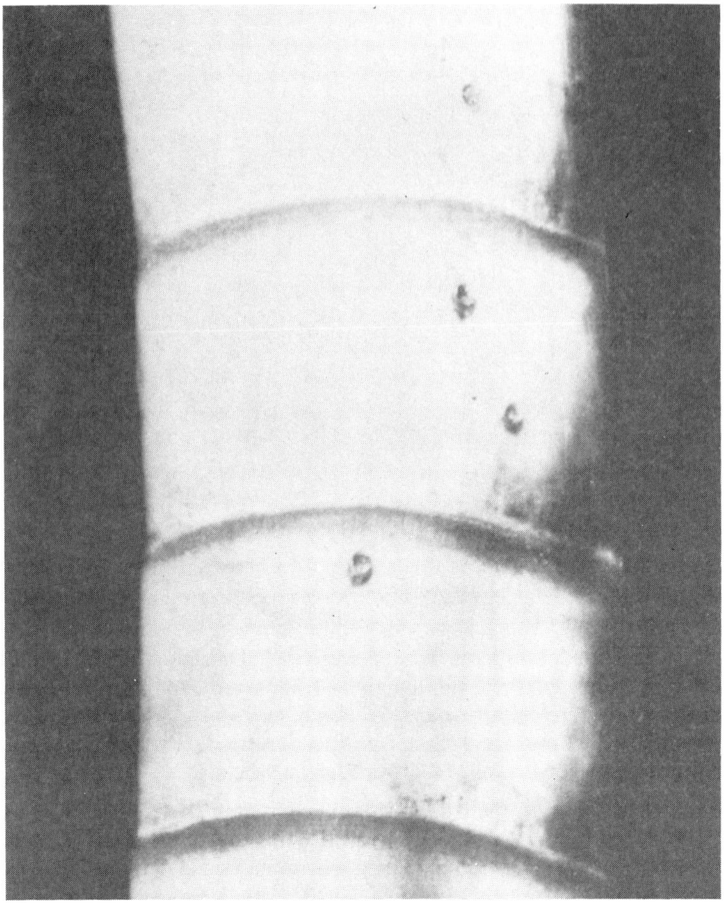

Abb. 3-74 Löcher, die von der Milbe *Ophioptes tropicalis* in den Bauchschuppen einer Brasilianischen Waldnatter *(Erpetodryas carinatus = Chironius car.)* verursacht wurden. 6fach vergrößert. (Aus Ewing, H. E.: A new pit-producing mite from the scales of a South American snake. J. Parasitol. 20: 53–56, 1934)

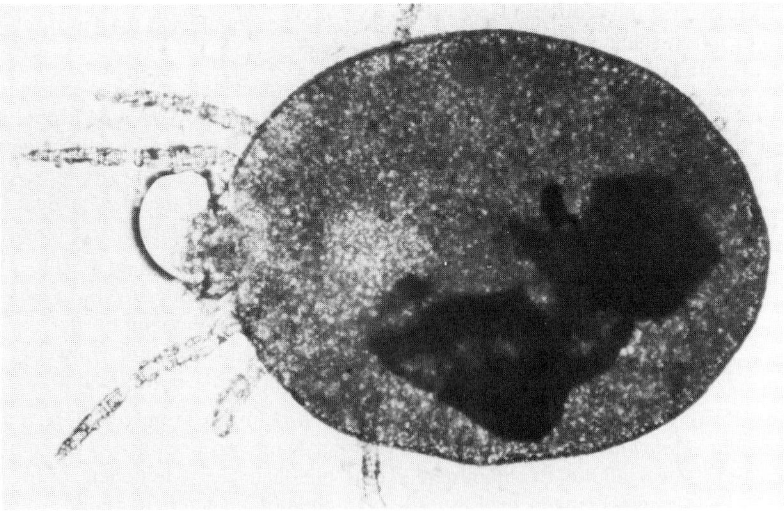

Abb. 3-75 Eine *Trombicula*-Larve, die man aus einem Rotkehl-Anolis *(Anolis carolinensis)* entfernte. Als Larve besitzt diese Milbe sechs Beine. 125fach vergrößert. (Photographie mit freundlicher Genehmigung von Dr. Steven Engler.)

Abb. 3-76 *Trombicula*-Larven (Pfeile) im Schwanz- und Lendenbereich auf der Bauchseite bei einem Rotkehl-Anolis *(Anolis carolinensis)*

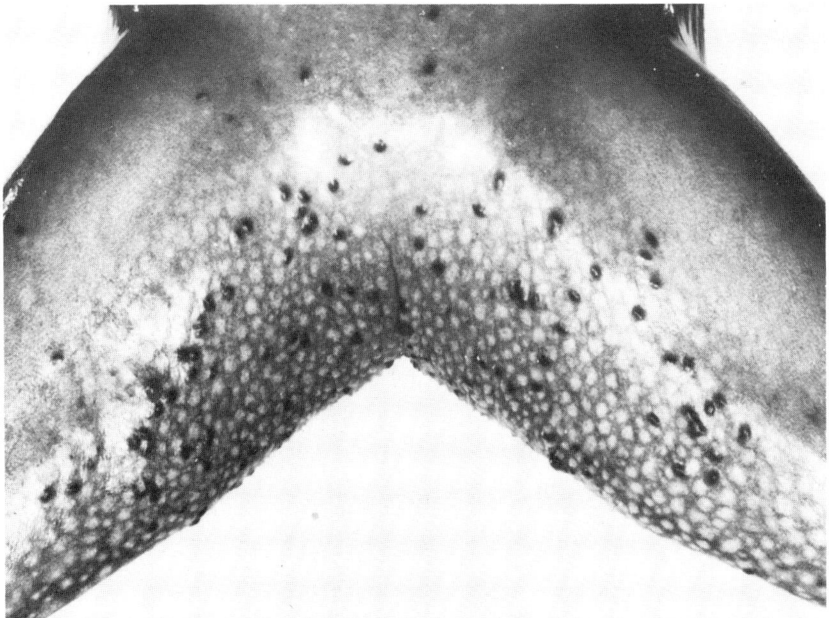

Abb. 3-77 *Hannemania*-Befall bei einem Frosch. Beachte die Bläschen, die die Milben hervorrufen, die sich in der Haut festgesetzt haben. (Aus Worms 1967. Mit freundlicher Genehmigung des J. Institute of Animal Technicians. Nachdruck mit Erlaubnis von Parasites of Laboratory Animals by Robert J. Flynn © 1973 by the Iowa State University Press, Ames, Iowa)

Bei schwerem Befall erscheinen Ansammlungen von Larven als deutlich sichtbare rote Flecke auf der Haut des Wirtes, der dadurch auch geschwächt sein kann. Bevorzugt infiziert werden Hautfalten, z. B. die Achselhöhle oder Hüfte (Abb. 3-76). Da die Nymphen und Adulttiere in Räumen schlechte Überlebenschancen besitzen, beschränkt sich auch der Larvenbefall i. a. auf neu dazugekommene Tiere. Ist der Befall gering, kann man die Parasiten einzeln mit einer feinen Pinzette entfernen, wobei man darauf achten muß, daß keine Mundwerkzeuge zurückbleiben. Die Stelle selbst wird mit einem Antiseptikum betupft. Bei schwerem Befall greift man auf die vorne beschriebene Behandlung gegen Milben zurück.

Unter den Trombicula-Larven parasitiert die Gattung *Hannemania* auf Amphibien[138, 139]. So ruft *H. dunni* bei Pickerels Sumpffrosch *(Rana palustris)* und bei verschiedenen Molchen in den östlichen USA und *H. penetrans* bei anderen Fröschen dieser Region eine orange-rote Bläschen-Bildung (Abb. 3-77) hervor. Die Bläschen sind keinen Millimeter groß und erscheinen vor allem auf Femur und Perineum. Man stellt die Diagnose, indem man die Milbe aus dem Bläschen drückt oder sie histologisch nachweist (Abb. 3-78).

Zecken kommen bei terrestrischen Reptilien häufig vor. Wie die Trombicula-Larven heften sie sich gerne in Hautfalten (Abb. 3-79A) bei einer Gelegenheit konnte ich eine Zecke beobachten, deren Mundwerkzeuge im Carapax einer afrikanischen Landschildkröte steckten (Abb. 3-79B).

Zecken saugen Blut, doch kommen sie selten in so großer Zahl vor, daß sich ein Blutverlust bemerkbar macht. Entfernt man sie mit einer Pinzette, müssen sie samt den Mundwerkzeugen herausgezogen werden.

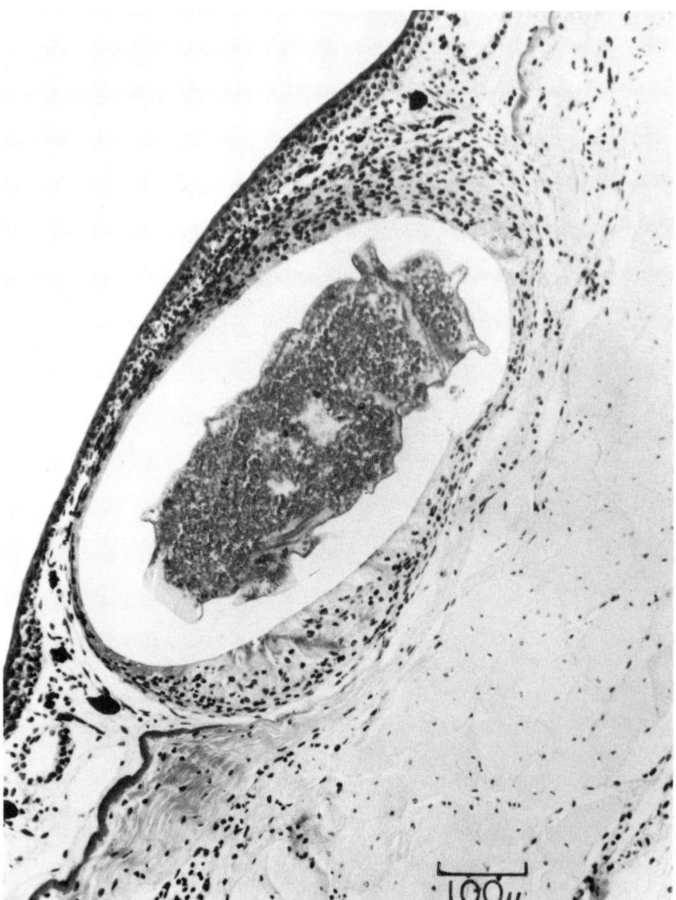

Abb. 3-78 *Hannemania*-Befall bei einem Frosch. Beachte die Milbe im Bläschenschnitt. (Aus Worms 1967. Mit freundlicher Genehmigung des J. Institute of Animal Technicians. Nachdruck mit Erlaubnis von Parasites of Laboratory Animals by Robert J. Flynn © 1973 by the Iowa State University Press, Ames, Iowa

Abb. 3-79 **A.** Zecke, deren Mundwerkzeuge im seitlichen Augenwinkel einer Agame stecken
B. Adultes Zeckenweibchen *(Ixodes)*, das am Carapax einer ostafrikanischen Landschildkröte saugt

Auch als Überträger einiger Blut-Parasiten spielen sie eine Rolle. Teilweise parasitieren die Arten neben Reptilien auch Säuger, daher müssen alle exotischen Reptilien auf Zecken untersucht und behandelt werden, um das Einschleppen fremder Krankheiten bei Menschen und Haustieren zu verhindern. Zum Beispiel fand man bei der Bergeidechse *(Lacerta vivipara)* in England Nymphen des Holzbocks, *Ixodes ricinus,* die Tularämie und Russische Frühsommer-Enzephalitis überträgt[223].

Unter Hafenarbeitern, die eine Sendung zeckenbefallener Königspythons *(Python regius)* verladen hatten, brach Q-Fieber aus (eine *Coxiella burnetii*-Infektion). Man stellte bei einigen Zekken Rickettsien fest, konnte diese aber nicht identifizieren, da die Versuche, das Pathogen aus Pythonblut und -gewebe zu gewinnen, fehlschlugen[8a]. Aus der Leber und Milz einer Python, eines Warans und einer Landschildkröte konnte *C. burnetii* kultiviert werden, und Antikörper gegen diesen Organismus fand man bei indischen Wasserkobras und asiatischen Riesenschlangen[308a].

3.2.9 Parasitische Copepoden

Die bei Fischen als „Fischläuse" oft parasitierenden Copepoden kommen hin und wieder auch als Ektoparasiten bei Kaulquappen und Molchen vor[17, 114]. Über ihre Pathogenität bei Amphibien ist wenig bekannt.

3.2.10 Dipteren

Im Freiland werden Reptilien oft von Mücken und Beißfliegen geplagt. Dies könnte insofern für die Landwirtschaft und die allgemeine Gesundheit von Bedeutung sein, da Reptilien dann als Quelle von Krankheiten in Betracht kommen, die durch diese Arthropoden übertragen werden. Dazu zählen Östliche, Westliche und Enzephalitis vom Typ B. Einige Insekten, die Reptilien gefährlich sind, stechen ebenfalls Vögel und Säuger, den Menschen eingeschlossen.

Myiasis tritt bei Kröten und Schildkröten im Freiland auf. Frischfänge sind daher gelegentlich damit behaftet. Die Dasselfliege *(Bufolucilia bufovivora)* und weitere mit ihr verwandte Arten legen ihre Eier auf Kröten und anderen Amphibien. Die Larven wandern in die Nasenöffnungen und zerstören hier die Schleimhäute. Schließlich bohren sie sich durchs Gewebe bis zur Augenhöhle, die sie allmählich ausfressen. Manchmal gelangen sie bis in den Hirnschädel und zerstören das Gehirn. Insgesamt kommt es zu einer erheblichen Verstümmelung, die in der Regel tödlich endet[159, 233].

Bei den Landschildkröten rufen verschiedene Arten von Sarkophagen Myiasis hervor. Bereits vorhandene Wunden dienen als Eintrittsort für die Maden[146]. Die Behandlung besteht aus dem Entfernen der Maden, dem Ausschneiden der Wunde und Auftragen eines Antiseptikums. Gründliches Spülen des fistulösen Traktes mit 3%igem Wasserstoffperoxid hilft, die dort eingedrungenen Larven nach außen zu bringen.

3.3 Nicht ansteckende Krankheiten und Tumorbildung

3.3.1 Ernährungsbedingte, Stoffwechsel- und essentielle Krankheiten

Die natürlichen Freßgewohnheiten und Verdauungseigenschaften der Herpetofauna wurden in den ersten beiden Kapiteln behandelt. Eine der Haupttodesursachen bei diesen Arten in Gefangenschaft besteht darin, daß ihnen kein angemessenes oder richtig zusammengestelltes Futter gegeben wird. Dem Besitzer ist es nahezu unmöglich, die Erfordernisse für natürliche Freßgewohnheiten einzuhalten, zumal bei Arten mit sehr exklusivem Speisezettel. Auch bei Herpetofauna-Arten wurden bisher keine detaillierten Listen ihrer Nahrungsmittel zusammengestellt. Bis zu dem Zeitpunkt einer besseren Erkenntnis sollte man annehmen, daß Reptilien und Amphibien die gleichen Vitamine, Mineralstoffe und sonstigen Nährstoffe benötigen wie die Säuger. Bei karnivoren Arten muß man daher für eine proteinreiche Ernährung mit allen Aminosäuren, die auch für Mäuse und Menschen als essentiell gelten, sorgen.

Gelegentlich verweigern Reptilien jede Nahrungsaufnahme. Entweder sind sie krank oder sie finden sich einfach nicht mit ihrer Gefangenschaft ab. Dieser Fall wurde von Cowan als „Maladaptations-Syndrom" beschrieben[68]. Klinisch erkennt man den fortschreitenden Gewichtsverlust am Hervortreten von Knochen und an schlaffen Hautfalten. Liegt dem eine Krankheit zugrunde, muß diese behandelt werden, und das Tier wird parenteral oder zwangsernährt (s. S. 49). Unter Umständen werden Vitamine bei parenteraler Gabe besser resorbiert und ihre Wirkung ist höher, als wenn man sie oral verabreicht[92]. Schlecht fressende Tiere können – wie schon besprochen – mit einer Lichtquelle, die einen weiten Spektralbereich aufweist, zum Fressen animiert werden (s. S. 46).

Weibliche Königsschlangen verweigern oft jegliche Futteraufnahme, wenn sie trächtig sind und verlieren daher erheblich an Gewicht[93]. Während der Fortpflanzungszeit fressen auch die Männchen sehr unregelmäßig[93].

Unter allen Herpetofauna-Arten traten die Folgen falscher Fütterung am deutlichsten bei jungen Wasserschildkröten zutage, da diese am häufigsten als Haustiere gehalten werden. Einerseits sind die gewonnenen Erkenntnisse darauf zurückzuführen, daß sich Ernährungsfehler deutlich im anormalen Panzerwachstum niederschlagen und andererseits sind die Freßgewohnheiten dieser Tiere in hohem Maße außeracht gelassen worden. Schildkrötenfutter, das im Handel erhältlich ist und aus getrockneten Insekten besteht, eignet sich für junge Chelonier nicht einmal, um sie am Leben zu erhalten, geschweige um ihr Wachstum zu fördern. Als Folge derartiger Fütterung schwellen die Augäpfel an (squamöse Metaplasie der Augendrüsen). Dies ist auf Vitamin-A-Mangel zurückzuführen. Fehlt Vitamin D oder ist der Kalzium-Phosphat-Haushalt gestört, wächst ein weicher oder deformierter Panzer.

Vitamin-A-Mangel. Ernährt man junge Schildkröten mit einem Futter, das zu wenig Vitamin A enthält, kommt es in der Harder- und Tränendrüse zu squamöser Metaplasie und Verhornung (s. S. 33), die zu einer Vergrößerung der Drüsen führen, was letztlich ein Vorquellen und Umstülpen der Augenlider bewirkt (Abb. 3-80). Tritt dies bei beiden Augen ein, erblinden die Schildkröten, fressen nicht mehr, verhungern oder ge-

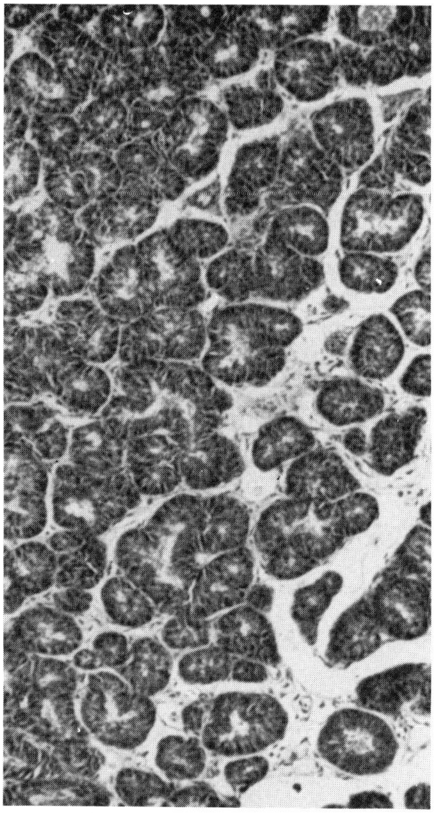
A

Abb. 3-80 **A.** Normale laterale Tränendrüse von *Clemmys leprosa.* Massonsche Trichromfärbung. 137fach vergrößert. **B.** Fast vollständige Metaplasie im Drüsenbereich der lateralen Tränendrüse bei *Chrysemys scripta elegans.* HE-Färbung, 55fach vergrößert. **C.** Zierschildkröte *(Chrysems scripta elegans)* mit geschwollener Augenhöhle infolge Vitamin-A-Mangels, der zu Metaplasie der Augendrüsen führte. (Aus Elkan, E. und Zwart, P.: Ocular disease of young terrapins. Pathol. Vet., 4: 201–222, 1967)

C

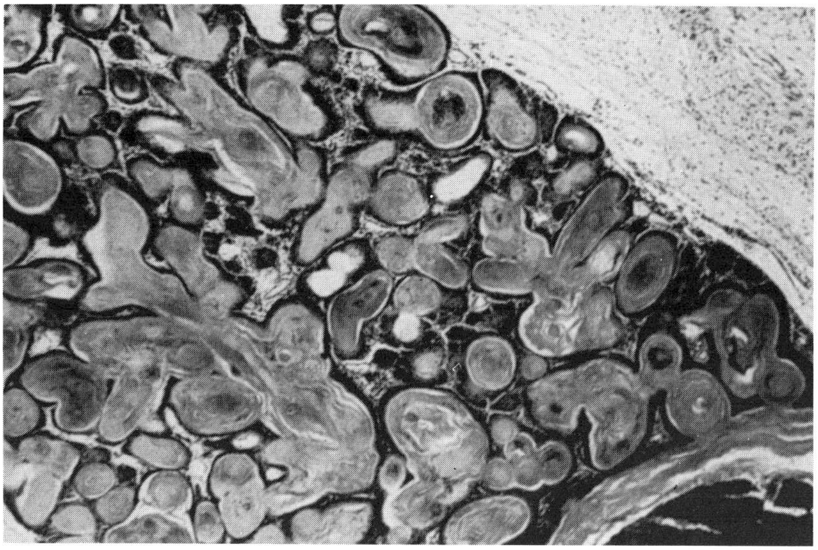
B

hen an einer gleichzeitig auftretenden Krankheit ein[82]. Solche Zustände wurden für Wasserschildkröten folgender Gattungen beschrieben: *Clemmys, Emys, Chinemys, Chrysemys (Pseudemys)* und *Graptemys.*

Neben diesen Augenanhangsläsionen tritt oft squamöse Metaplasie und Verhornung der Pankreaskanäle, der Sammelrohre der Niere, der Ureter und der Harnblase auf. Entzündungen, die von einem Ausfluß eosinophiler Granulozyten gekennzeichnet werden, begleiten gewöhnlich Epithelveränderungen der Augendrüsen oder der übrigen Organe. Proliferative Glomerulonephritis, interstitielle Fibrose in der Niere, degenerative und entzündliche Läsionen der Schilddrüsen und Fettstoffwechselstörungen in der Leber findet man ebenfalls im Zusammenhang mit Vitamin-A-Mangel bei Schildkröten[82].

Vermeiden läßt sich diese Hypovitaminose, indem man geeignete Vitaminzusätze verabreicht oder kleine Stücke roher Leber verfüttert. Sind die Schädigungen schon im fortgeschrittenen Stadium oder treten andere Mangelerscheinungen oder Infektionen hinzu, erscheint eine Heilung unwahrscheinlich. Im Anfangsstadium hilft oral oder parenteral verabreichtes Vitamin A. Man gibt ½-1 ml (25000 bis 50000 Einheiten) eines Vitamin-A-Präparates (Aquasol) intrapleuroperitoneal. Falls eine Heilung überhaupt möglich ist, reicht eine einmalige Gabe[27a]. Hime empfiehlt zwei Mal im Abstand von sieben Tagen je 5000 IU Vitamin A zu injizieren[125a].

Thiamin-Mangel. Thiamin-(B_1-)Mangel kommt bei Reptilien vor, und zwar besonders bei denen, deren Futter das Thiamin-zerstörende Enzym Thiaminase enthält. Am häufigsten sind davon fischfressende Schlangen und Schildkröten betroffen.

Zu den früher erkennbaren klinischen Symptomen gehören fortlaufende Abmagerung, Enteritis und Lungenödeme. Unmittelbar vor dem Tode treten Koordinationsstörungen und Lähmung auf.

Die Diagnose wird aufgrund der Fütterung und der klinischen Symptome gestellt. Hört man, daß den Patienten thiaminasehaltige Fische (z. B. Stint, Elritzen, Goldfische) gegeben wurden, wird dadurch die Diagnose erhärtet.

Zur Behandlung gehört parenterale Gabe von 15 bis 50 mg Thiamin, intramuskulär, und eine Korrektur des Speisezettels. Will man die Thiaminase-Wirkung beheben, muß pro Kilo verfütterten Stints 33 mg Thiamin mitverfüttert werden.

Vitamin-E-Mangel. Folgeerscheinung dieses Mangels ist Steatitis, die für die Krokodile am häufigsten beschrieben wird[103, 289], aber auch bei anderen Reptilien auftreten kann. Diese Krankheit ähnelt der Steatitis bei Katzen, Nerzen und Schweinen und wird durch Nahrung verursacht, die arm an Vitamin E, aber reich an mehrfach ungesättigten Fettsäuren (MUFS) ist, die man leicht in ranzigem Fischöl findet. Man glaubt, daß Steatitis auch leicht bei Schlangen auftritt, denen fette Laborratten verfüttert werden[96, 287].

Die Wirkung des Vitamin E als Antioxidans wird von den oxidierenden Eigenschaften der MUFS zerstört (bzw. durch die aus MUFS gebildeten Peroxide, Anm. d. Red.).

Krokodile, denen alle möglichen Fische gefüttert werden (vor allem Stint und Makrele), sind besonders leicht betroffen. Sie zeigen immer mehr Appetit- und Lustlosigkeit. In seltenen Fällen fressen die Tiere jedoch bis zu ihrem Tod regelmäßig. Klinisch scheint es, als ob die Tiere gut ernährt wären. Eine Strumpfbandnatter *(Thamnophis marcianus)*, die hauptsächlich mit Stint gefüttert wurde, erkrankte an Steatitis und litt unter Koordinationsstörungen, Appetitlosigkeit und Lähmungen[181].

Große Läsionen entstehen aus vielen kleinen Verhärtungen des subkutanen, intermuskulären, periviszeralen und abdominalen Fettdepots (Abb. 3-81). Diese Herde sind gelb oder braun, fettig und seifenartig. In den abdominalen Eingeweiden kann es zu Verwachsungen kommen[96]. Die Leber wird gelegentlich sehr fettreich und enthält Nekroseherde. Histologisch kann man im Fettgewebe dichte und diffuse Einlagerungen von Fibroblasten und Abwehrzellen, einschließlich Makrophagen und Riesenzellen, nachweisen. Ein Großteil des Fettes wird durch ein rundes, säurebeständiges Pigment, das Ceroid, ersetzt, das u. U. auch von Phagozyten aufgenommen wird. Ceroid findet man auch in Leber und Milz.

Zur Verhinderung der Steatitis muß man für eine ausgewogene Vitamin-E-Versorgung mit der Nahrung und durch Senken des MUFS-Spiegels sorgen. Am leichtesten erreicht man dies, indem man ganze Nager, Küken oder andere Vögel an Krokodile verfüttert und zuviel Fisch vermeidet. Mit ranzigen Fischen dürfen Krokodile nie gefüttert werden. Man kann dem Futter Vitamin-E-Präparate zusetzen. Krokodile dürfen keine verfetteten Nager erhalten, schon gar nicht, wenn diese mit mehrfach ungesättigten Fetten ernährt wurden.

Vitamin-K-Mangel. Diesen Zustand kenn man bei Krokodilen und er wird von Zahnfleischbluten begleitet[96]. Behandelt wird durch intramuskuläre Injektion von Vitamin K; Frye empfiehlt 0,5 mg/kg Körpergewicht[96].

Störungen im Knochen- und Kalzium-Metabolismus. Als eine der häufigsten Erkrankungen bei der Herpetofauna in Gefangenschaft liegt die

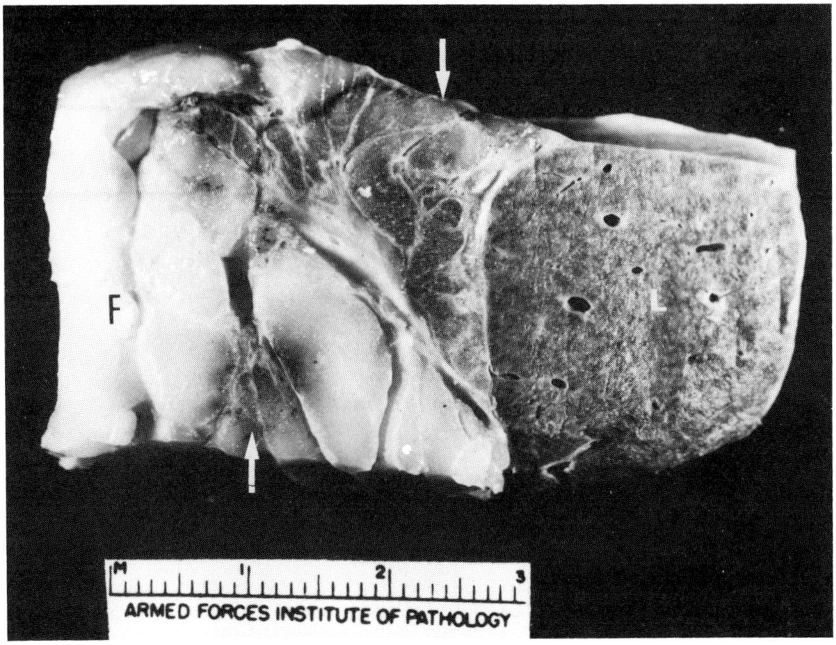

Abb. 3-81 Steatitis bei einem Kaiman. Normalerweise ist das abdominale Fett **(F)** weiß. Bereiche mit Steatitis (Pfeile) sind rot-braun. Die Leber **(L)** ist dunkelbraun. (Mit freundlicher Genehmigung des National Zoological Park, Washington, D. C. und des Armed Forces Institute of Pathology)

Ursache hierfür meist in falscher Fütterung. Die Nahrung enthält dann zu wenig Kalzium oder das Verhältnis von Kalzium und Phosphat stimmt nicht oder die Versorgung mit Vitamin D läßt zu wünschen übrig[43, 287, 317]. Endresultat dieser Mängel und Mißverhältnisse sind entkalkte, weiche, verdickte und gebogene Knochen. Im Röntgenbild werden Mineralverlust, Verformung und spontane Brüche der Rippen, Kiefer, längeren Extremitätenknochen und seltener auch des Kraniums, der Wirbel, des Beckens und der Zehen sichtbar (Abb. 3-82, 3-83, 3-84). Im fortgeschrittenen Stadium können Verdickungen und Verformungen der Knochen und Zahnausfall bereits bei einer ersten Untersuchung erkannt werden. Bei Schildkröten kommt es bei einem gestörten Kalziumhaushalt auch zu Verformungen des Panzers.

Zur Beschreibung ernährungsbedingter Skelettschäden wurden bei Reptilien und Amphibien Termini verwendet wie „Rachitis", „Knochenerweichung", „Osteoporose" und „fibröse Knochendystrophie"[43, 68, 287, 290, 317]. Solange über die Knochenphysiologie der Herpetofauna – einschließlich der genauen Bedeutungen von Vitamin D, Parathormon, Thyreokalzitonin, Wachstumshormon und der Osteoblasten – nicht mehr bekannt ist und solange keine Experimente an individuellen Schädigungen bei diesen Tieren durchgeführt werden, besteht nur eine ungenaue Analogie zu Knochenerkrankungen bei Säugern. Trotzdem scheint die Annahme berechtigt, daß allen klinischen Daten zufolge der Großteil ernährungsbedingter Knochenschädigungen bei erwachsenen Reptilien auf Kalzium-Mangel oder einem zu niedrigen Ca:P-Verhältnis beruht, was dann sekundär zu einer Überfunktion der Nebenschilddrüse und fibröser Knochendystrophie führt[287]. Knorpelhyperplasie fällt bei Reptilien auf – bei Säugern ist sie in Zusammenhang mit fibröser Osteodystrophie nicht bekannt[317]. Wallach stellte fest, daß Knochenschädigungen verschlimmert werden, wenn dem Futter Kalzium teilweise oder ganz fehlt, selbst wenn Vitamin D in genügender Menge vorhanden ist, weil dies zur Mobilisierung des in Knochen gespeicherten Kalziums beiträgt[287].

Zwart vermutet, daß eine Überfunktion der Nebenschilddrüse bei Gekkos (*Phelsuma*-Arten) eine Mobilisierung des Kalziums in den Knochen und seine Verlagerung in die Kalksäcke bewirkt (s. S. 9). Diese dehnen sich dadurch stark aus[315] (Abb. 3-85). Diejenigen Herpetofauna-Vertreter, die ausschließlich mit Fisch, Fleisch, Leber,

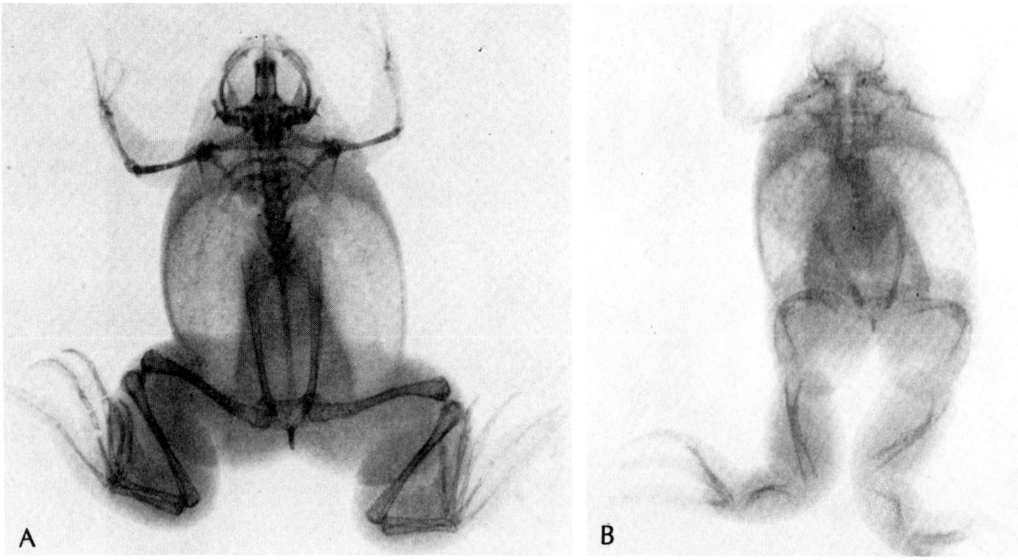

Abb. 3-82 **A.** Röntgenbild eines normalen adulten Männchens des Glatten Krallenfrosches *(Xenopus laevis)*. **B.** Röntgenbild eines 14 Monate alten Glatten Krallenfrosches *(Xenopus laevis)*, der ausschließlich mit Pferdeleber gefüttert wurde. Es kam zu einer generell mangelhaften Kalkablagerung in den Knochen mit Verformung des Beckens, des Urostyls, der Wirbelsäule, der Femora und Tibiofibulae. (Aus Bruce, H. M. und Parkes, A. S.: Rickets and osteoporosis in *Xenopus laevis*. J. Endocrinol., 7: 64–81, 1950)

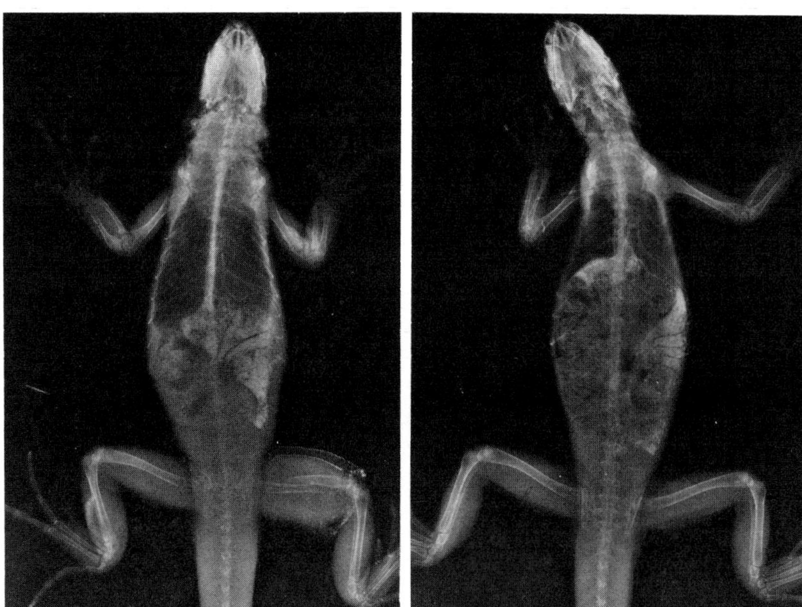

Abb. 3-83 Grüner Leguan *(Iguana iguana)* (links), der mit Nahrung gefüttert wurde, die zu wenig Kalzium und Vitamin D enthielt. Femur, Humerus, Radius und Ulna sind gebrochen. Das rechte Tier, das mit ausgewogener Ernährung versorgt wurde, ist normal (Aus Zwart, P. und Van de Watering, C. C.: Disturbance of bone formation in the common iguana [*Iguana iguana* L.]. Acta Zool. Pathol. Antverpiensia 48: 333–356, 1969. Photographien mit freundlicher Genehmigung von Dr. P. Zwart)

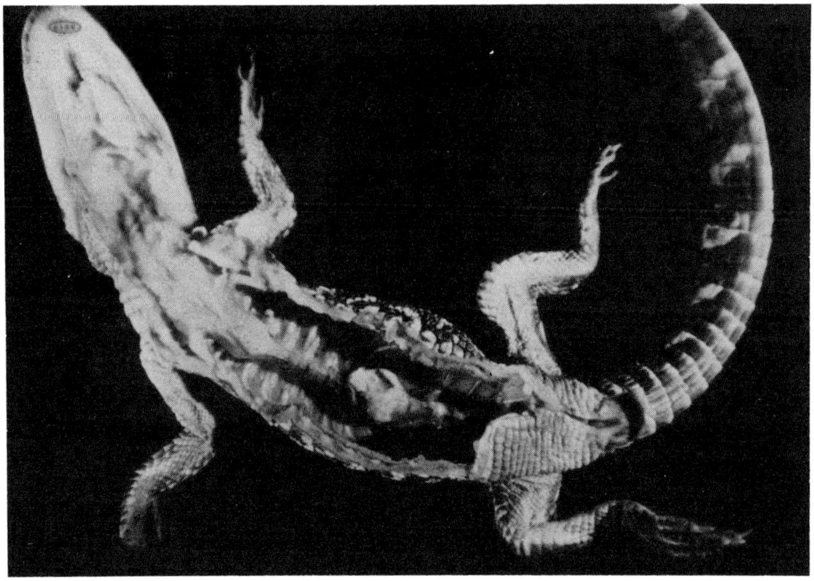

Abb. 3-84 Wirbelbrüche mit Kallusbildung bei einem ganz jungen Mississippi-Alligator *(Alligator mississippiensis)*. Das Tier wurde mit verschiedensten Fleischsorten gefüttert, was sekundär zur Überfunktion der Nebenschilddrüsen, fibröser Osteodystrophie und pathologischem Bruch führte. Daneben litt der Alligator vermutlich an Vitamin-D-Mangel, als Folge der Haltung im Raum unter unzureichenden Lichtbedingungen. (Armed Forces Institute of Pathology Negativ-Nr. 63-3000-2)

Mehlwürmern oder kalziumfreiem Obst und Gemüse ernährt werden wie z. B. Salat und Bananen, sind am anfälligsten für ernährungsbedingte Knochenkrankheiten. Ausreichende Kalziumaufnahme wird dadurch gewährleistet, daß man den Tieren eine ausgewogene Ernährung in Form von Hundefutter oder ganzen Nagern gibt oder Knochenmehl, zerriebenen Kalkstein oder andere Mineralzusätze dem Futter beimengt oder Mineralstoffe ins Trinkwasser gibt. Salzsteine, die man ins Wasserbecken einer Schildkröte legen kann, sind im Zoohandel erhältlich. Sie allein genügen aber nicht, um eine kalziumlose oder unausgewogene Ernährung auszugleichen. Ein Fortschritt der Krankheit kann nur durch eine Korrektur des Speiseplans verhindert werden, doch höchstwahrscheinlich behebt dies noch keine Deformierungen, die als Folge mangelhafter Ernährung entstanden sind.

Ausreichende Versorgung mit Vitamin D ist gewährleistet bei Vitamingaben oder genügender Sonneneinstrahlung. Man kann die Tiere auch ultraviolettem Licht aussetzen, wobei man berücksichtigen muß, daß dies bei langer Einwirkung schädlich oder gar tödlich wirkt.

Bei zu reichlicher Vitamin-D-Versorgung verkalken die Media der Aorten, der Lungen-, Nieren-

Abb. 3-85 Gekko *(Phelsuma dubia dubia)* mit anormal ausgedehnten Kalk-Säcken. Die Augen wurden beim Sezieren entfernt. (Aus Reichenbach-Klinke, H. und Elkan, E.: The Principal Diseases of Lower Vertebrates. New York, Academic Press, 1965)

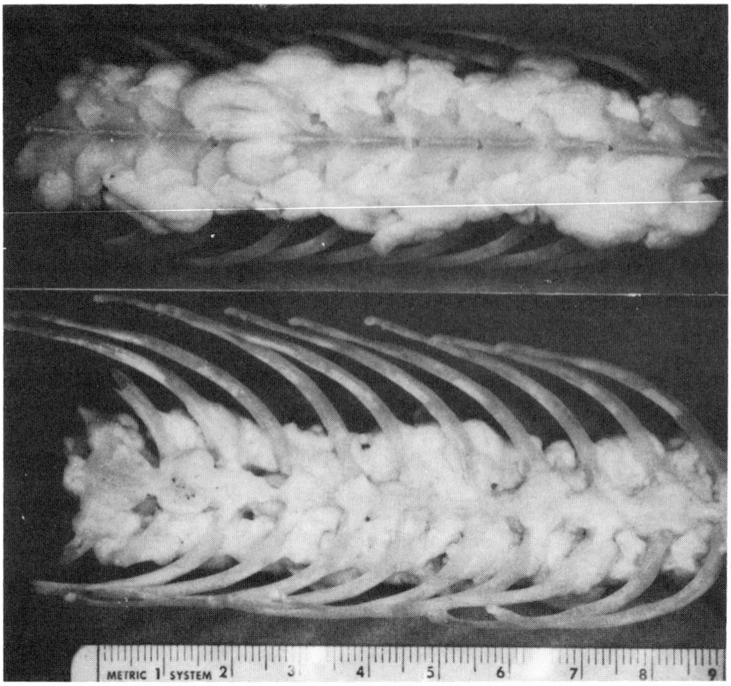

Abb. 3-86 Kletternatter *(Elaphe taenura,* Weibchen). Die Wirbelsäule zeigt Knochenhautentzündung. Dorsal- (oben) und Ventralansicht (unten) demonstrieren Knochenauswüchse und Verwachsungen. (Aus Cowan, D. F.: Diseases of captive reptiles. J. Am. Vet. Med. Assoc., 153: 848–859, 1968. Photographie mit freundlicher Genehmigung von Dr. D. F. Cowan).

und Os ilium-Arterien bei Grünen Leguanen *(Iguana iguana)*. Diese Gefäße werden stark ausgeweitet und spröde. Daneben treten im Tubulusepithel der Nieren Mineralablagerungen und degenerative Veränderungen auf[284].

Über verschiedene idiopathische Knochenstörungen bei Reptilien wurde berichtet. Frye und Dutra beschrieben Überbeine bei Knochen und Knorpeln, und zwar an Beinen und Rippen subadulter männlicher Bengalenwarane (*Varanus bengalensis nebulosus*)[101]. Offenbar sehr ähnliche Schäden, die allerdings als Knochen- und Knorpeltumoren bezeichnet wurden, fand man bei drei weiteren Echsen *(Cyclura macleayi, Iguana iguana* und *Uromastix hartwickei)*[142].

Eine proliferierende Versteifung der Wirbelsäule bei einer vierjährigen männlichen Königsschlange *(Constrictor constrictor)* wurde als Deformation infolge einer Knochenentzündung diagnostiziert (Paget-Krankheit)[98]. Die materielle Beschaffenheit des Knochens wurde nicht beschrieben, doch legen die mitveröffentlichten Röntgenbilder den Verdacht auf sklerotische Prozesse nahe. Wenn die Diagnose auf Paget-Krankheit stimmte, entsprach der betreffende Fall eher dem Spät- als dem akuten Stadium dieser Krankheit beim Menschen[234]. Die Krankheit ähnelte bei der Boa auch mehr einer Wirbelsäulenankylose wie sie bei einer weiblichen Kletternatter *(Elaphe taenura)* verlief, die als „Knochenhautentzündung" diagnostiziert wurde[68] (Abb. 3-86). Die Beschreibung beider Fälle war für einen exakten Vergleich aber nicht ausführlich genug.

Zwergwuchs infolge gestörten Knorpelwachstums stellte man bei einer dreijährigen weiblichen Rotwangen-Schmuckschildkröte *(Chrysemys [Pseudemys] scripta elegans)* fest[99]. Das Skelett war demineralisiert und an den Ephiphysen deutliche Knorpelhyperplasien vorhanden, die bei Säugern kein typisches Anzeichen für gestörtes Knorpelwachstum sind. Außerdem wurde keine fehlerhafte Anordnung der Chondrozyten beschrieben, die bei Säugern das Kardinalzeichen dieser Krankheit darstellt[154, 234], so daß der Fall bei der Schildkröte wohl keine echte Analogie zu dieser Erbkrankheit des Menschen und der Haustiere ist.

Gelegentlich kommt es bei Schildkröten zu übermäßigem Hornwachstum des Schnabels, was die Futteraufnahme und -zerkleinerung erschwert (Abb. 3-87). Die Ursache ist unbekannt. Behandelt wird, indem man überflüssige Hornteile mit Zange, Schere oder Säge wegschneidet[57].

Entwicklungsstörungen. Über eine Vielfalt spontaner und experimentell verursachter Entwicklungsfehler wurde bei Reptilien und Amphibien berichtet. Diejenigen, die das größte Interesse erregten, waren zweiköpfige Monster und Tiere mit zusätzlichen Gliedmaßen oder Siamesische Zwillinge der unterschiedlichsten Ausprägung. Fälle von Melanismus, Albinismus und andere Varianten einer normalen Pigmentierung sind bei

Abb. 3-87 Carolina-Dosenschildkröte *(Terrapene carolina)* mit idiopathischem Wachstum des Horngewebes am Schnabel. (Mit freundlicher Genehmigung von Dr. Robert Altman)

vielen Arten beschrieben worden. Zu den weiteren angeborenen Defekten zählen Brachygnathie, Mikrophthalmie, gespaltenes Palatinum und Hermaphroditismus. Eine Einführung in die Literatur und Teratologie bei der Herpetofauna geben Reichenbach-Klinke und Elkan[233] sowie Bellairs in einem Artikel[26].

Hypoglykämischer Schock. Dieser Zustand ist bei Krokodilen, besonders dem Mississippi-Alligator *(Alligator mississippiensis)* bekannt[291]. Am häufigsten tritt er im Winter und Frühjahr ein, wenn der Blutglukosespiegel des Alligators sein tiefstes Niveau erreicht (Abb. 3-88). Die jahreszeitlich bedingte Schwankung der Blutglukose von 50 mg/dl im Spätherbst bis zu 100 mg/dl im Sommer ist normal.

Zu den Zeichen eines hypoglykämischen Schocks gehören bei Krokodilen Pupillenerweiterung,

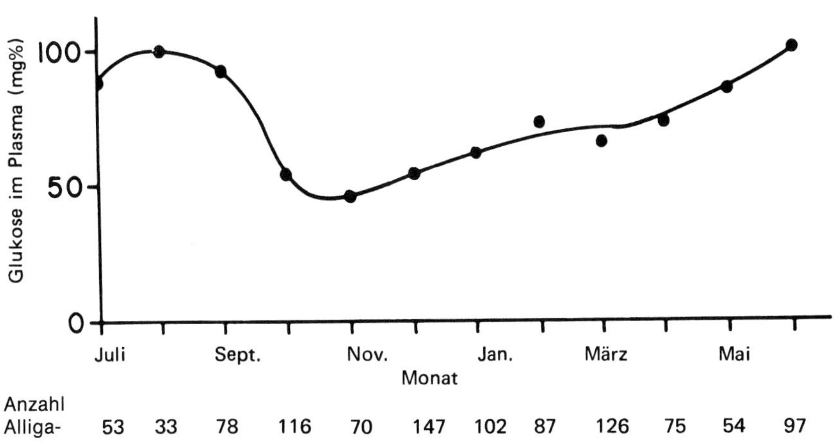

Abb. 3-88 Jahreszeitabhängige Veränderung des Blutglukosespiegels. Das Körpergewicht der Alligatoren lag zwischen 300 g und 4 kg. Die Abbildung verdeutlicht den tatsächlichen Glukosegehalt, wie er anhand der Glukose-Oxidase festzustellen ist. (Aus Coulson, R. A. und Hernandez, T.: Biochemistry of the Alligator. Baton Rouge, Louisiana State University Press, 1964)

Aufwärts-Stieren, Schwimmen von Kreisen, Genickstarrehaltung, Tortikollis und plötzliche Anfälle. Ohne Behandlung endet dies meist tödlich. Im klinischen Stadium kann Streß, z. B. durch Einfangen oder Übervölkerung, den Prozeß beschleunigen.

Bei der Differentialdiagnose muß man Vergiftungen durch Nervengifte, Hypokalzämie, Thiamin-Mangel, Septikämie und Enzephalitis ausschließen. Genaue Diagnosestellung erfolgt durch geeignete Labortests und anhand der Reaktion auf die jeweilige Therapie.

Man behandelt Hypoglykämie mit Glukoselösung, die man parenteral oder über einen Magenschlauch verabreicht. Die Dosierung richtet sich nach der Reaktion und dem Blutglukosespiegel. Pro kg Körpergewicht empfiehlt Wallach eine Dosis von 3,3 g Glukose[286].

Gicht. Sie kommt bei Schlangen, Echsen, Schildkröten und Krokodilen vor[10, 288]. Charakteristisch ist die Ablagerung von Harnsäurekristallen in Gelenken und thorakalen und abdominalen Eingeweiden. Das Tier wirkt schlaff und frißt wenig, oder es sind gar keine klinischen Symptome feststellbar, so daß man das Reptil plötzlich tot im Terrarium vorfindet.

Klinisch weisen verdickte Gelenke bei Reptilien auf Gicht hin und die Diagnose wird gestellt, indem man einen erhöhten Harnsäurespiegel im Blut nachweist. Normalerweise liegt dieser beim Mississippi-Alligator zwischen 1,0 bis 4,1 mg/dl Plasma. Bei Gicht fand man einen Anstieg bis zu 70 mg/dl[67].

Kreideweiße oder gelbweiße bis rosa Ablagerungen, die von Stecknadelkopfgröße bis zu mehreren Zentimetern Durchmesser variieren, treten in den Gelenken, der Niere, Leber und dem Perikard auf (Abb. 3-89, 3-90 und 3-92). Gelenke und Eingeweide werden in Verbindung miteinander oder auch unabhängig befallen. Die Läsionen entstehen an vielen Orten oder gehen ineinander über. Histologisch sind Gichtknoten symptomatisch. Sie stellen Ansammlungen von Harnsäurekristallen dar, die ringsum eine Entzündung hervorrufen, zu der meist vielkernige Riesenzellen gehören (Abb. 3-93). Die Urate selbst kann man erhalten und fixieren, wenn man das Gewebe in absoluten Alkohol taucht, um sie histologisch nachzuweisen. Dafür verwendet man spezielle Färbemittel (Abb. 3-94 und 3-95) oder polarisiertes Licht (Abb. 3-96). Auch Gewebe, das in Formalinlösung fixiert wurde, kann zur Diagnose benutzt werden. Obwohl dann die wasserlöslichen Urate in Lösung gehen, ist aber die Histopathologie der Gicht trotzdem charakteristisch.

Nach empirischen Beobachtungen vermutet man, daß Gicht bei Dehydratisierung und pro-

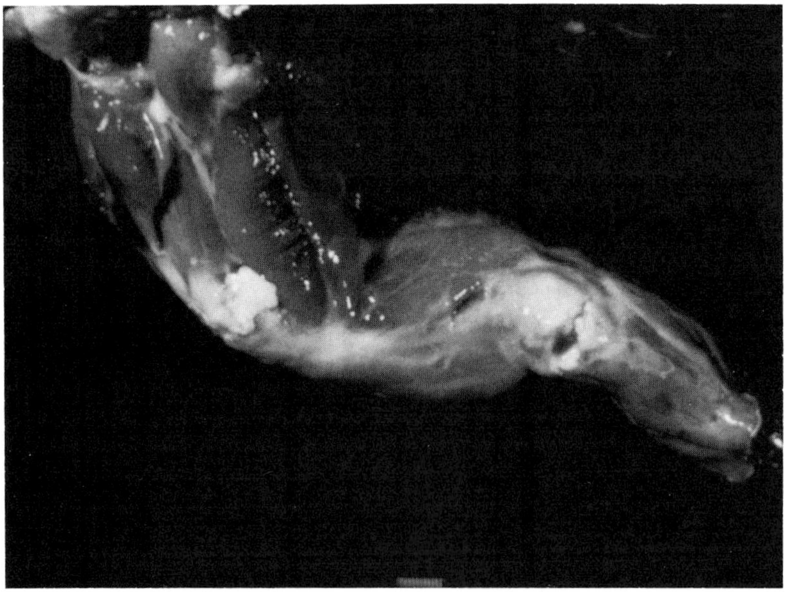

Abb. 3-89 Gelenkgicht, Hinterbein eines Stumpfkrokodils *(Osteolaemus tetraspis)*. Kalkweiße Uratablagerungen befinden sich im Knie und in den Fußgelenken. (Mit freundlicher Genehmigung von Dr. Marilyn Anderson und der Ohio State University, Dept. of Veterinary Pathology)

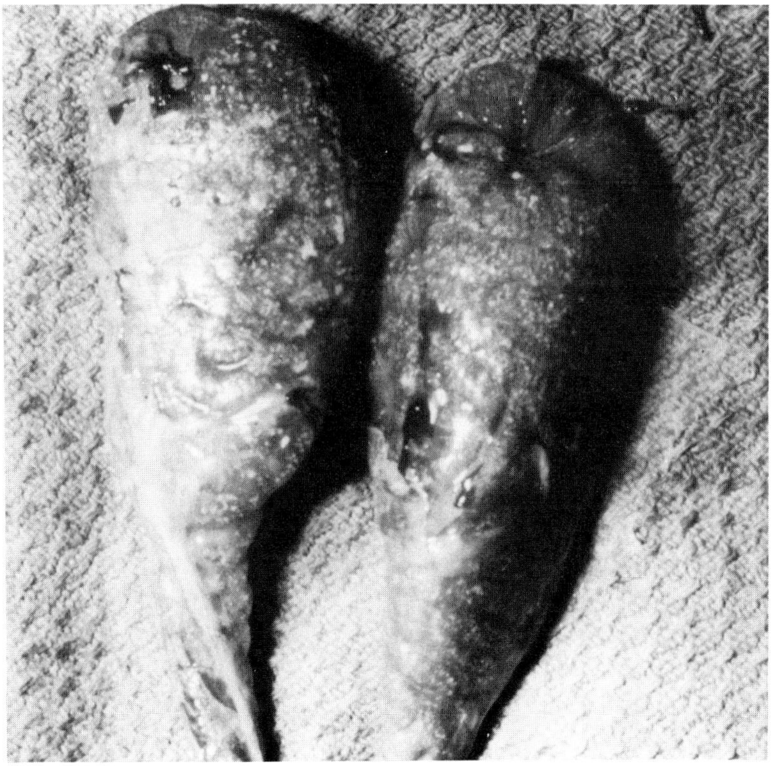

Abb. 3-90 Viszerale Gicht bei einem Bengalenwaran *(Varanus bengalensis)*. Uratablagerungen erschienen als gelb-weiße Flecken mit 0,5 bis 1 mm Durchmesser. (Armed Forces Institute of Pathology Accession Nr. 1095008)

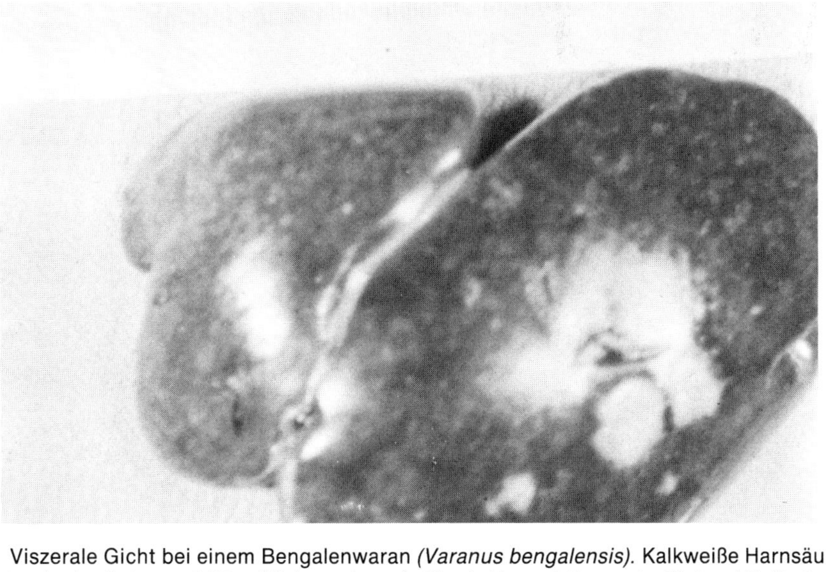

Abb. 3-91 Viszerale Gicht bei einem Bengalenwaran *(Varanus bengalensis)*. Kalkweiße Harnsäureablagerungen traten in der Leber auf (Oberfläche aufgeschnitten). (Armed Forces Institute of Pathology Accession Nr. 1095008)

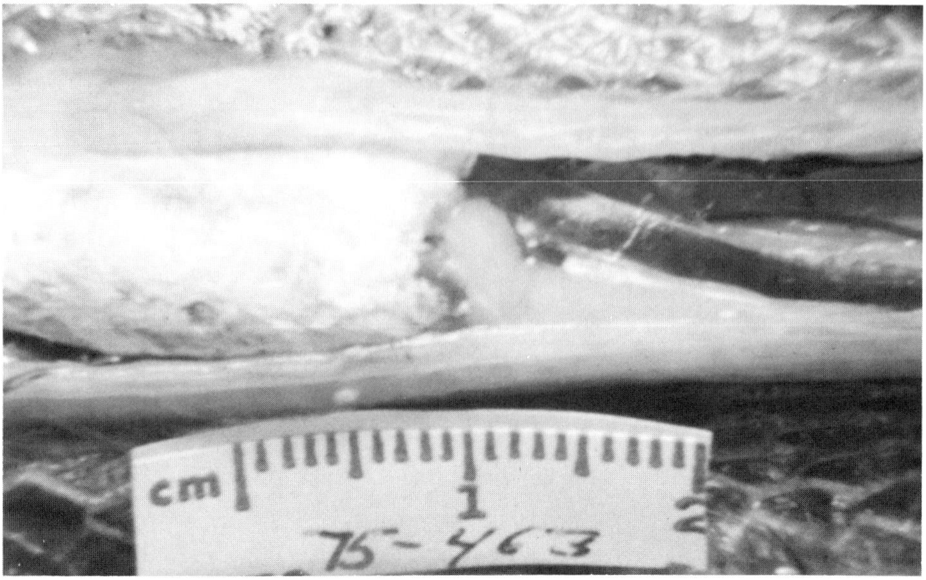

Abb. 3-92 Viszerale Gicht bei einer Glanzspitznatter *(Oxybelis fulgidus)*. Das Perikard (links) ist weiß und verkrustet mit Urat. (Mit freundlicher Genehmigung von Dr. Richard Montali, National Zoological Park, Washington, D.C.)

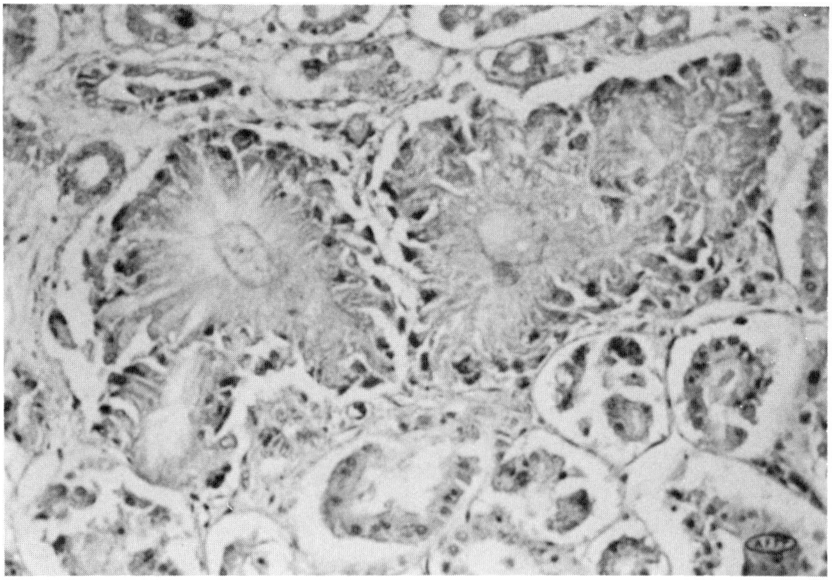

Abb. 3-93 Gichtknoten in der Niere einer Braunen Schildechse *(Gerrhosaurus major)* mit viszeraler Gicht. Rund um die Harnsäureablagerungen befindet sich eine Zone von Abwehrzellen. Harnsäurekristalle, per se, sind mit der Formalinlösung herausgelöst worden. Als Artefakt ist hier das Tubulusepithel von der Basalmembran gelöst. HE-Färbung, 135fach vergrößert

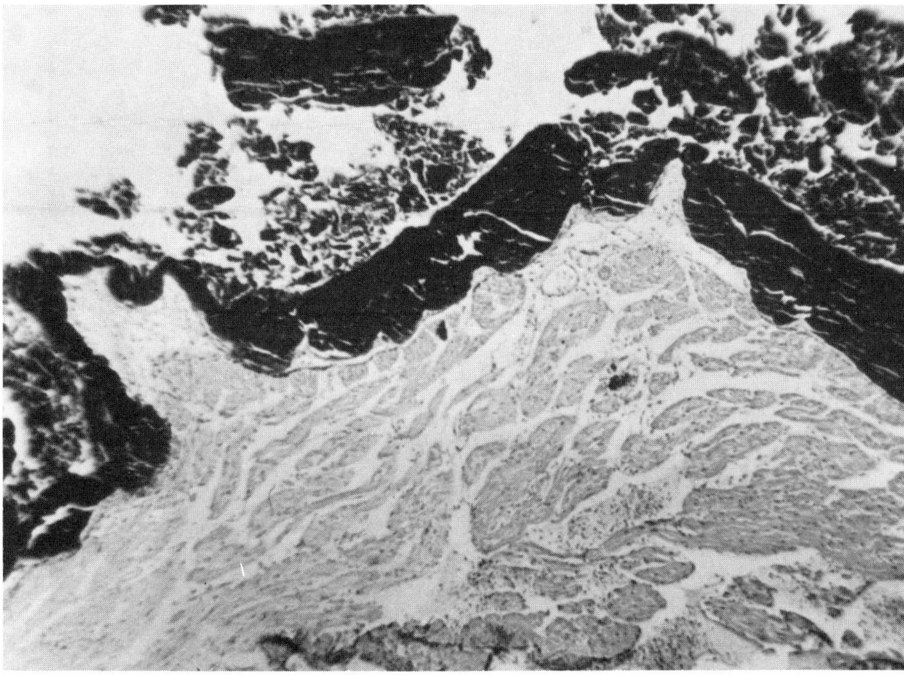

Abb. 3-94 Uratablagerungen im Perikard (schwarz) bei einem Bengalenwaran *(Varanus bengalensis)* mit viszeraler Gicht. Das Gewebe wurde in absolutem Alkohol fixiert. De Galanthasche Färbung, 35fach vergrößert. (Armed Forces Institute of Pathology Accession Nr. 1095008)

Abb. 3-95 Uratkristalle im Gichtknoten eines Bengalenwarans *(Varanus bengalensis)*. Fixierung in absolutem Alkohol. De Galanthasche Färbung, 350fach vergrößert. (Armed Forces Institute of Pathology Accession Nr. 1095008)

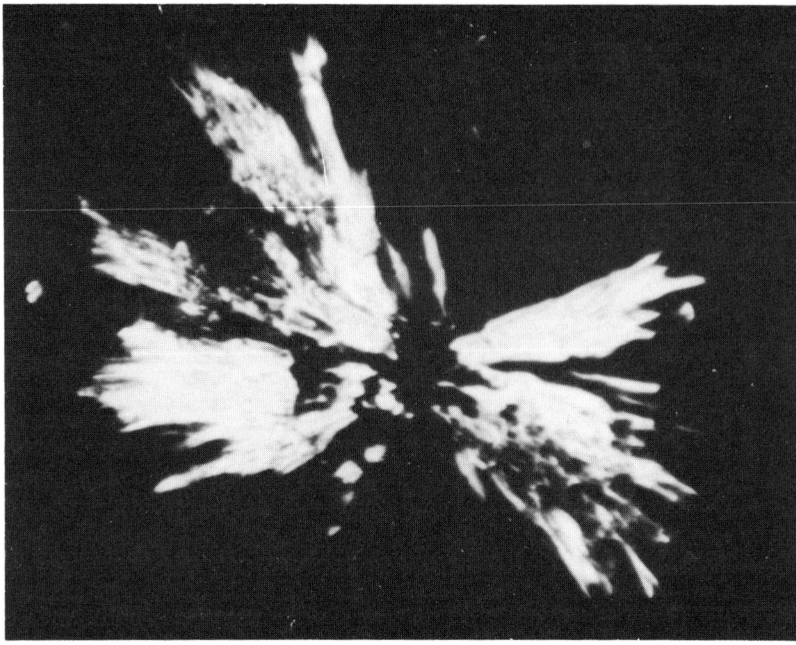

Abb. 3-96 Doppelbrechende Uratkristalle in einem Gichtknoten beim Bengalenwaran *(Varanus bengalensis)*. Fixierung in absolutem Alkohol. Nicht gefärbt, sondern bei polarisiertem Licht; 350fach vergrößert. (Armed Forces Institute of Pathology Accession Nr. 1095008)

teinreicher Ernährung (nach meiner Meinung allerdings unwahrscheinlich) oder Proteinabbau im Körper – durch Futtermängel bedingt – vorangetrieben wird[68]. Eine Überdosis Gentamycin verursacht bei Schlangen Gicht, da es die proximalen Nierentubuli schädigt und so zu verringerter Harnsäureausscheidung führt[212a]. Theoretisch könnte Gicht durch das Weglassen nierenschädigender Mittel, Verabreichen von Elektrolyt- und Glukose-Lösungen und einer ausbalancierten Stickstoffzufuhr (über die Ernährung) kuriert werden.

Artikuläre Pseudogicht. Dieser Zustand wurde bei der Obduktion einer zweijährigen Rotwangen-Schmuckschildkröte *(Chrysemys [Pseudemys] scripta elegans)* vorgefunden[102a]. Das Tier, das mit Garnelen ernährt worden war, hatte einen weichen Panzer sowie geschwollene Gelenke und offenbar Schwierigkeiten, sich zu bewegen. Sein Harnsäureblutspiegel betrug 7,8 mg/dl, etwa sechsmal den Normalwert. Zwar fand man nach dem Tod der Schildkröte keine viszeralen Läsionen, aber ein cremefarbenes, sandiges, nicht doppelbrechendes Material um die Haupteinschlüsse erwies sich bei der Kristallographie als Hydroxylapatit, $Ca_{10}(PO_4)_6(OH)_2$.

Arteriosklerose. Obwohl sie bei Reptilien sehr selten ist, erregte sie vom Standpunkt der vergleichenden Pathologie aus einiges Interesse.

Atherome (Abb. 3-97) mit fettigen Ablagerungen in der Aorten-Intima, sind bei einigen Reptilien beschrieben worden[90, 91, 282], aber offenbar gab es klinisch keine Symptome einer Erkrankung. Ardlie und Schwartz überprüften 148 australische Reptilien (39 Schlangen, 109 Echsen) im Hinblick auf kardiovaskuläre Läsionen und fanden keine Atherome, obwohl die Cholesterol-Werte des Serums zwischen 21 und 759 mg/dl lagen[11]. Dafür entdeckten sie bei 30,8% ihrer Schlangen sackartige Aortenerweiterungen, die anscheinend von Pentastomida-Arten verursacht worden waren (s. S. 125).

Die einzig geläufige und als klinisches Symptom bedeutungsvolle Form der Arteriosklerose bei Reptilien ist die Kalkablagerung in den Arterienwänden[90]. Sie wurde in der Arterien-Media im Verlauf einer tödlichen Krankheit des Grünen Leguans *(Iguana iguana)* festgestellt[247, 284]. Für seine Fälle schrieb Wallach sie dem Vitamin-D-Mangel zu (s. S. 139)[284].

Über Amphibien existieren nur wenige Berichte zu nichtinfektiösen Erkrankungen der Blutgefä-

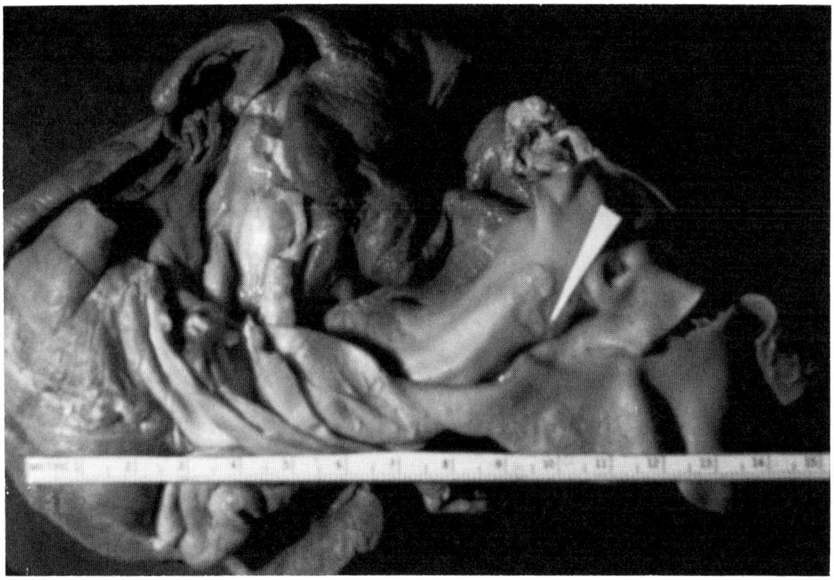

Abb. 3-97 Atheromatöse Gewebsstellen (Pfeil und über der 10- bis 11-cm-Markierung des Lineals) im rechten Aortenbogen eines adulten Komodowaranmännchens *(Varanus komodoensis)*. Das Tier starb an Herzversagen infolge Blutstaus und an einem Adenokarzinom im Kolon. (Das Exemplar wurde von Dr. Richard Montali, National Zoological Park, Washington, D.C. zur Verfügung gestellt)

ße. Verdickungen der Intima und Knorpelmetaplasien kamen bei zwei adulten Ochsenfrosch-Weibchen vor, die daneben noch vergrößerte, zystenenthaltende Nieren besaßen[90].

Amyloidose. Sie trat in den Nierentubuli einer Königsschlange *(Constrictor constrictor imperator)* und der Milz einer Hundskopfboa *(Corallus e. e. = Boa enydris enydris)* auf. Bei beiden Schlangen war damit aber keine bestimmte Erkrankung verbunden[68].

Pankreaserkrankung. Eine besondere Form dieser Krankheit findet man bei Schlangen in Gefangenschaft. Sie wird charakterisiert von einer Vielzahl Nekroseherden in den Acini der Bauchspeicheldrüse, die eine Hyperplasie der Leitungsgänge nach sich zieht (Abb. 3-98).Ursprünglich wurde der Regenerationsprozeß als krankhafte Wucherung beschrieben[228], aber jetzt gilt er als eine idiopathische Hyperplasie. Aus nicht bekannter Ursache trat dieser Zustand häufig im Zoo von Philadelphia auf, und zwar besonders bei Schlangen, die bereits länger in Gefangenschaft gelebt hatten[68, 229].

Diabetes mellitus. Bei der Obduktion einer zwölfjährigen männlichen Rotwangen-Schmuckschildkröte *(Chrysemys [Pseudemys] scripta elegans)* stellte man Diabetes mellitus fest[102b]. Das Tier war für sein Alter und Geschlecht klein und litt vor seinem Tod an einer Krankheit, deren Hauptsymptome Appetitlosigkeit, zunehmende Schwäche und Lethargie waren. Die Leber war vergrößert, blaß, grau und bröckelig und enthielt sehr wenig Glykogen. Die Inselzellen des Pankreas waren blaß und vakuolisiert und eine chronische Glomerulonephritis war eingetreten. Die chemischen Eigenschaften des Blutes waren beträchtlich verändert, dazu zählten Hyperglykämie (611 mg/dl), Hypoproteinämie, Hypokalzämie und erhöhter Spiegel des Cholesterols, des Blutharnstickstoffs, des Kreatinins, der Serumglutamat-Pyruvat-Transaminase und der alkalischen Phosphatase.

Nierenerkrankungen. Zwart und Cowan haben eine Zusammenstellung der Nierenerkrankungen bei Reptilien angefertigt[68, 309]. Oftmals wird die Niere bei Gicht geschädigt (Erörterung s. vorne). Gelbweiße Flecken als Ergebnis von Uratablagerungen findet man im Nierenparenchym verteilt (s. Abb. 3-90) und u. U. sind die Nierentubuli verstopft, Gichtknoten werden gebildet und interstitielle Fibrose tritt auf[68]. Möglicherweise muß man den Nierenschaden eher als Folge der massiven Uratablagerungen bei Gicht betrachten als deren Ursache. Trotzdem stört die Nieren-

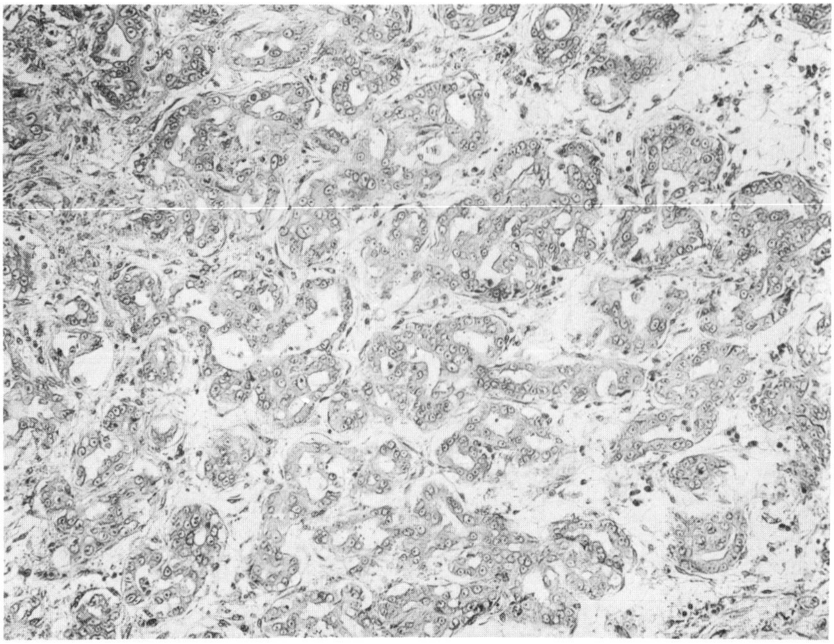

Abb. 3-98 Kiefernnatter *(Pituophis melanoleucus,* Männchen). Der Pankreas zeigt eine atypische regenerative Hyperplasie. HE-Färbung; 130fach vergrößert. (Aus Cowan, D. F.: Diseases of captive reptiles. J. Am. Vet. Med. Assoc., 153: 848–859, 1968. Photographie mit freundlicher Genehmigung von Dr. D. R. Cowan).

schädigung die Uratausscheidung, so daß der Harnsäurespiegel im Blut ansteigt und so den Krankheitsverlauf durch einen Circulus viciosus beschleunigt.

Zwart[309] und Cowan[68] beschrieben eine Vielfalt pathologischer Nierenveränderungen bei Reptilien, zu denen akute und chronische Glomerulonephritis, Glomerulosklerose, membranöse Glomerulonephritis, interstitielle Nephritis, renale Abszesse, akute Nierenbeckenentzündung, Schädigungen der Basalmembran, Mycobacterium-Infektionen der Niere und Amöbenbefall gehören. Die vorher zitierten Arbeiten behandelten mehr die morphologischen Besonderheiten als die klinisch-pathologischen Verhältnisse. In Analogie zu den entsprechenden Krankheiten der Säuger muß man aber vermuten, daß dadurch Krankheiten verursacht wurden, die zum Tod dieser Reptilien beitrugen.

Steine. In der Harnblase eines Neu-Seeländischen Frosches, *Hyla aurea*, fand man Steine[242]. Wenige davon füllten die gesamte Blase und hatten einen weichen, bröckeligen Kern, der von konzentrischen Schichten eines Kalziumphosphatsalzes umgeben war.

Bei Schildkröten und Echsen kommen auch Steine in Zystenform in den Harnwegen vor. Sie setzen sich unterschiedlich zusammen, manche bestehen zu 98% aus Kalziumphosphat. Man kann diese Steine leicht im Röntgenbild erkennen. Wallach weist darauf hin, daß Schildkröten und Echsen geradezu prädestiniert für derartige Steinbildung sind, wenn man sie so ernährt, daß sie wenig Kalzium aber ausreichend Vitamin D erhalten. Zur Abhilfe schlägt er vor dem Wasser Kalziumkarbonat in Form von Kalkstein, Muschelschale oder Gips zuzusetzen[285]. Wallach stellte fest, daß „größere karnivore Arten einen Zusatz von 900 mg Kalziumkarbonat pro 100 g mageres Fleisch oder 1,5 g Kalziumkarbonat pro 100 g verfütterten Fisch benötigen[285].

Steine in Zystenform können durch einen chirurgischen Eingriff entfernt werden. Frye beschrieb excellent eine solche Operation bei einer Gopherschildkröte *(Gopherus agassizi)*[95].

Kropf mit Schilddrüsenunterfunktion. Amphibien und Reptilien erkranken leicht an Kropf mit Schilddrüsenunterfunktion. Meist wurden die Fälle in Zusammenhang mit jodarmer Ernährung beschrieben oder wenn Goitrogene in der Nah-

Abb. 3-99 Galapagos-Riesenschildkröte *(Geochelone elephantopus)* mit schwerer Schilddrüsenunterfunktion mit Kropf. (Aus Frye, F. L. und Dutra, R. F.: Hypothyroidism in turtles and tortoises. Vet. Med. Small Anim. Clin., 69: 990–993, 1974. Photographie mit freundlicher Genehmigung von Dr. Frederic L. Frye).

rung der Landschildkröte, z. B. in Kohl, Salat und Spinat, enthalten waren[285]. Riesenschildkröten der Aldabra- und Galapagos-Inseln sind besonders empfänglich für Kropf mit Schilddrüsenunterfunktion (Abb. 3-99). Vermutlich ist ihre natürliche Nahrung sehr jodhaltig und dementsprechend ihr Bedarf daran hoch[102]. Schildkröten, die an dieser Erkrankung leiden, weisen u. U. überall größere Ödeme auf[102].

Amphibien mit Schilddrüsenunterfunktion durchlaufen keine Metamorphose. Dies ist in Gegenden der Fall, in denen Jodmangel herrscht oder wenn die Tiere Goitrogenen ausgesetzt waren. Dodd und Callan berichteten über einen Fall, in dem Fadenmolche *(Triturus helveticus)* in einem schottischen Teich nicht ihr Adultstadium erreichten und vergrößerte Schilddrüsen aufwiesen, was man der Tatsache zuschrieb, daß dieser Teich von Kaninchenfaeces verseucht war. Die Kaninchen hatten sich von goitrogenhaltigem Kohl ernährt[78]. In einigen Gegenden entwickeln sich Amphibien bis zum normalen Fortpflanzungsstadium, aber andernorts behalten sie Larvenmerkmale bei, eine physiologische Anpassung an ihre Schilddrüsenunterfunktion, die Neotenie genannt wird (s. S. 6). Kaulquappen mit Schilddrüsenunterfunktion erreichen eine enorme Größe, gleichzeitig werden sie nicht geschlechtsreif[233].

Unter dem Mikroskop findet man bei Kropfbildung infolge Jodmangels hyperplastisches, säulenartiges Epithel und sehr wenig Kolloid. Die Behandlung eines solchen Kropfes besteht darin, daß Goitrogene vermieden und der Ernährung Jodzusätze beigemengt werden, z. B. Jodsalze. Hierfür beträgt die Richtdosierung 0,5% der Gesamtfuttermenge. Ein chirurgischer Eingriff zur Entfernung des Kropfes ist nicht angezeigt, es sei denn, daß er eine Begleiterscheinung anderer Infektionen darstellt oder auf lebenswichtige Organe drückt.

Lähmung. Echsen zeigen sie gelegentlich im Bereich der Hinterbeine und des Schwanzes. Ich selbst fand diesen Zustand bei Skinks und Leguanen. Zwar ist die Ursache unbekannt, man sollte sich aber durch ein Röntgenbild und eine Untersuchung versichern, daß Traumata der Wirbelsäule ausscheiden. Im allgemeinen schreitet diese Krankheit rasch fort. Es erfolgt kaum oder gar kein reflektorisches Wegziehen der Gliedmaßen auf Nadelstiche oder Zwicken der Haut. Zittern (wahrscheinlich faszikuläre Zuckungen) der betroffenen Gliedmaßen treten auf. Falls man keine Verletzung der Wirbelsäule findet, sollten ver-

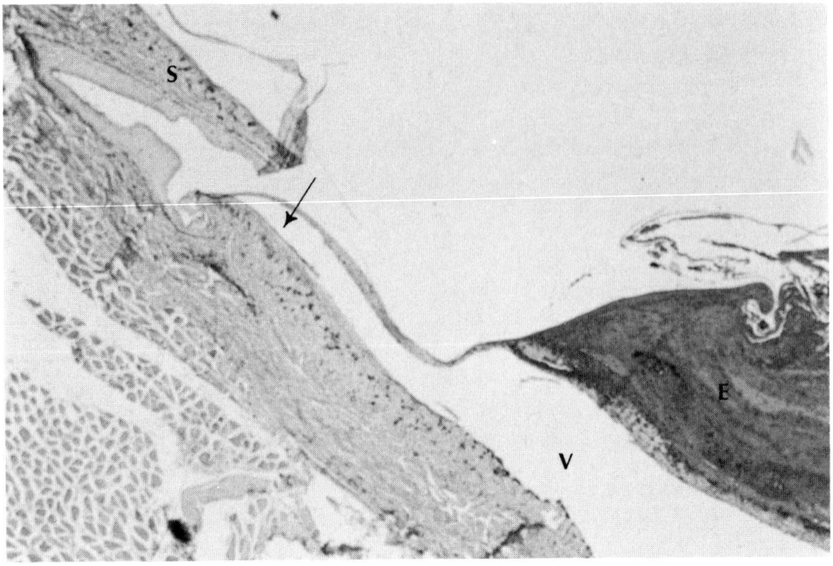

Abb. 3-100 Verletzung infolge „Pocken“ bei *Tetranorhinus variabilis lewisi.* Eine etwas abnorme Schuppe **(S)** befindet sich oben links. Die Spaltung des Epithels beginnt (Pfeil) zwischen Stratum corneum und Stratum germinativum. Die Schicht über dem Bläschenzentrum **(V)** ist verdickt und enthält Kernabfälle des Epithels, etwas Serum und einige Abwehrzellen: d. h. es liegt Brandschorf **(E)** vor. (Armed Forces Institute of Pathology Accession Nr. 1176342)

suchsweise Vitamine des B-Komplexes, vor allem Thiamin (Vitamin B_1), verabreicht werden[96]. Auch therapeutische Maßnahmen mit Kalziumglukonat sind einen Versuch wert. Die Prognose ist äußerst mangelhaft und die meisten der betroffenen Echsen gehen zugrunde.

Hautkrankheiten. Sie treten bei Angehörigen der Herpetofauna häufig auf. Außer bestimmten von Mikroben oder Parasiten verursachten oder ernährungsbedingten, durch Vergiftung hervorgerufenen Krankheiten und Tumoren gibt es verschiedene schwere Leiden wie Bläschenausschlag, Nekrotische Dermatitis („Schuppenfäule“) und Molchpest.

Bläschenausschlag (bläschenförmiger Eiterausschlag, Pocken, Dermatose) ist eine blasenbildende Hautkrankheit der Schlange, die stellenweise mit der Ansammlung einer klaren, viskösen Flüssigkeit zwischen Stratum corneum und Stratum germinativum beginnt (Abb. 3-100). Nach Kiel können daraus routinemäßig Reinkulturen eines nicht hämolytisch wirkenden Stammes von *Staphylococcus aureus* gewonnen werden[172]. Allerdings konnte die ätiologische Rolle dieses Organismus nicht bewiesen werden, und Zwart befand die bakteriologischen Untersuchungen nicht für ausreichend[311]. Eventuell werden die Läsionen sekundär von gramnegativen Organismen oder Pilzen befallen. Bleibt eine Behandlung aus, stirbt der Großteil der Schlangen an Entkräftung oder Septikämie. Möglicherweise führt Bläschenausschlag zu subkutanen Abszessen (s. S. 71), obwohl kein eindeutiger Zusammenhang zwischen diesen beiden Erkrankungen besteht.

Muffige Umgebung prädestiniert die Tiere für Bläschenausschlag. Im allgemeinen sind boden- und baumbewohnende Schlangen empfindlicher als Schlangen, die im Wasser leben. Als eine der wichtigsten Schutzmaßnahmen gilt es, den Tieren einen Ort im Terrarium zu bieten, wo sie richtig trocknen können. Aus einzelnen Vesikeln kann man die Flüssigkeit abfließen lassen. Kiel empfiehlt die abgesaugte Flüssigkeit durch 2%ige Jodlösung zu ersetzen[172]. Nützlich ist auch ein Bad in einer Antiseptikum-Lösung oder das Auftupfen von Sulfonamidazetat. Bei bakteriellen Infektionen muß man Antibiotika verwenden. Auch der Einsatz unterstützender Therapie, einschließlich Gabe parenteraler Flüssigkeit und Zwangsernährung, kann notwendig werden. Zwart befürwortet dazu Gaben von Vitamin A, das evtl. die Häutung und dadurch den Heilungsprozeß beschleunigt[311].

Nekrotische Dermatitis (Schuppenfäule) ist eine Form Nekrose erzeugender Dermatitis bei Schlangen, die von einer oder mehreren Läsionen ausgeht, die im weiteren Verlauf zusammenwachsen und einen großen Teil des Körpers bedecken können. Örtliche Läsionen rühren gelegentlich von einer unvollständigen Häutung her. Ihre Heilung kann man herbeiführen, wenn man noch ungehäutete Stellen in einem Warmwasserbad einweicht und dann entfernt[64]. Unter Umständen liegt in einzelnen Fällen eine kompliziertere Form des Bläschenausschlags vor, die vermutlich auf eine Zusatzinfektion zurückgeht. Tritt bei einer symptomatischen Therapie – wie tägliche Bäder in einer quarternären Ammoniumlösung als Desinfektionsmittel – keine Besserung ein, müssen Bakterien- und Pilzkulturen angelegt werden[64]. Cowan betrachtet die Schuppenfäule als eines der Resultate eines starken Gewebekatabolismus nach langen Hungerperioden[68]. Zur unterstützenden Therapie gehören ausreichende Fütterung – auch Zwangsernährung – und Vitamin-Injektionen, falls die Schlange nicht frißt.

Molchpest ist ein idiopathisches tödliches Leiden der Molche und Salamander, die sich als verheerende Seuche in einer ganzen Tiersammlung oder Laborzucht ausbreiten kann. Zu ihren Symptomen gehören Schlaffheit, Appetitlosigkeit, Gleichgewichtsstörungen, Hautrötung und Hautpusteln. Generelle Ödembildung tritt auf und die Haut wird fetzenweise abgeworfen. Die erkrankten Tiere gehen alle ein. Ein bestimmter Geruch, ähnlich wie Petersilie, gilt bei der Diagnose als typisch[233]. Die Ursache der Molchpest ist unbekannt, und man kennt keine Heilmittel. Bevor man neue Tiere einsetzen kann, müssen die Terrarien vollständig gereinigt und desinfiziert werden.

Bei eierlegenden Reptilien kann es zu **Legenot** kommen (Abb. 3-101). Dieses Phänomen tritt am häufigsten bei Schildkröten auf und muß in Betracht gezogen werden, wenn ein weibliches Reptil mit Tenesmus, Kloakenvorfall oder aufgeschwollener Kloakenregion oder hinterem Abdominalbereich zum Arzt gebracht wird. Im Röntgenbild kann man gegebenenfalls die Eier erkennen. Für Schildkröten verwendet man eine Kassette ohne Raster, wobei man verkleinerte Lungenbereiche vorfindet, vor allem in der kraniokaudalen Lage[110a].

Kann man das Ei von der Kloake aus erreichen, ist es manchmal möglich, Antibiotikumsalbe einzuführen, die das Ei für die weitere Passage schlüpfrig macht. Gewöhnlich funktioniert dies aber deshalb nicht, weil die Dystokie durch eine abnorm starke Kontraktion des Eileiters verursacht wird. Da die meisten Reptilieneier eine ledrige Schale besitzen (Schildkröten allerdings haben eine spröde und stark mineralisierte Schale), gelingt es öfter das Ei mit Nadel und Spritze abzusaugen und die Schalenreste mit einer Pinzette zu entfernen. Scheitert ein solcher Versuch, kann die Notwendigkeit eines chirurgischen Eingriffs bestehen. Diese Prozedur bei einer Schildkröte wurde sehr anschaulich von Frye und Schuckman beschrieben und illustriert[104]. Eine Oxytocin-Einheit stimulierte, intramuskulär ver-

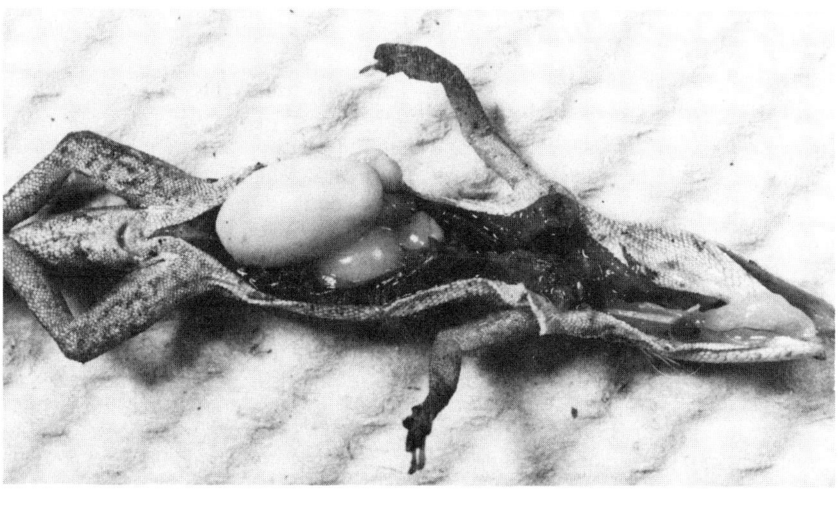

Abb. 3-101 Rotkehl-Anolis *(Anolis carolinensis)* mit Legenot

abreicht, offensichtlich die Eiablage bei einer 16jährigen Carolina-Dosenschildkröte *(Terrapene carolina bauri)* mit Legenot[110a].

Gelegentlich werden Reptilieneier in die Körperhöhle entlassen oder brechen dorthin durch, anstatt den normalen Weg über die Geschlechtswege zu nehmen[147]. Das kann der Grund einer Bauchfellentzündung sein, oder die Eier werden resorbiert, in Kalk eingebetet oder ihre Entwicklung vollzieht sich in der Körperhöhle. In den beiden letzten Fällen fällt das Tier durch eine deutlich ertastbare Masse im Abdomen auf und die Diagnosestellung erfolgt anhand einer Röntgenaufnahme. Besteht eine klinische Veranlassung dazu, holt man das Ei durch eine Operation aus seiner falschen Umgebung heraus. Entfernt man Uterus und Ovarien bei einem Reptil oder Amphib, muß unbedingt das gesamte Ovar herausgenommen werden, damit später keine Eier in die Bauchhöhle gelangen können[97].

3.3.2 Toxikologie

Desinfektionsmittel. Phenol- oder kresolhaltige Desinfektionsmittel wie Lysol gelten allgemein für Angehörige der Herpetofauna als hochgiftig und dürfen in ihrer unmittelbaren Umgebung nicht verwendet werden. Kommen die Tiere doch einmal damit in Berührung, müssen sie hinterher gründlich mit Wasser gewaschen werden. Falls Anzeichen einer Vergiftung, z. B. Krämpfe, auftreten, beginnt man mit symptomatischer und unterstützender Therapie. Spezielle Gegenmittel gibt es keine. In Kapitel 2 wurden die geeigneten Desinfektionsmittel behandelt.

Insektizide. In höheren Konzentrationen wirken die meisten Insektizide schädlich auf die Herpetofauna. Chlorierte Kohlenwasserstoffe wie DDT wirken besonders toxisch und ihr Gebrauch in Gegenwart von Reptilien und Amphibien muß unterbleiben. Kommen die Tiere damit in Berührung, leiden sie oft unter Krämpfen und sterben. Eine Behandlung besteht nur in Abwaschen des Giftes mit Wasser und einer unterstützenden Therapie.

Sogar Chemikalien, deren Gebrauch zur Milbenbekämpfung weithin empfohlen wird, erweisen sich gelegentlich als giftig (s. S. 128). Todesfälle gab es bei kleineren Echsen und Schlangen, die mit dem Kieselgel Dri-Die 67 Kontakt hatten. Diazinon 25 E stellte sich für Schlangen noch in Verdünnungen als schädlich heraus, die als ungefährlich galten, wie schon an anderer Stelle dieses Kapitels besprochen. Dichlorvos wurde zwar zur Milbenbekämpfung empfohlen, aber Rotkehl-Anolis *(Anolis carolinensis)* erkrankten an einer Lähmung, nachdem ich ein 7 cm langes Stück Flohhalsband für Katzen in ihren Käfig gehängt hatte. Die Erkrankung der Tiere breitete sich rasch über den ganzen Körper aus und konnte dadurch kuriert werden, daß der Streifen mit dem Insektizid entfernt wurde.

Verschiedene Insektizide und Herbizide sind für Kaulquappen giftig[241]. DDT in größeren Mengen verursacht bei adulten Fröschen Tremor, krampfhafte Bewegungen, untypische Körperstellungen und schließlich den Tod. Geringere Mengen bewirken neurologische und Verhaltensänderungen der Frösche und Kaulquappen, was dazu führt, daß diese eine leichte Beute darstellen[62]. Zur therapeutischen Verwendung von Insektiziden für Amphibien in Gefangenschaft gibt es nur wenige oder gar keine Hinweise, aber Vergiftungen mit diesen Stoffen sollte man in Erwägung ziehen, wenn in einer Tiergruppe plötzlich eine hohe Mortalitätsrate auftritt.

Unter natürlichen Bedingungen sind Amphibienlarven umweltschädlichen Stoffen im Wasser ausgesetzt. Die Insektenfresser unter den Herpetofauna-Arten ernähren sich von insektizidvergifteten Insekten und werden ihrerseits von größeren Räubern gefressen. Aufgrund der Tatsache, daß die Herpetofauna-Arten wahrscheinlich Schadstoffen ausgesetzt sind und ein wichtiges Glied in der Nahrungskette darstellen, sollten die Auswirkungen von Insektiziden und Herbiziden auf diese Tiere in umfassenden ökologischen Untersuchungen berücksichtigt werden. Zur Ökologie und Toxikologie der Insektizide in Bezug auf Frösche liefert der Artikel von Cooke wichtige Hinweise[62]. Hall stellte eine Übersicht der Pestizidwirkungen auf Reptilien zusammen[120b].

Farbe auf Schildkrötenpanzern. Früher war es an der Tagesordnung, daß junge Wasserschildkröten in den Zoogeschäften der USA mit Farbmustern auf dem Carapax verkauft wurden. Dies führte zu Panzerdeformierungen und erhöhte die ohnehin schon hohe Mortalität unter den Tieren weiter. In den meisten Gegenden wurde die Gewohnheit, die Panzer der Schildkröten zu bemalen, daher verboten. So findet man solche Tiere nur noch selten, zumal der Verkauf junger Schildkröten in den USA wegen der Salmonellengefahr sowieso verboten ist (siehe auch vorne). Die Farbe muß abgeraspelt werden, aber der Panzer darf dabei nicht verletzt werden. Entfärber dürfen keine verwendet werden, denn diese sind für Schildkröten giftig.

Anorganische Ionen. Verschiedene anorganische Ionen können sich für Amphibien als giftig erweisen. Kaplan stellte fest, daß Leopardfrösche *(Rana pipiens)* an punktförmigen Hautblutungen und Hautgeschwüren leiden, wenn man sie in Wasser hält, das 4 ppm (parts per million) Chlor in Form von Kalziumhypochlorit enthält. Die Krankheit ist irreversibel und endet tödlich, wenn die Konzentration auf 5 ppm angehoben wird[158]. Frösche, die in destilliertem oder Trinkwasser mit 1,1 bis 2,75 ppm Chlor gehalten wurden, erkrankten nicht. Gefleckte Furchenmolche *(Necturus maculosus)* litten angeblich unter Giftwirkungen des Chlors im Trinkwasser, was sich in Erregung, Erschöpfung, Krämpfen, Lähmung und Tod äußerte[161]. Ich habe Grünliche Wassermolche *(Notophthalmus viridescens)* monatelang ohne Anzeichen einer Krankheit in Trinkwasser gehalten. Reichenbach-Klinke und Elkan empfehlen, daß man Glatte Krallenfrösche *(Xenopus laevis)* in 0,4%iger NaCl-Lösung (d.h. 4000 ppm NaCl) setzt, um ihre Mortalität in Laborzuchten zu senken[233]. Je nach seiner Ionenform wechselt die Wirkung des Chlors auf Amphibien oder seine Desinfektionswirkung beträchtlich. Hat man den Verdacht, daß das Wasser giftig ist, muß es vor Gebrauch über Holzkohle geleitet werden.

Wasser, das über 5 ppm Fluor enthielt, rief Anämie, Leukopenie und Hyperämie und Blutungen im Verdauungssystem von Leopardfröschen hervor[163]. Bei Konzentrationen von über 50 ppm traten Todesfälle auf und die Mortalität stieg mit der Zunahme der Fluorkonzentration.

Bleinitratlösungen erwiesen sich für Frösche *(Rana pipiens)* als giftig und riefen Schorfbildungen auf der Haut, Verlust des Haltetonus, Schlaffheit und Leukopenie hervor. In höheren Konzentrationen starben die Tiere[160]. Offenbar erfolgte eine Bleivergiftung schon, wenn man die Amphibien in einem Gefäß mit Bleiwänden hielt.

Kupfersulfat ist für Leopardfrösche *(Rana pipiens)* giftig, der Kontakt damit führt zu übermäßiger Schleimsekretion der Haut und Augenreizung, die sich durch Blinzeln und Augenreiben offenbart. Die schädlichen Auswirkungen, deren Ausmaß proportional zur Ionenkonzentration verläuft, nehmen krasse Formen an, wenn man *Rana pipiens* in Wasser taucht, das über 0,0015% Kupfersulfat enhält. Bradykardie, Herzrhytmusstörungen, Lähmung und Tod stellen sich im Verlauf steigender Konzentrationen ein.

Die Sekrete der Hautdrüsen von manchen Fröschen und Kröten können für andere Herpetofauna-Arten giftig sein. Der Frosch *R. palustris* soll nicht in Gemeinschaft mit anderen Amphibien gehalten werden, da er sie u.U. bei Körperkontakt tötet.

Die Hautdrüsensekrete vieler Kröten wirken als Herzgifte. Karstad berichtet, daß eine Fuchsnatter *(Elaphe vulpina)* innerhalb von sechs Stunden starb, nachdem man ihr bei der Zwangsfütterung eine lebendige Kröte *(Bufo americanus)* gegeben hatte, obwohl die Kröte bereits nach zwei Minuten wieder ausgewürgt wurde[165]. Die Symptome äußerten sich darin, daß die Schlange sich krümmte und das Maul aufsperrte. Die Lunge der Schlange war kollabiert, das Blut darin gestaut und voller Ödeme, in den Nieren staute sich ebenfalls Blut, und die Magenserosa zeigte Blutungen. Interessanterweise fressen Gewöhnliche Hakennattern *(Heterodon platyrhinos)* regelmäßig Kröten, offenbar mit einem gesunden Appetit und ohne daran Schaden zu nehmen.

Viele Giftschlangen sind relativ resistent gegen Gift ihrer eigenen oder auch anderer Arten, wobei die Widerstandsfähigkeit von der Menge und Art des Giftes abhängt. Einige Schlangen, z. B. die Königsnattern, die Grubenottern fressen, sind sehr gut geschützt. Die Resistenz beruht nicht auf humoraler Immunität, sondern es gibt einen Schutzfaktor, den man aus Globulin- und Albuminbestandteilen des Schlangenplasmas isolieren kann[265].

3.3.3 Neoplastische Krankheiten

Gutartige und bösartige Tumoren des Kreislaufsystems und der Epithel- und Bindegewebe sind bei Herpetofauna-Vertretern beschrieben worden. Der Großteil dieser Tumoren ähnelt morphologisch denjenigen, die bei den Homoiothermen in den entsprechenden Geweben vorkommen. Bezüglich der Häufigkeit gibt es aber von Art zu Art erhebliche Unterschiede. Von wenigen Ausnahmen abgesehen, treten Tumoren bei Reptilien und Amphibien weitaus seltener auf als bei Säugern. Das ist sehr erstaunlich, da ein Angehöriger der Herpetofauna oft eine höhere Lebenserwartung hat als Säuger vergleichbarer Größe.

Über Tumoren der kaltblütigen Vertebraten findet man eine Übersicht bei Schlumberger und Lucké[244] und bei Lucké und Schlumberger[189]. Weitere Informationen über Tumoren bei Amphibien geben Balls[21] und Balls und Clothier[23], ein Kapitel im Buch von Harshbarger behandelt dieses Thema[121] und später wurden auch die Vorträge eines diesbezüglichen Symposiums veröffentlicht[212]. Kürzlich stellten Harshbarger[122], Billups und Harshbarger[28] und Jacobson[149c] einen Überblick über die Tumoren der Reptilien zusammen. Eine umfangreiche Bibliographie der veröffentlichten Fälle und eine Auflistung aller Reptilientumoren, die dem Armed Forces Institute of Pathology und der Registry of Tumors in Lower Animals (RTLA) zugänglich gemacht wurden, kann man in dem Werk von Billups und Harshbarger nachlesen[28]. (Eine weitere Besprechung dazu folgt am Ende dieses Kapitels.)

Hier wird nur auf die häufigsten Tumoren der Herpetofauna eingegangen. Ansonsten sei auf die oben zitierten Schriften verwiesen und an die Registry of Tumors in Lower Animals bezüglich der Beschreibung von weiteren Tumoren. Diese Abhandlungen sind in der folgenden Diskussion als Literaturhinweise zu betrachten. Aus ihren Bibliographien können die Zitate der Originalberichte entnommen werden.

Feste Tumoren treten im allgemeinen in Form von großflächigen Läsionen auf. Sie müssen sobald wie möglich nach ihrer Entdeckung entfernt werden, wenn sie für einen chirurgischen Eingriff zugänglich sind und ein Verdacht auf Tumor besteht. Zur Chemotherapie, Bestrahlung oder Immunotherapie von Tumoren gibt es bei der Herpetofauna keine Untersuchungen.

Das **Nierenadenokarzinom** – auch Lucké-Tumor genannt – ist bei Leopardfröschen *(Rana pipiens)* der geläufigste und am besten untersuchte Tumor. Er wurde erstmals 1934 von Baldwin Lucké genau beschrieben und die nächsten zwanzig Jahre wurde dieser Tumor von ihm eingehend erforscht. Der Tumor blieb weiterhin Gegenstand vieler Veröffentlichungen, vor allem weil man ihn für ein gutes Beispiel der durch Viren verursachten Geschwulstbildung hielt.

Das Vorkommen des Lucké-Tumors ist abhängig von der jeweiligen Gegend. Recht häufig tritt der Tumor in Vermont auf, woher auch Lucké den Großteil seiner Frösche bezog. Er stellte bei 10000 seiner Untersuchungsobjekte 2,7% Tumoren fest. Auch in Wisconsin tritt die Geschwulst relativ häufig auf, dagegen fehlt sie fast ganz in Südtexas. Im Landesinnern der nördlichen Staaten der USA sind fast 8,5% der Tiere davon befallen. Freilandstudien in Minnesota zufolge trat der Tumor aber vor allem in bestimmten Landkreisen auf[205].

Bei männlichen Tieren kommt das Geschwür doppelt so häufig vor wie bei weiblichen, und zwar in über 60% der Fälle beidseitig[227]. Frösche leiden vor allem im Frühjahr und Herbst daran. Im Sommer fällt die Zahl der Tiere mit Tumoren, vermutlich weil ihre Mortalität durch Räuber erhöht wird oder auch weil der Tumor einen jahreszeitlich gebundenen Rückgang durchläuft[205].

Im Großen und Ganzen sieht der Tumor wie ein festes knotenförmiges Pilzgewächs aus, das aus der Niere herauswächst (Abb. 3-102). Im Freiland findet man selten Metastasen bei Fröschen, wohl infolge ihrer hohen Mortalität. In Gefangenschaft treten häufig Metastasen auf, vor allem in der Lunge, etwas seltener in der Leber und ab und zu in Blase, Mesenterium, Peritoneum, Pankreas, Gedärmen, Ovar und Augenhöhle[227]. Wahrscheinlich wirken regelmäßige Fütterung und Wärme begünstigend auf das Tumorwachstum.

Histologisch gesehen ist der Lucké-Tumor nicht von einer Kapsel umgeben, aber scharf umgrenzt und besitzt hohe Durchdringungsfähigkeit als Adenokarzinom. Er beginnt in den proximalen Tubuli zu wachsen (Abb. 3-103). An verschiedenen Geschwüren kann man jeden Grad der Krankheit betrachten, von der recht harmlosen bis zur äußerst gefährlichen. Im typischen Verlauf werden Tubuli gebildet, die von mehreren bis zu vielen Zellschichten umgeben sind. Oft ragen Papillen in die Lumina[204].

Intranukleare Einschlußkörper (Cowdry-Typ A) kommen oft in Tumoren von Fröschen vor, die sich in ihrer natürlichen oder auch künstlichen Winterruhe befinden. Diese sogenannten „Wintertumoren“ enthalten eine hohe Anzahl eines bestimmten Herpes-Virus, der weithin als unbestrittener Verursacher des Lucké-Tumors gilt. Im Froschharn wird der Virus zusammen mit Einschlüssen ausgeschieden, die tumorhaltig sind. Solche Einschlußkörper oder Viren treten fast nie in Tumoren von Fröschen auf, die im Sommer gefangen wurden oder bei Raumtemperatur gehalten wurden. Im Sommer ist der Virus daher maskiert oder latent vorhanden und demaskiert und repliziert sich bei kaltem Wetter[212]. „Sommertumoren“ wachsen sehr schnell und „Wintertumoren“ sehr langsam.

Man kann den Lucké-Tumor mit zellfreiem Medium auf Kaulquappen übertragen, deren Pronephros sich gerade entwickelt[212] und auf größere

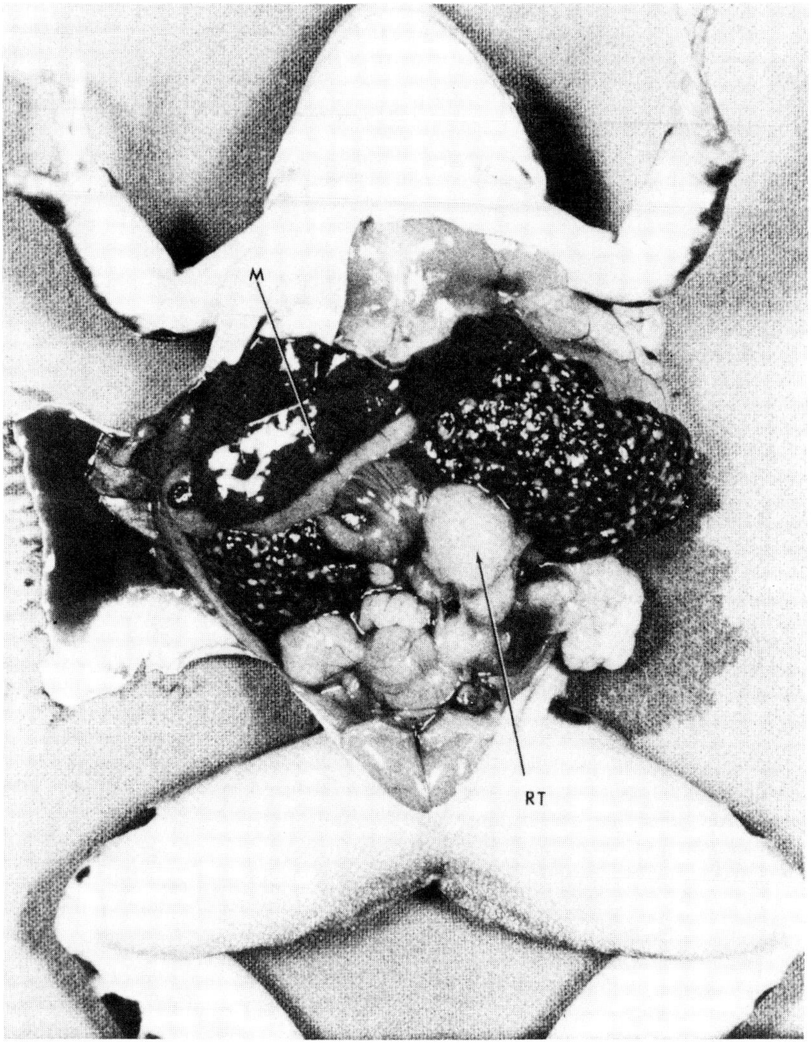

Abb. 3-102 Geschlechtsreifes *Rana pipiens*-Männchen mit geöffneter Leibeshöhle zur Demonstration eines primär in der Niere entstandenen Adenokarzinoms **(RT)** und mehrerer Metastasen in der Leber **(M)**. (Der Frosch wurde von Prof. George M. Nace zur Verfügung gestellt. Aus McKinnell, L. M. und Labat, D. D.: Frog renal tumors are composed of stroma, vascular elements and epithelial cells: What type nucleus programs for tadpoles with the cloning procedure? In: Progress in Differentiation Research. Hrsg.: N. Müller-Bérat. Amsterdam, North-Holland Publishing Co., 1976. Photographie mit freundlicher Genehmigung von Dr. R. G. McKinnell)

adulte Frösche, die sich in einer kühleren Umgebung aufhalten[227]. Anscheinend werden alle Postulate von Koch und Henle eingehalten, was beweist, daß Luckés Herpes-Virus eine notwendige Ursache des Lucké-Tumors ist[215]. Um zu belegen, daß der Virus die einzige Ursache ist, müssen weitere Untersuchungen durchgeführt werden[120]. Noch kann die Möglichkeit eines „Helfer"-Virus nicht ausgeschlossen werden[215].

Unter der Annahme, daß der Herpes-Virus Ursache des Lucké-Tumors darstellt und der Tumor auf natürlichem Wege übertragen wird, stellte Rafferty[227] eine recht anschauliche Theorie über den Entwicklungsverlauf der Krankheit auf: Der Virus repliziert sich im Wintertumor von Fröschen während der Winterruhe. Diese Tiere sind drei Jahre und älter und laichen im Frühjahr nach der Schneeschmelze am Seeufer ab. Der Virus

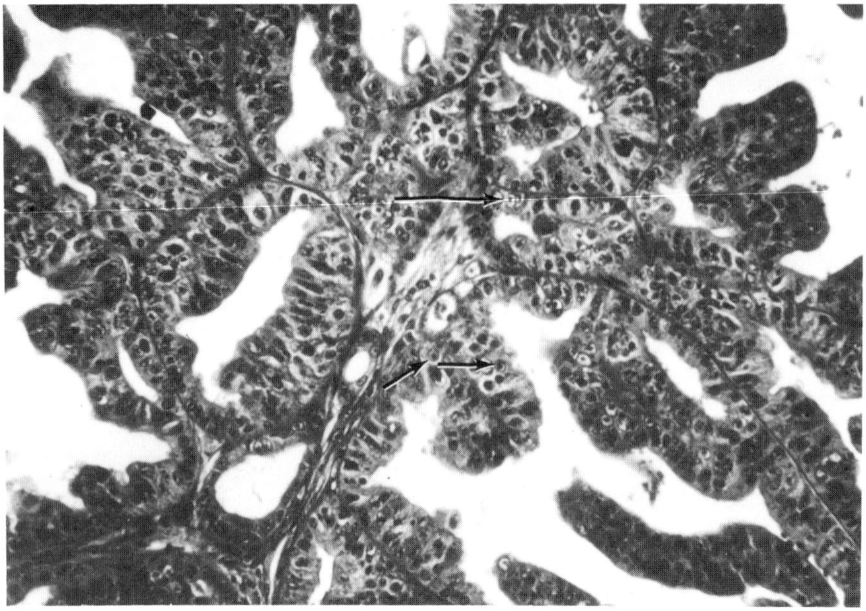

Abb. 3-103 Luckés Adenokarzinom der Niere („Winter-Tumor") bei einem Leopardfrosch *(Rana pipiens).* Tubuli mit unterschiedlich dickem Epithel werden gebildet und vom Epithel springen Auswüchse oder Papillen ins Tubuluslumen vor. Einschlüsse vom Typ A (Pfeile) findet man nur in „Winter-Tumoren"

gelangt mit dem Urin nach außen, wo er die Eier infiziert oder die Kaulquappen nach dem Schlüpfen. Bis der Frosch mindestens zwei Jahre alt wird, bleibt die Krankheit latent. (Im Freiland findet man so gut wie nie Tumoren bei jüngeren Fröschen.) Innerhalb von ein oder mehreren Jahren entwickeln sich dann die Tumoren beträchtlich und wachsen während des Sommers schnell. In dieser Zeit ist die Mortalität am höchsten – direkt oder indirekt vom Geschwür verschuldet. Frösche mit Tumoren, die die Winterruhe überstehen, geben den Virus mit dem Harn an die nächste Froschgeneration weiter, wenn sie im Frühling ablaichen.

Das Bedürfnis des Virus nach kühleren Temperaturen für seine Replikation könnte das Fehlen des Lucké-Tumors im südlichen Verbreitungsgebiet von *Rana pipiens* erklären. Allerdings kommt dafür auch eine unterschiedliche Sensibilität der geographischen Unterarten in Frage. Auch die Tatsache, daß die Frösche mancher Gegenden der nördlichen USA kaum befallen werden, die Krankheit an anderen Orten mit dem gleichen Temperaturbereich aber Seuchenform annimmt, wird durch die oben gemachte Behauptung nicht erklärt.

Tweedell versuchte eine natürliche Art der Übertragung von Lucké-Tumoren nachzuahmen, aber es gelang ihm nur, wenn er weiblichen Frösche vor der (induzierten) Eiablage intraperitoneal zellfreie Filtrate injizierte[280]. Die Nachkommen aus diesem Versuch wiesen metastasenbildende Tumoren auf als sie adult und fünf bis zwölf Monate alt waren.

Abgesehen von Lucké-Tumoren sind Nierengeschwüre offenbar selten bei den Vertretern der Herpetofauna zu finden. Über einzelne Fälle bösartiger Nierentumoren berichtete man beim Wasserfrosch *(Rana esculenta)*, beim Glatten Krallenfrosch *(Xenopus laevis)*, dem Ochsenfrosch *(Rana catesbeiana)* und beim Gefleckten Furchenmolch *(Necturus maculosus)*[23]. Dazu wird im RTLA (Bericht von 1975) ein Nierenadenokarzinom bei einer *Boa constrictor* beschrieben. Billups und Harshbarger zitieren in ihrer Übersicht Berichte über ein Nierenadenokarzinom bei einer Carolina-Dosenschildkröte *(Terrapene carolina)*, deren Metastasen schließlich die Leber erreichten, und ein papillenförmiges Nierenadenokarzinom bei einer Ringelnatter *(Natrix natrix = Tropidonotus natrix)*[28].

Eine siebenjährige 5 m lange Tigerpython *(Python molurus)*, die im National Zoological Park von Washington, D.C. starb, wies ein Nierenadenokarzinom auf, das sich von den Nierentubuli aus verbreitet hatte (Abb. 3-104 A und B). Daneben fand man mitten in

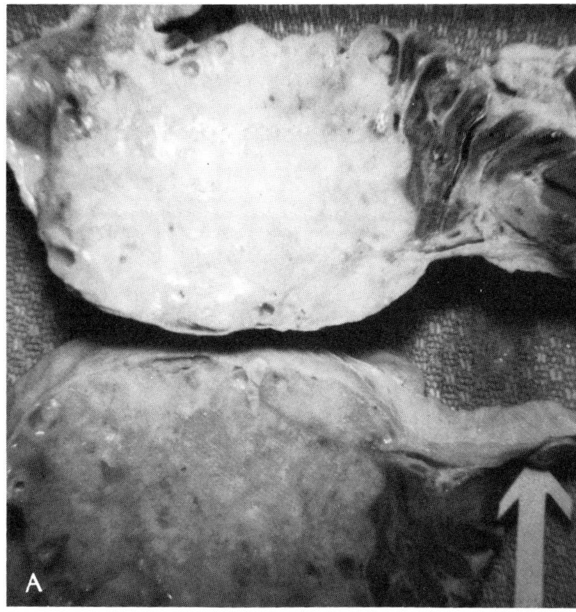

Abb. 3-104 Nieren-Adenokarzinom bei einer siebenjährigen männlichen Tigerpython *(Python molurus)*. (Armed Forces Institute of Pathology Accession Nr. 1172389). **A.** Reste normalen Nierengewebes sind die schwarzen Teile direkt über und links vom Pfeil. Der heller gefärbte Tumor hat einen Großteil des Nierenparenchyms ersetzt. **B.** Anaplastisches Epithel bildet Tubuli mit unregelmäßiger dicker Wand. 130fach vergrößert

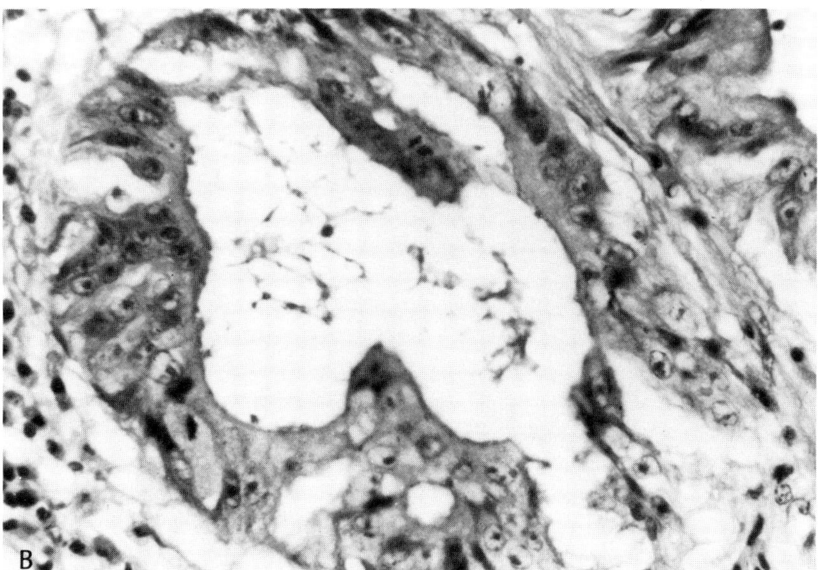

der Leber ein anaplastisches Adenokarzinom, das entweder eine Metastase des Nierentumors darstellte oder ein Karzinom eines wenig entwickelten Gallengangs (Abb. 3-105 A und B). (Diese Python gehört zu den Tumorfällen bei Reptilien, die sich im Armed Forces Institute of Pathology befinden und in der Liste von Billups und Harshbarger aufgeführt sind[28].)

Hepatome. Fälle von Hepatomen sind bei einem Wasserfrosch *(Rana esculenta)*, zwei Leopardfröschen *(Rana pipiens)*[23], zwei Grünen Leguanen *(Iguana iguana)*, einem Lappenchamäleon *(Chameleo dilepis)*, einem Roten Großteju *(Tupinambis rufescens)* und einer opisthoglyphen Natter, der Trugboa *(Pseudoboa clelia)*[149c] aufgetreten. Einige weitere primär in der Leber entstandene Tumoren fand man bei Reptilien, und zwar ein bösartiges Hepatom bei einem Streifenskink *(Eumeces fasciatus)*, ein Gallengangadenom bei einem Wirtelschwanzleguan *(Cyclura ricordi)*, einer Boomslang *(Dispholidus typus)*,

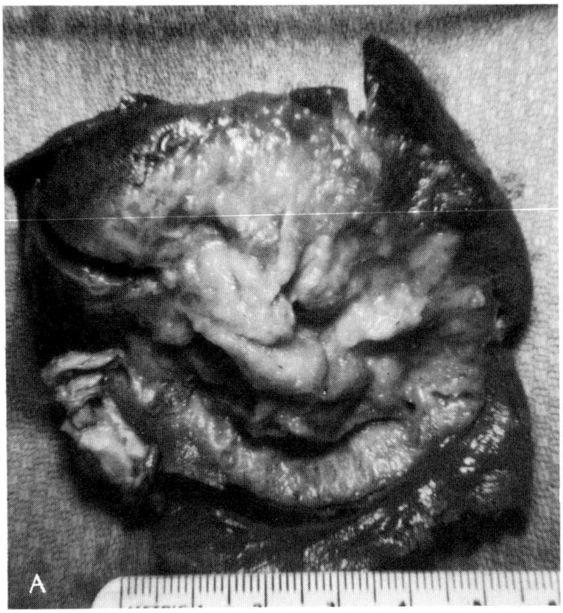

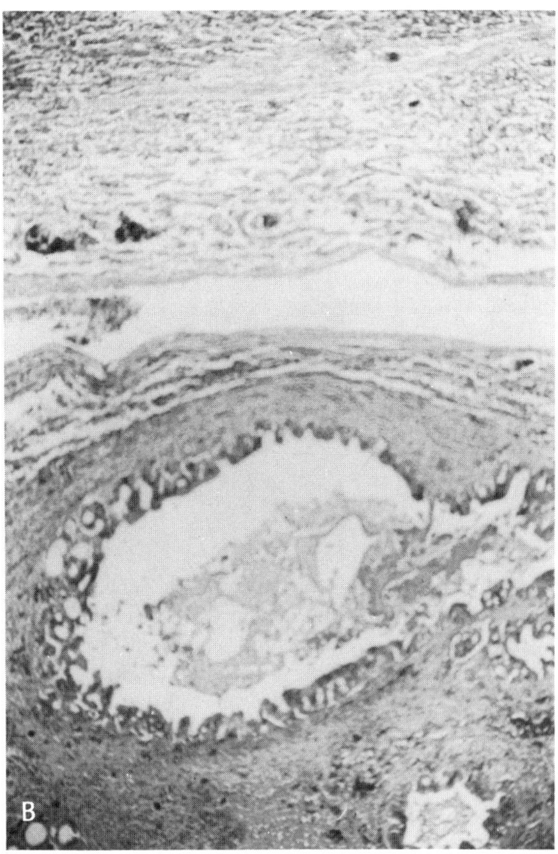

Abb. 3-105 Adenokarzinom in der Leber derselben siebenjährigen männlichen Tigerpython *(Python molurus)* aus Abb. 3-104. Mehrere Pathologen konnten sich nicht einigen, ob es sich hierbei um eine Metastase des Nieren-Adenokarzinoms oder ein weiteres primäres Adenokarzinom handelt, das aus dem Gallengang hervorging. (Armed Forces Institute of Pathology Accession Nr. 1172389.) **A.** Das hellgraue Tumorgewebe nimmt das Innere der Leber ein. Ringsherum sieht man das verbliebene ursprüngliche Leberparenchym als dunkleres Gewebe. Skala darunter in cm. **B.** Der Tumor bildet Tubuli und führte zu einer Aktivierung des Bindegewebes. Der Tumor (unten) drückte das Leberparenchym (oben) zusammen. 13fach vergrößert

einer Gewöhnlichen Strumpfbandnatter *(Thamnophis siralis)* und einer Speikobra *(Naja nigricollis)*, ein Gallenadenokarzinom bei einer Halysschlange *(Agkistrodon halys)* und einer Gewöhnlichen Lanzenotter *(Bothrops atrox)* und ein papillenförmiges Karzinom des Gallenganges bei einer Boa-Trugnatter *(Homalopsis bucata)*[149c].

Hämatopoietische Tumoren. Diese Tumoren der Herpetofauna sind Gegenstand der Arbeiten von Balls und Ruben[24], Dawe[70] und Harshbarger und Dawe[123]. Anschauungsmaterial zur vergleichenden Pathologie der hämatopoietischen und lymphoretikulären Tumoren kann man beim Registry of Experimental Cancers, National Cancer Institute, Bethesda, Maryland, 20014, ausleihen. Diese Materialsammlung enthält Dias von einem Lymphosarkom eines Axolotls *(Ambystoma mexicanum)*, einem Retikulo-Sarkom eines Glatten Krallenfrosches *(Xenopus laevis)*, einer lymphatischen Leukämie einer Waldklapperschlange *(Crotalus h. horridus)* und von Retikulo-Sarkomen bei einer toten Todesotter *(Acanthopis antarticus)* und einer Gewöhnlichen Hakennatter *(Heterodon platyrhinos)*[72].

Derjenige hämatopoietische Tumor bei der Herpetofauna, dem am meisten Aufmerksamkeit gewidmet worden ist, ist das sogenannte „Lymphosarkom" von *Xenopus laevis*, das sich an der Oxford Universität als spontan auftretende Erkrankung in der Amphibienzucht erwies. Eingewanderte zerstörerische Läsionen, die aus lymphoiden Zellen und Wanderzellen des Bindegewebes oft in Knoten zusammengesetzt sind, treten in Leber, Niere, Milz und anderen Organen auf. Die Krankheit breitet sich laufend weiter aus und endet tödlich. Man hat behauptet, daß sie schon durch Berührungskontakt übertragen wird, daß sie experimentell durch zellfreie Filtrate, Benzpyren, Methylcholanthren oder Urethan induziert werden kann und daß sie auf andere Amphibienarten mit Gewebstransplantaten verpflanzt werden kann[22, 24, 238].

Einige Wissenschaftler halten „Lymphosarkome" bei *Xenopus laevis* für einen virenbedingten Tumor, doch sind die Virenätiologie und der Tumorencharakter inzwischen in Frage gestellt worden. Dawe stellte fest, daß die Läsionen histologisch kompatibel mit infektiösen Granulomen sind[70, 71]. Oft lassen sich darin Säure-beständige Bazillen nachweisen, mit denen sich wiederum durch Überimpfen ähnliche Läsionen erzeugen lassen[70, 71]. Clothier und Balls identifizierten die Bazillen als *Mycobacterium marinum* und liefern Daten, um zu beweisen, daß dieser Organismus eine granulomatöse Erkrankung hervorruft, die sich morphologisch vom Lymphosarkom unterscheidet und daß daher die Säurebeständigen Bazillen nur sekundär eingewandert sein können, wenn man sie im Tumorgewebe findet[59, 60].

Sogar Wissenschaftler, die die Erkrankung bei *X. laevis* für einen virenbedingten Tumor halten, erkennen an, daß beim Feuerbauchmolch, *Cynops (Triturus) pyrrhogaster,* das, was als Lymphosarkom beschrieben wurde, eine Krankheit ist, die durch Mycobacterien hervorgerufen wird[23, 24]. Solange keine Versuche an mycobacterienfreien Fröschen durchgeführt werden, bleibt die Ursache des Lymphosarkoms bei *X. laevis* noch ungeklärt.

Vor 1968 konnte Dawe keine Veröffentlichungen über hämatopoietische Tumoren bei Reptilien ausfindig machen[70]. (Lawson berichtete 1962 über ein bösartiges Lymphom bei einer Tyrrhenischen Bergeidechse[183].) Billups und Harshbarger zitierten neun weitere Berichte und dazu drei Registrierungen (RTLA) bösartiger Lymphgeschwüre, die bei acht Schlangen (sieben Arten), zwei Echsen (2 Arten) und zwei Schildkröten (2 Arten) erfaßt wurden[28]. Sie erwähnten auch Fälle von Retothelsarkomen bei einem Rotkehl-Anolis *(Anolis carolinensis),* einer Todesotter *(Acanthopis antarticus)* und einer Gewöhnlichen Hakennatter *(Heterodon platyrhinos)*. Die RTLA registrierte einen Fall von Granulozytenleukämie bei einer Nashornviper *(Bitis nasicornis)* und ein nicht ganz erwiesenes Plasmozytom bei einem Nilwaran *(Varanus niloticus)*[28]. In ihrem Bericht von 1975 verzeichnete die RTLA ein Plasmozytom bei einer Wassermokassinschlange *(Agkistrodon piscivorus)* und eine myeloische Leukämie bei einer Starrbrust-Pelomeduse *(Pelomedusa subruta)*.

Es gibt nur zweifelhafte Berichte zu hämatopoietischen Tumoren bei Krokodilen. Möglicherweise ein Lymphosarkom untersuchten Schlumberger und Lucké in der Leber eines Leistenkrokodils *(Crocodylus porosus)*[244]. Eine große Zahl fester Mesenchymtumoren hat man bei der Herpetofauna entdeckt. 9 von 24 solcher Tumoren erwiesen sich bei Amphibien als Fibrome wie *Balls* und *Clothier* feststellten[23]. Fibrozytäre Tumoren sind bei Reptilien die geläufigsten Mesenchymgeschwulste und bilden zu gleichen Anteilen gut- und bösartige Formen aus.

Hauttumoren. Über diese Tumoren gibt es bei der Herpetofauna, besonders den Amphibien, mehr Hinweise als auf irgendwelche anderen Geschwüre – abgesehen von Luckés Adenokarzinom in der Niere. Ein Grund dafür liegt sicher darin, daß sie deutlich sichtbar auf der Oberfläche wachsen. Falls ihre tatsächliche und nicht nur erfaßte Häufigkeit wirklich die der inneren Tumoren übertrifft, ist eine mögliche Erklärung ihres häufigen Vorkommens im Zusammenhang mit der besonderen Stoffwechselfunktion der Amphibienhaut bei der Atmung sowie beim Wasser- und Elektrolythaushalt (Kap. 1) zu suchen. Da über die Amphibienhaut ein aktiver Transport von Stoffwechselprodukten erfolgt, wäre es nicht weiter erstaunlich, wenn sie auf bestimmte Gifte, einschließlich Karzinogene, besonders empfindlich reagiert.

Unter Tigerquerzahnmolchen *(Ambystoma tigrinum)* fand man in einem Abwasserteich in Texas folgende Hauttumoren – hier nach der Anzahl registrierter Fälle geordnet –: epidermale Papillome, gut- und bösartige Geschwülste der Melanophoren, Fibromas und Fibrosarkome[236, 236a]. Die Tiere wiesen in diesem Teich Neotenie auf, dagegen entwickelten sie sich in anderen Gewässern der Umgebung, die nicht durch Abwässer verschmutzt waren, zu normalen Adultformen, bei denen keine Tumoren auftraten. Es wurde eine Untersuchung des Abwasserteiches auf Karzinogene eingeleitet.

Papillome, Melanophoren- und fibröse Tumoren hat man auch in der Haut anderer Urodelen gefunden[23]. Es gibt einen zweifelhaften Hinweis, daß ein Hautkarzinom bei einem Bergmolch *(Triton alpestus)* von einer Überträgersubstanz hervorgerufen wurde[244].

Die häufigsten Hauttumoren bei Amphibien sind Adenome, Adenokarzinome und Schuppenzell-Karzinome[244], den Forschungsberichten der Registry of Tumors in Lower Animals 1965 bis 1973 zufolge. Unter „Hunderten" von Fröschen *(Rana pipiens),* die in zweieinhalb Jahren an der Universität von Michigan untersucht wurden, wiesen 13 knotenförmige Hautgeschwüre auf[263]. Fünf zeigten nur eine Hyperplasie der Epidermis, sieben litten unter Schuppenzell-Karzinomen (drei der Frösche hatten zusätzlich hyperplastische Läsionen), und einer besaß ein Hautdrüsen-Karzinom. Die Schuppenzell-Karzinome traten nur bei Fröschen auf, die mindestens 3½ bis 5 Jahre alt waren. Eines dieser Geschwüre, das an den Zehen eines Hinterbeins saß, breitete sich auf den darunterliegenden Knochen und die Muskeln aus. Die anderen Geschwülste traten in Körperzonen auf, in denen die Haut lose ist, und wanderten daher nicht in tiefer liegende Gewebeschichten ein.

Schuppenzell-Karzinome stellte man auch bei einer Wassermokassinschlange *(Agkistrodon piscivorus),* zwei Tejus *(Tupinambis nigropunctatus* und *T. teguixin),* europäischen Eidechsen *(Lacerta-Arten),* einer Europäischen Sumpfschildkröte *(Emys orbicularis)*[28] und einer Klettennatter *(Lampropeltis getulus)* fest[126]. Der Tumor bei *T. nigropunctatus* stammte aus dem Zahnfleisch, der der Klettennatter zog den Oberkiefer in Mitleidenschaft und der Tumor der Wassermokassinschlange ging von der Lippengegend aus, vermutlich lag der Ursprung bei allen im Zahnfleisch. Bei allen übrigen Reptilien erwies sich die Epidermis als Entstehungsort der Schuppenzell-Karzinome.

Besonders interessant war der Tumor der Europäischen Sumpfschildkröte, da die Primärläsion (Abb. 3-106 A) in der Fossa intermandibularis in einer knotenförmigen Masse mit käsigem Ausfluß bestand, die einem Abszeß ähnelte und als solcher behandelt wurde (s. S. 71). Als die Schildkröte einige Monate nach der ersten Untersuchung starb, fand man zahlreiche Metastasen in der Leber (Abb. 3-106 B).

Hauttumoren kommen ziemlich häufig bei Eidechsen vor *(Lacerta-*Arten)[28]. Es werden hyperkeratotische Knoten gebildet, die histologisch von warzenähnlichen Papillomen bis zu Schuppenzell-Karzinomen eingeordnet werden können. Verallgemeinernd kann man diese Tumoren als rauh und fest beschreiben, weshalb man sie „Borkengeschwülste" nennt[233]. Stolk stellte die Hypothese auf, daß sie bei mangelnder Sonneneinstrahlung entstehen[264], doch neueste Ergebnisse weisen darauf hin, daß sie u. U. von Viren hervorgerufen werden[149c]. Abb. 3-107 zeigt solch eine Geschwulst bei einem Fall, der noch nicht veröffentlicht wurde.

Fibroepitheliome mit einem Durchmesser bis zu 25 cm fand man in der Haut von Suppenschildkröten *(Chelonia mydas).* In oder auf diesen Läsionen kam unterschiedliches Fremdmaterial wie Entenmuscheln, Algen, Blutegel *(Ozobranchus branchiatus)* und die Eier parasitischer Trematoden *(Distomum [Hapalotrema] constrictum)* vor, aber ein ursächlicher Zusammenhang wurde nicht nachgewiesen[122, 244].

Farbtumoren der Hautpigmente. Bei Anuren wurde von Tumoren der Hautpigmente berichtet. Dazu gehörten je ein oder mehrere Fälle von

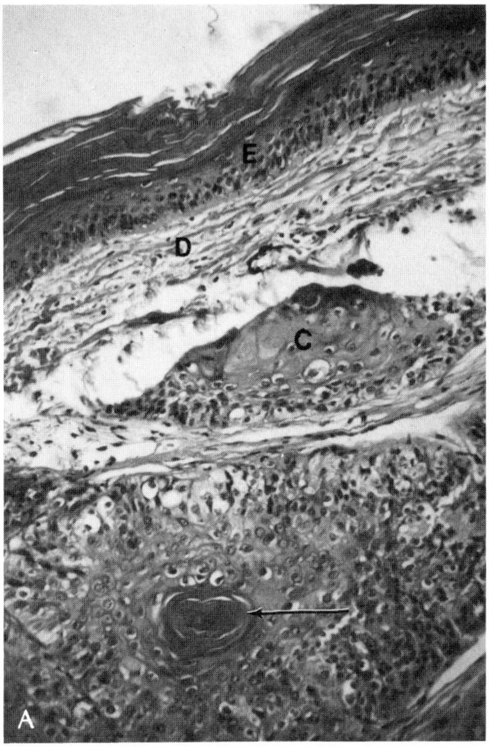

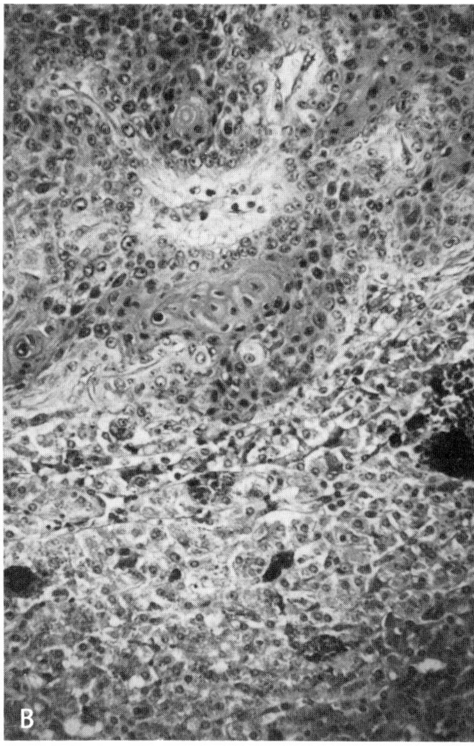

Abb. 3-106 Karzinom der Schuppenzellen im Bereich zwischen den Mandibularia bei einer Europäischen Sumpfschildkröte *(Emys orbicularis).* (Armed Forces Institute of Pathology Accession Nr. 1174550.) **A.** Primärtumor. **E:** normale Epidermis; **D:** Dermis; **C:** Tumorgewebe, das in die Subkutis eindringt und Epithelkugeln (Pfeil) bildet. **B.** Metastase (oben) in der Leber. In der unteren Bildhälfte befindet sich Leberparenchym mit normalen Melanozyten

Melanomen, Erythrophoromen, Guanophoromen und Xanthophoromen (die je nachdem schwarz, rot, weiß oder gelb gefärbt waren)[23].

Axolotl *(Ambystoma [Siredon] mexicanum)* zeigen oft melanotische Flecken auf ihrer Haut. Diese können sich zu Geschwüren der Melanophoren entwickeln, pigmentierte Tumoren, die in die Muskulatur und das Bindegewebe ihrer Umgebung einwandern. Man nimmt an, daß die Geschwulst beim Axolotl erblich ist. Sie kann auch auf Angehörige derselben Art transplantiert werden[42, 244]. In einem Artikel von Brunst findet man weitere Literatur über Melanome, Teratome und Neuroepitheliome des Geruchsinnes bei Axolotln[45]. Amelanotische Melanome der Haut treten spontan auf und können beim Molch *Triturus cristatus* durch eine subkutane Injektion von Methylcholanthren induziert werden. Eine Übertragung auf andere Molche ist mit zellhaltigen oder -freien Extrakten möglich. Der Tumor wächst im Winter langsam, im Sommer schnell und bildet gelegentlich in vielen Organen Metastasen aus[185].

Bösartige Melanome entdeckte man bei verschiedenen Schlangenarten, vor allem Pythons und bei einer Gila-Krustenechse *(Heloderma suspectum)*[28]. Im Zoo von Philadelphia traten bei einer Netzpython *(Python reticulatus)*, die 7 m lang war, drei gutartige Melanome auf[244].

Bei einer Strumpfbandnatter *(Thamnophis elegans terrestris)* fand man zahlreiche bösartige Melanophorentumoren in der Haut, die rotes und schwarzes Pigment enthielten[100].

Ball berichtet über das Vorkommen von Melanomen bei einem Paar Kiefernnattern *(Pituophis melanoleucus),* die im gleichen Käfig gehalten wurden[20]. Das Weibchen hatte ein Melanom am Schwanz, der amputiert werden mußte, außerdem litt das Tier unter zahlreichen Metastasen unter der Haut, im Zölom und in der Leber und starb zweieinhalb Jahre, nachdem die Primärläsion aufgetreten war. Das Männchen wurde getö-

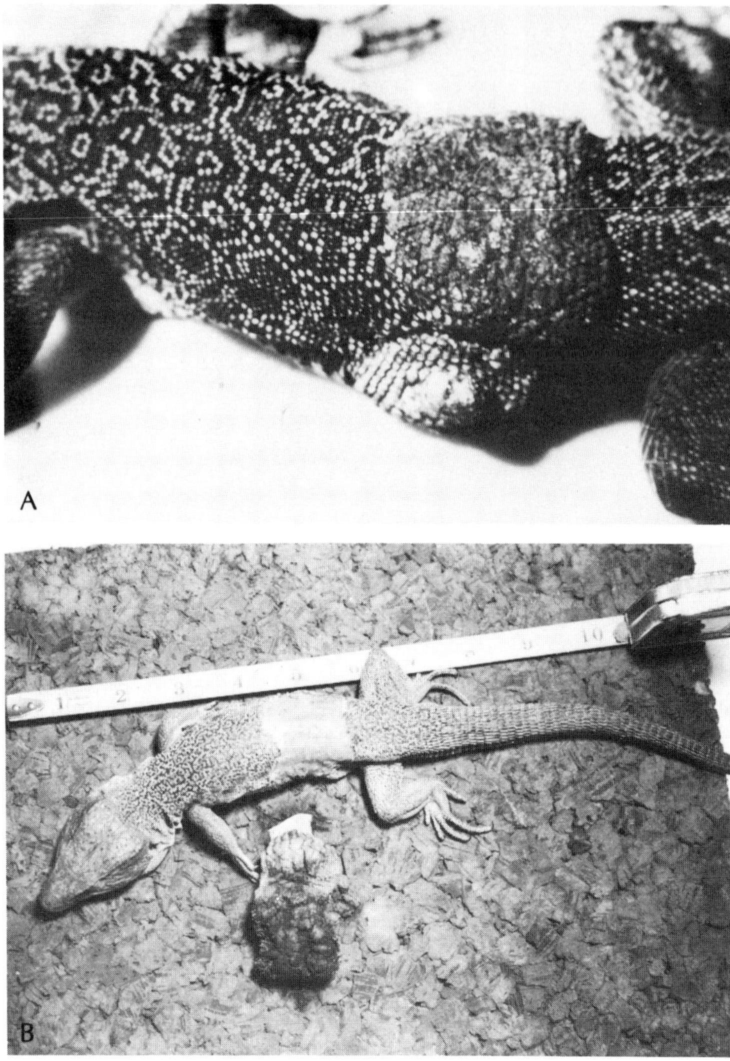

Abb. 3-107 Karzinom der Schuppenzellen („Borkengeschwulst") bei einer Perleidechse *(Lacerta lepida lepida)*. (Das Tier wurde von Herrn Ernst Hofman zur Verfügung gestellt.) **A.** Der Tumor erstreckt sich auf die thorakolumbalen Rückenbereiche. **B.** Der Tumor wurde herausgeschnitten und die Wundheilung verlief mit Granulations- und Narbenbildung. Die Vernarbung war zufriedenstellend, als das Tier einige Monate nach dem chirurgischen Eingriff zur Nachuntersuchung gebracht wurde. Lineal in Inch-Maßstab

tet, da drei große Tumoren im Maul es entstellten und es stark darunter zu leiden hatte. Zwei erwiesen sich als Melanome, einer als Rhabdomyosarkom. Im Innern ließen sich keine Metastasen nachweisen.

Melanome erscheinen bei Reptilien im allgemeinen als pigmentierte großflächige Läsionen der Haut. Meist dringen sie in benachbartes Gewebe ein und verursachen weithin Metastasen. Man tut deshalb gut daran, den Primärtumor früh und vollständig herauszuschneiden.

Testikuläre Tumoren. Sechzehn Axolotl, die über zwei Jahre alt waren, besaßen testikuläre Tumoren. Allem Anschein nach sezernierten diese gestielten Gewächse Androgene[135]. Ball und Clothier[23] führen drei weitere Fälle testikulärer Tumoren bei Amphibien an: ein Teratokarzinom bei einem Froschhybriden *(Rana pipiens x R. palustris)*, ein Karzinom bei einem Japanischen Riesensalamander *(Andrias japonicus = Megalobatrachus maximus)* und ein Adenom bei einem Hellbender *(Cryptobranchus alleganiensis)*. Das Registry of Tumors in Lower Animals kennt darüberhinaus einen weiteren Fall, in dem ein Marmorquerzahnmolch *(Ambystoma opacum)* einen Tumor in den Leydigschen Zwischenzellen aufwies. Bei *Harshbarger* finden sich nur zwei Zitate zu testikulären Tumoren bei Reptilien: eine Geschwulst in den Sertoli-Zellen einer Gewöhnlichen Strumpfbandnatter *(Thamnophis sirtalis)* und ein Seminom bei einem Mississippi-Alligator *(Alligator mississippiensis)*[122].

Das Registry of Tumors in Lower Animals erfüllt eine nützliche Aufgabe, indem es als zentrale Sammelstelle für Material über die Tumoren der Invertebraten und poikilothermen Vertebraten dient. Es führt Forschungen über die Natur, das Vorkommen und die Ursache dieser Tumoren durch, fördert derartige Programme und verteilt Informationen zu diesem Thema. Beispiele zu Tumorerkrankungen niederer Tiere kann man an das Registry of Tumors in Lower Animals, National Museum of Natural History, Smithsonian Institution, Washington, D. C., 20560 weiterleiten. Die Tiere werden lebend, fixiert, als Schnittpräparate und als Dias entgegengenommen. Man sollte dem Material eine eindeutige Beschriftung und die Krankengeschichte beifügen.

3.4 Literatur

1 Abdulla, P. K., and Karstad, L.: Experimental infections with *Leptospira pomona* in snakes and turtles. Zoonoses Res., *1*: 295–306, 1962

2 Ackerman, L. J., Kishimoto, R. A., and Emerson, J. S.: Nonpigmented *Serratia marcescens* arthritis in a teju *(Tupinambis teguixin)*. Am. J. Vet. Res., *32*: 823–826, 1971

3 Adams, R. M., et al.: Tropical fish aquariums. A source of *Mycobacterium marinum* infections resembling sporotrichosis. JAMA, *211*: 457–461, 1970

4 Addison, J. B., and Jacobson, E. R.: Use of an autogenous bacterin to treat a chronic mouth infection in a reticulated python. J. Zoo Anim. Med., *5*: 10–11, 1974

5 Altman, R., et al.: Turtle-associated salmonellosis: II. The relationship of pet turtles to salmonellosis in children in New Jersey. Am. J. Epidemiol., *95*: 518–520, 1972.

6 Andrews, R. D., et al.: Leptospiral agglutinins in sera from southern Illinois herpetofauna. Bull. Wildl. Dis. Assoc., *1*: 55–59, 1965

7 Anonymous: Center for Disease Control National Nosocomial Infections Study. Fourth quarter, 1973 (issued April, 1974): 18–23, 1974

8 Anonymous: Ban on sale and distribution of small turtles. Fed. Reg., *40*: 22543–22546, 1975

8a Anonymous: Epidemiologic notes and reports. Q fever-New York. CDC Morbid. Mortal. Weekly Rep., *27*: 321–322, 327, 1978

9 Anver, M. R., Park, J. S., and Rush, H. G.: *Dermatophilus congolensis* in marble lizards *(Calotes mystaceus)*. Am. Assoc. Lab. Anim. Sci. (26th Annual Session), publication 75–2, abstract #87, 1975

10 Appleby, E. C., and Siller, W. G.: Some cases of gout in reptiles. J. Path. Bact., *80*: 427–430, 1960

11 Ardlie, N. G., and Schwartz, C. J.: Arterial pathology in Australian reptiles: a comparative study. J. Path. Bact., *90*: 487–494, 1965.

12 Aronson, J. D.: Spontaneous tuberculosis in snakes. J. Infect. Dis., *44*: 215–223, 1929.

13 Ash, L. R., and Beaver, P. C.: A restudy of *Ophidascaris labiatopapillosa* occurring in the stomach of North American snakes. J. Parasitol., *48* (Suppl.): 41, 1962

14 Ayala, S. C.: Lizard malaria in California; decription of a strain of *Plasmodium mexicanum* and biogeography of lizard malaria in Western North America. J. Parasitol., *56*: 417–425, 1970

15 Ayala, S. C., and Lee, D.: Saurian malaria: development of sporozoites in two species of Phlebotomine sandflies. Science, *167*: 891–892, 1970

16 Baker, E. F. Jr., Anderson, H. W., and Allard, J.: Epidemiological aspects of turtle-associated salmonellosis. Arch. Environ. Health., *24*: 1–9, 1972

17 Baldauf, R. J.: Another case of parasitic copepods on amphibians. J. Parasitol., *47*: 195, 1961

18 Ball, G. H., Chao, J., and Telford, S. R., Jr.: The life history of *Hepatozoon rarefaciens* (Sambon and Seligmann, 1907) from *Drymarchon corais* (Colubridae), and its experimental transfer to *Constrictor constrictor* (Boidae). J. Parasitol., *53*: 897–909, 1967

19 Ball, G. H., Chao, J., and Telford, S. R., Jr.: *Hepatozoon fusifex* sp. n., a hemogregarine from boa constrictor producing marked morphological changes in infected erythrocytes. J. Parasitol. *55*: 800–813, 1969

20 Ball, H. A.: Melanosarcoma and rhabdomyoma in two pine snakes *(Pituophis melanoleucus)*. Cancer Res., *6*: 134–138, 1946

21 Balls, M.: Spontaneous neoplasms in Amphibia: a review and description of six new cases. Cancer Res., *22*: 1142–1154, 1962

22 Balls, M.: Lymphosarcoma in the South African clawed toad, *Xenopus laevus:* A virus tumor. Ann. N.Y. Acad. Sci., *126*: 256–273, 1965

23 Balls, M., and Clothier, R. H.: Spntaneous tumors in Amphibia: a review. Oncology, *29*: 501–519, 1974.

24 Balls, M. and Ruben, L. N.: Lymphoid tumors in Amphibia: a review. Prog. Exp. Tumor Res., *10*: 238–260, 1968

25 Barrow, J. H., Jr., and Stockton, J. J.: The influences of temperature on the hostparasite relationships of several species of snakes infected with *Entamoeba invadens*. J. Protozool., *7*: 377–383, 1960

26 Bellairs, A. d'A.: Cleft palate, microphthalmia and other malformations in embryos of lizards and snakes. Proc. Zool. Soc. Lon., *144*: 239–251, 1965

27 Bernstein, J. J.: A clinical view of some reptilian medical problems. J. Zoo Anim. Med., *3*: 3–7, 1972

27a Bernstein, M.: Personal communication, 1975

28 Billups, L. H., and Harshbarger, J. C.: Reptiles: Naturally occurring neoplastic diseases of laboratory animals. *In* CRC Handbook of Laboratory Animal Science. Edited by E. C. Melby, Jr., and N. H. Altman. CRC Press, Cleveland, 1976, Vol. III, Section XII

29 Bisset, K. A.: The effect of temperature upon antibody production in cold-blooded vertebrates. J. Path. Bact., *60*: 87–92, 1948

30 Blok, J.: Eetlusvermindering bij Kameleons. Lacerta, *29*: 87–88, 1971

31 Boam, G. W., et al.: Subcutaneous abscesses in iguanid lizards. J. Am. Vet. Med. Assoc., *157*: 617–619, 1970

31 Boever, W. L.: *Arizona* septicemia in three boa constrictors. Vet. Med. Small Anim. Clin., *70*: 1357–1359, 1975

32 Boniuk, M., and Luquette, G. F.: Leukokoria and pseudobuphthalmos in snakes. Invest. Ophthalmol., *2*: 283, 1963

32 Bonney, C. H., Hartfiel, D. A., and Schmidt, R. E.: *Klebsiella pneumoniae* infection with secondary hypopyon in tokay gecko lizards. J. Am. Vet. Med. Assoc., *173*: 1115–1116, 1978

33 Booden, T., Chao, J., and Ball, G. H.: Transfer of *Hepatozoon* sp. from *Boa constrictor* to a lizard, *Anolis carolinensis,* by mosquito vectors. J. Parasitol., *56*: 832–833, 1970

34 Boterenbrood, E. C.: Urodeles. *In* Handbook on the Care and Management of Laboratory Animals. 4th Edition. Edited by UFAW. Williams & Wilkins, Baltimore, 1972, pp. 520–532

35 Botzler, R. G., Cowan, A. B., and Wetzler, T. F.: Rate of *Listeria monocytogenes* shedding from frogs. J. Wildl. Dis., *11*: 277–279, 1975

36 Botzler, R. G., Wetzler, T. F., and Cowan, A. B.: *Yersinia enterocolitica* and *Yersinia*-like organisms isolated from frogs and snails. Bull. Wildl. Dis. Assoc., *4*: 110–115, 1968

37 Botzler, R. G., Wetzler, T. F., and Cowan, A. B.: *Listeria* in aquatic animals. J. Wildl. Dis., *9*: 163–170, 1973

38 Bovee, E. C., and Telford, S. R., Jr.: *Eimeria sceloporis* and *Eimeria molochis* spp. n. from lizards. J. Parasitol., *51*: 85–94, 1965

39 Boycott, R. S., Taylor, J., and Douglas, S. H.: *Salmonella* in tortoises. J. Path. Bact., *65*: 401–411, 1953

40 Boyer, C. I., Jr., Blackler, K., and Delanney, L. E.: *Aeromonas hydrophila* infection in the Mexican axolotl, *Siredon mexicanum.* Lab. Anim. Sci., *21*: 372–375, 1971

40a Bowen, G. S.: Prolonged western equine encephalitis viremia in the Texas tortoise *(Gopherus berlandieri).* Am. J. Trop. Med. Hyg. *26*: 171–175, 1977

41 Bragg, A. N., and Bragg, W. N.: Parasitism of spadefoot tadpoles by *Saprolegnia.* Herpetologica, *14*: 34, 1958

42 Broz, O., and Privora, M.: Two skin parasites of *Rana temporaria: Dermocystidium ranae* Guyenot and Naville and *Dermosporidium granulosum* n. sp. Parasitology, *42*: 65–69, 1952

42 Brownstein, D. G., et al.: *Cryptosporidium* in snakes with hypertrophic gastritis. Vet. Pathol., *14*: 606–617, 1977

43 Bruce, H. M., and Parkes, A. S.: Rickets and osteoporosis in *Xenopus laevis.* J. Endocrinol., *7*: 64–81, 1950

44 Brunnst, V. V.: The axolotl. II Morphology and pathology. Lab. Invest., *4*: 429–449, 1955

45 Brunnst, V. V.: Structures of spontaneous and transplanted tumors in the axolotl *(Siredon mexicanum). In* Biology of Amphibian Tumors. Edited by M. Mizell. Springer-Verlag, Berlin – Heidelberg – New York, 1969, pp. 215–219

46 Buchanan, R. E., and Gibbons, N. E.: Bergey's Manual of Determinative Bacteriology. 8th Edition. Williams & Wilkins, Baltimore, 1974

47 Buhler, G. A.: The post-embryonic development of *Ophiotaenia gracilis* Jones, Cheng and Gillespie, 1958, a cestode parasite of bullfrogs. J. Wildl. Dis., *6*: 149–151, 1970

48 Burrage, B. R.: Observations on the macronyssid mite (order Acarina), *Ophionyssus natricis* (Gervais), on the two iguanid lizards, *Uta stansburiana hesperis* and *Sceloporus occidentalis occidentalis.* Br. J. Herpetol., *3*: 275–278, 1966

49 Bush, M.: Reptilian medicine. Am. Assoc. Zoo Veterinarians, Annual Proc., 68–78, 1974

50 Caldwell, M. E., and Ryerson, D. L.: A new species of the genus *Pseudomonas* pathogenic for certain reptiles. J. Bacteriol., *39*: 323–336, 1940

51 Camin, J. H.: Mite transmission of a hemorrhagic septicemia in snakes. J. Parasitol., *34*: 345–354, 1948

52 Camin, J. H., et al.: Control of the snake mite, *Ophionyssus natricis* (Gervais), in captive reptile collections. Zoologica, *49*: 65–79, 1964

53 Canning, E. U., Elkan, E., and Trigg, P. I.: *Plistophora myotrophica* spec. nov. causing high mortality in the common toad *Bufo bufo* L. with notes on the maintenance of *Bufo* and *Xenopus* in the laboratory. J. Protozool., *11*: 157–166, 1964

54 Chao, J., and Ball, G. H.: Transfer of *Hepatozoon rarefaciens* (Sanbon and Seligman, 1907) from the indigo snake to a gopher snake by a mosquito vector. J. Parasitol., *55*: 681–682, 1969

55 Cheng, T. C.: The Biology of Animal Parasites. W. B. Saunders Co., Philadelphia, 1964

56 Clark, H. F., et al.: Comparative studies of amphibian cytoplasmic virus strains isolated from the leopard frog, bullfrog and newt. *In* Biology of Amphibian Tumors. Edited by M. Mizell. Springer-Verlag, Berlin – Heidelberg – New York, 1969, pp. 310–326

56a Clark, H. F., and Karzon, D. T.: Iguana virus, a herpes-like virus isolated from cultured cells of a lizard, *Iguana iguana.* Infect. Immun., *5*: 559–569, 1972

57 Clark, W. G.: A veterinarian's challenge. Int. Turtle and Tortoise Soc. J., *1*: 12–14, 1967

58 Clausen, H. J., and Duran-Reynals, F.: Studies on the experimental infection of some reptiles, amphibia and fish with *Serratia anolium.* Am. J. Pathol., *13*: 441–451, 1937

59 Clothier, R. H., and Balls, M.: Mycobacteria and lymphoreticular tumours in *Xenopus laevis,* the South African clawed toad. I. Isolation, characterization and pathogenicity for *Xenopus* of M. *marinum* isolated from lymphoreticular tumor cells. Oncology, *28*: 445–457, 1973

60 Clothier, R. H., and Balls, M.: Mycobacteria and lymphoreticular tumours in *Xenopus laevis,* the South African clawed toad. II. Have Mycobacteria a role in tumour initiation and development? Oncology; *28*: 458–480, 1973

60a Cohen, M. L., et al.: Turtle-associated salmonellosis in the United States. Effect of public health action, 1970 to 1976. JAMA *243*: 1247–1249, 1980

61 Conti, L. F., and Crowley, J. H.: A new bacterial species, isolated from the chuckwalla *(Sauromalus varius)*. J. Bacteriol., *37*: 647–653, 1939

62 Cooke, A. S.: The effects of pp'DDT on adult frogs *(Rana temporaria)*. Br. J. Herpetol., *5*: 390–396, 1974

63 Cooper, J. E.: Disease in East African snakes associated with *Kalicephalus* worms (Nematoda: Diaphocephalidae). Vet. Rec., *89*: 385–388, 1971

64 Cooper, J. E.: Veterinary aspects of recently captured snakes. Br. J. Herpetol., *5*: 368–374, 1973

65 Cooper, J. E., and Leakey, J. H.: A septicemic disease of East African snakes associated with Enterobacteriaceae. Trans. R. Soc. Trop. Med. Hyg., *70*: 80–84, 1976

66 Cort, W. W., and Brackett, S.: A new strigeid cercaria which produces a bloat disease of tadpoles. J. Parasitol., *24*: 263–271, 1938

67 Coulson, R. A. and Hernandez, T.: Biochemistry of the Alligator. Louisiana State University Press, Baton Rouge, 1964

68 Cowan, D. F.: Diseases of captive reptiles. J. Am. Vet. Med. Assoc., *153*: 848–859, 1968

69 Crans, W. J.: Preliminary observations of frog filariasis in New Jersey. Bull. Wildl. Dis. Assoc., *5*: 342–347, 1969

70 Dawe, C. J.: Neoplasms of blood cell origin in poikilothermic animals – a review. Natl. Cancer Inst. Monogr., *32*: 7–28, 1969

71 Dawe, C. J.: Some comparative morphological aspects of renal neoplasms in *Rana pipiens* and of lymphosarcomas in Amphibia. *In* Biology of Amphibian Tumors. Edited by M. Mizell. Springer-Verlag, Berlin – Heidelberg – New York, 1969, pp. 429–440

72 Dawe, C. J., and Berard, W. W.: Workshop on comparative pathology of hematopoietic and lymphoreticular neoplasms. J. Natl. Cancer Inst., *47*: 1365–1370, 1971

73 Deakins, D. E.: Diagnosis and treatment of parasites of amphibia and reptiles. Am. Assoc. Zoo Veterinarians, Ann. Proc.: 37–46, 1972/1973

74 Deakins, D. E.: Pentastome pathology in captive reptiles. Ph. D. Thesis, University of Oklahoma, 1973

75 Dhalival, S. S., and Griffiths, D. A.: Fungal disease in Malayan toads: an acute lethal inflammatory reaction. Nature, *197*: 467–469, 1963

76 Diamond, L. S.: The axenic cultivation of two reptilian parasites. *Entamoeba terrapinae* Saunders and Cleveland, 1930 and *Entamoeba invadens* Rodhain, 1934. J. Parasitol., *46*: 484, 1960

77 Diamond, L. S.: A study of the morphology, biology and taxonomy of the trypanosomes of Anura. Wildl. Dis., *44*: 85 pp (Microfiche), 1965

77a Dobbs, J. S., and Vandeford, A. D.: Personal communication.

78 Dodd, J. M., and Callan, H. G.: Neoteny with goiter in *Triturus helveticus*. Q. J. Micr. Sci., *96*: 121–128, 1955

78a Donaldson, M., et al.: Epizootic of fatal amebiasis among exhibited snakes: epidemiologic, pathologic and chemotherapeutic considerations. Am. J. Vet. Res., *36*: 807–817, 1975

79 Doyle, R. E., and Moreland, A. F.: Diseases of turtles. Lab. Anim. Digest, *4*: 3–6, 1968. Reprinted in Int. Turtle and Tortoise Soc. J., *3*: 29–31, 1969

79a DuPonte, M. W., Nakamura, R. M., and Chang, E. M. L.: Activation of latent *Salmonella* and *Arizona* organisms by dehydration in red-eared turtles, *Pseudemys scripta elegans*. Am. J. Vet. Res., *39*: 529–530, 1978

80 Edgren, R. A., Edgren, M. K., and Tiffany, L. H.: Some North American turtles and their epizoophytic algae. Ecology, *34*: 733–740, 1953

81 Elkan, E.: Some interesting pathological cases in amphibians. Proc. Zool. Soc. Lond., *134*: 275–296, 1960

82 Elkan, E., and Zwart, P.: The ocular disease of young terrapins caused by Vitamin A deficiency. Path. Vet., *4*: 201–222, 1967

83 Ewing, H. E.: A new pit-producing mite from the scales of a South American snake. J. Parasitol., *20*: 53–56, 1934

84 Fantham, H. B., and Porter, A.: The endoparasites of certain South African snakes, together with some remarks on their structure and effects on their hosts. Proc. Zool. Soc. Lond., *120*: 599–647, 1950

85 Fantham, H. B., and Porter, A.: The endoparasites of North American snakes and their effects on the Ophidia. Proc. Zool. Soc. Lond., *123*: 867–898, 1953–1954

86 Feeley, J. C., and Treger, M. D.: Penetration of turtle eggs by *Salmonella braenderup*. Public Health Rep., *84*: 156–158, 1969

87 Fiennes, R. N. T-W.: Report of the society's pathologist for the year 1957. Proc. Zool. Soc. Lond., *132*: 129–146, 1959

88 Fiennes, R. N. T-W.: Report of the society's pathologist (section on amoebic infection of snakes). Proc. Zool. Soc. Lond., *137*: 173–196, 1961

89 Fiennes, R. N. T-W.: Report of the society's pathologist for the year 1964. J. Zool. (Proc. Zool. Soc. Lond.), *148*: 363–380, 1966

90 Finlayson, R.: Spontaneous arterial disease in exotic animals. J. Zool. (Proc. Zool. Soc. Lond.), *147*: 239–343, 1965

91 Finlayson, R., Symons, C., and Fiennes, R. N. T-W.: Atherosclerosis; a comparative study. Br. Med., J., *1*: 501–507, 1962

92 Fischer, L. E.: Absorption of vitamin supplements in lizards. J. Am. Vet. Med. Assoc., *130*: 412, 1957

92a Fletcher, K. C.: Clinical use of mafenide acetate in reptiles. Am. Assoc. Zoo Veterinarians, Ann. Proc.: 27–32b, 1979

93 Foekema, G. M.: Ontwikkeling en voortplanting van *Boa constrictor* Linnaeus in een huiskamerterrarium. Lacerta, *31*: 131–144, 1973

93a Freeman, R. S., et al.: Fatal human infection with mesocercariae of the trematode *Alaria americana*. Am. J. Trop. Med. Hyg., *25*: 803–807, 1976

94 Frenkel, J. K.: Advances in the biology of Sporozoa. Z. Parasitenkd., *45*: 125–162, 1974

95 Frye, F. L.: Surgical removal of a cystic calculus from a desert tortoise. J. Am. Vet. Med. Assoc., *161*: 600–602, 1972

96 Frye, F. L.: Husbandry, Medicine and Surgery in Captive Reptiles. V. M. Publishing, Inc., Bonner Springs, Kansas, 1973

97 Frye, F. L.: Clinical obstetric and gynecologic disorders in reptiles. Proc. Am. Anim. Hosp. Assoc., 1974, 497–499

98 Frye, F. L., and Carney, J.: Osteitis deformans (Paget's disease) in a boa constrictor. Vet. Med. Small Anim. Clin., *69*: 186–188, 1974

99 Frye, F. L., and Carney, J. D.: Achondroplastic dwarfism in a turtle. Vet. Med. Small Anim. Clin., *69*: 299–301, 1974

100 Frye, F. L., et al.: Malignant chromatophoroma in a western terrestrial garter snake. J. Am. Vet. Med. Assoc., *167*: 557–558, 1975

101 Frye, F. L., and Dutra, F.: Multiple osteocartilaginous exostoses in a monitor lizard. Vet. Med. Small Anim. Clin., *68*: 1414–1416, 1973

102 Frye, F. L., and Dutra, F. R.: Hypothyroidism in turtles and tortoises. Vet. Med. Small Anim. Clin., *69*: 990–993, 1974

102a Frye, F. L., and Dutra, F. R.: Articular pseudogout in a turtle *(Chrysemys s. elegans)*. Vet. Med. Small Anim. Clin., *71*: 655–659, 1976

102b Frye, F. L., et al.: Spontaneous diabetes mellitus in a turtle. Vet. Med. Small Anim. Clin., *71*: 935–939, 1976

102c Frye, F. L., et al.: Herpesvirus-like infection in two Pacific pond turtles. J. Am. Vet. Med. Assoc., *171*: 882–884, 1977.

103 Frye, F. L., and Schelling, S. H.: Steatitis in a caiman. Vet. Med. Small Anim. Clin., *68*: 143–145, 1973

104 Frye, F. L., and Schuchman, S. M.: Salpingotomy and cesarean delivery of impacted ova in a tortoise. Vet. Med. Small Anim. Clin., *69*: 454–457, 1974

105 Garnham, P. C.: Malaria Parasites and Other Haemosporidia. Blackwell, Oxford, 1966

106 Gebhardt, L. P., et al.: Natural overwintering hosts of the virus of western equine encephalitis. N. Engl. J. Med., *271*: 172–177, 1964

107 Geiman, Q. M., and Ratcliffe, H. L.: Morphology and life cycle of an amoeba producing amoebiasis in reptiles. Parasitology, *28*: 208–228, 1936

108 Georg, L. K., et al.: Mycotic pulmonary disease of captive giant tortoises due to *Beauvaria bassiana* and *Paecilomyces fumosoroseus*. Sabouraudia, *2*: 80–86, 1962

109 Gibbons, L. V., and Kaplan, H. M.: Blood chemistry in frog red leg disease. Anat. Rec., *131*: 556, 1958

110 Gibbs, E. L., Gibb, T. J., and Van Dyck, P. C.: *Rana pipiens:* health and disease. Lab Anim. Care, *16*: 142–160, 1966

110a Glassford, J. F., and Brown, K.: Treatment of egg retention in a turtle. Vet. Med. Small Anim. clin., *72*: 1641–1645, 1977

111 Glenn, J. L., Straight, R., and Snyder, C. C.: Vermiplex®, an anthelminthic agent for snakes. J. Zoo Anim. Med., *4*: 3–7, 1973. Reprinted, Practicing Veterinarian, *46*: 11–13, 1974

112 Glorioso, J. C., et al.: Laboratory identification of bacterial pathogens of aquatic animals. Am. J. Vet. Res., *35*: 447–450, 1974

113 Glosser, J. W., et al.: Cultural and serologic evidence of *Leptospira interrogans* serotype *Tarassovi* infection in turtles. J. Wildl. Dis., *10*: 429–435, 1974

114 Goin, C. J., and Ogren, L. H.: Parasitic copepods (Argulidae) on amphibians. J. Parasitol., *42*: 172, 1956

115 Goodchild, C. G., and Kirk, D. E.: The life history of *Spirorchis elegans* Stunkard, 1923 (Trematoda: Spirorchiidae) from the painted turtle. J. Parasitol., *46*: 219–229, 1960

116 Goodman, J. D.: Some aspects of the role of parasitology in herpetology. Herpetologica, *7*: 65–67, 1951

117 Graham-Jones, O.: Notes on the common tortoise. IV. Some clinical conditions affecting the North African tortoise („Greek" tortoise) *Testudo graeca*. Vet. Rec., *73*: 317–321, 1961

118 Gray, C. W., Davis, J., and McCarten, W. G.: Treatment of *Pseudomonas* infections in the snake and lizard collection at Washington Zoo. Int. Zoo Yearbook, *6*: 278, 1966

119 Gray, C. W., et al.: Amoebiasis in the Komodo dragon *Varanus komodoenis*. Int. Zoo Yearbook, *6*: 279–283, 1966

120 Green, M.: Nucleic acid homology as applied to investigations on the relationships of viruses to neoplastic diseases. *In* Biology of Amphibian Tumors. Edited by M. Mizell. Springer-Verlag, Berlin – Heidelberg – New York, 1969, pp. 445–454

120a Greer, R. J.: Personal communication, 1975

120b Hall, R. J.: Effects of environmental contaminants on reptiles: a review. U.S. Dept. of Interior, Fish and Wildlife Service, Special Scientific Report, Wildlife No. 228, pp. 1–12, 1980

121 Harshbarger, J. C.: Spontaneous neoplasms in amphibians. *In* Pathology of Laboratory Animals. Edited by K. Benirschke, et al. Springer-Verlag, Berlin – Heidelberg – New York, Vol. II, (in press).

122 Harshbarger, J. C.: Spontaneous neoplasms in reptiles. *In* Pathology of Laboratory Animals Edited by K. Benirschke, et al. Springer-Verlag, Berlin – Heidelberg – New York, Vol. II, (in press).

123 Harshbarger, J. C., and Dawe, C. J.: Hematopoietic neoplasms in invertebrate and poikilothermic vertebrate animals. *In* Unifying Concepts of Leukemia. (Bibl. Haematol: No. 39) Edited by R. M. Dutcher and L. Chieco-Bianchi. S. Karger, Basel, München, Paris, New York, 1973

123a Hazen, T. A., et al.: The parasite fauna of the American alligator *(Alligator mississippiensis)* in South Carolina. J. Wildl. Dis., *14*: 435–439, 1978

124 Heineman, H. S., Spitzer, S., and Pianphongsant, T.: Fisk tank granuloma. A hobby hazard. Arch. Intern. Med., *130*: 121–123, 1972

125 Heywood, R.: *Aeromonas* infection in snakes. Cornell Vet., *58*: 236–241, 1968

125a Hime, J. M.: Eye disease in terrapins. Vet. Rec., *91*: 493, 1972

126 Hill, J. R.: Oral squamous cell carcinoma in a California king snake. J. Am. Vet. Med. Assoc., *171*: 981–982, 1977

127 Hinshaw, W. R., and McNeil, E.: *Salmonella* types isolated from snakes. Am. J. Vet. Res., *6*: 264–266, 1945

128 Hoare, C. A.: Studies on *Trypanosoma grayi* II. Transmission to the crocodile. Trans. R. Soc. Trop. Med. Hyg., *23*: 39–56, 1929

129 Hoare, C. A.: Studies on *Trypanasoma grayi* III. Life cycle in the tsetse fly and in the crocodile. Parasitology, *23*: 449–484, 1931

130 Hoff, G., and Trainer, D. O.: Arboviruses in reptiles: Isolation of a Bunyamwera group virus from a naturally infected turtle. J. Herpetol., *7*: 55–62, 1973

131 Holliman, R. B., and Fisher, J. E.: Life cycle and pathology of *Spirorchis scripta* Stunkard, J. Parasitol. *54*: 310–318, 1968

132 Honigberg, B. M., et al.: A revised classification of the phylum Protozoa. J. Protozool., *11*: 7–20, 1964

133 Huff, C. G.: Exoerythrocytic stages of avian and reptilian malaria parasites. Exp. Parasitol. *24*: 383–421, 1969

134 Hull, R. W., and Camin, J. H.: Haemogregarines in snakes: The incidence and identity of the erythrocytic stages. J. Parasitol., *46*: 515–523, 1960

135 Humphrey, R. R.: Tumors of the testis in the Mexican axolotl *(Ambystoma* or *Siredon mexicanum). In* Biology of Amphibian Tumors. Edited by M. Mizell. Springer-Verlag, Berlin – Heidelberg – New York, 1969, pp. 220–228

136 Hunt, T. J.: Notes on diseases and mortality ir Testudines. Herpetologica, *13*: 19–23, 1957

137 Hunt, T. J.: Influence of environment on necrosis of turtle shells. Herpetologica, *14*: 45–46, 1958

138 Hyland, K. E., Jr.: The life cycle and parasitic habit of the chigger mite *Hannemania dunni* Sambon 1928, a parasite of amphibians. J. Parasitol., *36*: 32–33, 1950

139 Hyland, K. E., Jr.: A new species of chigger mite, *Hannemania hegeneri* (Acarina; Trombiculidae), J. Parasitol., *42*: 176–179, 1956

140 Inman, P. M., Beck, A., Brown, A. E., and Stanford, J. L.: Outbreak of injection abscesses due to *Mycobacterium abscessus*. Arch. Dermatol., *100*: 141–147, 1969

141 Ippen, R.: Vergleichende pathologische Untersuchungen über die spontane und experimentelle Tuberkulose der Kaltblüter. Abh. Deutsch. Akad. Wiss. Berlin Klass Med., *1*: 1–90, 1964

142 Ippen, R.: Vergleichende pathologische Betrachtungen über einige Knochenerkrankungen bei Reptilien. Zentralbl. Allg. Path., Bd., *108*: 424–434, 1966

143 Jackson, C. G., Jr., and Fulton, M.: A turtle colony epizootic apparently of microbial origin. J. Wildl. Dis., *6*: 466–468, 1970

144 Jackson, C. G., Fulton, M., and Jackson, M. M.: Cranial asymmetry with massive infection in a box turtle. J. Wildl. Dis., *8*: 275–277, 1972

145 Jackson, C. G., Jr., and Jackson, M. M.: The frequency of *Salmonella* and *Arizona* microorganisms in zoo turtles. J. Wildl. Dis., *7*: 130–132, 1971

146 Jackson, C. G., Jr., Jackson, M. M., and Davis, J. D.: Cutaneous myiasis in the three-toed box turtle, *Terrapene carolina triunguis. Bull. Wildl. Dis. Assoc., 5*: 114, 1969.

147 Jackson, C. G., Jr., Landry, M. M., and Jackson, M. M.: Reproductive tract anomaly in a box turtle. J. Wildl. Dis., *7*: 175–177, 1971

148 Jackson, M. M., Jackson, C. G., Jr., and Fulton, M.: Investigation of the enteric bacteria of the Testudinata. I: Occurrence of the genera *Arizona, Citrobacter, Edwardsiella* and *Salmonella.* Bull. Wildl. Dis. Assoc., *5*: 328–329, 1969

149 Jackson, O. F.: Reptiles and the general practioner. Vet. Rec., *95*: 11–13, 1974

149a Jacobson, E. R.: Mycotic diseases of reptiles. *In* Reproductive Biology and Diseases of Captive Reptiles. Edited by J. B. Murphy and J. T. Collins. Symposium, Society for the Study of Amphibians and Reptiles, 1980, pp. 235–241

149b Jacobson, E. R.: Viral agents and viral diseases of reptiles. *In* Reproductive Biology and Diseases of Captive Reptiles. Edited by J. B. Murphy and J. T. Collins. Symposium, Society for the Study of Amphibians and Reptiles, 1980, pp. 197–202

149c Jacobson, E. R.: Reptile neoplasms. *In* Reproductive Biology and Diseases of Captive Reptiles. Edited by J. B. Murphy and J. T. Collins. Symposium, Society for the Study of Amphibians and Reptiles, 1980, pp. 255–265

150 Jakowska, S., and Nigrelli, R. F.: *Babesiosoma* gen. nov. and other Babesioids in erythrocytes of coldblooded vertebrates. Ann. N.Y. Acad. Sci., *64*: 112–127, 1956

151 James, H. A., and Ulmer, M. J.: New amphibian host records for *Mesocestoides* sp. (Cestoda: Cyclophyllidea). J. Parasitol., *53*: 59, 1967

152 Jasmin, A. M., and Baucom, J.: *Erysipelothrix insidiosa* infections in the caiman *(Caiman croco-*

dilus) and the American crocodile *(Crocodilus acutus)*. Am. J. Vet. Clin. Path., *1*: 173–177, 1967

153 Joiner, G. N., and Abrams, G. D.: Experimental tuberculosis in the leopard frog. J. Am. Vet. Med. Assoc., *151*: 942–949, 1967

154 Jubb, K. V., and Kennedy, P. C.: Bones, joints and synovial structures. *In* Pathology of Domestic Animals. 2nd Edition. Academic Press, New York, 1970, Vol. I, p. 9.

155 Kane, K. K., Corwin, R. M., and Boever, W. J.: Impaction due to oxyurid infection in a Fiji Island iguana (a case report). Vet. Med. Small Anim. Clin., *71*: 183–184, 1976

156 Kaplan, H. M.: Septicemic, cutaneous ulcerative disease of turtles. Proc. Anim. Care Panel, *8*: 273–277, 1957

157 Kaplan, H. M.: Treatment of escherichiosis in turtles, frogs and rabbits. Proc. Anim. Care Panel, *8*: 101–106, 1958

158 Kaplan, H. M.: Toxicity of chlorine for frogs. Proc. Anim. Care Panel, *12*: 259–262, 1962

159 Kaplan, H. M.: Parasites of laboratory reptiles and amphibians. *In* Parasites of Laboratory Animals. Edited by R. J. Flynn. Iowa State University Press, Ames, 1973, pp. 507–644

160 Kaplan, H. M., Arnholt, T. J., and Payne, J. E.: Toxicity of lead nitrate solution for frogs *(Rana pipiens)*. Lab. Anim. Care, *17*: 240–246, 1967

161 Kaplan, H. M., and Glaczenski, S. S.: Salamanders as laboratory animals: *Necturus*. Lab. Anim. Care, *15*: 151–155, 1965

162 Kaplan, H. M., and Light, L.: Evaluation of chemicals used in control and treatment of disease in fish and frogs caused by *Pseudomonas hydrophila*. Am. J. Vet. Res., *16*: 342–344, 1955

163 Kaplan, H. M., Yee, N., and Glaczenski, S. S.: Toxicity of fluoride for frogs. Lab. Anim. Care, *14*: 185–188, 1964

164 Kaplan, H. M., and Yoh, L.: Toxicity of copper for frogs. Herpetologica, *17*: 131–135, 1961

165 Karstad, L.: Fatal poisoning of a fox snake *(Elaphe vulpina)* by feeding a toad *(Bufo americanus)*. Bull. Wildl. Dis. Assoc., *3*: 73–74, 1967

166 Kauffeld, C. F.: Mites and ticks in captive snakes with remarks on cage sanitation. Herpetologica, *10*: 840–842, 1967

168 Kaufmann, A. F., et al.: Turtle-associated Salmonellosis III. The effects of environmental salmonellae in commercial turtle breeding ponds. Am. J. Epidemiol., *95*: 521–528, 1972

169 Kaufmann, A. F., and Morrison, Z. L.: An epidemiologic study of salmonellosis in turtles. Am. J. Epidemiol., *84*: 364–370, 1966

170 Kaura, Y. K., et al.: Snakes as reservoirs of *Arizona* and *Salmonella*. Zentralbl. Bakteriol. (Orig. A) *219*: 506–513, 1972

170a Kazacos, K. R., and Fisher, L. F.: Renal styphlodoriasis in a boa constrictor. J. Am. Vet. Med. Assoc., *171*: 876–878, 1977

171 Kennedy, M. E.: *Salmonella* isolations from snakes and other reptiles. Can. J. Comp. Med., *37*: 325–326, 1973

172 Kiel, J. L.: A synopsis of some common bacterial diseases in snakes. Southwestern Veterinarian, *27*: 33–36, 1974

173 Kreier, J. P., and Ristic, M.: Diseases caused by protista. *In* Infectious Blood Diseases of Man and Animals. Edited by D. Weinman and M. Ristic. Academic Press, New York, 1968, Vol. II, pp. 387–472

174 Kulp, W. L., and Borden, D. G.: Studies on *Proteus hydrophilus,* the etiological agent in ‚Red leg‘ disease of frogs. J. Bacteriol., *44*: 673–685, 1942

175 Kutzer, E., and Grünberg, W.: Parasitologie und Pathologie der Spulwurmkrankheit der Schlangen. Zbl. Vet., *12*(b): 155–175, 1965

176 Kwapinski, J. B., and Kwapinski, E. H.: Immunological reactions of *Mycobacterium leprae* and *Mycobacterium leprae-murium* grown in cayman. Can. J. Microbiol., *19*: 764–766, 1973

177 Kwapinski, J. B., Kwapinski, E. H., and McClung, N. M.: The growth of *Mycobacterium leprae* in snakes. Can. J. Microbiol., *20*: 420–422, 1974

177a Lainson, R., Landau, I., and Shaw, J. J.: Observations on non-pigmented haemosporidia of Brazilian lizards, including a new species of *Saurocytozoon* in *Mabuya mabouya* (Scincidae). Parasitology, *69*: 215–223, 1974

177b Lainson, R., and Shaw, J. J.: A new haemosporidian of lizards, *Saurocytozoon tupinambi* gen. nov., sp. nov., in *Tubinambus nigropunctatus* (Teiidae). Parasitology, *59*: 159–162, 1969

178 Lainson, R., Shaw, J. J., and Landau, I.: Some blood parasites of the Brazilian lizards *Plica umbra* and *Uranoscodon superciliosa* (Iguanidae). Parasitology, *70*: 119–141, 1975

179 Lainson, R., Shaw, J. J., and Ward, R. D.: *Shellackia landauae* sp. nov. (Eimeriorina: Lankasterellidae) in the Brazilian lizard *Polychrus marmoratus* (Iguanidae): experimental transmission by *Culex pipiens fatigans*. Parasitology, *72*: 225–243, 1976

180 Lamm, S. H., et al.: Turtle-associated salmonellosis. I. An estimation of the magnitude of the problem in the United States. 1970–1971. Am. J. Epidemiol., *95*: 511–517, 1972

181 Langham, R. F., Zydeck, F. A., and Bennett, L. R.: Steatitis in a captive Marley garter snake. J. Am. Vet. Med. Assoc., *159*: 640–641, 1971

182 Lautenschlager, E. W.: Meningeal tumors of the newt associated with trematode infection of the brain. Proc. Helminthol. Soc., *26*: 11–14, 1959

183 Lawson, R.: A malignant neoplasm with metastases in the lizard *Lacerta sicula cetti* Cara. Br. J. Herp., *3*: 22–24, 1962

184 Lee, S. H.: The life cycle of *Skrjabinoptera phrynasoma* (Ortlepp) Schulz, 1927 (Nematoda Spiru-

roidea), a gastric nematode of Texas horned toads, *Phrynosoma cornutum*. J. Parasitol., *43*: 66–75, 1957

185 Leone, V. G., and Zavanella, T.: Some morphological and biological characteristics of a tumor of the newt, *Triturus cristatus* Laur. *In* Biology of Amphibian Tumors. Edited by M. Mizell. Springer-Verlag, Berlin – Heidelberg – New York, 1969, pp. 184–194

185a Levine, N. D., and Nye, R. R.: *Toxoplasma ranae* sp. n. from the leopard frog *Rana pipiens* Linnaeus. J. Protozool, *23*: 488–490, 1976

186 Lewis, J. F., and Wagner, E. D.: *Hepatozoon sauromali* sp. n., a haemogregarine from the chuckwalla (*Sauromalus* spp.) with notes on the life history. J. Parasitol., *50*: 11–14, 1964

187 Lie Kian Joe, et al.: *Basidiobolus ranarum* as a cause of subcutaneous mycosis in Indonesia. Arch. Dermatol., *74*: 378–383, 1956

188 Lopez, J. F., Quesada, V., and Saied. A.: Bacteremia and osteomyelitis due to *Aeromonas hydrophila*. Am. J. Clin. Pathol., *50*: 587–591, 1968

189 Lucké, B., and Schlumberger, H. G.: Neoplasia in cold blooded vertebrates. Physiologic Rev., *29*: 91–126, 1949

190 MacCallum, G. A.: Epidemic pneumonia in reptiles. Science, *54*: 279–281, 1921

190a Mace, T. F., and Anderson, R. C.: Development of the giant kidney worm, *Dioctophyma renale* (Goeze, 1782) (Nematoda, Dioctophymatoidea). Can. J. Zool., *53*: 1552–1568, 1975

191 Machicao, N., and LaPlaca, E.: Lepra-like granulomas in frogs. Lab. Invest., *3*: 219–227, 1954

192 MacKerras, M. J.: Hematozoa of Australian reptiles. Aust. J. Zool., *9*: 61–122, 1961

193 Mann, K. H., and Tyler, M. J.: Leeches as endoparasites of frogs. Nature, *197*: 1224–1225, 1963

194 Marcus, L. C.: Diseases of snakes and turtles. *In* Current Veterinary Therapy III. Edited by R. W. Kirk. W. B. Saunders Co., Philadelphia, 1968, pp. 435–442.

195 Marcus, L. C.: Infectious diseases of reptiles. J. Am. Vet. Med. Assoc., *159*: 1626–1631, 1971

196 Marcus, L. C.: Parasitic diseases of captive reptiles. *In* Current Veterinary Therapy VI. Edited by R. W. Kirk. W. B. Saunders Co., Philadelphia, 1977, pp. 801–806

197 Marcus, L. C., Stottmeier, K. D., and Morrow, R. H.: Experimental infection of anole lizards *(Anolis carolinensis)* with *Mycobacterium ulcerans* by the subcutaneous route. Am. J. Trop. Med. Hyg., *24*: 649–655, 1975

198 Marcus, L. C., Stottmeier, K. D., and Morrow, R. H.: Experimental alimentary infection of anole lizards *(Anolis carolinensis)* with *Mycobacterium ulcerans*. Am. J. Trop. Med. Hyg., *25*: 630–632, 1976

199 McConnachie, E. W.: Studies of *Entamoeba invadens* Rodhain, 1934 *in vitro* and its relationship to some other species of *Entamoeba*. Parasitology, *45*: 452–481, 1955

200 McConnell, E. E., Garner, F. M., and Kirk, J. H.: Hartmanellosis in a bull. Path. Vet., *5*: 1–6, 1968

201 McCoy, R. H., and Seidler, R. J.: Potential pathogens in the environment: isolation, enumeration and identification of seven genera of intestinal bacteria associated with small green pet turtles. Appl. Microbiol., *25*: 534–538, 1973

202 McGhee, R. B.: Diseases caused by protista. *In* Infectious Blood Diseases of Man and Animals. Edited by D. Weinman and M. Ristic. Academic Press, New York, 1968, Vol. I, pp. 307–341

203 McKenzie, R. A., and Green, P. E.: Mycotic dermatitis in captive carpet snakes *(Morelia spilotes variegata)* J. Wildl. Dis., *12*: 405–408, 1976

204 McKinnell, R. G.: Incidence and histology of renal tumors of leopard frogs from the North Central States. Ann. N.Y. Acad. Sci., *126*: 85–98, 1965

205 McKinnell, R. G.: Lucké renal adenocarcinoma: epidemiological aspects. *In* Biology of Amphibian Tumors. Edited by M. Mizell. Springer-Verlag, Berlin – Heidelberg – New York, 1969, pp. 254–260

206 Mead, R. W., and Olsen, O. W.: The life cycle and development of *Ophiotaenia filaroides* (LaRue, 1909) (Proteocephala: Proteocephalidae). J. Parasitol., *57*: 869–874, 1971

206a Medical Letter: *16*: 7, 1974

207 Meerovitch, E.: A new host of *Entamoeba invadens* Rhodain, 1934. Can. J. Zool., *36*: 423–427, 1958

208 Meerovitch, E.: Some biological requirements and host parasite relations of *Entamoeba invadens*. Can. J. Zool., *36*: 513–523, 1958

209 Meerovitch, E.: Infectivity and pathogenicity of polyxenic and monoxenic *Entamoeba invadens* to snakes kept at normal and high temperatures and the natural history of reptile amoebiasis. J. Parasitol., *47*: 791–794, 1961

210 Migaki, G., and Frye, F. L.: Mycotic granuloma in a tiger salamander. J. Wildl. Dis., *2*: 525–528, 1975

211 Mittleman, M. B.: Letter to the editor. Phila. Herp. Soc. Bull. *10*: 9, 1962

212 Mizell, M.: State of the art: Lucké tumor. *In* Biology of Amphibian Tumors. Edited by M. Mizell, Springer-Verlag, Berlin – Heidelberg – New York, 1969, pp. 1–25

212a Montali, R. J., Bush, M., and Smeller, J. M.: The pathology of nephrotoxicity of gentamicin in snakes: a model for reptilian gout. Vet. Path., *16*: 108–115, 1978

213 Montali, R. J., Smith, E. E., Davenport, M., and Bush, M.: Dermatophilosis in Australian bearded lizards. J. Am. Vet. Med. Assoc., *167*: 553–555, 1975

213a Munday, B. L., et al.: *Sarcocystis* and related organisms in Australian wildlife: II. Survey findings in birds, reptiles, amphibians and fish. J. Wildl. Dis., *15*: 57–73, 1979

213b Munday, B. L., and Mason, R. W.: *Sarcocystis* and related organisms in Australian wildlife: III. *Sarcocystis murinotechis* sp. n. life cycle in rats *(Rattus, Pseudomys,* and *Mastocomys* spp.) and tiger snakes *(Notechis ater)*. J. Wildl. Dis. *16*: 83–87, 1980

214 Murphy, J. B.: The use of macrolide antibiotic tylosin in the treatment of reptilian respiratory infections. Br. J. Herp., *4*: 317 321, 1973

215 Naegele, R. F., Granoff, A., and Darlington, R. W.: The presence of the Lucké herpes virus genome in induced tadpole tumors and its oncogenicity: Koch-Henle postulates fulfilled. Proc. Natl. Acad. Sci. (USA) *71*: 830–834, 1974

216 Nelson, D. J.: A treatment for helminthiasis in Ophidia. Herpetologica, *6*: 57–59, 1950

217 Nickerson, M. A., and Hutchison, J. A.: The distribution of the fungus *Basidiobolus ranarum* Eidam in fish, amphibians and reptiles. Am. Midland Naturalist, *86*: 500–502, 1971

218 Nigrelli, R. F., and Mararentano, L. W.: Pericarditis in *Xenopus laevis* caused by *Diplostomulum xenopi* sp. nov., a larval strigeid. J. Parasitol. *30*: 184–190, 1944

219 Olson, G. A., and Woodard, J. C.: Miliary tuberculosis in a reticulated python. J. Am. Vet. Med. Assoc., *164*: 733–735, 1974

220 Otis, V. S., and Behler, J. L.: The occurrence of Salmonellae and *Edwardsiella* in the turtles of the New York Zoological Park. J. Wildl. Dis., *9*: 4–6, 1973

221 Page, L. A.: Experimental ulcerative stomatitis in king snakes. Cornell Vet., *51*: 258–266, 1961

222 Page, L. A.: Diseases and infections of snakes: a review. Bull. Wildl. Dis. Assoc., *2*: 111–126, 1966

223 Pearson, A. D., and Tamarind, D. L.: Acarine parasites on the lizard, *Lacerta vivipara* Jacquin. Br. J. Herp., *5*: 352–353, 1973

224 Pfuetze, K. H., and Hubble, R.: Non-tuberculous mycobacterial infections. Disease-a-Month, September, 1968, pp. 1–39

225 Pienaar, U. De V.: Haematology of some South African reptiles. Witwatersrand University Press, Johannesburg, 1962

226 Pollack, E. D.: A simple method for the removal of protozoan parasites from *Rana pipiens* larvae. Copeia: 557, 1971

227 Rafferty, K. A., Jr.: Kidney tumors of the leopard frog: a review. Cancer Res., *24*: 169–185, 1964

228 Ratcliffe, H. L.: Carcinoma of the pancreas in Says pine snake *Piuophis sayii.* Am. J. Cancer, *24*: 78–79, 1935

229 Ratcliffe, H. L.: Neoplastic disease in the pancreas of snakes (Serpentes). Am. J. Pathol. *19*: 359–369, 1943

230 Ratcliffe, H. L., and Geiman, Q. M.: Spontaneous and experimental amebic infection in reptiles. Arch. Pathol., *25*: 160–184, 1938

231 Rebell, G., et al.: Fusariosis in marine turtles. Bacteriol. Proc. (Abstracts of the 71st. Annual Meeting. Am. Soc. Microbiol.) 1971, p. 121.

232 Refair, M., and Rohde, R.: *Salmonella* in reptiles in zoological gardens. Zbl. Vet-med., *16*B: 383–386, 1969

233 Reichenbach-Klinke, H., and Elkan, E.: The Principal Diseases of Lower Vertebrates. Academic Press, New York, 1965, pp. 209–568

234 Robbins, S. L.: The musculoskeletal system. *In* Pathology. 3rd. Edition. W. B. Saunders Co., Philadelphia, 1967, pp. 1313–1367.

235 Robert, V. B., and Rorke, L. B.: Primary amebic encephalitis, probably from Acanthamoeba. Ann. Intern. Med., *79*: 174–179, 1973

236 Rose, F. L.: Tumorous growths of the tiger salamander, *Ambystoma tigrinum,* associated with treated sewage effluent. Prog. Exp. Tumor Res., *20*: 251, 1976

236a Rose, F. L., and Harshbarger, J. C.: Neoplastic and possibly related skin lesions in neotenic tiger salamanders from a sewage lagoon. Science, *196*: 315–317, 1977

237 Rothman, N., and Rothman, B.: Course and cure of respiratory infections in snakes. Phila. Herp. Soc. Bull., *8*: No. 5, 19–23, 1960

238 Ruben, L. N.: Possible immunological factors in amphibian lymphosarcoma development. *In* Biology of Amphibian Tumors. Edited by M. Mizell. Springer-Verlag, Berlin – Heidelberg – New York, 1969, pp. 368–384

239 Ryckman, R. E.: Lizards: A laboratory host for Triatominae and *Trypanosoma cruzi,* Chagas. Trans. Am. Microsc. Soc., *73*: 215–218, 1954

240 Sadek, I. M.: Salmonellosis in U.A.R. with special reference to reptiles. J. Egypt. Vet. Med. Assoc., *30*: 97–107, 1970

241 Sanders, H. O.: Pesticide toxicities to tadpoles of the western chorus frog *Pseudacris triseriata* and Fowler's toad *Bufo woodhousii fowleri.* Copeia, No. 2, 246–251, 1970

242 Scarpelli, D. G.: Survey of some spontaneous and experimental disease processes of lower vertebrates and invertebrates. Fed. Proc., *28*: 1825–1833, 1969

243 Schad, G. A.: Studies on the genus *Kalicephalus* Nematoda: Diaphanocephalidae I. On the life histories of the North American species *K. parvus, K. agkistrodontis* and *K. rectiphilus.* Can. J. Zool., *34*: 425–452, 1956

244 Schlumberger, H. G., and Lucké, B.: Tumors of fish, amphibians and reptiles. Cancer Res., *8*: 657–754, 1948

245 Schmidt, F. L.: *Entonyssus vitzthumi* (Acarina), a new ophidian lung mite. J. Parasitol., *26*: 309–313, 1928

246 Schmittner, S. M., and McGhee, R. B.: The intraerythrocytic development of *Babesiosoma stableri* n. sp. in *Rana pipiens pipiens.* J. Protozool., *8*: 381–386, 1961

247 Schuchman, S. M., and Taylor, D. O.: Arteriosclerosis in an iguana *(Iguana iguana)*. J. Am. Vet. Med. Assoc., *157*: 614–616, 1970

248 Schultz, H.: Human infestation by *Ophionyssus natricis* snake mite. Br. J. Dermatol., *93*: 695–697, 1975
249 Schwabacher, H.: A strain of *Mycobacterium* isolated from skin lesions of a cold-blooded animal, *Xenopus laevis,* and its relation to atypical acid-fast bacilli occurring in man. J. Hyg., *57*: 57–67, 1959
250 Schweinfurth, W.: Perorale Behandlung der Amöbiasis bei Schlangen. Salamandra, *6*: 44–45, 1970
251 Self, J. T.: Biological relationships of the Pentastomida; a bibliography of the Pentastomida. Exp. Parasitol. *24*: 63–119, 1969
252 Self, J. T., and Kuntz, R. E.: Host-parasite relations in some pentastomida. J. Parasitol., *53*: 202–206, 1967
252a Shakespeare, W.: Hamlet, Act IV, Scene iii, line 20, 1604
253 Shalev, M., Murphy, J. C., and Fox, J. G.: Mycotic enteritis in a chameleon and a brief review of phycomycosis of animals. J. Am. Vet. Med. Assoc., *171*: 872–875, 1977
254 Sharma, V. K., Kaura, Y. K., and Singh, I. P.: Frogs as carriers of *Salmonella* and *Edwardsiella.* Antonie van Leeuwenhoek, *40*: 171–175, 1974
255 Shilkin, K. B., et al.: Infection due to *Aeromonas hydrophila.* Med. J. Aust., *1*: 351–353, 1968
256 Shortridge, K. F., et al.: Arbovirus infections in reptiles: immunological evidence for a high incidence of Japanese encephalitis virus in the cobra *Naja naja.* Trans. R. Soc. Trop. Med. Hyg., *68*: 454–460, 1974
257 Shotts, E. B., et al.: *Aeromonas*-induced deaths among fish and reptiles in an eutrophic inland lake. J. Am. Vet. Med. Assoc., *161*: 603–607, 1972
258 Simmons, G. C., Sullivan, N. D., and Green, P. E.: Dermatophilosis in a lizard *(Amphibolurus barbatus).* Aust. Vet. J., *48*: 465–466, 1972
259 Smith, S. W.: Chloromycetin in the treatment of „red leg." Science, *112*: 274–275, 1950
260 Sprent, J. F.: Studies on ascaridoid nematodes in pythons: The life history and development of *Ophidascaris moreliae* in Australian pythons. Parasitology, *60*: 97–122, 1970
261 Sprent, J. F.: Studies on ascaridoid nematodes in pythons: The life history and development of *Polydelphis anoura* in Australian pythons. Parasitology, *60*: 375–397, 1970
262 Sprouls, R. W., Farris, H. E., and Frith, C. H.: Salmonellosis in laboratory frogs. Am. Assoc. Lab. Anim. Sci. (26th Annual Session), Publication 75–2, Abstract #84, 1975.
263 Steen, van der, A. B., et al.: Cutaneous neoplasms in the leopard frog *(Rana pipiens).* Lab. Anim. Sci., *22*: 216–222, 1972
264 Stolk, A.: Hyperkeratosis and carcinoma planocellulare in the lizard *Lacerta agilis* L. (Preliminary note). Proc. Koninkl. Med. Akad. Wetenschr. Ser. C., *56*: 157–163, 1953
265 Straight, R. Glenn, J. L., and Snyder, C. C.: Antivenom activity of rattlesnake blood plasma. Nature, *261*: 259–260, 1976
266 Suenaga, O., and Miyagi, I.: Low susceptibility of common snakes in Japan to Japanese encephalitis virus. Trop. Med., *11*: 27–32, 1969
267 Telford, S. R., Jr.: A comparative study of endoparasitism among some southern California lizard populations. Ph. D. Thesis, U.C.L.A., 1964 (Reprinted in Am. Midland Naturalist, *83*: 516–554, 1970).
268 Telford, S. R., Jr.: Some observations on the effects of varying ambient temperatures in vivo on filarial worms of snakes. Jpn. J. Exp. Med., *35*: 291–300, 1965
269 Telford, S. R., Jr.: A study of filariasis in Mexican snakes. Jpn. J. Exp. Med., *35*: 565–586, 1965
270 Telford, S. R., Jr.: Morphological observations on Haemosporidian parasites of some Southern California and Mexican lizards. Jpn. J. Exp. Med., *36*: 237–250, 1966
271 Telford, S. R., Jr.: Exoerythrocytic gametocytes of saurian malaria. Q. J. Fla. Acad. Sci., *33*: 77–79, 1970
272 Telford, S. R., Jr.: Saurian malarial parasites in eastern Panama. J. Protozool., *17*: 566–574, 1970
273 Telford, S. R., Jr.: Parasitic diseases of reptiles. J. Am. Vet. Med. Assoc., *159*: 1644–1652, 1971
274 Thompson, P. E.: Effects of quinine on saurian malarial parasites. J. Invect. Dis., *78*: 160–166, 1946
275 Thompson, P. E., and Huff, C. G.: A saurian malarial parasite, *Plasmodium mexicanum*, n. sp., with both elongatum- and gallinaceum-types of exoerythrocytic stages. J. Infect. Dis., *74*: 48–79, 1944
276 Thorson, T. E.: Salmonellosis in pet turtles. Mod. Vet. Pract., *55*: 31–32, 1974
277 Tiffney, W. N.: The identity of certain species of the Saprolegnaceae parasitic to fish. J. Elisha Mitchell Scientific Soc., *55*: 134–151, 1939
278 Toft, J. D. II, and Schmidt, R. E.: Pseudophyllidean tapeworms in green tree pythons *(Chondropython viridis).* J. Zoo Anim. Med., *6*: 25–26, 1975
279 Trevino, G. S.: Cephalosporiosis in three caimans. J. Wildl. Dis., *8*: 384–388, 1972
280 Tweedell, K. S.: Simulated transmission of renal tumors in oocytes and embryos of *Rana pipiens. In* Biology of Amphibian Tumors. Edited by M. Mizell. Springer-Verlag, Berlin – Heidelberg, New York, 1969, pp. 229–239
281 Ungureanu, C., et al.: Hemorrhagic septicemia in tortoises and snakes in captivity at the Zoological Garden of Bucharest. Arch. Vet., *8*: Fasc. 2, 85–96, 1972
282 Vastesaeger, M. M., Delcourt, R., and Gillot, P. H.: Spontaneous atherosclerosis in fishes and reptiles. *In* Comparative Atherosclerosis. Edited by J. C. Roberts Jr., and R. Straus. Harper and Row Publishers, New York, 1965, pp. 129–149

283 Vogel, H.: Mycobacteria from cold-blooded animals. Am. Rev. Tuberc., *77*: 823–838, 1958

284 Wallach, J. D.: Hypervitaminosis D in green iguanas. J. Am. Vet. Med. Assoc., *149*: 912–914, 1966

285 Wallach, J. D.: Medical care of reptiles. J. Am. Vet. Med. Assoc., *155*: 1017–1034, 1969

286 Wallach, J. D.: Diseases of reptiles and their clinical management. *In* Current Veterinary Therapy IV. Edited by R. W. Kirk. W. B. Saunders Co., Philadelphia, 1971, pp. 433–439

287 Wallach, J. D.: Environmental and nutritional diseases of captive reptiles. J. Am. Vet. Med. Assoc., *159*: 1632–1643, 1971

287a Wallach, J. D.: The pathogenesis and etiology of ulcerative shell disease in turtles. Aquatic Mammals, *4*: 1–4, 1976

287b Wallach, J. D.: Ulcerative shell disease in turtles: identification, prophylaxis and treatment. Int. Zoo Yearbook, *17*: 170–171, 1977

288 Wallach, J. D., and Hoessle, C.: Visceral gout in captive reptiles. J. Am. Vet. Med. Assoc., *151*: 897–899, 1967

289 Wallach, J. D., and Hoessle, C.: Steatitis in captive crocodilians. J. Am. Vet. Med. Assoc., *153*: 845–847, 1968

290 Wallach, J. D., and Hoessle, C.: Fibrous osteodystrophy in green iguanas. J. Am. Vet. Med. Assoc., *153*: 863–865, 1968

291 Wallach, J. D., Hoessle, C., and Bennett, J.: Hypoglycemic shock in captive alligators. J. Am. Vet. Med. Assoc., *151*: 893–896, 1967

292 Walton, A. C.: The parasites of amphibia. J. Wildl. Dis., #39 and #40 (Micro cards), 1964

293 Walton, A. C.: Supplemental catalogue of the parasites of Amphibia. J. Wildl. Dis., #48 (Micro card, 58 pp.), 1966

294 Walton, A. C.: Supplemental catalogue of the parasites of Amphibia. J. Wildl. Dis., #49 (Micro card, 10 pp.), 1967

295 Ward, H. B.: A new blood fluke from turtles. J. Parasitol., *7*: 114–128, 1921

296 Wardle, R. A., and McLeod, J. A.: The Zoology of Tapeworms. University of Minnesota Press, Minneapolis, 1952

297 Weber, A.: Über einen Behandlungsversuch bei latent mit Salmonellen infizierten Schildkröten. Kleintier-Praxis, *18*: 48–50, 1973

298 Weinstein, P. P., Krawczyk, H. J., and Peers, J. H.: Sparganosis in Korea. Am. J. Trop. Med. Hyg., *3*: 112–130, 1954

299 White, F. H.: Leptospiral agglutinins in snake serums. Am. J. Vet. Res., *24*: 179–182, 1963

300 White, F. H., Simpson, C. F., and Williams, L. E., Jr.: Isolation of *Edwarsiella tarda* from aquatic animal species and surface waters in Florida. J. Wildl. Dis., *9*: 204–208, 1973

301 Widmer, E. A.: Development of third-stage *Physaloptera* larvae from *Crotalus viridis* Rafinesque, 1818 in cats with notes on pathology of the larvae in the reptile. (Nematoda, Spiruroidea) J. Wildl. Dis., *6*: 89–93, 1970

302 Wieczorowski, E.: Parasitic lesions in turtles. J. Parasitol., *25*: 395–399, 1939

303 Williams, A. O.: Pathology of phycomycosis due to *Entomophthora* and *Basidiobolus* species. Arch. Pathol., *87*: 13–20, 1969

304 Williams, R. W.: Observations on the life history of *Rhabdias sphaerocephala* Goodey, 1924 from *Bufo marinus* L. in the Bermuda Islands. J. Helminthol., *34*: 93–98, 1960

304a Wilson, D. E., et al.: Induction of amoebiasis in tissues of white mice and rats by subcutaneous inoculation of small free-living, inquilinic and parasitic amebas with associated coliform bacteria. Exp. Parasitol., *21*: 277–286, 1967

305 Wittenberg, G., and Gerichter, C.: The morphology and life history of *Foleyella dubiosi* with remarks on allied filariids of Amphibia. J. Parasitol., *30*: 245–256, 1944

306 Wittner, M., and Rosenbaum, R. M.: Role of bacteria in modifying virulence of *Entamoeba histolytica*. Studies of amebae from axenic cultures. Am. J. Trop. Med. Hyg., *19*: 755–761, 1970

307 Wolf, K., et al.: Tadpole edema virus: pathogenesis and growth studies and additional sites of virus infected bullfrog tadpoles. *In* Biology of Amphibian Tumors. Edited by M. Mizell. Springer-Verlag, Berlin – Heidelberg – New York, 1969, pp. 327–336

308 Woo, P., and Soltys, M. A.: The experimental infection of reptiles with *Tryponasoma brucei*. Ann. Trop. Med. Parasitol., *63*: 35–38, 1969

308a Yadav, M. P., and Sethi, M. S.: Poikilotherms as reservoirs of Q-fever *(Coxiella burnetii)* in Uttar Pradesh. J. Wildl. Dis., *15*: 15–17, 1979

309 Zwart, P.: Studies on renal pathology in reptiles. Pathol. Vet., *1*: 542–566, 1964

310 Zwart, P.: Intraepithelial protozoon, *Klossiella boae* n. sp. in the kidneys of a boa constrictor. J. Protozool., *11*: 261–263, 1964

311 Zwart, P.: Ziekten van reptielen I: ectoparasieten, huidaandoeningen. Lacerta, *30*: 41–48, 1972

312 Zwart, P.: Ziekten van reptielen II: aandoeningen van de ogen, de oren, de mondholte en de longen. Lacerta, *30*: 72–79, 1972

313 Zwart, P.: Ziekten van reptielen III: aandoeningen van de maag, de darmen, de lever, de geslachtsorganen en de nieren. Lacerta, *30*: 121–127, 1972

314 Zwart, P.: Ziekten van reptielen V: infectieziekten. Lacerta, *31*: 116–120, 1973

315 Zwart, P.: Ziekten van reptielen VI: deficiëntieziekten. Lacerta. *31*: 117–182, 1973

316 Zwart, P., and Jansen, J.: Treatment of lungworm in snakes with tetramisole. Vet. Rec., *84*: 374, 1969

317 Zwart, P., and van de Watering. C. C.: Disturbance of bone formation in the common iguana *(Iguana iguana* L.). Pathology and etiology. Acta Zool. Pathol. Antverp., *48*: 333–356, 1969.

Register

Fettdruck = Abbildungshinweis, *Kursivdruck* = Tabellenhinweis